JN250299

井原裕司 訳

フリント・ホイットロック&
ロン・スミス

アメリカ潜水艦隊の戦い

パールハーバーのボーフィン潜水艦博物館に展示されているボーフィン（手前は訳者）

海軍賛歌

涯(はて)しも知られぬ　青海原をも
奇(くす)しき御手(みて)もて　造りし御神(みかみ)よ
波路行く友を　安く守りませ

逆巻く波をも　荒(すさ)める風をも
御旨(みむね)のまにまに　鎮めし主イエスよ
波路行く友を　安く守りませ

乱れに乱れし　底なき淵をも
育(はぐく)み覆いて　治めし御霊(みたま)よ
波路行く友を　安く守りませ

恵みと力の　本(もと)なる御神よ
危うき時にも　安けく守りて
指し行く港へ　導き給えや

訳者まえがき

第二次大戦中の潜水艦に関しては、ドイツのUボートの活躍がよく知られている。通商破壊を主たる任務として、大西洋と地中海で連合国の商船を多数沈め、イギリスを非常な苦境に追い込んだ。現在もUボートに関する本がたくさん出版され、映画も作られている。

これに対して、アメリカの潜水艦の活動は日本ではあまり知られていない。ミッドウェー海戦、マリアナ沖海戦、レイテ沖海戦等は広く知られており、またB－二九による空襲の被害は有名である。しかしながら、日本を敗戦へと追いつめた最大の功労者はアメリカの潜水艦隊であった。日本は資源を産出しなかったので、戦争をするためには、南方より石油、鉄鉱石、ボーキサイト、ゴム等の資源を運んで来て、加工生産することが必要不可欠だった。アメリカの潜水艦は、この日本の生命線であるシーレーンを断ち切ったのである。堀元美氏の『潜水艦』（一九七三年、原書房）によれば、実に五三二万トンもの日本の艦船がアメリカの潜水艦によって沈められたそうである（これに対して航空機が沈めたのは三百万トンである）。これでは日本の工業生産は大幅にダウンせざるを得ない。

また日本は太平洋の島々に多数の基地を作ったが、そこに兵士や武器、食料を運び、更に補給物資を運ぶ輸送船も片っ端からアメリカの潜水艦のために沈められたのである。これではとても戦いには勝てない。

輸送船以外に日本海軍の軍艦も多大な損害を被った。開戦時の海軍軍令部総長だった永野修身は戦後、主力艦艇の三五パーセントがアメリカの潜水艦によって沈められたと述べている。

アメリカ海軍の猛将ハルゼー提督はこう語っている。「もし私が太平洋戦争で我々を勝利に導いた装置と機械に順位を与えるならば、第一に潜水艦、第二にレーダー、第三に航空機、第四にブルドーザーという順位をつけるだろう」

この日本ではあまり知られていないアメリカ潜水艦隊の話を伝えたいと思う。

第二次大戦の初めの暗黒の数ヶ月の間、大日本帝国の進撃を食い止め、我が艦隊に損失を補填し損傷を修理させることを可能にさせたのは、弱体なアメリカ潜水艦部隊だけだった。
我が潜水艦部隊の戦意と勇敢さを決して忘れてはならない。

太平洋艦隊司令長官　チェスター・W・ニミッツ大将

この本は第二次大戦中に命を落としたアメリカ海軍潜水艦部隊の三、四五三人の将兵と、帰って来なかった五二隻の潜水艦の追憶のために謹んで捧げる。

未帰還の潜水艦名

Ｕ・Ｓ・Ｓ・アルバコア（ＳＳ－２１９）　八五名戦死
Ｕ・Ｓ・Ｓ・アンバージャック（ＳＳ－２１９）　七三名戦死
Ｕ・Ｓ・Ｓ・アルゴノート（ＳＳ－１６６）　一〇五名戦死
Ｕ・Ｓ・Ｓ・バーベル（ＳＳ－３１６）　八一名戦死
Ｕ・Ｓ・Ｓ・ボーンフィッシュ（ＳＳ－２２３）　八五名戦死
Ｕ・Ｓ・Ｓ・ブルヘッド（ＳＳ－３３２）　八四名戦死
Ｕ・Ｓ・Ｓ・カペリン（ＳＳ－２８９）　七六名戦死
Ｕ・Ｓ・Ｓ・シスコ（ＳＳ－２９０）　七六名戦死
Ｕ・Ｓ・Ｓ・コルヴィナ（ＳＳ－２２６）　八二名戦死
Ｕ・Ｓ・Ｓ・ダーター（ＳＳ－２２７）　戦死〇
Ｕ・Ｓ・Ｓ・ドラド（ＳＳ－２４８）　七七名戦死
Ｕ・Ｓ・Ｓ・エスカラー（ＳＳ－２９４）　八二名戦死
Ｕ・Ｓ・Ｓ・フライアー（ＳＳ－２５０）　七八名戦死
Ｕ・Ｓ・Ｓ・ゴレット（ＳＳ－３６１）　八二名戦死
Ｕ・Ｓ・Ｓ・グランパス（ＳＳ－２０７）　七一名戦死
Ｕ・Ｓ・Ｓ・グレイバック（ＳＳ－２０８）　八〇名戦死
Ｕ・Ｓ・Ｓ・グレイリング（ＳＳ－２０９）　七五名戦死

U・S・S・グレナディア（SS－210）　戦死〇（四名が捕虜収容所で死亡）
U・S・S・グラウラー（SS－215）　八六名戦死
U・S・S・グラニュアン（SS－216）　七〇名戦死
U・S・S・ガジャン（SS－211）　七八名戦死
U・S・S・ハーダー（SS－257）　七八名戦死
U・S・S・ヘリング（SS－233）　八三名戦死
U・S・S・キーテ（SS－369）　八七名戦死
U・S・S・ラガート（SS－371）　八八名戦死
U・S・S・パーチ（SS－176）　戦死〇（六名が捕虜収容所で死亡）
U・S・S・ピカラル（SS－177）　七四名戦死
U・S・S・ポンパノ（SS－181）　七七名戦死
U・S・S・ロバロ（SS－273）　八一名戦死
U・S・S・ランナー（SS－275）　七八名戦死
U・S・S・スキャンプ（SS－277）　八三名戦死
U・S・S・スコーピオン（SS－278）　五名戦死
U・S・S・シーウルフ（SS－197）　七九名戦死
U・S・S・シャークⅠ（SS－174）　七七名戦死
U・S・S・スカルピン（SS－191）　六二名戦死
U・S・S・シーライオン（SS－195）　五九名戦死
U・S・S・シャークⅡ（SS－314）　八七名戦死
U・S・S・スヌーク（SS－279）　八二名戦死

U・S・S・ソードフィッシュ（SS－193）　八九名戦死
U・S・S・タン（SS－306）　七八名戦死
U・S・S・トリガー（SS－237）　八九名戦死
U・S・S・トライトン（SS－201）　七四名戦死
U・S・S・トラウト（SS－202）　八一名戦死
U・S・S・タライビー（SS－284）　八〇名戦死
U・S・S・ワフー（SS－238）　七九名戦死
U・S・S・R－12（SS－89）　四六名戦死
U・S・S・S－26（SS－131）　二六名戦死
U・S・S・S－27（SS－132）　戦死〇
U・S・S・S－28（SS－133）　四九名戦死
U・S・S・S－36（SS－141）　戦死〇
U・S・S・S－39（SS－144）　戦死〇
U・S・S・S－44（SS－155）　五六名戦死

（訳注：U・S・SはUNITED STATES SHIP＝アメリカ軍艦の略）

アメリカ潜水艦隊の戦い——目次

まえがき

彼らは鋼鉄の船で海に乗り出し、勇気と献身的に果たした義務で並ぶ者のない記録を残した鉄の男たちだった。アメリカ海軍軍人のうち、潜水艦に乗り込んだ水兵は二パーセント以下しかいなかった。しかしながら、第二次大戦で日本が失った全艦船の五五パーセントを沈めた。アメリカ海軍の水上艦艇、空母搭載機、陸軍航空部隊を合わせたものよりも多かったのである！　その一方で多くの命懸けの行動の故に、潜水艦部隊は戦争で恐ろしい代償を払った、五二隻の船と三、四〇〇人以上の乗組員——即ち五人に一人——が帰って来なかった。

私は生粋の潜水艦乗りとして勤務した年月の間中、大きな幸運に恵まれていた。三八年にわたる勤務期間中、この鉄の男たち、第二次大戦を潜水艦で戦った者たちを知るという滅多に得られない特権を持っていたし、除隊後もその特権を持ち続けた。

〃アンクル・チャーリー〃ことチャールズ・ロックウッド中将は戦争中、太平洋のアメリカ潜水艦部隊の指揮官であり、——ほぼ五〇年後に私はこの職に任じられたのだが——一緒に勤務したこれらの潜水艦乗りについてこう書き記した。「彼らはスーパーマンではないし、超自然的な英雄的資質を授けられていたのでもない。彼らは良く訓練を受け、充分な待遇を受け、充分な装備をして、そして優秀な船を与えられた、単なる最高のアメリカの若者に過ぎない」

第二次大戦の潜水艦のベテランたちは後継者に、潜水艦部隊でうまく勤務し続けるための力強い伝統を残した。

その伝統の第一は、各乗組員の「強力な助け」を要するということである。全ての一人一人の乗組員は年功序列に関係なく、船の安全な作戦行動には欠かすことが出来ない存在であると知られている伝統である。

第二は、潜水艦乗りはお互いに注意を払い合うということである。潜水艦の生活ではあらゆる面でプライヴァシーというものがない。第二次大戦のベテランたちは我々にずっと教えてきた、このプライヴァシーの欠如が互いの完全な敬意を必要とするということを。またベテランたちは経験豊かな者が若手を指導するメンターリングという言葉の真の意味を、リーダーシップやマネージメントの本で過剰に使われる以前に我々に教えた。

結局、このベテランたちは潜水艦部隊の「絶え間ない進歩」を促進したのだった。戦争中ベテランたちは戦術、兵器、そしてあらゆるレベルでのリーダーの選抜に関して、大きな問題を解決した。戦後にパッシィヴ・ソナーと原子力の利用法、そしてソヴィエトへの冷戦戦略を大いに発達させたのは、この「絶え間ない進歩」だった。

悲しいことに今日我が国は、我が潜水艦部隊が第二次大戦の前と初めに直面していたのと同じ問題の多くに直面している。不幸なことに我々アメリカ人は歴史に学ばないのである。ベテランたちが残した強い伝統が、我が潜水艦部隊を国防上の最有力部隊にして来た。潜在的な敵と戦いになった時、何ヶ月も補給なしでいられる能力は、潜水艦部隊にとって強味である。潜水艦部隊が平和な時、戦いの開始時、そして戦争の真最中に行なう任務は他の部隊に委譲できない。

こう言ったとしても、わが国はこの一五年以上にわたって一年に一隻未満の潜水艦しか建造してこなかった。一四もの異なる調査によると、少なくとも五五隻程度の潜水艦部隊が必要である。しかしながら、我々は少しずつ建造して来てやっと三〇隻の潜水艦部隊になった。一方、潜在的な競争相手中国は言明している。「第一次大戦後の最強の船は戦艦だった。第二次大戦中は航空母艦だった。もし次の世界大戦が起こったなら、最強の兵器は潜水艦であろう」中国はこの二年間で少なくとも一六隻の最新の攻撃型潜水艦を就役させたであろう。

第二次大戦時の〝アンクル・チャーリー〟ロックウッド中将はこう言った。「願わくば第三次大戦は起こって欲しくない。しかしもし仮に起こったならば、我々が今持っている兵器で戦うにしろ、今は想像上のものでしかない兵器で戦うにしろ、潜水艦と潜水艦乗りは戦闘の一番激しい場所にいて、優れた腕前、断固たる決意、そして無類の大胆さで我々全てのため、我がアメリカ合衆国のために戦っているだろう」

アメリカ人は歴史から学ばなければならない！「アメリカ潜水艦隊の戦い」は若いアメリカ人の個人の歴史と、第二次大戦の我が潜水艦の驚くべき歴史を絡み合わせた迫真の歴史書である。元の資料の中で触れられていた人物の多くはかなり前に亡くなり、「永遠の戦闘哨戒中」である。戦争で生き残った者の多くは今は死去して「安全な港」で休んでいる。

前に述べたように、「アメリカ潜水艦隊の戦い」は私に深い影響を与えて来た。私を駆り立てて、我々は今潜水艦隊が不足する事態に急速に落ち込んでいることを、我が偉大な祖国が確実に理解するようにしようと私に再び献身させるようにした。その不十分な部隊では世界中に及ぶ任務の僅か六〇パーセントしか果たせず、またあまりにも数が少ないので一〇年以内に潜水艦を適切に設計して建造する能力をなくすだろう。貧弱な建造ペースでは技術と知識が危険なまでに減少するからである。

この真の冒険に満ちた本を楽しみなさい！そして読み終わった時、私と同じように、国として十分な規模の潜水艦部隊を維持するように努力することに再び献身するのが必要だと思うだろう。

我が第二次大戦の潜水艦のベテランたちはまさしく賞賛に値する。
神の御恵みの下、突撃し続けるように！

元アメリカ海軍中将・アメリカ太平洋艦隊潜水艦隊指揮官（1998―2001）
アル・コネチニ

序文

アメリカ潜水艦隊の戦い

おとぎ話の作者はその話を「昔むかし……」で始める。海の物語の語り手は「これはでたらめではない」で始める。

この本は潜水艦乗りとして知られる第二次大戦の特殊な集団の水兵に関して、彼ら自身によって書かれたものである。本の初めから終わりまで織り込まれている話は、ありそうもなく、びっくりするようなもので、怪しく、恐ろしく、悲劇的で――全く信じられないほどである。しかしながら全て真実である。水兵が言うように「これはでたらめではない」

第二次大戦への関心が甦る（よみがえ）と共に、新しい世代は史上最も惨禍を招いた戦いで、何がアメリカ合衆国と同盟国に勝利をもたらしたかを発見している。勝利には信じられないほどの費用、人的動員、工業力、先見性に富むリーダーシップ、最高度の犠牲、勝利への強固な国家意志、そして日本、ドイツ、イタリアの枢軸国に最後には勝つという、一人一人の計り知れない勇気が必要だった。

「安全」もしくは「楽な」兵役部署はなかったし、臆病者が隠れる場所もなかった。各部署にはそれぞれの運任せの危険性があった。兵士、水兵、海兵隊員、飛行士は最後の戦いと同じように、初めての戦いで戦死しがちだった。たこつぼにいる海兵隊員や兵士の危険性は、爆撃機や戦艦の乗組員と同じくらいか、より少なかった。前線へ補給物資を運ぶトラックの運転手は、ドイツ軍や日本軍の大砲の射程範囲内で負傷兵を救うために緊急手術病棟で働いている医師や看護婦と同じくらい、敵の砲撃を免れなかった。

しかしながら、第二次大戦のアメリカの全戦闘員のうちで、生きて家へ帰る可能性が潜水艦乗りよりも少なかった者はおそらくいないであろう。アメリカ潜水艦隊は異常なほど高い戦死率に苦しんだ。

そして潜水艦隊ほど、高度な知性と不屈の精神力（水面下深くの小さく、暑く、息が詰まるような閉じ込められた空間にいることへの恐怖に打ち克つ能力は言うまでもなく）を必要とする部隊はなかった。

ちなみに爆雷攻撃を受けている潜水艦の中はどんな状況かと言うと、友達が君を大きい金属のディーゼル燃料用のドラム缶の中に閉じ込めて——燃料の多くは取り出されているが、臭いは残っており——熱を内部に発生させようとしてその缶をバーベキューの鉄板の上に置き、爆雷攻撃を真似るためにドラム缶の側面を何時間も野球のバットで叩き、乗り物酔いが起こる程その缶を前後に揺り動かし、それから転がしてプールに落として、底に沈むまで待っているというようなものだった。きっと皆さんは潜水艦乗りの人生により大きな尊敬の念を抱くでしょう。

筆者の意見では、潜水艦隊は勝利への貢献にふさわしい関心と賞賛を受けて来なかった。この手落ちの理由ははっきりとしないが、潜水艦の勝利への貢献度が少なかったからではない。全く反対で、以下のように潜水艦の驚くべき事実と実態を実証しよう。

第二次大戦の開始時、アメリカ合衆国には就役中の潜水艦は一一一隻しかなかった。他に七三隻が建造の第一段階か、さらに少し進んだ段階だった。新鋭の潜水艦のうち、五一隻がすでに太平洋での任務に就いているか、勤務可能だった。戦争が終わるまでにアメリカは全部で二五二隻の潜水艦しか持たなかった。一、一〇〇隻も配備したドイツや六〇〇隻建造した日本と比べると、遥かに少なかった。しかしながらなんという潜水艦だったのであろう！　一九四三年に就役した〝艦隊型〟潜水艦は、その当時の最も複雑精巧な戦闘機械だった。数百万ドル掛かった潜水艦には一個歩兵ライフル中隊の半分以下の乗組員（訳注：約八〇名）が乗り込み、陸軍中佐か少佐と同格の海軍士官が指揮した。しかし各潜水艦はおよそ一二トンの爆薬の弾頭を積載できた。代表的な〝重〟爆撃機B－二四の爆弾搭載量よりも一〇トン多かった。また潜水艦はおよそ一六、〇〇〇キロというものすごく長い航続距離を持っており、四五日から六〇日の間、哨戒任務に就くことができた。

潜水艦は幅広い様々な任務をこなせた。敵の船を沈めるという本来の任務から始まって、偵察任務、敵が支配する島に奇襲部隊を上陸させる任務、不時着した連合国の飛行士を救助する任務、さらにはフィリピンの金の資金を守るというものもあった。

戦争が終わるまでに失われた日本の軍艦と商船の合計数のうち、五四・六パーセントが潜水艦によって沈められたと見積もられている。この高い損失が日本の遠く離れた守備隊への補給と増強を挫き、アメリカ軍の日本本土への着実な進撃と日本の最終的な破滅を導いたのだった。

潜水艦隊は海軍の艦隊の中で最小の部隊だったが、死傷者は最高の割合であり、そのことに苦しんだ。戦時の戦闘哨戒中に死んだのは三、四〇〇人以上、すなわち部隊の二二パーセントだったと見積もられている。そして陸軍、陸軍航空部隊、海兵隊、水上艦隊と違って、生き残って海での出来事を語る負傷者や捕虜になった者はほんの僅かしかいなかった。

これらの数値が興味深く、知らなかったことを明らかにしたとしても、この本は数字を羅列したものではない。志願して――潜水艦乗りは全員志願兵だった――この最も危険に満ちた船で海へと乗り出していった男たちの、不屈の勇気について書いたものである。最初は無駄な努力を重ねたが、任務を実行するために大きい障害に打ち勝った、アメリカ軍の一部門について書いたものである。なによりもあの三、四〇〇人の潜水艦乗りの無私無欲な献身への、率直で愛情に満ちた、心からの賛辞である。彼らは戦時の戦闘哨戒任務に出掛け、そして勝利を得た国から感謝を受け取ったり、戦後の平和と自由の恵みを満喫するために帰って来なかった。

六〇年後の洞察力を持ってすれば、日本への勝利は現在では当然のことと見えるだろう。しかしながら当時はそうではなかった、当時は日本人は無敵だと見なされていたから。アメリカの最終的な勝利は迅速にやって来たのではなかったし、楽にかなりの苦痛なしに得られたのでもなかった。

戦争が始まって数ヶ月の間アメリカの潜水艦隊は、実際上日本という敵へ戦いを仕掛けられる唯一の兵種だった。潜水艦とその多数の勇敢な乗組員は、希望と災厄の間にある薄い灰色の線だった。一番重要なことは潜水艦が、結局は太平洋を取り戻すことになる、がっしりとした多数の兵士たちを、アメリカが徴募し増強し、武器を持たせる時間を稼いだことだった。

しかしながら、潜水艦隊は自分自身の大きな問題に直面していた。旧式化した装備、レーダーの欠如、あまりにも用心深い艦長、支離滅裂な戦術・戦略の教義、そしておそらく最悪なのが信頼性のない武器だった。

アメリカの潜水艦が道に置かれた無数の障害を取り除くには、数年間を要しただろう。これはあの戦いの物語である。アメリカの最小の戦闘部隊が海上から日本の船舶を一掃し、当然の勝利をもたらした英雄的で不屈の努力の物語である。

フリント・ホィットロック、ロン・スミス

第一章——暗黒の日曜日

あらゆる尺度からいって、それは最悪の日だった。

南雲忠一中将率いる機動部隊を飛び立った三菱の零戦と中島の九七式雷撃機、そして愛知の九九式急降下爆撃機が、ハワイのパールハーバーに停泊していた、かつてのアメリカ太平洋艦隊を、燃えて煙を上げ爆発している残骸にして、凱歌を上げて機体を傾けながら飛び去って母艦の空母に向かった時、うわべしか見ない観察者なら、正式に宣戦布告される前にアメリカは戦争に負けたと思ってもしようがないだろう。

目に入るものすべてがあからさまに、アメリカの痛烈で屈辱的な敗北を物語っていた。浅く青いハワイの海水は漏れ出た燃料油で黒く、かつ死んだ水兵と瀕死の水兵が流す血で赤くなり、その中に世界で最強の艦隊の一つが半身不随となって横たわっていた。

背後の一九四一年一二月七日のアメリカ本土では、ハワイの惨事に関する完全ではない、心が張り裂けそうな報告を受け取ったばかりだった。最初の緊急信号は爆弾が落ちている間に、すでに発信されていた。「パールハーバー空襲中、これは演習にあらず」

惨事の全体像が未だ明らかになっていなかったが、一つのことだけははっきりしていた。ハズバンド・E・キンメル大将指揮下の太平洋艦隊が恐ろしい奇襲で大損害を被ったということである。

ビル・トリマー。1942年

あたかもヘビー級のボクサーが不意打ちの一撃をくらって、仰向けに倒れたようなものだった。

攻撃が始まってから三〇分以内に真珠湾の中央のフォード島の東側にしっかりと繋留されていた八隻の戦艦は、三隻の軽巡洋艦と三隻の駆逐艦と共に全て沈むか大損害を受けた。他の一二隻も沈むか損傷を被った。

ビル・トリマーは一九四〇年八月にヴァージニア州のパイントップから海軍に入隊し、そして後に潜水艦S－37とレッドフィッシュ（S－395）に乗り込んだ。トリマーはこの運命の日、二三歳の三等電気士で、戦艦ペンシルヴァニアに乗っていた。ペンシルヴァニアは点検・整備のためフォード島の南にある乾ドックに入っており、陸地から電力を得ていたことを覚えている。一二月七日の朝七時五〇分頃、トリマーは勤務場所での点呼のため、第三甲板の電気作業所へと降りていった。

「僕がちょうど作業所に入った時だった」トリマーは回想している。「屋外の拡声装置から声が聞こえて来た。『総員配置、防空態勢、これは演習ではない』その声の後ろから飛行機の轟音と爆弾の爆発する雑音がたくさん聞こえて来た」

トリマーは前部配電室の第五甲板の戦闘部署に向かって大急ぎで走った。そこで戦艦の様々な電気部門と通信できるヘッドフォンを着けた。戦闘態勢に入って一〇分くらいして、彼は気づいた。「敵の爆弾が電力線を真二つに吹き飛ばしたのだ。明かりは全て消え、機械も全部止まった。非常

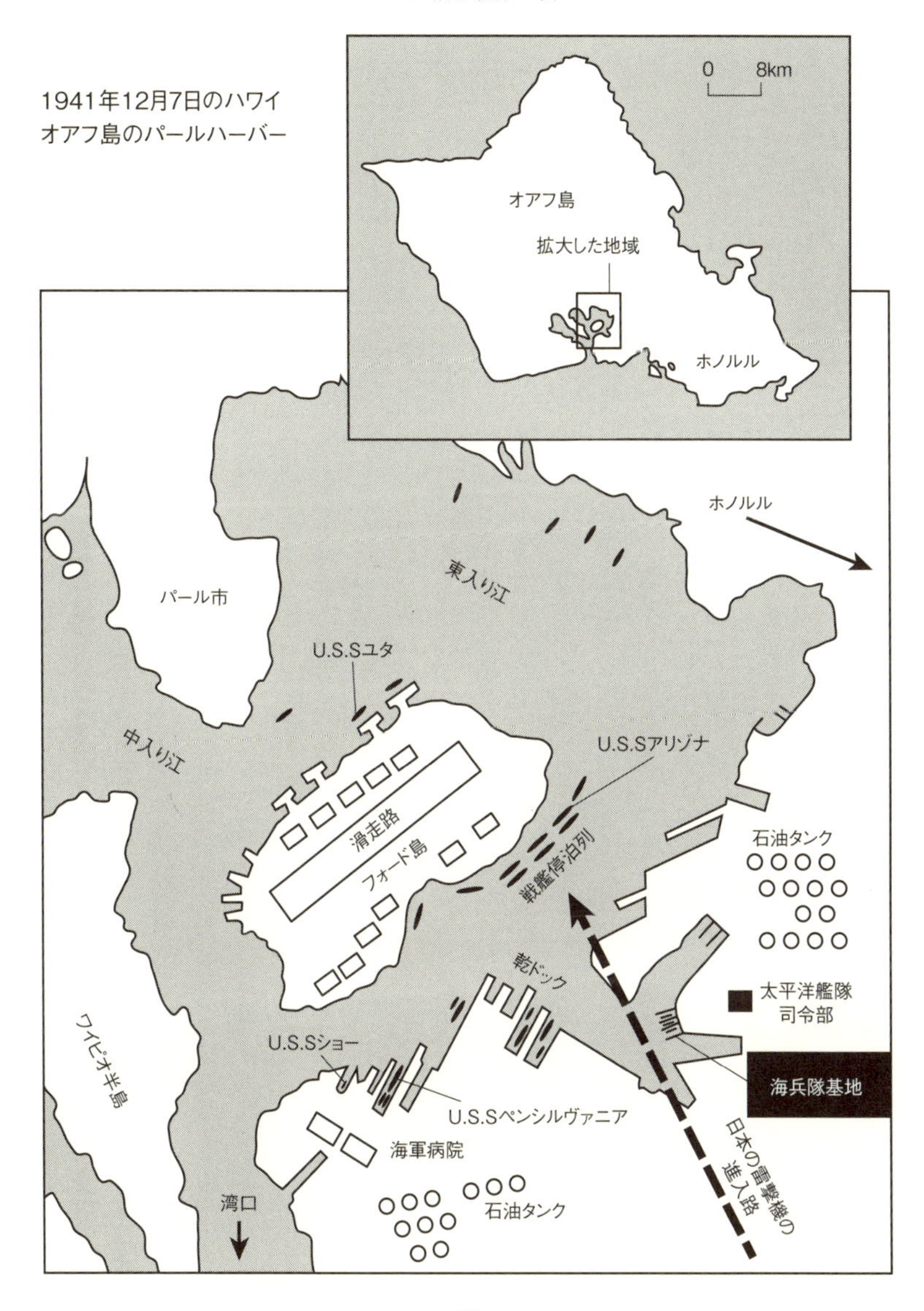
1941年12月7日のハワイ
オアフ島のパールハーバー
0
8km
オアフ島
拡大した地域
ホノルル
ホノルル
東入り江
パール市
U.S.Sユタ
中入り江
U.S.Sアリゾナ
滑走路
フォード島
戦艦停泊列
石油タンク
乾ドック
太平洋艦隊
司令部
海兵隊基地
ワイピオ半島
U.S.Sショー
U.S.Sペンシルヴァニア
日本の雷撃機の
進入路
海軍病院
湾口
石油タンク

用の電池式携帯ランプが点くまで真っ暗だった。そして電池の力で非常灯が点いた。非常灯はかなり薄暗いが携帯ランプよりかはましだった」

「ヘッドフォンを通していろんな報告が聞こえて来た。例えば『カシン、ダウンズ、オクラホマ、カリフォルニア、ウエスト・ヴァージニアがやられてるぞ』私は聞いたことをムーアハウスという名の主任に報告した。その場でちょっとユーモラスなことがあった。ある水兵がムーアハウス主任に大真面目にこう尋ねたのだ。『この出来事は本土の新聞に載ると思いますか？』主任は答えた。『そう思うよ』

ちょうどその時だった、艦体が震えるのを感じ、右舷後部からドーンという大きな音が聞こえた。二五〇キロ爆弾の直撃を受けたのだった。その爆弾は甲板を二つと半分突き抜けて爆発した」

トリマーは上甲板に上がって周囲の状況を見たいと許可を求めた。ムーアハウスは許可した。第一次攻撃と第二次攻撃の間の短い静止期間にトリマーが上に上がると、完全に破壊された光景が目に飛び込んで来た。ペンシルヴァニアと同じドックに入っていた駆逐艦ダウンズとカシンは滅茶苦茶に破壊されて、炎に包まれていた。乾ドックの中と外の水の上には、破片や残骸が一面に漂っていた。あらゆる種類の船が燃え傾き、ひっくり返り、そして沈んでいた。

若い水兵も年を取った水兵も海にいたが、ある者は負傷しており、またある者は火傷しており、皆助かるために必死に泳いでいた。トリマーは言った。「私は水兵たちの所に行ってやれないと解って、やりきれない無力さを感じた。助けるために水に飛び込んだならば、私が直ぐ次の標的になっただろう」他の水兵たちは至る所で狂乱したように働き、燃えているものに水を掛け、次にやって来る攻撃に備えていた。そしてその攻撃は間もなくやって来た。

ペンシルヴァニアの対空砲が突っ込んで来る第二次攻撃の飛行機に発砲した時、トリマーは「幅約一・八メートルの右舷の狭い通路にぴったり身を伏せて、砲手が日本の雷撃機を射撃している様子を見ていた。雷撃機の操縦士は非常にゆっくりと低く飛んでいた。操縦士はバスケットボールで言うところの〝ハング・タイム（訳注：選手がジャンプした時の滞空時間）〟を充分とっているなと思った。その機は三〇メートルくらいの低高度で、我々の艦の右舷からほぼ五〇メートルの所にいた。その飛行機は魚雷を投下して、さらにその後部の機銃で撃てるものすべてを掃射した。その機銃が私の上の対空砲を射撃するのが見てとれた。その時、私の頭と肩に破片が命中し、自分は死ぬんだなと思った」

トリマーの怪我は思った程ひどいものではなかったので、急いで艦の後部へ行った。そこで恐ろしい場面に出くわした。「そこには一人の少年兵が撃たれて倒れていた。私はその体を第三砲塔の下から引き上げ、他のことを手伝うために行った。ボート甲板から後部甲板へ降りて行った。そこでは死体と負傷者を運び出していた。私はそれを手伝ったが、あまりにもぞっとするものなので、そのことは決して書かない。また爆弾で生じた火災の消火を手伝おうとした。しかしマスクを持っておらず、煙がかなり激しかったので、たいしたことは出来なかった」

一時間半後に攻撃が終わるまでに、二、四〇三人の兵士と水兵が死ぬか行方不明となり、一、一七八人以上が負傷した。ホノルルの一〇〇人以上の民間人が死ぬか負傷した。陸軍と海軍の多数の飛行機が破壊された、大半が地上で。それと比べると日本側の損害は取るに足らないものだった。戦闘機六機、急降下爆撃機一四機、五隻の小型潜航艇と一隻の大型潜水艦だけだった。こんなに一方的な勝利や完全な敗北は稀なことだった。

一度（ひとたび）最初の電報と無線が首都のワシントンに送られて確認されるや、アメリカ政府の中枢をほぼ麻痺させるような非常な衝撃が起こった。一九三八年のオーソン・ウエルズ製作のラジオドラマ「火星人来襲」と同じような悪ふざけだと思う者もいた。しかしながらこれはSFではなかった。政府の中枢においてさえ疑いは城壁のように固かった。フランクリン・デラノ・ルーズベルト大統領の首席補佐官ハリー・ホプキンスは大統領に、最初の報告は多分何かの間違いだろう、日本は決してパールハーバーを攻撃しようとしませんよと言った。日本はアメリカが戦争の圏外にいて、しっかりと中立を維持しようとして来たことを知っているので、そのような攻撃はアメリカをすぐに戦争に押しやることを分かっている。その報告は間違いに違いない、おそらく単なるテストの通信が誤って送られて来たのだろうと、ホプキンスはルーズベルト大統領に保証した。

ホプキンスの疑念はすぐに冷徹な真実に吹き飛ばされた。ワシントンの政府はパールハーバーだけがその日曜日に攻撃されたのではないと分かった。フィリピンとウェーキ島にあるアメリカの基地もまた、野蛮な奇襲攻撃にさらされたのだった。たった一撃で平和な時代の穏やかな日々、孤立主義のアメリカは終わった。

パールハーバーへの攻撃は非常な被害を与えたが、場合によってはもっとひどくなる可能性もあった。ウィリアム・オニールの「戦時下の民主主義」によれば、「南雲中将は航空隊指揮官の第二次攻撃の要請に許可を与えなかった。それで戦いに不可欠な造船所、乾ドック、修理工場、とりわけ石油貯蔵タンクが攻撃を免れたのだった」もしこれらの施設が破壊されていたならば、太平洋艦隊は根拠地を本土に後退せざるを得なかったであろう。

アメリカにとっては幸運なことに、敵の攻撃時に太平洋艦隊の半分は——全空母を含めて——海上に出ていた。また潜水艦も海上にいたか、パールハーバーの東側湾岸の停泊地にいたが無事だったかのどちらかだった、小さくきゃしゃで、貴重な潜水艦が。

太平洋艦隊の二二隻の潜水艦は通常はパールハーバーに配置されていたのだが、あの不名誉な日には、実際には五隻だけが港におり、他の船は海上に出るか本土に戻っていた。エルトン・W・グレンフェル少佐はアメリカ海軍士官学校の一九二六年期生で、ガジャン（訳注：セイヨウカマツカ、コイ科の淡水魚）（SS－211）の艦長であり、マウイ島の近くで訓練に従事していた。ジョン・

R・ピアースのアルゴノート（訳注：ギリシャ神話で金の羊毛を求めた船の船員）（SS－166）と、フランク・〝マイク〟・フェノ指揮下のトラウト（訳注：マス）（SS－202）はミッドウェー島の近くで戦闘哨戒の訓練を行なっていた。一方ウィリアム・L・アンダーソンが艦長のスレッシャー（訳注：オナガザメ）（SS－200）はミッドウェーからパールハーバーに戻る途中だった。ジョン・W・マーフィーのタンバー（訳注：フグ）（SS－198）とウィリアム・A・レント指揮下のトライトン（訳注：サンショウウオ）（SS－201）はさらにずっと西のウェーキ島の近くで哨戒活動を行なっていた。ポラック（訳注：タラ）（SS－180）、ポンパノ（訳注：コバンアジ）（SS－181）、プランジャー（訳注：沈めるもの）（SS－170）はサンフランシスコからハワイへ向かう途中だった。ハワイを基地としていた最後の二隻、ウィリアム・ブロックマンのノーティラス（訳注：オウムガイ）（SS－168）とジョン・L・ディターのチューナ（訳注：マグロ）（SS－203）はサンフランシスコ近くのメア島の海軍工廠で整備を受けていた。

残る五隻の潜水艦、パールハーバーにいた老朽化したカシャラト（訳注：マッコウクジラ）（SS－170）、カトルフィッシュ（訳注：イカ）（SS－171）、ドルフィン（訳注：イルカ）（SS－169）、ナーワル（訳注：一角、北極海に住む小型のクジラ）（SS－167）、トータグ（訳注：ベラ）（SS－199）の大半は整備を受けており、海上に出られる状態ではなかった。一二月七日の日曜日には乗組員が全員乗っている船はなかった。日本軍の第一次攻撃隊の飛行機が唸りを上げて頭上に現われた時、乗組員の多くは上陸して教会にいたり、朝食を食べていたり、あるいは遅くまで眠っていたりした。しかし一度警報が鳴るや、残った少ない乗組員はさっと戦闘に移った。

当直将校ウィリアム・シーグラフの指示の下で、トータグは甲板に搭載していた三インチ砲と一二・七ミリ口径の機関銃を操作できる乗組員をどうにか掻き集めた。トータグ、ナーワルと近くにいた駆逐艦は低高度でやって来た雷撃機に向かって発砲して撃墜した。三隻の船はすべて、攻撃機を撃ち落としたことで賞賛された。強烈な打撃が加えられた丸一時間の間、攻撃して来る敵機に対して戦える全ての船、ボート、大砲は敢然として戦った。襲撃が終わるや、攻撃を受けた船の乗組員を救助するために、水兵たちは潜水艦基地から勢いよく飛び出して、助けを与え負傷者を励ました。

攻撃が終わった後、戦艦ペンシルヴァニアの乗組員は陸上に移され、もし日本軍がオアフ島に上陸しようとした場合、それを防ぐ兵員として配置された。ビル・トリマーの水兵仲間は六二人が命を失った。トリマーは港の向こうを見渡して「ボートが死体の腕や脚にロープを結んで引っ張っていき、あるいは見つけたものを全て陸地に引きずる」光景を見て吐き気を催した。

その日は何でも撃ちたがる砲手は動くものを全て撃った、完全に夜になってからも。ミッドウェーからパールハーベーに帰ってきたスレッシャーはハワイ諸島に近づいた時、味方の駆逐艦から攻撃され追い払われた。幸いにも損害や負傷者はなかった。艦長と乗組員は猛烈に怒りながらも、どうにかこうにか港の中に入った。

＊　＊　＊

ハワイを根拠地としていた太平洋艦隊が、広大な海洋にいた唯一のアメリカ海軍部隊ではなかった。ハワイから約八、五〇〇キロメートル西のフィリピンにも、トーマス・C・ハート大将指揮下のアジア艦隊が錨を降ろしていた。その任務は西太平洋を守り、日本を監視することだった。

アジア艦隊を「艦隊」と呼ぶのは大袈裟かもしれない。僅か一隻の重巡洋艦、一隻の軽巡洋艦、第一次大戦時の一三隻の駆逐艦、そして様々な種類の小型艦艇、それに加えて六隻の旧式のS級の潜水艦と二三隻のより新しい潜水艦で構成されていたから。幸運なことに一二月八日（ハワイ時間ではまだ七日）、水上艦艇の多くは、台湾を基地とする日本軍の飛行機の航続距離外の遥か南の方へ散らばっていた。ハートはパールハーバーへの攻撃を知るや、直ちに部下の全指揮官に警報を発

マニラ地区

クラーク飛行場
アンジェラス
サンミゲール
パンパンガ川
サンフェルナンド
パリウア
スービック湾
オロンガポ海軍基地
マロロス
バターン半島
マニラ
マニラ湾
カヴィテ海軍基地
湾の入り江
コレヒドール島
マリヴェラス海軍基地
ビナン
ナイック
0
8km
16km

した。「日本は戦争を始めた。よって気を引き締めよ」

一二月八日の朝早く日本軍はアジア艦隊を攻撃した。この時までにパールハーバーの惨状は完全に分かっていたので、ハートの司令部は油断なく警戒しており、対空砲はすでに準備をして待ち構えていた。翼と胴体に赤い〝肉団子〟の印を付けた飛行機の大群が、カヴィテとマリヴェラスの海軍基地のアメリカ軍艦に向かって急降下して攻撃して来た。米兵にとっては残念だったが、対空砲が撃てるよりももっと多くの標的がいたように見えたし、冷静さをなくした砲手が闇雲にぶっ放したので、ほとんど命中しなかった。

ルソン島では一六〇機の軍用機の半分以上がマニラ近くのクラーク飛行場に配置され、残りはオロンガポ海軍基地に配置されていたが、全て奇襲攻撃によって破壊され無力にされた。状況をさらに悪化したのは、一万人の日本軍の海兵隊員（訳注：海軍陸戦隊のことであろうか）と歩兵隊員がフィリピン中の様々な地点に激しい勢いで上陸したことだった。

開戦の初日にウェーキ島にあるアメリカ軍の前哨基地も攻撃を受けた。結局その攻撃は撃退されたのだった。中国では日本の総理大臣兼陸軍大臣の東条英機の部隊が天津と上海のアメリカ駐屯部隊を蹂躙した。上海にいたアメリカの砲艦ウェーキの乗組員もまた降伏した。

煙が盛んに上がっていた一二月七日の午後、ワシントン・D・Cの海軍作戦部長ハロルド・R・スターク大将は、潜水艦の使用の制限をはっきりと表明した国際条約である、一九三六年のロンドン軍縮条約の破棄を独断で決めた。スタークは議会の正式な宣戦布告を待つことなく、太平洋にある全てのアメリカ海軍の基地や施設に簡潔な命令を発した。「日本に対して航空機と潜水艦の無制限の攻撃を開始せよ」

しかしながらそれは、言うは易く行なうは難い命令だった。太平洋のアメリカ潜水艦部隊は一二月七日には、海軍の水上部隊、陸軍、海兵隊と同じように混乱して、ほとんど組織化されていなか

1934年のロン・スミスの家族、左からアーニー、ロン、レックス、パール、ボブ

った。

あの一九四一年一二月七日にジョン・ロナルド・スミス(友達は〝ロン〟もしくは〝スミティ〟と呼んだ)は一六歳で、インディアナ州のハモンド――州の北西部の隅でシカゴの近く――にあるハモンド高校の三年生だった。スミティーは鉄道職員のアーネストとパール・スミス夫婦の三人の男の子の真ん中だった。

あの日曜日ロン・スミスの兄のボブは家の一九三六年製のクライスラーの車を運転して、コンキー通りとハリソン通りが交わる所にあるソールというドラッグストアに向かっていた。その店はボブとロンとその高校の仲間が頻繁に訪れていた。しかしボブとロンはその店には行けなかった。午後一時直前、WBBM(訳注:シカゴにあるニュース専門のラジオ放送局)の興奮したアナウンサーが最新の音楽を中断して、パールハーバーが攻撃されたと伝えた。ボブとロンはすぐに回れ右をして、大急ぎで家へと帰った。ボブ、ロンと父親は、その日はずっと家でフィリコ社製の大きいコンソール(訳注:床に置いて聞くタイプ)のラジオの回りに集まって、もっと情報が聞けないものかと期待した。新たなニュースはほとんどなかった。確かなことは唯一つ、アメリカは日本から騙し討ちの攻撃を受けたということだった。三人が短い断片的なニュースに不満気に耳を傾けていた時、ロン・スミスは父親に高校をやめて海軍に入ると宣言した。

父親のアーニーはロンに、海軍の募集条件では入隊者は少なくとも一七歳になっていなければならない、それに親の許しがある者だけが入隊できるのだと諭した。ロンの母パールは一九三八年ロンが一三歳の時に死んでおり、アーニーは入隊の許可を与えることを躊躇したのだった。アーニー自身は第一次大戦の時に海軍に入っており、〝ブラック・ギャング〟の一員として戦艦ユタに乗っていた。〝ブラック・ギャング〟の仕事は石炭をショベルですくって、燃えて蒸気を出しているかまどに入れて、機関のパワーを保つことだった。特にドイツのUボートに攻撃された時のユタについての話はぞくぞくするものだった。スミティーは父親の話を思い出してこう言った。「Uボートに攻撃された時はいつでも、機関室の大きい鋼鉄の扉を閉めて機関員を閉じ込め、持ち場を離れないようにして石炭をくべさすのだった」

〔原注：ユタは一九一一年に就役し、第一次大戦中の大西洋の戦闘に参加した。一九三二年に高性能の標的艦に改装され、航空機、水上艦、そして潜水艦さえもがユタを標的として砲撃と爆撃の訓練を行なった。日本軍は一九四一年一二月七日にユタを沈めた。その錆ついた残骸は――現在は記念物であるが――フォード島の西側に今も見える〕

アーニーは我が子の安全を案じる一方、――その時に国中で同じように新兵徴募事務所に列を作って並んでいる何百人もの他の息子の安全もだが――、息子が自分の海軍へ入った志を継ぎたいと思ったことも非常に自慢気に思った。それでアーニーはロンが三年生を終えて少なくとも三ヶ月間正社員の仕事についたなら、入隊許可を与えると約束した。

しかしながら遠く離れた海がスミティーを呼んでいた。そしてスミティーは一年間も待つことが出来なかったのでこう言った。「一緒に遊び回っていたグループの仲間は充分な年齢になったら、カナダに行ってイギリス軍に入りたいと思っている。大勢の者もそう思っている。アメリカはパールハーバーのほぼ二年前から実質的には戦争に参加している。僕たちの駆逐艦は武器貸与によるイギリスとロシアへ送る軍事物資を載せて大西洋を横断する輸送船団を護衛している」

〔原注：武器貸与はルーズベルト大統領によって考え出された政策で、アメリカが〝公式には〟中立国の時期に、アメリカからイギリス、ソ連へ戦車、トラック、船などの軍需物資の供給を可能にしたもの。武器貸与法は一九四一年三月一一日に議会で承認された。〕

一九三〇年代の終わり頃から一九四〇年代の初めにかけて、ナチス・ドイツ、ファシズムのイタリア、そして大日本帝国の持つ危険性が、ルーズベルト政権、ニュースメディア、ハリウッドによってはっきりとして来た。スミティーは思い出して言った。「僕たちはしっかりと教えられたので、良く分かっていた。アドルフ・ヒトラーと日本が今行なっていることを知っていた。我々は非常に発展して来ていたので、世界中で僕たちアメリカ人があの三国の野望を阻止できる唯一つの存在だと分かっていた。それでパールハーバーが攻撃された時、あたかも感情の水門が開いた如くだった。僕たちは戦う用意が出来ていた。皆が出来るだけ早く入隊するために急いだ。敵と戦うことを熱望していた。〝新兵訓練所のようなお役所仕事を全て片づけて敵と戦おう〟というのが我々の姿勢だった」

一二月一〇日までに日本軍はギルバート諸島のタラワとマキンに上陸し、またマレー半島の北部いっぱいに軍隊を展開していた。タイのバンコックさえも侵攻者に屈した。グアム島の四二七名から成るアメリカの守備隊は五、四〇〇名の敵に降伏した。そして機動部隊の一角としてシンガポールからマレー半島へ向って航行していた、イギリスの戦艦プリンス・オブ・ウエールズとレパルスは八四機の日本の雷撃機に発見され、攻撃を受けて沈没した。

同じ一二月一〇日にフィリピンは再び空襲を受けた。第一の目標はカヴィテの海軍基地だった。日本軍機の爆弾は群れをなして落下し、潜水艦母艦を夾叉して、点検整備を受けていた二隻の姉妹潜水艦、シードラゴン（訳注：ミツマタヤリウオ科の魚の総称）（SS－194）とシーライオン（訳注：アシカ）（SS－195）を爆破した。シードラゴンは損傷し、シーライオンは破壊された。

海軍史家クレイ・ブレア・ジュニアはその著「サイレント　ヴィクトリー」の中で、潜水艦基地での混乱と惨状をこう描写している。「カヴィテは炎上する屠場と化した。五〇〇人が死に、さらに多くの者が負傷した。シーライオンが失われたのに加え（五名が戦死した）、潜水艦隊はカヴィテ基地の全潜水艦修理施設、魚雷調整工場、全部で二三三本のマークXIV魚雷を失った。……潜航している潜水艦に送信するための低周波無線用の櫓も壊された。……潜水艦隊がカヴィテ基地から持ち出すことが出来たのは約一五〇本の魚雷と幾つかの予備の部品だけだった。……それらはコレヒドール島のトンネルに移された」

パールハーバーと違って日本軍はカヴィテを徹底的に叩きのめすために、さらに数日間反復攻撃を加えて来た。しかし一二月一一日までに二二隻の潜水艦が、増援部隊を乗せてフィリピンに向かっていると思われる敵船団を捜して攻撃するために出港した。

敗北と屈辱の騒然とした黒い雲の中で一筋の銀色の線を見出そうとするニュースがあり、またラジオのコメンテーター、ガブリエル・ヒーターは、元気づける冒頭の言葉「今夜はいいニュースがありますよ」で自分の夜の番組を始めたけれど、実際のところ戦争が始まってからの数ヶ月の間はよいニュースは、ほとんどなかった。アメリカと同盟国は太平洋の至る所で劇的な形で負け続けていた。

　一九四一年一二月一八日、日本軍は香港島に上陸し、降伏したイギリスの兵士を野蛮にも殺した。二〇日にはフィリピンのミンダナオ島を占領し、四日後にはダグラス・マッカーサー将軍は脅威の迫るマニラの司令部を捨てて、要塞化されたコレヒドール島に移った。

　しかしながらフィリピンのバターン半島での完敗ほど、アメリカの抵抗の無益さと日本の戦術の優秀さを表わす敗北はおそらく他にないであろう。一九四一年一二月二二日、本間雅春中将指揮下の四三、〇〇〇人の大日本帝国陸軍部隊が、フィリピンの主要な島であるルソン島のリンガエン湾の海岸に船を乗り上げ始めた。そして戦闘しながら首都のマニラに向かって南へと進んだ。進軍の各段階ではマッカーサー指揮下の、前途に希望のないアメリカとフィリピンの部隊の粘り強い抵抗を受けながら。しかしアメリカ軍とフィリピン軍は、いつまでも抵抗できないことも、侵攻軍を海に追い落とすこともできないことも明らかだった。

　日本軍の攻撃を受けると敗北するという絶望感が広がった。クリスマスの日、香港のイギリス守備隊は武器を捨てて降伏した。五日後、マレーのイギリス軍の多くも降伏した。新年の日、天皇裕仁の兵士たちはラブアン島（訳注：ボルネオのサバ州の西の沖にある島、マレーシアの一部。日本の占領後ボルネオ守備軍司令官だった前田中将にちなんで、前田島と呼ばれた）を攻撃した。翌日、日本軍は自分の所有地のようにマニラに気取った足取りで歩いて入った、現在も気取って歩いているが。

　アメリカ軍とフィリピン軍はマニラからの撤退を余儀なくされた。進出してきた日本軍はフィリピン人に恐ろしい苦しみを与えた。元海兵隊員のウィリアム・マンチェスターは、その著作の中でこう書いている。「時間が経って大東亜共栄圏の痛みが薄れて来た。しかし日本人は野蛮な敵であり、少なくともスペイン人と同じように無慈悲で残酷だったことは覚えておくべきである。マニラではほぼ一〇〇、〇〇〇人の市民を虐殺した。病院の患者はベッドに縛りつけられて焼かれた。赤ん坊の目の玉はえぐり出されてゼリーのように壁に塗り付けられた」

一九四二年一月一〇日までに猛攻撃を受けたイギリス軍は、マレー半島のクアラルンプールとそのスイーテンハム港を放棄せざるを得なくなった。ニューブリテン島の重要な海軍基地兼空軍基地であるラバウルも征服者の手に落ちた。この月の終わりにオランダ領ボルネオの、石油が豊富に産出するタラカン島（訳注：カリマンタン島の東側、セレベス海にある）が日本に占領された。アメリカ軍とフィリピン軍はバターン半島に押し込められた。そこからの唯一の脱出路は――もし脱出が可能ならばであるが――海しかなかった。陸軍参謀総長ジョージ・C・マーシャルはマッカーサーに、援軍が向かっている途中であると言った。しかし実際のところ援軍は来なかった、援軍など送ることはとても出来なかったから。

日本軍はマッカーサーの兵士に圧迫を掛け続けている間にも、太平洋のたくさんの島を手中にして、オーストラリアにも侵攻しようとする脅威を与えていた。

出来るだけのことはやろうとして、哀れにもアメリカの数隻の潜水艦が何百万平方キロもの海をカバーして〝自由な戦闘〟をしようとしたが、日本本土から日本が支配する南方の港へ向かう何千という敵の軍艦、輸送船、タンカー、軍需物資・大砲・車両を満載した貨物船にたいした被害を与えることは出来なかった。あたかも小さなオランダの少年がパナマ運河大に開いた穴に自分の指を突っ込むように言われたみたいだった。

何千という敵の艦船が進出してそこの海域にいたので、その数を減らすにはさらにもっと多くの潜水艦が必要だった。しかし潜水艦の数が不足しているよりも、もっと深刻で表に出ない問題があった。アメリカの魚雷の欠陥である。

魚雷の不調を訴える報告が次から次へと兵器局に届き、たくさんの腐った魚のように提督の机の上に積み上げられた。初めは海軍のお偉方はその山と積まれた証拠を認めるのを拒み、その問題を艦船の艦長と乗組員の無能のせいにしていた。何人かの最高級の将校は問題は魚雷にあるという見解を拒否していた。その中にはアメリカ南西太平洋潜水艦隊司令官ラルフ・ウォルド・クリスティーもいた。彼は潜水艦乗りの一番強い擁護者でなければならなかったのであるが、他の将校と同じように潜水艦乗りを非難したのだった。

クリスティーが魚雷の欠陥を認めることに反対した大きな要因は、一九二〇年代と一九三〇年代に、彼が近代魚雷の開発に深く関わっていたからである、特に最高機密の磁気信管に関して。それで彼はその地位を高めた。海軍省の神聖な大広間では、クリスティーは「ミスター魚雷」として知られていた。

ラルフ・ウォルド・クリスティ提督

海軍兵器局は特に批判に敏感であり、魚雷に欠陥があるかもしれないという報告は認めなかった。艦長と乗組員が魚雷の間違った射ち方をしただけかもしれないと兵器局は反応した。あるいは潜水艦乗りが単に戦闘を避けていただけか、怖気づいていただけかもしれない。敵の船に対して間違ったところを見ていたかもしれない。多分もっと訓練が必要だろう。

〔原注：海軍兵器局は潜水艦乗りからはあまり評価されていなかった。潜水艦乗りはそこの将校たちの派閥性によって、兵器局を「銃砲クラブ」と呼んだ。クレイ・ブレアはこう言っている。「まるで最悪の軍事官僚主義のように仕事を行なった、ゆっくりと、慎重に、想像力に乏

しく、そして時々愚かに」〕

潜水艦隊の指揮官たちは自分たちの訓練、魚雷射出の技量、勇気、そして義務への献身に対する疑いを挟まれた時、激しく怒った。彼らは反駁した、いいや、魚雷が正しく作動していないんだと。兵器局と艦長たちは言い争った、当然のこととして。潜水艦部門の若手将校たちはセオドア・ロスコー（訳注：『第二次大戦におけるアメリカ潜水艦隊の作戦』の著者）にこう書き送った。「自分の命を魚雷に賭けている。苦情を認めてきちんと原因を追求するのを拒否して、そのために是正を遅らす机上の空論家と官僚主義の怠け者に対して激怒している。巨大な軍事機構……変わることに抵抗する。雪崩のような早さが必要な所で、亀のようにのろのろとしか動かない」

問題点が何であろうとも、日本軍が海を全面的に支配する前に、確認し訂正することが――それも素早く――必要だった。

もちろん魚雷の欠陥問題は最高機密で、敵がそれを利用しないように弱点を知られてはならなかった。ともかく潜水艦について触れる時、新聞には不確かで希望に満ちた話が溢れていた。この小さな船が日本海軍をどのように襲撃して大きな損害を与えているかというような話が。

しかし、すべてのニュースが見通しの明るい見解で伝えられるはずはなかった。ルーズベルト大統領が議会へ宣戦布告を要請する中で使ったように、パールハーバーへの「いわれのない卑劣な攻撃」以来ずっと、ロン・スミスと級友は非常に詳しく戦争の進捗状況を追い続けてきた。ハモンド・タイムズを読んで、ドイツのUボートが大西洋で船を次々と沈めているとか、遠く離れた太平洋の前哨陣地が次から次へと攻略されているとか、ウェーキ島の兵士のように英雄的に戦って負けた者がいるとか、野蛮な日本の兵士は降伏した者を軽蔑にも値しないと見なして、アメリカ、イギリス、オーストラリア、フィリピン、オランダの捕虜を――多数の看護婦と無力な負傷者を含めて――罰せられることなく虐殺したとか。無力な武装していない敵の兵士を殺すことは、戦士の掟である〝武士道〟ではっきりと禁じられていた。しかし多くの日本兵はねじ曲がった名誉の考えでもってその掟を踏み外し、残虐行為を許すか自ら関わったのだった。半世紀後にイスラム過激主義者が行なうのと同じことを。

ロン・スミスが自分のやる気を父親に示すのを待っている間にも、戦争はロンなしでどんどん進んでいた。ゲートにいる競走馬が緊張してスターターの合図に聞き耳をたてているように、ロンと仲間たちは制服を着て報復を始めたくて、うずうずしていた。

一二月八日の月曜日に、アメリカ議会が四七〇対一の投票で日本への宣戦布告を決めると、国中の若い男（若い女性も）はすでに徴兵センターに群れをなして集まり、列を作って並んでいた。その列は時々何ブロックにも伸び、全員入隊して国のために役立つことを熱望していた。

パールハーバーへの攻撃は多くのアメリカ人には驚きであったけれど、次の世界大戦にアメリカが巻き込まれるのは避けがたいと多くのアメリカ人は思っていた。アメリカのほとんどの人間が一〇年間近くヨーロッパで厄介な事態が進展するのを不安な気持ちで見つめていた。アドルフ・ヒトラーという名前の、正体のはっきりしない民衆扇動家が一九三三年ドイツの首相になるという事態：一九三五年のイタリアの独裁者ベニト・ムッソリーニによるエチオピアへの侵攻：ドイツとイタリアがファシストのフランシスコ・フランコのスペイン奪取を支持して援助を与えたこと：ドイツのラインラント進駐：ヒトラーがチェコスロバキアを脅してズデーテン地方を割譲させたこと：そしてドイツのオーストリア併合などである。一方、極東――エキゾチックで神秘的な東洋――で起こっている出来事に不安の目を向けるアメリカ人は非常に少なかった。

このようなアジアの状況への無関心は、後から振り返って考えれば驚くべきものに見える。日本の侵略行為に西洋で怒りが増していたのは明白であり、しかもヨーロッパで厄介な事態が進展するよりもずっと前から続いていたからである。戦争に進むという大日本帝国の見たところ〝いわれのない〟決定は、何年間にも及ぶみくびりと侮辱に気づいて（事実そうだったのだが）なされたのだった。

特に日本をいらだたせたのは、第一次大戦が終わった後の日本以外の戦勝国による馬鹿にしたような態度だった。第一次大戦の時はよく知られているように、日本は太平洋の多くの島々からドイツ皇帝の軍隊を追い払うことで連合国側を助けた。その報酬としてマーシャル諸島、カロライン諸島、マリアナ諸島、そしてパラオ諸島の委任統治権を与えられた。しかしながらこの報酬と共に、日本が力を伸ばすことに対する制限も加えられた。

それと同時に戦後の日本は未曾有の好景気に沸いた。しかし日本には世界の工業国家となるのに必要な天然資源がなかった。石炭、石油、鉄鉱石、ボーキサイト、ゴム、鉛、ニッケルやその他の産出物が。一方、日本の近くにはこれらの資源が豊富にあった。どうしてそれらの国に侵攻して自分たちが必要なものを取ってはいけないのか、民主的な政府のリベラルな政策にいら立っていた日本の超保守的な軍事指導者たちは議論した。その結果、軍国主義者はこう言った、日本人は人種的にも文化的にも優れている、天皇は神である、日本人は世界を支配するよう天から定められている。

軍国主義者たちは政府が一九二二年、ワシントン海軍軍縮条約（後に一九三〇年と一九三六年のロンドン海軍軍縮条約が取って代わる）に調印した時、激怒した。海軍の軍備を制限し、日本に太平洋に新たな軍事施設を作るのを禁じたからである。アメリカの反日感情の高まりで一九二四年に日本移民の受け入れ停止が決まった時、事態は悪化した。西洋、特にアメリカに押さえつけられ侮辱されていると思い、日本の軍国主義者は膨張主義のゴールを見つけるために、他の所に注目した。

目先のことしか考えなかった。

一九二六年、中国は混乱状態にあった。蔣介石率いる国民党と毛沢東の共産党は北部地域で軍閥を打破するために力を合わせた。しかし一九二八年、両者は決裂し、内戦が始まった。この混乱は日本の軍国主義者に乗じる機会を与えた。一九三一年に〝事件〟を作った後（訳注：柳条湖事件を指す）、大規模な日本軍が中国の領土である満州の南部と中央に侵攻した。電光のような早さで侵略者は多くの土地を手に入れ、満州国と名づけて傀儡政権の支配下に置いた。

この行動はアメリカに日本との貿易制限をさせることとなった。それは日本の軍国主義者をさらに激高させ、日本国内に反アメリカ感情を沸き立たせる結果になった。そしておそらく日本をファシスト陣営に押しやる手助けをした。一九三六年後半、日本とドイツは互いに共産主義に反対するのを誓約する防共協定に調印した。翌年イタリアもこの協定に加わった。そしてこの三国は「ローマ・ベルリン・東京枢軸」、あるいは単に枢軸国と言われるようになった。

日本にとってアメリカは張子の虎でしかないように見えた、空威張りしているが決して噛みつかないと。一方ではアメリカは、日本が自国内部のことだと思っている事柄に首を突っ込もうとしているように見えた。しかし他方では国際連盟に加入するのを拒否して、世界情勢に超然として傍観者のままでいようとしていた。国際連盟はアメリカの大統領ウッドロー・ウィルソンが非常な情熱を傾けて作ったもので、国家間の争いを解決するのに役立った機構だった。

つまるところアメリカの中立的な姿勢と、全世界で増大している危機に対して指導的な役割を果たすのを好まない態度は、単に更なる侵略を招いただけだった。例えば一九三七年一二月一七日、アメリカの砲艦パネーとイギリスの砲艦レディーバードは、中国の南京近くの長江で日本の航空機の攻撃を受けた。パネーは一九二〇年代から長江で哨戒活動を行なっていたアメリカの五隻の船の一隻で、国際協約に従って通商のハイウェーとして長江を利用していたアメリカの船舶を盗賊・無法者から守っていた。

パネーは進撃して来る日本軍の矢面に立たされた南京から避難して来ていた、アメリカの大使館の最後の職員一行を運んでいた。また長江を遡(さかのぼ)る三隻のスタンダード石油会社のタンカーを護衛していた。日本軍の飛行機は急降下して二時間以上にわたってパネーを爆撃し、かつ漂流している残骸にすがりついている生存者を機銃掃射した。三人のアメリカ人水兵が殺され、四三人の乗組員と五人の民間人が負傷した。ルーズベルト大統領は激怒し、大統領顧問団は様々な対応と報復について討議した。しかしながら、日本を攻撃するのを望むアメリカ人はほとんどいなかった。それでこの事件は政府とマスコミによって重大な事件とは扱われなかった。アメリカの務めなのに行動しなかったことは日本を勇気づけただけだった。

今や日本が中国東部の大部分を支配下に置くようになり、そして一九三九年の初めに海南島に侵攻し、スプラトリー諸島を占領した。これらの島は大日本帝国が東南アジアに勢力を広げようとする時に、絶好の空軍基地と海軍基地となる場所だった。日本の軍国主義者は、か弱い〝青年王〟裕仁を名目上の君主として玉座に据えながら、選挙で選ばれた政府を退け、国を支配した。今や軍国主義者は己の道を進み、己の政策を遂行しようとしていた、世界の世論を無視して。

超右翼の陸軍将校東條英機は一九三八年に短期間、陸軍大臣に任じられていたが(訳注：この時は陸軍大臣ではなく次官だった)、一九四一年(訳注：一九四〇年の間違い)七月、その職に再び指名され、アメリカに対する厳しい方針を含む好戦的な態度を再び始めた。同じ月にインドシナ南部に侵攻した。アメリカは日本へのすべての輸出品(貴重な鉄と石油を含む)の全面的な停止を決めた。おそらくこの行為が他の何よりも戦争への歩みを確実にしたであろう。

一九四一年一〇月一六日、東條は総理大臣になった。彼とその取り巻きは日本に残された唯一の道は、アメリカ、イギリス、オランダとその他の植民地の支配者を太平洋から叩き出すことだと決心した。一度（ひとたび）これらの敵対者を駆逐すれば、日本は東洋の豊かな鉱物資源を邪魔されずに好きなように使え、鉄壁の防衛陣を築くことができ、アメリカが必ず日本本土へ侵攻して来るのを待ち構えられると東條は考えた。一種の早期警報網を備えるために、大日本帝国の将軍たちは、日本の支配下にない太平洋の島々に侵攻して強力な軍事基地を作ることを計画した。シーレーンを完全に支配すれば、日本は人員、物資、食糧、弾薬や他の補給品をこれらの前哨陣地に好きなだけ運べ、敵の攻撃に対して強固な陣地に出来る。

しかしまず初めに近くにある二つの棘、ハワイとフィリピンの海軍基地を無力化する必要がある。日本とアメリカの間の平和な日々の終わりはすぐそこだった。

アメリカもまた日本との戦争になった時どうすべきか、何年にも及んで計画して来た。アメリカの方針は基本的に日本に最初の一発を撃たせるということだった。アメリカの陸軍省（訳注：一七八九年から一九四七年に国防・軍事を担当した連邦政府の省。一九四九年に国防総省に吸収）は、第一次大戦後に「オレンジ作戦」と呼ばれる作戦計画を練り上げた。それは数個の要素を前提にしていた。第一に日本の攻撃の前には充分な警告があるだろう。第二には戦闘行為が勃発する前に日本から宣戦布告がなされるだろう。第三に太平洋に基地を置くアメリカ航空隊は日本海軍の動きを追跡して、どんな攻撃よりも前に正確な情報を与えられるだろう。しかし、これらの仮定はすべて間違いだったことが証明された。（訳注：「オレンジ作戦」はアメリカの海軍が中心になって作成した戦争計画である）

一〇年間の経済不況と高度の失業率で荒廃したけれど、アメリカは依然として世界で一番強力な工業国家だった。ウィリアム・オニールが指摘したように、「一九三八年にはアメリカは世界の生産高の二八・七％を占め、それに比べるとドイツは一三・二％、日本は三・八％」だった。それを別としてもアメリカ人は仕事、家族、社会制度への敬意、そして自分自身と国家への自信に基づく普遍的な文化を支持する誇り高き人間だった。枢軸国がアメリカに宣戦布告した時に、これらの無形のものを勘定に入れることを無視した。アメリカの工業生産力を知っていたとしても、それを過小評価した。アメリカ人は軟弱で、民族的・人種的分裂で弱くなっていて、消費物資に過度の愛着を抱き、武勇の精神を侮蔑していると見なしていた。偏見は決定的に重大な結論をもたらすことはなかった。

ゴードン・プラングは、その叙事詩的な著作「その日真珠湾は眠っていた」で、「多くの日本人はアメリカは中身のない貝殻で、国民は政治的に分裂しており、贅沢な生活と退廃的な精神で軟弱になっていて、たくましく規律ある日本人にはかなわないと信じていた。しかし、山本五十六大将は優しい巨人は遥か遠くに押しやられ、パールハーバーは運命の終わりになるだろうことを知っていた」

しかしこれまでのところ、巨人は総力戦への準備は出来ていなかった。約十年間世界が戦争に向かって滑り落ちるのを見ながら、アメリカは一九三九年、ドイツがポーランドに侵攻した時でも、兵役に服している人数は四〇〇、〇〇〇人以下だった。アメリカ軍は世界で一五番目の大きさの陸軍しか持たず、スペインとインドのような国より少なかった。

アメリカはその当時は日本のゼロ戦を凌ぐ飛行機を持っていなかった。また充分な規模の、またはそれに準ずる規模の地上軍や、執拗な敵からたった一つの太平洋の島を奪い取るのに充分な訓練を積んだ部隊もなかった。そしてパールハーバーの結果として国中を愛国熱の大波がおおったが、アメリカ人のやる気は次の数ヶ月間低下しなかった。ラジオの実況放送と新聞の見出しが、日本が次々と勝利を重ね、太平洋を掃討してアメリカ西海岸に近づいていると警告した数ヶ月の間も。

第二章――大日本帝国の進撃

一九四一年の最後の三週間と一九四二年の初めの三ヶ月間は、暴風のような日本の勝利の連続と、打ちのめされた連合国の敗北しかなかった。ウィリアム・マンチェスターが述べるように、「大日本帝国の侵攻する兵士にとって黄金の日々だった」

日本の突如とした比較的容易な勝利は、眼鏡を掛けたもの静かな天皇裕仁には心配だった。それで側近に懸念を洩らした。「戦争の果実はあまりにも早く我々の口に入ってきた」しかし天皇はマンチェスターが言うように、彼の「そのような懸念を抱いていない有頂天になった将軍や提督」を説得して、その果実を吐き出さすためには何も出来なかった。将軍や提督たちは白人優越の神話を打ち砕いたのが分かっていた。その当時はあらゆる面で連合国より勝っていた。戦略は優れており、戦術は実に巧みだった。海軍と空軍はより大きく腕が立った。歩兵は充分に準備を整え経験も積んでいた。水陸両用作戦では……部隊をすべて波の打ち寄せる砂浜に上陸させることは、西洋では夢の段階でしかなかった。

アメリカ海軍の多くはぼろぼろになり、アメリカの空軍力もほぼ無くなる程になった。地上軍は死ぬか、退却するか、降伏するかして、太平洋から一掃され、日本に対してすぐに大規模な反撃をする望みはないように見えた。

しかしアメリカには太平洋で敵に戦いを挑むことが出来る部隊が一つだけ残っていた、潜水艦隊だった。小さな部隊だったが、――押し寄せる象の群れを停めようとする蟻みたいな戦力だった――勇敢で、太平洋を支配しようとする日本の進撃を阻止するために、潜水艦乗りは時々向こう見ずなことを企てた。

一九四一年一二月の最後の三週間の間に、アメリカの三九隻の潜水艦はパールハーバー、フリーマントル（訳注：オーストラリア南西部パース市郊外の港市）、フィリピンを出港して最初の戦闘哨戒に出掛けた。一四隻は二度目の哨戒に、一隻――エイドリアン・ハーストのパーミット（訳注：アジ）（SS－178）は三度目の哨戒を行なった。その結果は落胆したという程度ではなかった。完全に打ちのめされるものだった。

しかしながら少しの成功はあった。マニラを基地とする三隻の潜水艦はどうにか戦果を上げた。一二月一六日、チェスター・C・スミスのソードフィッシュ（訳注：メカジキ）（SS－193）は輸送船を一隻沈めた。一方、敵のもう一隻の貨物船が一二月二二日、レフォード・G・チャペルのS－38（SS－143）によって海底に送られた。次の日、三隻目の貨物船がケネス・C・ハードのシール（訳注：アザラシ）（SS－183）によって沈められた。

この一九四一年一二月の最後の三週間の間に、少なくとも他の一一隻の潜水艦が目標を捕らえ魚雷を発射したが、確実な打撃はなかった。一九四一年一二月一四日、通常はマニラを基地としていたフレドリック・B・ウォーダーのシーウルフ（訳注：オオカミウオなど大型で大食する魚の総称）（SS－197）は、ルソン島の東海岸にあるアパリの港に気づかれることなく忍び込んだ。その前日、小規模な日本軍部隊がそこに上陸していた。水上機母艦が錨を降ろしているのを見て、ウォーダーは新しい磁気信管を装備した四本のマークXIV魚雷を扇形に発射した。しかし爆発しなかった。

魚雷が完全に目標から外れたのか、信管が起動するのに失敗したのか、とにかくそのどちらかだった。港から出る途中で、ウォーダーはさらに四本の魚雷を発射したが、やはり爆発しなかった。クレイ・ブレアが記しているように、「ウォーダーは怒り狂った。彼は港の中に侵入して貴重な八本の魚雷を発射したのに成果はゼロだった」

悲しいことに他の多くのアメリカ潜水艦ももっと幸運だったわけではない。艦長たちの戦闘哨戒の報告書は、まるで好機を逃したことと断腸の思いの失敗の羅列みたいだった。台湾の近くでオーストラリアのフリーマントルを基地とするビル・ライトのスタージャン（訳注：チョウザメ）は無防備なもってこいの標的の貨物船に水上攻撃を掛けた。四本の魚雷はすべて外れたか不発かだった。マニラを出港したテッド・エイルワードのシーラヴァン（訳注：ケムシカジカ）も台湾の近くで二隻の貨物船に攻撃を掛けたが、打撃を与えられなかった。

一方、パーチ（訳注：スズキ）（SS－176）に乗るデヴィッド・ハートは大型の輸送船団を視認しながら、すべての魚雷が狙った所にぐさりと命中したか確認できなかった。ハミルトン・〝ハム〟・ストーン指揮下のスナパー（訳注：フエダイ）（SS－185）は貨物船を攻撃したが、その船は無傷で逃げ去った。バートン・E・ベーコンが舵を取るピカレル（訳注：カワカマス）（SS－177）は一本一万ドルの値打ちのある魚雷を哨戒艇に向けて五本発射したが、一本も命中しなかった。ロランド・F・プライスのスピアフィッシュ（訳注：フウライカジキ）（SS－190）は敵の潜水艦を四本の魚雷で攻撃したが、これもまた成果はなかった。

チャールズ・L・フリーマンが指揮するスキップジャック（訳注：カツオ）（SS－184）も同様の落胆する哨戒になった。最高級の目標、日本の大型空母を見つけて、フリーマンは仕留めるために近づき、三本の魚雷を発射した。そして一つも爆発しなかった時、はらわたが煮えくり返った。クリスマスの日、フリーマンは今度は重巡洋艦に近距離から再び雷撃したが、空母と同じように標的は生き延びて、この後も戦った。一九四一年の大晦日、ルイス・ウォーレス指揮下のターポン（訳注：イセゴイ）（SS－175）は軽巡洋艦の後を追ったが、命中弾を得られなかったため新年のお祝いはなかった。

少なくとも七〇本の魚雷、価格にして七〇万ドルを発射した結果、フリーマンとウォーレスは一二月に敵の船二一隻、総計一二〇、四〇〇トンを沈めたと報告した。しかしながら日本海軍の資料を入手して編集された戦後の記録では、実際には六隻の船、総計二九、五〇〇トンを沈めただけだった。幸先の良いスタートではなかった。

戦争のこの初期の段階で、多くの問題に直面した時でさえも、潜水艦勤務の伝説が作られていた。一番風変わりなものの一つが「赤い潜水艦」の伝説だった。一二月八日に日本軍がフィリピンのカヴィテ海軍基地を攻撃した時、ウィリアム・E・〝ピート〟・フェラルのシードラゴン（訳注：ミツマタヤリウオ科の魚の総称）は総点検を受けていて、全面的な塗り替えも行なっていた。塗り替えを終える時間がなかったので、シードラゴンは鉛丹（えんたん）の下塗り用ペンキのままで出港した。

ラジオでプロパガンダをしていた東京ローズは、この風変わりな色の船の噂を聞いて、アメリカには「赤い海賊」の艦隊があり、日本の海上輸送路を襲撃・略奪していると、聴取者に放送した。そしてこの犯罪的な海賊たちを必ず捕まえて処刑すると約束した。この放送内容を知ってシードラゴンの乗組員は大笑いした。

数ではかなり圧倒されていたけれど、アメリカの古ぼけた潜水艦はベストを尽くして、日本の司令官たちに太平洋を我が物にしたと思い込む前に二度思案させた。一九四二年一月二日、グレイバック（訳注：コククジラなど背中が灰色の魚や水生動物の総称）の艦長エドワード・C・ステファン少佐は、パールハーバーを出航してソロモン海で二、一八〇〇トンの巨大な潜水艦伊－一八を沈めた。

(訳注:日本側資料では伊−一八がグレイバックの雷撃を受けたのは一九四三年一月三日未明で、この時は無事だったが、二月一一日にアメリカ艦隊により撃沈されたとのことである) 一月二四日、日本軍がボルネオの南東海岸にあるバリクパパンへの上陸を準備していた時、アメリカの四隻の駆逐艦と七隻の潜水艦——その中にはフリーマントルを基地とするウィリアム・L・ライトのスタージャン(訳注:チョウザメ)(SS−187)もいた——から成る機動部隊は攻撃を掛け、水陸両用作戦を混乱させ、一六隻の輸送船のうち四隻を沈めた。この侵攻は阻止できなかったけれど、損害を与えたことでアメリカ海軍の戦争での最初の「勝利」を印した。取るに足りない「勝利」だったが、ほんのかすかな希望の光を示していた。(訳注:バリクパパン沖海戦、アメリカ側呼称:マカッサル海峡海戦、七七ページの地図参照)

もし魚雷が信頼できるものだったならば、希望はもっと大きくなっていただろう。アメリカの潜水艦はマークVI磁気感応起爆装置を付けた、最新のマークXIV蒸気推進魚雷を装備していた。多くの魚雷が目標に接触するか、接近したのに爆発に失敗したのが唯一の問題ではなかった。不可思議な理由で早く爆発したり、発射して数秒後に、あるいは目標への途中で爆発した魚雷もあった。

マニラを基地としたサルゴ(訳注:イサキ)(SS−188)の艦長ティレル・D・ジェイコブは一度の哨戒で両方のいまいましさを経験した。一九四一年一二月一四日、フランス領インドシナ(後のベトナム)のカムラン湾の日本の大きい港の近くで大規模な輸送船団に遭遇したので、ジェイコブは魚雷を一本発射した。その魚雷は発射管を離れてから一八秒で爆発し、危うくサルゴをばらばらにするところだった。二四日にジェイコブはボルネオの北で積荷を満載した三隻の輸送船に対して五本の魚雷を発射したが、命中弾はなかった。三日後、サルゴは二隻の貨物船と一隻のタンカーを追跡したが、また命中弾はなかった。

サルゴの最初の戦闘哨戒で発射された一三本の魚雷は全部でアメリカの納税者に一三万ドルの負担を掛けたが、一本も敵の船の塗料を剥ぎ取るだけの成果も上げなかった。サルゴのしていることは、ただ唾を吐いているだけのようなものだった。ジェイコブの下には充分な訓練を受けた乗組員がいたので、操作している者の誤りではないことが分かっていた。「ブリキの魚」のせいに違いなかった。ジェイコブはデータを分析し、計算し、そして答を出した。マークXIV魚雷はセットしたよりも三メートル深く走り、磁気起爆装置が起動するようにしたよりも敵の船体のずっと下を通り過ぎたのだった。ジェイコブは魚雷下士官に深度をもっと浅くセットするように指示して補正したが、当てずっぽうにしか過ぎないのは分かっていた。

数日後、ジェイコブは速度の遅いタンカーを見つけ、一本の魚雷をちょうど三メートルの深さで走るようにセットして発射した。砲術長は射程と魚雷の速度を計算した後、指揮所でストップウォッチを手にして待機して、もし魚雷が正確に作動しているならば、炸裂するまでの秒数を計っていた。爆発音がするに違いないと思った瞬間にも、何の音もしなかった。ジェイコブは潜望鏡を上げてタンカーが楽しい航行を続けているのを見た。沈没を免れたのは明らかだった。

ジェイコブは落胆し怒り狂って、魚雷が正しく作動しない問題を上級の司令部に報告した。魚雷の問題はまもなく海軍内で大きな物議を醸すことになるだろう。

アメリカの戦争努力はほとんど成果をあげなかった。潜水艦の艦長たちが船と乗組員の命の危険を冒して何千キロも航行し、敵が支配する海域に入って、標的を見つけ魚雷を発射したが、その結果は狙った目標が無傷で去ってゆくのをどうしようもなく失望しながら眺めるだけだった。しかしこれがまさしく起こっていることだった、それも大規模に。

一九四二年一月にアメリカの潜水艦が沈めた船の数は、ほんの取るに足らないものだった。その月にパールハーバーから出港した六隻の船のうち、三隻だけがともかく命中を記録した。敵の船わずか四隻で、全部で二三、二〇〇トンだった。スタン・モーズリーが指揮するポラック（訳注：タラ）は一月五日に東京湾の近くで一隻の商船を沈めた。そしてデイヴィッド・C・ホワイトのプランジャーはその名に恥じないように、一月一八日に一隻の貨物船を紀伊水道の近くの波の下に沈めた（訳注：プランジャーには沈めるものという意味がある）。グレンフェルのガジャン（訳注：セイヨウカマツカ、コイ科の淡水魚）は敵の潜水艦伊－一七三号を一月二七日に大日本帝国の海域で撃沈した（訳注：実際はミッドウェー島の西一〇〇キロ）。オーストラリアとジャヴァの基地から出撃した他の八隻の潜水艦はほんの少しましな成果を上げた。といってもその月全部で合計二三、〇〇〇トンになる、たった六隻の船を沈めただけだった。

沈没船の数が少ないのは魚雷の信頼性によるだけでなく、魚雷の数が不足しているのも理由だった。太平洋潜水艦部隊（略称 ComSubPac）の指揮官トーマス・ウィザーズ提督は目標に対して魚雷を「無駄にしている」潜水艦艦長を批判した。もし艦長がすでに一本目の魚雷が命中した目標に対して二本目の魚雷を射ったならば、ウイザーズは貴重な軍需品の「浪費」を非難して縮み上がらせる書き込みをさっと書いたであろう。実際一九四二年一月には魚雷は貴重品だった。パールハーバーには予備として一〇一本しか置いていなかった。クレイ・ブレアはこう書いている。「戦争前の製造計画では、ウィザーズは七月までにさらに一九二本受け取るはずだった、一月に約三六本を。しかしながら、その割当量は最近は一月二四本に減らされた。指揮下の潜水艦が魚雷を使う割合では、ウィザーズは七月になるまでに五〇〇本以上必要としただろう。この要求を満たすには製造量を劇的に増やすしかなかった。もし艦長たちが慎重でなかったならば、パールハーバーはすぐに魚雷が不足しただろう」

そして潜水艦部隊は、二つの同じ程度に重大な問題に直面した。魚雷の絶対的な不足と、発射しても稀にしか標的を沈めないという魚雷自体の問題である。

魚雷が狙う目標を沈めないことには、三つの大きな理由があった。

第一は魚雷の発射台、すなわち潜水艦が敵に発見されず、攻撃もされずに発射地点に辿り着くのはいつも簡単ではなかった。第二に射程距離が重要だった。潜水艦が目標に近づけば近づくほど、命中する確立は高くなる。反対に遠くなればなる程、魚雷が狙った所へ命中する確立は低くなる。つまるところ動かない目標は、動いている目標よりは命中させるのは遥かに簡単であるのは明らかである。もし目標がジグザグ運動をしていたり、他の回避行動をしていたら、命中する機会はかなり減るだろう。

多くの場合、潜水艦の艦長は少なくとも一本は命中するようにと、魚雷を扇形に射つ。つまり三本の魚雷を数秒間隔で次々に。そして目標が潜水艦にその広い横腹を見せた時に（即ち目標が一番大きくなった時）命中させるのは、「喉を通って下ろそう」（潜水艦の方へやって来る目標に対して正面から魚雷を発射すること）としたり、「スカートを上げよう」（離れていく船の後ろから魚雷を発射すること）としたりするよりはずっと望ましいことだった。

正しいデータを魚雷の誘導システムにセットするのも重要だった。最良の成果を上げるには、魚雷は船の中心線のちょうど真下で爆発しなければならなかった。その爆発で通常は「背骨を折り」、瞬間的に沈められた。もし深く走行するようにセットしたならば、魚雷は目標の船体のかなり下を通り過ぎてゆくだろう。もし浅くセットしたならば、ちょうど喫水線の下に命中して、確実に沈められる損傷を与えられなかった。

絶対にあってはならないのは、注意深く操船して最良の発射地点に達し、目標を確実に捕らえ、正しいデータを魚雷に入力し、適切な瞬間に発射した後、魚雷自体が正しく作動しないことだった。

不幸なことに正しく作動しない魚雷は、アメリカの潜水艦乗りをあまりにも頻繁に苦しめた呪いだった、特に戦争の前半の間に。

第一次大戦の間、たった一つだけの製造所がアメリカ海軍のために魚雷を作っていた。ヴァージニア州アレクサンドリアのアレクサンドリア魚雷本部だった。一九一八年の休戦でこの施設は閉鎖になった。即ちこの大戦は「すべての戦争を終わりにする戦争」と考えられていたから。ワシントン・ロンドン海軍軍縮条約も魚雷の発達に水を差した。世界の国々は戦争と武器を非合法化できると完全に信じていたから。しかし歴史が証明するように、この理想主義は間違った相手に向けられてはならなかった。

一九三〇年代に文明国が新たな世界規模での争いに向かって進んでいる徴候がはっきりと見えた時、ロードアイランド州ニューポートにあるアメリカ海軍魚雷本部——一八六九年、魚雷とその器材、爆薬、電気装置のために海軍の実験施設として設立された——は、水面下の飛び道具のフルタイムの生産に入った。一九四一年七月まで政争によってアレクサンドリア魚雷本部の再開が遅れたためである。この二つの施設に加えてさらに五つの施設——イリノイ州のフォレストパーク、ミズーリ州のセント・ルイス、ワシントン州のキーポート、ミシガン州のゼネラル・モーターズ社のポンティアック事業部、そしてインターナショナル・ハーヴェスター・コーポレーションが魚雷製造の契約を結んだ。潜水艦用だけではなく、駆逐艦と空母用も含めて。戦争が終わるまでに五七、〇〇〇本の魚雷が製造されたのだが、戦争の終了はずっと先のことだった。魚雷は今すぐ必要だった。

たとえ魚雷の不足がなかったとしても、〝ブリキの魚〟が信頼できないという事実は志気を阻喪させた。普通に考えれば、魚雷を発射したあと正常に作動するかどうか保証がないのに、誰が敵が支配する海域に入り込んで、船と乗組員の命を危険に曝したいと思うだろうか？

そしてどれだけ多くの潜水艦長が魚雷の不発問題に関して詳しく述べた報告書を送ったとしても、

太平洋潜水艦部隊や兵器局、その他のどこの人間でも、問題がある事やそれをほんの少しでも認めて適切に直したいと興味を持つ兆しはなかった。いらだたしいように、問題は断続して起こった。ある時は魚雷はうまく作動し、ある時は作動しなかった。もし問題がずっと起きているのでなかったならば、どうやって解決できるだろうか？

こういう状況のため、数え切れないほど多くの敵の船が沈没を免れた。そして太平洋の戦いを長引かせ、多数のアメリカ人の命を失わせる結果になった。

敵の探知を逃れる能力を持っているために、潜水艦は多くの特別な任務に選ばれた。一九三五年、海軍に入ったドゥエイン・ホィットロックは、高度な秘密である日本の暗号通信を解読するために、コレヒドール島の地下道で働いていた数十人の暗号解読係の一員となった。日本軍がバターン半島を進撃して来てコレヒドール島にずっと近づいて、島への上陸が差し迫ったように見えた時、ホィットロックは機密である暗号情報にたずさわる者が敵の手に落ちるのを許すべきではないと言った。それでこのスペシャリストたちを、潜水艦で脱出させることが決められた。

一九四二年一月末日、フェラルの赤いシードラゴンはフィリピンへ戻って、コレヒドールの暗号解読班の避難を開始せよとの命令を受けた。リンガエン湾の入り口を護るために配置された日本の駆逐艦の警戒陣をすべり抜けて、シードラゴンはマリヴェラス海軍基地に舫（もや）い、乗客を乗せ始めた。

〔原注：一九三〇年代に日本はドイツから「エニグマ」暗号変換装置を手に入れ、外交官用と軍事用の通信を送信し解読するために「アルファベット・タイプライター・モデル九七」と呼ばれるコピー機械を作った。アメリカはコレヒドールの洞窟内に暗号解読チームを設置した。このチームは数年間の熱心な努力の結果、日本の「赤」と「紫」の外交官用暗号とＪＮ－二五帝国海軍暗号を解読した〕(home.earthlink.net/~nbrass1/3enigma)

そして広々とした海まで脱け出した時、フェラルはたまたま一隻の輸送船と遭遇し、二本の魚雷――これは時々〝ピクルス（訳注：キュウリの酢漬けのこと）〟と言われる――を発射したが外れた。翌日二月二日、フェラルは五隻の護送船団を発見して攻撃した。そして六、四四一トンの輸送船多摩川丸を沈めた。この船は兵員、トラック、大砲、弾薬やその他のアメリカ兵を殺傷する装備を満載していた。それからフェラルはマリヴェラス海軍基地に戻り、さらに暗号解読班を連れ出し、暫定的にインドネシアのジャヴァ島のスラバヤに運んだ。そこで解読班は安全に必須の技を使うことが出来た。

毎月さらにもっと暗号解読班と分析者が潜水艦で避難した。三月の半ば頃には少数の人間が残るだけになった。ある夜、砲撃の音が遠くで響いていた時、ドゥエイン・ホィットロックは解読班の二人の将校が裸になって武器を手入れしているのに気づいた。「どうしたんです、今夜戦いがあると思っているのですか?」ホィットロックはそのうちの一人の将校ルーファス・テイラーに尋ねた。テイラーは手入れを止めて厳しい視線でホィットロックを見据えた。「日本軍がこの島に上陸して来た時、隊長と私はお前たち全員を撃ち、それから我々自身を撃つと決めた」とテイラーは言った。ホィットロックの血は凍りついた。テイラーが冗談を言っているのではないと分かったから。

何週間もの間、日本軍はコレヒドールへの爆撃と砲撃を続けた。それで島を防衛していたアメリカ軍は対空砲の弾薬が不足した。現在はレフォード・G・〝ムーン〟・チャペルが指揮する潜水艦パーミット（訳注：アジ）は緊急に必要な三インチ砲弾を、マニラの約三二〇キロ南の故障した魚雷艇の側を通ってコレヒドールに運んだ。この魚雷艇は三月一一日にフィリピンからマッカーサーとその参謀たちと家族を避難させた四隻のうちの一隻だったが、エンジンに故障を起こしたのだった。将軍とその側近は他の魚雷艇でミンダナオ島まで行ったが、この船と乗組員は座礁して取り残されていたのだった。チャペルは魚雷艇の乗組員をパーミットに収容して、マリヴェラスへと向かった。

ある夜、ホイットロックと一四人の仲間は大型ボートでコレヒドールからマリヴェラスへ連れて行かれた。しかしパーミットは満員だった。魚雷艇の乗組員に加え、避難が必要な一五人の暗号解読班プラス陸軍の看護婦と士官がいた。それで誰かが魚雷艇の乗組員に降りるようにとの命令を下した。ホイットロックと一四人の仲間は乗る場所を得た。今や一一一人がパーミットに詰め込まれた。「この魚雷艇の乗組員はバターン半島の防衛陣に加わって捕虜になり、何人かは死んだと後になって聞いた。この哀れな者たちを乗せることが出来たのに、潜水艦から降ろしたことを思うと私の心はずっと痛み続けてきた」ホイットロックは言った。

パーミットは暗闇に紛れて出港して広い海に出た。そこで総計二〇〇隻以上の日本の二つの機動部隊を回避した。ある所では三隻の駆逐艦の激しい爆雷攻撃から逃れるために海底に着底した。オーストラリアへの航海には二三日掛かった。そしてホイットロック以下の暗号解読班はメルボルンで安全にその重要な任務を続けた。

コレヒドールが陥落する直前に、一隻のアメリカ潜水艦が極めて重大で尋常でない役割を演じた。コレヒドールの対空砲の砲手は、最初の日には一三機の中型爆撃機を撃ち落として、日本の飛行機を寄せつけないという目覚ましい仕事を行なって来た。しかし必要な弾薬が不足して来た。マイク・フェノのトラウト（訳注：マス）は、三、五〇〇発の高々度用対空弾をパールハーバーからコレヒドールへ運ぶという危険な任務を委ねられた。トラウトはマニラ湾への入り口を封鎖する敵の艦船をどうにかかすり抜けて砲弾を届けた。

帰りの航海のためにはトラウトはバラスト（訳注：船の安定のために船底に積む重量物）が必要になると知って、フィリピンのアメリカ高等弁務官フランシス・B・セイラは素晴らしいアイデアを思いついた。フィリピンの貴重な財産である金と銀が敵の手に落ちるのを防ぐために、その宝を潜水艦で安全にアメリカへ運ぶということだった。

二月の初めの緊張した数日間、その財宝は持ち出され、小さいボートでコレヒドールまで運んだ。そこで財宝はトラウトに積み込まれた。トラウトが出発する準備が出来るまでに、六・五トンの重さになる三一九本の金の延べ棒と銀貨六三〇袋を積み込んだ。両方合わせてバラストは約一、〇〇〇万ドルの値打ちがあった。紙幣は番号を記録した後で燃やした。それから金と銀は無事にケンタッキー州のフォート・ノックス（訳注：アメリカ連邦金塊貯蔵所がある所）に運ばれ、戦後フィリピンに戻された。

〔原注：トラウトは金ほど幸運ではなかった。アルバート・H・クラークの指揮下で一一回目の哨戒活動中に、一九四四年二月二九日、沖縄の南東で敵の輸送船を攻撃している時に、船と乗組員すべてが失われた〕（ロスコー、七九―八〇：www.corregidor.Org/chs/trident/uss-trout;www.history.navy.mil/faq82-1.Htm）

一九四二年二月はアメリカにとってまた暗い月となることを証明するだろう。アメリカの潜水艦長たちがどんなに勇敢で毅然と立ち向かっても、日本の猛進撃を自分たちの力で食い止められなかった。その月チェット・スミスのソードフィッシュ（訳注：メカジキ）がフィリピンの大統領マヌエル・ケソンをルソン島から助け出し、マッカーサーはルーズベルト大統領の命令で司令部をマニラからオーストラリアに移した後、フィリピンは失われたも同然と見なされた。

日本軍があらゆる方向からこの島国に侵攻して来たようだったので、アメリカ軍とフィリピン軍は防衛拠点から徐々に、マニラ湾に突起物のようにぶら下がっているバターン半島へと押しやられた。東條の兵士たちは、数週間にわたって「バターンの戦う厄介な奴ら」を片づけようと努力した。

1942年3月、トラウトがパールハーバーに運んで来た
フィリピン政府の金・銀を水兵たちが降ろしている所

しかし、この「厄介な奴ら」は果敢で英雄的な抵抗にもかかわらず、自分たちの運命が分かっていた。

駆逐艦は潜水艦の不倶戴天の敵だった。小さくて敏捷で、大砲と致命的な爆雷を装備していた駆逐艦は、完全に水面下からの攻撃を撃退できた。しかし度胸のある潜水艦の艦長は駆逐艦に果敢に挑戦した。一九四二年二月八日にマカッサル市（訳注：インドネシアのスラウェン島の南部にある町）の近くの海域で、尊敬に値するS－37のジェームズ・C・デンプシー少佐が行なったように。

夜間航行している大きい輸送船団の進路上の水面にいると気づいて、デンプシーはおいしそうな標的の料理の仕方を考えた。大きな船団は駆逐艦群に護衛されているのを見て、デンプシーは何隻かの「ブリキ缶（訳注：駆逐艦のこと、装甲が薄かったからこう呼ばれた）」を片づけようと決めた。駆逐艦に気づかれるので、護衛している船を攻撃する前にやろうとした。デンプシーは輸送船団に続けさまに魚雷を発射し、隊列の三番目にいた駆逐艦、一、九〇〇トンの夏潮がオレンジ色の火の玉を上げるのを畏れを抱きながら見つめた。

残りの駆逐艦は狂乱して、自分の領分を守るためには何にでも噛みつく犬のように、侵入者を捜すために猛烈な勢いで飛び出した。警戒警報のサイレンが夜の闇に金切り声を上げて響き、ブリキ缶は仲間の一隻を失った仇討ちのために敵を捜し出そうとした。S－37は波の下に潜り込んで、避けられない爆雷攻撃が過ぎるのを待った。

次の一七日間に五回攻撃を行ない、デンプシーは日本の駆逐艦群に対するたった一隻の潜水艦の戦いを続けたが、八日の成功を繰り返すことは出来なかった。しかしながら、戦争が終わるまでにアメリカの潜水艦は総計三九隻の日本の駆逐艦を沈めたと信じられる。

日本は東南アジア一帯で仮借ない進撃を続けた。一九四二年二月一五日、長い間難攻不落と信じられてきたシンガポールのイギリス要塞が降伏した。六二、〇〇〇人のイギリス、オーストラリア、インドの兵士たちは捕われの身になった。打ちのめされるような打撃だったが、もっと悪い事態がやって来た。

戦争の悪いニュースがつるべ撃ちのように続いていたけれど、しおれたアメリカ人の魂を奮い立たせようとして、ルーズベルト大統領は二月二三日の全国民向けのラジオ放送の語り掛け「炉辺談話」で表明した。「我々アメリカ人はこれまでずっと領土を明け渡さざるを得なかった。しかし必ずそれを取り返す。我々と連合国は日本とドイツの軍国主義を撲滅すると誓っている。我々は毎日戦力を増強している。もうすぐ敵ではなく、我々が攻勢に出るだろう。そして日本、ドイツではなく、我々が最後の勝利を勝ち取るに違いない。我々が最終的な平和を作り出すだろう」

しかしながら、差し当たりは大胆な言葉だけが連合国の持つ唯一の武器だった。その軍隊は日本の自称「大東亜共栄圏」全体にわたって領土を与え続けた。二月二四日、イギリス首相ウィンストン・S・チャーチルは国王ジョージ六世に、ビルマ、セイロン、インドの一部、そしてオーストラリアがまもなく「敵の手に落ちる」かもしれないと警告した。次の日、極東イギリス軍の指揮官サー・アーチボルド・ウェーベル将軍はジャワからの撤退の開始を余儀なくされた。一〇〇、〇〇〇万のアメリカ、オランダ、イギリス、オーストラリアの兵士が日本の捕虜になった。

敗走はさらに続いた。一九四二年の二月二八日から三月一日の夜にかけて、ジャワは降伏した。連合国の統合海軍部隊はジャワ海のスンダ海峡の戦いで敗北した。そしてアメリカのアジア艦隊の旗艦である巡洋艦ヒューストンとオーストラリアの巡洋艦のパースの両艦が沈められた。（訳注：日本側呼称：バタビア沖海戦）

フリーマントルを基地とするアメリカの潜水艦パーチ（訳注：スズキ）は、一二月七日以来失なわれた五隻目の潜水艦になった。シーライオン（訳注：アシカ）、S－26（SS－131）、S－36（SS－141）、そしてシャーク（訳注：サメ）I（SS－174）の次に。デイヴィッド・A・ハート艦長のパーチは二回目の哨戒の時、日本軍がジャワを占領するのを阻止するという勇敢だが空しい企てをして、三月一日、カンジェン島（訳注：ジャワ海にある島）の北東を哨戒していた。その時に二隻の巡洋艦と三隻の駆逐艦の攻撃を受けた。無慈悲な爆雷攻撃でパーチは手ひどく損傷した。数箇所で穴が開いたために再び潜航するのは不可能になり、パーチは海上を無力なまま漂った。三月三日、二隻の駆逐艦漣と潮がこっちに残忍な意図を持って向かって来るのを見て、ハートはパーチを放棄するように命令した。乗組員はゴムボートに乗り移ったが、すぐにやって来た敵に拾い上げられた。

悪いことは魚雷がうさん臭いだけではすまなかった。潜水艦が味方から攻撃されることもあった。一九四二年二月二五日ジャワのスラバヤの潜水艦基地から三一人の海軍士官と兵士を乗せた後、サルゴはフリーマントル基地へ戻って行った。三月四日、サルゴはオーストラリア空軍第一四飛行中隊のロッキード・ハドソン爆撃機に発見され、日本軍艦と間違えられた。水上を航行している時に、ブリッジにいたサルゴの見張りは双発の飛行機がこちらに向かって来るのを見た。それがまるで低空爆撃をするように見えたので、飛行機に対して敵味方識別信号を発光した。爆撃機の乗員がその信号を見たという徴候はなく、危機が迫って来た。緊急潜航警報が鳴り響き、ブリッジにいた者は慌てて下に降りた。サルゴは一二メートル潜航したが、その時、二発の爆弾が近くで爆発して艦尾を水面から持ち上げ、艦首を前に突っ込ませ、ローラーコースターが最初に垂直に落ちるように真逆さまにした。

中では乗組員はすべて必死で何かに掴まるか、ブレーキをかけて艦体を水平にできることは何でもやった。艦の姿勢を直す方法がすべて行われたが結局うまくいかず、サルゴは一〇〇メートルまで沈下し、さらに沈み続けた。ジェイコブは乗組員に最後の手段を取るように命令した。即ちすべてのバラスト・タンクを空にして安全に艦首の浮力をふやすことで、乗組員には艦尾に行くよう命じた。

この巧みなやり方は成功したが、また新たな問題が生じた。サルゴが海面に向かって急上昇したのだった！　そしてサルゴはまるで空中に飛び出すように海面に華々しく躍り出て、再び海に突っ込んだ。ハドソン爆撃機はサルゴが浮上したので、また爆弾を投下した。その爆弾は右舷真横の近くで爆発し、電機系統を駄目にしただけでなく、電灯、計器のガラス、二つの潜望鏡のレンズを滅茶苦茶にした。それに加えて衝撃で幾つかの扉とハッチの回りに隙間ができ、水が猛烈に入ってきた。

サルゴの電気係はどうにかこうにか非常用電力を回復した。ジェイコブは艦をある深さに保ったとしたら、水圧がねじれた扉とハッチを圧搾して、隙間は一時的に封鎖されるのが分かった。ジェイコブは一日中その深度を保ち、ハドソン機が基地へと飛び去った後の夜にだけ水上航行した。ジェイコブはフリーマントルに連絡してこの事故を報告し、それで爆撃機の乗員が謝罪のためにドックで待っているだろうと言われた。

サルゴがドックに入った時、確かに非常に恥ずかしそうな顔をした爆撃機の乗員が許しを請うためにそこにいた。サルゴの乗組員は数分間あれこれ考えたが、しかし謝罪を受け入れ、その辺り一帯で握手が交わされた。ハドソン機の操縦士は後に査問委員会によって無実とされたが、事故の件でジェイコブは色々騒がれて悩まされたので、もう解放してくれと頼んだ。サルゴが修理を終えて次の哨戒に出る準備をしたのは一九四二年六月八日だった。今度は新しい艦長が指揮を取った。リチャード・V・グレゴリー、一九三二年海軍兵学校卒で、潜水艦隊で一番若い艦長だった。

一九四二年三月の残りの日々には、追い詰められた連合国にとって勝利の見込みはなかった。イギリス国王でさえ、日記に「将来の見通しを考えると憂鬱にならざるを得ない」と本心を書いた。しかし敵の陣営では事態はまったく違っていた。大日本帝国は一つの勝利から次の勝利へと飛び跳ね、南西太平洋の地図の端から端まで血の痕のように広がり、次にはニューギニアに上陸した。さらにソロモン諸島のブカ島、ベンガル湾のアンダマン諸島にも上陸し、もはやどんなことをしても誰にも止めようがないように見えた。

この時までにマッカーサー将軍と家族は、すでにルソン島から魚雷艇で脱出してミンダナオ島に着いていた。それから「私は必ず帰って来る」という力強い約束をして、オーストラリアのブリスベーンに飛んだ。しかしその約束は、バターンの守備兵とフィリピン人全体にとっては空しい約束に見えた。

四月は三月の終わりと同じくらいひどい状況で始まった。一九四二年四月八日、バターン半島に封じ込められて、少しずつ後退を余儀なくさせられていたジョナサン・M・ウェインライト中将の一二、〇〇〇人のアメリカ人と六四、〇〇〇人のフィリピン人部隊に対して、日本は再び攻撃を開始し、降伏を余儀なくさせた。二、〇〇〇人の兵士がどうにか海を渡って、マニラ湾の入り口を護るコレヒドールの小さな島の要塞に逃げ込んだ。その兵士たちも一九四二年五月六日にやむを得ず降伏した。降伏した兵士たちが続いて起こった「バターン死の行進」に従事させられている間の出来事は、無力な捕虜に対してかつて「文明」国の軍隊が犯した一番忌まわしい犯罪の一つとして、歴史の年譜に記録されて来た。

パールハーバーから四ヶ月、アメリカは太平洋で負け戦を戦ってきた。しかし一九四二年四月一八日、陸軍航空部隊ジェームズ・H・ドゥーリトル中佐率いる一六機のB－二五爆撃機は空母ホーネットの混み合った甲板から飛び立って、アメリカ人を元気づける最初の成果を上げた。大海原を一、〇〇〇キロ以上越えて飛行して、「ドゥーリトルの奇襲部隊」は東京へ向かい、街へ爆弾を投下した後も飛行を続け、中国とシベリアに不時着した。

ビル・アンダーソンのスレッシャー（訳注：オナガザメ）はこのドラマで重要な手助けの役割を演じた。日本の近くまで行って浮上し、目標上空の天候をホーネットに報告した。

〔原注：スレッシャーは一九四二年の六月から七月にかけての次の哨戒で、クウェジェリン環礁とウォトジェ環礁の間の海域でスポーツ・フィッシュ（訳注：リール付きの竿を使うモーターボートからの海釣りで釣る魚）のように捕まった。七月六日、四、八三六トンの魚雷艇母艦を魚雷攻撃して沈めた後、スレッシャーは敵の爆雷攻撃を避けるために深く潜航した。艦体からガチャガチャという音やこするような音がしたので、アンダーソンは日本軍が大きい引っ掛け鉤で自艦を引っ掛けて捕まえようとしていると分かった。そしてそれに成功したのだった！　名前の由来となった鮫のようにスレッシャーは助かるために戦い、螺旋状に回り向きを変え、鉤から自由になった。それで急いでもっと深く潜航した。その航跡には約三〇発の爆雷が爆発した〕（スレッシャー戦時哨戒報告書：en.wikipedia.org/wiki/USS-Thresher）

（訳注：上記原注に魚雷艇母艦とあるが、これは特設水雷母艦の間違いである。水雷母艦は駆逐艦への弾薬、魚雷の補給、整備、軍需品の輸送を行なう船で、そのうちの一隻の神洋丸は四、八三六トンであり、一九四二年七月九日クウェジェリン環礁近くで潜水艦に沈められたと記録されているから、この船のことである。また木俣滋郎著『敵潜水艦攻撃』（朝日ソノラマ）によればスレッシャーは海底に捨てられていた四つ足の大錨を引っかけてしまい、それがガチャガチャという音やこするような音を出したということである）

爆撃の成果についていえば、ドゥーリトルの奇襲は針で刺したような小さなものでしかなかった。しかしアメリカの国民の志気全体には大きな影響を与えた。国内と国外を問わず全国民に、アメリカは大日本帝国の将軍たちがあり得ないと見なすこと——やられたらやり返す——も出来るのだと示した。それはアメリカが攻勢に出るのは近いという希望の最初の兆しでもあった。

中部太平洋と南太平洋へ進出しようとする他に、日本は北の海も支配しようとするだろうと正しく推測して、太平洋艦隊司令部は一九四二年の初めに防備を固めるために、アラスカのアリューシャン列島のダッチハーバーに二隻の潜水艦を送った。この任務のために選ばれたのはS－18とS－23で、この任務は他の何ものにもまして、ものすごい忍耐を試すものとなった。しびれさせるような寒さ、雪、氷、凶暴な海、激しい風が一九四二年の初めの数ヶ月間、潜水艦と乗組員を苦しめた。

一九四二年の三月と四月にはアラスカの潜水艦部隊は、もっと古い八隻のS級の到着で強化された。しかし依然として敵がいる徴候はなかった。しかしながら敵はやって来つつあったのだ。

一九四二年四月、学年の終わりが近づきつつあり、スミティーは一七歳になり、インディアナ・ハーバーベルト鉄道の保線作業員の仕事についた。仕事はきつく骨が折れ、時々危険にも見舞われた。しかしスミティーは父親に海軍が——あるいは敵が——自分に投げて来る問題は何でも処理できることを証明したかった。

スミティーが防腐用のクレオソート処理された枕木に新たなレールを大釘で止めて、巨大なボールドウィン機関車がシュッシュッという音をたてて側を走り過ぎる際に機関士に手を振った時、ス

ミティーは心配になった。戦争もまた自分を通り過ぎてしまうのではないかと。彼は海軍に入隊し

て戦闘に参加するのを強く願っていた。

スミティーが人生で一番望んでいたのは海軍の飛行士になることだった。それで鉄道会社で働いて得た金をすべて貯めて、州境を越えたイリノイ州にある小さなランシング飛行場での週末の飛行レッスンに使った。一時間の飛行教育料を払うためには、ほぼ一六時間の労働の対価が必要だったが、スミティーにはそれだけの価値があった。彼は覚えが早く、ほんの数回のレッスンの後で単独飛行を行ない、飛行士の免許を得た。アメリカの多数の若者は一九三九年の戦争の勃発の後カナダに行って、カナダ空軍かイギリス空軍に入り、可能な限り早く参戦した。他の者は海を渡ってイーグル編隊に加わった。これは六、七〇〇人のアメリカ人操縦士から成る志願兵の編隊で、イギリス空軍と共同して戦った。

一九四二年七月の終わり近く、要求された三ヶ月間働いた後、スミティーは再び父親に海軍の親の許可証に署名するように頼んだ。今回は父親はイエスと言った。それでスミティーはステート通りにある灰色の花崗岩の連邦裁判所ビルの中の、ハモンド海軍徴募事務所に飛んで行った。彼は体つきから条件付きで認められた。小さなスーツケースに荷物を詰めて、父親と兄にさよならを言い、ガールフレンドのシャーリー・リーチと涙の別れをした（その間、彼は勇敢で男らしくなろうと努力した）。それから徴募事務所に戻り、そこで彼と数人の水兵になりたいと熱望している者はバスに乗り、シカゴの連邦裁判所に向かった。それから身体検査のためにシカゴの北にあるグレートレークス海軍訓練センター（訳注：イリノイ州北東部ウォーキーガンの南にある）に行った。もし検査に通ったならば、すぐに「ブート・キャンプ」——海軍の基礎訓練所——を受けることになる。

洞窟のような建物の中で他の数百人の若者と共に、スミティーは下着姿になって海軍の制服一式を渡され、それから次の場所へと行進した。ここで熱心な入隊者たちは一連の検査を受けた。目、

耳、肺、そして心臓を、白衣を着た真剣な海軍の軍医が綿密に検査した。彼らはつままれ、突っつかれ、そして出鱈目に並んだ文字の表を最初は片一方の目で、次はもう一方の目で読むように言われた。色盲かどうかも調べられた。口も調べられた。性病の検査にためパンツを脱いだ。そして向きを変えて咳をするよう言われた。その間、冷たい指がヘルニアの徴候がないか調べた。頭皮も白癬がないか紫外線の光で詳しく検査された。また病気の長いリストの中で、かつて経験したものがあるかどうか尋ねられた（スミティーは猩紅熱についての質問になった時、嘘をついた。何年か前に軽い症状に見舞われたことがあったのだった）。

スミティーは合格することを望んだ、いや祈った。もし兵役に向いていないと宣告されたら、仲間やシャーリーに合わせる顔があるだろうか？　そう思うとぞっとした。海軍の飛行士に成るという夢と、飛行士が受け取る二二五ドルの毎月の給料で頭がいっぱいになった。スミティーは自分自身の姿を生き生きと描くことが出来た。ヘルキャット戦闘機かSBDドーントレス急降下爆撃機に乗って空母の甲板から発進し、自分の飛行中隊と共に薄い雲の中を高く飛行し、敵の軍艦の姿を求めて遥か下の緑がかった明るい灰色の海原をくまなく見渡す。それから雲が切れると、中隊長は眼下に大艦隊を見つける。野ネズミの群れを捕まえる鷹のように編隊は急降下する。もちろん敵艦隊は攻撃を撃退するために全力で立ち向かって来る。日本の砲手は激しく撃って来る。しかし「黄色い野郎ども」は、本当のアメリカ人に勝つ見込みはない。

ロン・スミス少尉には、自分を木っ端微塵にしようと飛んで来る対空砲火の弾筋が目に入る。しかし歯を食いしばって、どうにかそれを通り過ごして、甲板を機関銃で掃射する。敵の水兵が落ちるのを見詰める。それから敵の戦艦の高く重なった艦橋に爆弾を投下する。卑劣な小さい日本人がアリゾナにやったことへの完全なお返しだ。そして上昇し、さらに上昇して飛び去る。しかし機体は穴だらけになり、燃料タンクからは燃料が漏れ、損傷したエンジンからは細い煙がたなびいていた。スミティーは中隊長に手を振って、全てうまくいったと合図する。何の問題もなく母艦へと帰って行く。炎が胴体を焼き尽くそうとし始めているので、着艦は難しい。しかし操縦室から緊急脱出して、奇跡的に無事だった。間もなく三〇日の休暇をもらってハモンドに帰り、うらやましそうな顔をした徴兵不合格の仲間たちとシャーリーに、日本の戦艦を沈めたことで得たメダルを見せびらかす。シャーリーは愛と賞賛の眼差しで彼を見詰める。そしてスミティーは……

「オーケー、そこに沿って進んで」、軍医の助手がスミティーに言い、甘美なヒーローの白昼夢から醒まし、検査の最終段階のために次の施設へと送り出した。

検査に合格したスミティーと他の者は、翌日から四週間の新兵訓練が始まると告げられた。そして兵舎とハンモックを割り当てられ、数種類の制服を支給されたが、そのどれも体に合わなかった。少年を戦士に変える過程がまさに始まろうとしていた。

ジョン・ロナルド・スミスはハモンド高校でコーチのハフィネスが厳しい目を光らせていた、アメリカンフットボールの練習をきついと思っていたが、新兵訓練と比べるとまるでウィッカー公園での教会のピクニックのようでしかなかった。

最初に厳格な訓練教官の辛辣さに満ちた歓迎の辞がやって来た。教官は新兵に、お前らは自分たち古参兵が今まで見たことのない全然値打ちのないがらくたであると言った。教官たちのもっぱらの話題は、だぶだぶのお粗末な青デニムの服を着た、このやせた、にきび面のマザコン男たちが、徴募係がやむなく残ったものからかき集めることが出来た最高の者ならば、アメリカ海軍はまったく困ってしまうとも言った。この元気づける挨拶の後、基地の理髪店へ駆け足で向かった。そこで新兵たちは約三〇秒で丸刈りにされた。その後は一日中健康に良い屋外運動だった。何時間もの休みのないランニング、終わりのない腕立て伏せの繰り返し、膝を深く曲げた屈伸運動、その間ずっと耳の鼓膜を破るような大声の言葉の襲撃。

その後の日々は、ランニングと柔軟体操の単調さを破るために、何時間もの行進と密集部隊訓練があった。密集部隊訓練は大勢の人間がまるで一つの存在であるかのように、百本の足で同一歩調をとって、確実で規則正しい均一なリズムで動くものだった。隊列右へ、隊列左へ、左横を向け、右横を向け、回れ右しろ。実際の所、密集部隊訓練の初めの数日間は厳格な軍隊の動きというよりは、サイレント映画でどたばた喜劇を演じる警官のようだった。しっかりとまとまった一団が絶えず足並みを乱したり、他の一団の進路に侵入したり、間違った方向に回ったり、そして他の隊列にぶつかったりした。

それからロッカーを海軍式のやり方で整理する方法や、制服を海軍風に着ることを教えられた。一人一人の制服、髪の刈り方、衛生状態の頻繁な検査もあった。靴とベルトの留め金を目がくらむほどピカピカするまで磨いた。兵舎の床を病院の手術室よりも清潔になるように掃除した。しかし教官を満足させるほど完全には清潔にならなかった。

ロン・"スミティー"・スミス。1943年撮影

服を着て装備をつけたまま、大きいプールで泳いだ。食堂で食事をした。「食べたいだけ取れ、しかし取ったものは残すな」と注意があった。

教室での勉強では船のあちこちの部分に関して、何世紀も変わらず使われてきた海軍の専門用語と用語法（前檣、後檣、左舷、右舷、艫、船体、隔壁、天井、甲板、上甲板、梯子、舷窓等）を学んだ。またロープの数十種類もの結び方、ライフルと機関銃の分解と組み立て方、うっかりと上等兵曹に敬礼をしなかったり、准将に敬礼しなかったりしないために、海軍の階級と階級章の違いの認識の仕方を学んだが、これは精神的に極めて大変だった。すべてのプレッシャー、押し付けの理由は簡単に分かった。海軍は戦闘の緊張の下でくじける者を見分け、船と乗組員の仲間を危険に曝さないように、前もってその者を排除したかったのだった。スミティーは絶対くじけないと自分に誓った。

スミティーはモールス符号の授業に出席し、また手旗信号も学んだ。ライフルの射撃で高得点をあげた。優秀な泳ぎ手になった。ハンモックで眠る方法をマスターした（できない者もいた。それで硬い床の上に落ちた時、腕を折り、頭にひびが入る代償を払った）。

新兵訓練所での六週間を、全員が「この世の地獄」と呼んだ。「休みもなく、休暇もなく、家族やガールフレンドに会いに行けないし、やっても来ない、誰にも電話できない。朝、昼、夜と講義と訓練に明け暮れた。スミティーは彼より大きくて年も上で、もっと筋骨たくましいクラスの他の若い新兵が体罰、精神的緊張、終わりのない苦しみを乗り越えられずに辞める――「落後する」――のを注視した。しかしスミティーはそれに耐え抜いた。限界まで追い詰められた時、体がへとへとになり、あと一つの腕立て伏せやあと一つの腹筋運動が出来ない、あと一メートルが走れないと感じた時、自分でも持っているとは知らなかった、あともう少し頑張れるという強さと忍耐力の蓄積をどうにか掘り当てた。どうしても海軍の飛行士になりたいという燃えるような熱意の故に、それを成しとげた。また失敗しては故郷に帰れないことも分かっていた。父親に、ガールフレンドに、故郷に、海軍に、そして自分自身に、自分を証明しなければならなかった。

スミティーは戦争に参加して、パールハーバー、カヴィテ、バターン、コレヒドール、グアム、ウェーキの復讐をするために、自分の役割を果たさなければならなかった。

第三章――困難な状況

変化を示す風が吹き始めた。すがすがしい四月のそよ風が、フィリピンから避難してオーストラリアのフリーマントルの潜水艦部隊を指揮していたジョン・ウィルクス大佐と、西オーストラリアのアメリカ海軍部隊隊長であるウィリアム・R・〝スペック〟・パーネル少将に代わって、五二歳のチャールズ・アンドルーズ・ロックウッド少将を、意気消沈したアジア潜水艦部隊の指揮をとるようにさせた。一九四一年二月から一九四二年三月までロンドンでアメリカ大使館付き海軍武官を務めたロックウッドは、潜水艦乗りが必要とするまさにカンフル剤だった。

ロックウッドは一八九〇年五月六日にヴァージニア州ミッドランドで生まれたが、ミズーリ州で成長し、一九一二年、海軍士官学校を卒業した。そして一九一四年、潜水艦A－2（SS－3）を指揮した。第一次大戦後、ドイツの潜水艦の性能と欠点を学ぶために、それをテストした。一九二六年から一九二八年までV－3――後にボニタ（訳注：女子の名前）（SS－165）と名づけられた――の艦長となった。

ロックウッドは自信と活気に満ち溢れて新しい部隊を視察し、キング大将の一番信頼する助言者であるリチャード・エドワーズに自分の観察したことを知らせた。

「ここの者たちはこの四ヶ月間困難な状況に置かれていた。敵の船をもっと沈められなかった理由

潜水艦上で士官たちと談笑しているロックウッド少将（中央）

は、非常に議論の余地のある問題である。しかしこれまでに提出されたすべての戦闘日誌（哨戒報告）を読んで納得した原因は以下のようである。

(a)基地の間違った選択：一番侵攻がありそうな地点に素早く、十分に展開できなかったこと。

(b)魚雷の欠陥：魚雷が明白に深く走り過ぎ、また早期に爆発した例が非常に多数ある。

(c)バック・フィーヴァー（訳注：狩猟の初心者が獲物が近づいた時に感じる興奮）：潜水艦の艦長が敵の船が向きを変えたのに、一定の針路を進んでいると思って発射した。ある目標に魚雷をセットしたのに、まったく違う目標に向けて発射してしまった。

(d)積極果敢さの欠如もしくは考え違い：多くの者が駆逐艦を避けた。次に遭遇する輸送船団のために魚雷を無駄にすべきではないと信じているから。潜水艦は決して「駆逐艦との戦闘を仕掛ける」べきではないと思うと言った者もいる。

(a)(c)(d)の問題点はそれぞれ組織上の、訓練の、個人的な問題として、かなり短時間の枠内で解決できることである。(b)の問題は魚雷の誤作動であり、南西太平洋潜水艦隊司令官の権限外である。ロックウッドは一人の潜水艦艦長が問題を簡潔に述べたと記している。「あの忌々しい魚雷が正しく作動しないことを知るために、遥々（はるばる）と中国の海岸まで行くというのはまったく気違い沙汰だ」前はS－39の指揮官であり、今はスキップジャック（訳注：カツオ）の艦長であるジェームズ・ウィギンス・〝レッド〟・コーは〝ブリキの魚〟に関して、ロックウッドに同じような辛辣な不満を送った。「敵の海域に入るために往復一五、〇〇〇キロもの航海をして」とコーは書き出した。「察知されずに敵の船から八〇〇メートル以内の攻撃地点について、その結果が魚雷が深く走り過ぎ、半分以上の場合、爆発しないと分かるだけとは、私には魚雷の欠陥について情報を得る望ましくないやり方と見える」

コーと旧式のスキップジャックはインドシナの沿岸で三隻の船を沈めたことで、自分たちの勇気を証明したけれど、マークXIV型魚雷にもっと信頼性があったならば、さらに戦果を挙げられたことを分かっていた。ロックウッドはそれに同意した。そしてコーの報告書は他の多くの報告書と一緒に、ロックウッドが兵器局に送った。それと反対の証拠が積み上がっているにも関わらず、兵器局は魚雷には問題はないと主張し続けた。これまでと同じように問題は「艦長と乗組員の側の訓練不足と魚雷発射の技量」であると。

兵器局の返答はロックウッドをかんかんに怒らせた。それで問題の原因を探ろうと、今までよりも固く決意した。たとえ自分自身の手で魚雷のテストを行なわなければならないとしても。

一九四二年の四月と五月の間、アメリカの潜水艦は日本の船舶攻撃に関して、普通ではあり得ない幸運の連続に恵まれた。四月二六日、ジョー・ウイリンガム少佐とトータグ（訳注：ベラ）は日本の大きい潜水艦呂－三〇と戦って、後部発射管から発射した魚雷で沈めた。

ヘンリー・C・ブルートンが指揮するグリーンリング（訳注：アイナメ）（SS－213）は最初の戦闘哨戒で、一隻の貨物船に不足している魚雷を八本も浪費して、しかも沈められなかったとして、太平洋潜水艦部隊指揮官ロバート・H・イングリッシュ大将から厳しく叱責されていたが、四月の月末近くに一本の魚雷で三、二〇〇トンの輸送船金城山丸を沈めた。ドラム（訳注：ニベ科の魚の総称、ドラムのような音を出す）（SS－228）に乗っていたロバート・H・ライスは今まで一番大きい敵の軍艦、九、〇〇〇トンの水上機母艦瑞穂を沈めた。続いて次の三週間でさらに三隻の船を沈めた。五月一七日にはシルヴァーサイズ（訳注：トウゴロウイワシ）（SS－236）の艦長グリード・カードウェル・バーリンゲイムは、日本近海で四、〇〇〇トンの貨物船を海底に送った。

しかしマークXIV魚雷がいつ正常に作動するのかしないのかは、誰にも分からなかった。それで魚雷を発射する時はいつも願ったり、期待したり、神へ祈ったりして、大勢が人さし指と中指を交差させた。（訳注：幸運を祈るしぐさ）「当てずっぽう」は海軍では決してやってはいけないことだった。

四月のドゥーリトル隊の奇襲攻撃から一月もしないうちに、日本はニューギニアへの侵攻を試みて、連合国へ仕返しをした。

今回日本が計画したのは、ポート・モレスビーに大規模な空軍基地を設けることだった。そうすればオーストラリアの北東部へ脅威を与えられるし、侵攻への足掛かりとなる。また珊瑚海をすべ

て支配下に置けるし、さらに東へ南太平洋の島々へ展開できる。この任務を達成するために山本五十六大将の指示で、井上成美中将はカロリン諸島のトラックに強力な機動部隊を集めた。

一方、歩兵と帝国海兵隊員（訳注：海軍陸戦隊のことであろうか）を満載した輸送船団がラバウルとブーゲンヴィル島のブインに集結していた。ポート・モレスビーからオーストラリア軍を一掃しようと決意した兵士で一杯になった帝国海軍の護送船団は、アメリカの二つの機動部隊に途中で阻止された。この戦闘はすぐに珊瑚海海戦と呼ばれる戦いに発展した。時宜を得た邀(よう)

撃はアメリカの暗号解読班の働きの結果である。元々はMO作戦と呼ばれて、一九四二年三月に予定されていたが、ガダルカナルの約一、〇〇〇キロ南東のニューヘブリデスで発見したアメリカの二隻の空母から成る機動部隊の存在を恐れて、五月まで延期したのだった。

実際のところ日本の侵攻部隊は二つあった。そして二つとも井上中将の指揮下に置かれていた。高木武雄少将指揮下の中核となるMO機動部隊はポート・モレスビーに侵攻する。一方、志摩清英少将が指揮するもう一つの部隊は南ソロモン諸島のツラギ島に上陸して、アメリカ軍の急襲を防ぐ。MO機動部隊は原忠一少将が指揮する第五航空戦隊の二隻の大型空母翔鶴と瑞鶴、軽空母祥鳳、多数の駆逐艦、兵員輸送船、その他の支援船から成っていた。

これに対抗するアメリカ軍は第一一機動部隊と第一七機動部隊であった。第一一機動部隊はオーブリー・フィッチ少将が指揮を執り、六九機搭載の空母レキシントンを中心に二隻の重巡洋艦と六隻の駆逐艦が周りを固めていた。フランク・J・フレッチャー少将が指揮する第一七機動部隊は六七機の飛行機を搭載する空母ヨークタウンを中核として、三隻の重巡洋艦と六隻の駆逐艦、二隻の艦隊タンカーを擁していた。

珊瑚海海戦は幾つかの理由で注目されている。一番有名な理由は太平洋で航空機だけで戦われ、水上艦は敵を視認しなかった六つの主要な海戦の最初の戦いであるということである。もっと重要な理由は、これまで負けなしで来た日本艦隊に対して、痛打され損害を被ったアメリカ海軍部隊が初めて勝利した大きな戦いでもあり、太平洋の戦いの幾つかの転回点の最初のものだった。

海戦の歴史（ついでに言えば空戦も）を調べるのに興味を持つ者が直面する問題の一つは、戦いの場所の正確な緯度と経度を辿ろうとしても、目に見える跡が残っていないということである。塹壕の輪郭も、半ば壊れた要塞も、プレートも、痕跡も、記念物も、目印もない。この地点でかつて歴史を大きく変えた出来事が起こったことを指し示すものは何もない。記念の花輪は水に投げ込まれ、まもなく流れ去ってしまう。パールハーバーのような幾つかの場所でだけ、人は戦いで水没した死者のかすかな残像を知ることが出来る。

それで珊瑚海海戦の場所である。単に何もない青い海が広がっているだけで、遥か彼方の水平線に島があるのをかすかにうかがわせる影があるだけである。ここで起こったことをありありと思い描くには、想像力を大きく飛躍させなければならない。かつてここで生じた戦いについて語るものは、生存者の話、写真、そして戦闘が記録された映画フィルムだけである。

珊瑚海海戦はお互いに相手を完全に壊滅させようとする、二人のヘビー級ボクサーの激しい打撃戦になった。一九四二年五月四日、第一七機動部隊はソロモン諸島へ向かって進んでいた。ヨークタウンの飛行機は発艦してツラギ周辺にいる日本の軍艦を攻撃して、駆逐艦一隻と機雷敷設艦一隻を沈め、三二、〇〇〇トンの大型空母翔鶴に損傷を与えた。それからフレッチャーの部隊はフィッチの部隊と合流して、ニューギニアへと向かった。（訳注：これは翔鶴ではなく、小型空母祥鳳のことである。祥鳳はツラギ上陸作戦の援護をした後、アメリカ軍機の攻撃を受けたが、被害はなかった）

一九四二年五月七日の朝、アメリカの飛行機はミシマ島（訳注：ニューギニアの東南端の東にある島）の近くで敵の軍艦を発見した。そして軽空母祥鳳に群がり集まって、甚大な損傷を与え海底に送った。原少将の第五航空戦隊は搭載機を素早く発艦させ、激しい怒りでもって仕返しをして、アメリカの駆逐艦シムズとタンカー・ネオショーを沈めた。しかしこれはほんの前座試合にすぎなかった。主要な戦闘は五月八日に起こった。両者とも相手の艦隊を沈めるために全力を挙げて、全ての搭載機を発進させた。アメリカの空母は大打撃を被った。手ひどく損傷したヨークタウンはどうにか浮かんでいたが、三三、〇〇〇トンのレキシントンは燃料パイプが破れて、巨大なガソリン爆弾のように爆発し、二〇〇人の命が失われた。その夜、生き残った者を避難させた後、アメリカの駆逐艦は傾き炎上し、致命的な損傷を受けた「レディー・レックス」を海底に送った。

最終的な勘定では、両方とも一隻の空母を失い、アメリカは六六機の飛行機を、日本は六〇機の飛行機をなくした。また日本の駆逐艦一隻に対して、アメリカは二隻の駆逐艦が沈められた。

広くあちこちに配備されたアメリカの潜水艦部隊と四隻だけのSボートは、珊瑚海海戦では大した働きはしなかった。四隻のSボート――S-38、S-42、S-44、S-47は魚雷を発射したが、オリヴァー・カークのS-42は別にして、命中させるのに失敗した。カークはどうにか四、四〇〇トンの機雷敷設艦沖島を沈めた。

空母翔鶴――煙を出していたので、暗号名は「傷ついた熊」と呼ばれた――と瑞鶴はトラックに向かって避退していた。アメリカの暗号解読班はその信号を捕らえたので、四隻の潜水艦ガー（訳注：鱗骨類ガーパイク属の淡水魚、北米産）、グランパス（訳注：ハナゴンドウ、イルカ科の水生動物）、グリーンリング（訳注：アイナメ）、トータグ（訳注：ベラ）が邀撃のため派遣された。潜水艦が懸命の捜索をしたにもかかわらず、二隻の空母は発見されることなく、トラックに戻った。他の日本軍艦はそれほど幸運ではなかった。トラックの近くでトータグは伊-二八を沈めた。翔鶴は五月一一日か一二日にどうにかトラックをそっと抜け出して日本に帰った。七隻か八隻の潜水艦がその途中で発見して追跡したけれど、魚雷を命中させられなかった。瑞鶴も無傷で安全な海域に戻った。


日本は珊瑚海海戦で勝ったと主張したけれど、実際上勝ったのはアメリカだった。戦略面からいえば、戦いの結果日本はポート・モレスビーへの侵攻を延期し、結局オーストラリアへの侵攻計画を取り止めたからである。

アメリカの空母を一隻沈め、もう一隻を損傷させたことで、山本五十六は大きな戦いに勝ったと確信して、次にハワイから僅か二、四〇〇キロ西に位置するミッドウェー島を手に入れようとした。

一度ミッドウェーに侵攻して確保すれば、それからハワイへの侵攻に戦力を集中できると山本は堅く信じていた。ミッドウェーとハワイを手に入れれば、さらにアメリカの西海岸への侵攻も可能になるだろう。

日米両方とも珊瑚海での戦い後わずかに一息ついた後、一九四二年六月四日に極めて重要な意義を持つミッドウェー海戦で再び相まみえたのだった。日本の機密通信を暗号解読して警告を受けたので、太平洋艦隊司令長官チェスター・ウイリアム・ニミッツ大将（彼自身かつては潜水艦乗りだった）は、日本のミッドウェーの攻撃作戦とアリューシャン列島への陽動作戦を知った。ニミッツはアリューシャンの海軍部隊に通知し、それから予想されるミッドウェーへの敵の猛攻撃に対処するために、自軍の艦隊を集め始めた。空母ホーネットとエンタープライズを南太平洋から呼び戻し、損傷したヨークタウンに戦場から離れて緊急修理のためパールハーバーへ戻るよう命令した。

〔原注：ニミッツ提督の息子チェスター・ジュニアは潜水艦スタージョン（訳注：チョウザメ）に乗っていた。他の高級将校の息子も〝沈黙の艦隊〟で勤務した。レイモンド・スプルーアンス少将の息子エドワード・ディーン・スプルーアンスはタンボー（訳注：フグ）に乗り、後にライオンフィッシュ（訳注：ミノカサゴ）に移った。パールハーバー奇襲時の太平洋艦隊の司令長官だったハズバンド・E・キンメル大将の二人の息子、マニングとトーマスも潜水艦に乗っていた〕（ブレア著、一〇四、六六〇—六六一）

五月下旬、日本はアリューシャン列島へ第四航空戦隊の軽空母龍驤と隼鷹、それに加えて瑞鳳を送った（訳注：瑞鳳はミッドウェー攻略部隊の一員であり、これは間違いである）。六隻の巡洋艦と一一隻の駆逐艦の部隊に加えて、アラスカを基地とするアメリカの潜水艦部隊は、日本軍の攻撃を阻止する力がないことを示した。ダッチハーバーは六月三日と四日に爆撃され、日本軍の兵士は吹きさらしの不毛な島アッツとキスカに抵抗を受けずに水中を歩いて上陸した。荒れた天候のためアメリカの潜水艦は目標を発見できなかった。またSボートのうちの一隻S－27はアムチトカ島で座礁して自沈した。冷えた哀れな水兵たちは数日後、海軍の捜索機に発見され助けられた。

しかしアメリカにとって最大の脅威となったのは、山本のミッドウェーへの作戦計画だった、少なくともその時点では。敵のミッドウェー環礁への猛攻撃を阻止するために、自分の部隊と潜水艦を配置しようとして、ニミッツは三隻の空母、八隻の巡洋艦、一四隻の駆逐艦、そして二五隻の潜水艦から成る堂々とした艦隊を集めた。潜水艦部隊は敵艦隊を捜索して、それから攻撃する任務を与えられた。それこそ潜水艦の艦長と乗組員が熱望していた任務だった。これまでおおむね行き当たりばったりに日本の船舶に対して「フリーランス（訳注：特定の組織に属さず、自由に仕事をすること）」として働くよう使われてきた潜水艦は、来るべき戦闘で極めて重要な役目を果たすことが期待された。今や敵艦隊に最大の損傷と死傷者を与えるために、その攻撃能力を集中できた。

五月の初めにロバート・H・イングリッシュ少将はトーマス・ウィザース提督に代わって、太平洋潜水艦部隊指揮官になった。イングリッシュはやって来るミッドウェーでの決定的な対決に備えて、今や水中の部隊の準備を始めていた。イングリッシュは潜水艦の素人ではなく、一九一四年からずっと潜水艦乗りで、第一次大戦中には潜水艦の艦長を務めた。しかし時が来れば分かるが、イングリッシュはこの職には不向きであることを証明する。

イングリッシュはミッドウェーで二五隻の潜水艦を三つの任務部隊、すなわち七－一、七－二、七－三に編成した。七－一任務部隊は一番大きく、一二隻の旧式の船から成っていた。カシャラト（訳注：マッコウクジラ）、カトルフィッシュ（訳注：コウイカ）、ドルフィン（訳注：イルカ）、フライングフィッシュ（訳注：トビウオ）、ガトー（訳注：ワニ）、グレイリング（訳注：カワヒメマス）、グレナディア（訳注：ソコダラ）、グルーパー（訳注：ハタ）、ガジャン（訳注：セイヨウカマツカ）、ノーティラス（訳注：オウムガイ）、タンバー（訳注フグ）、そしてトラウト（訳注：マス）である。こ

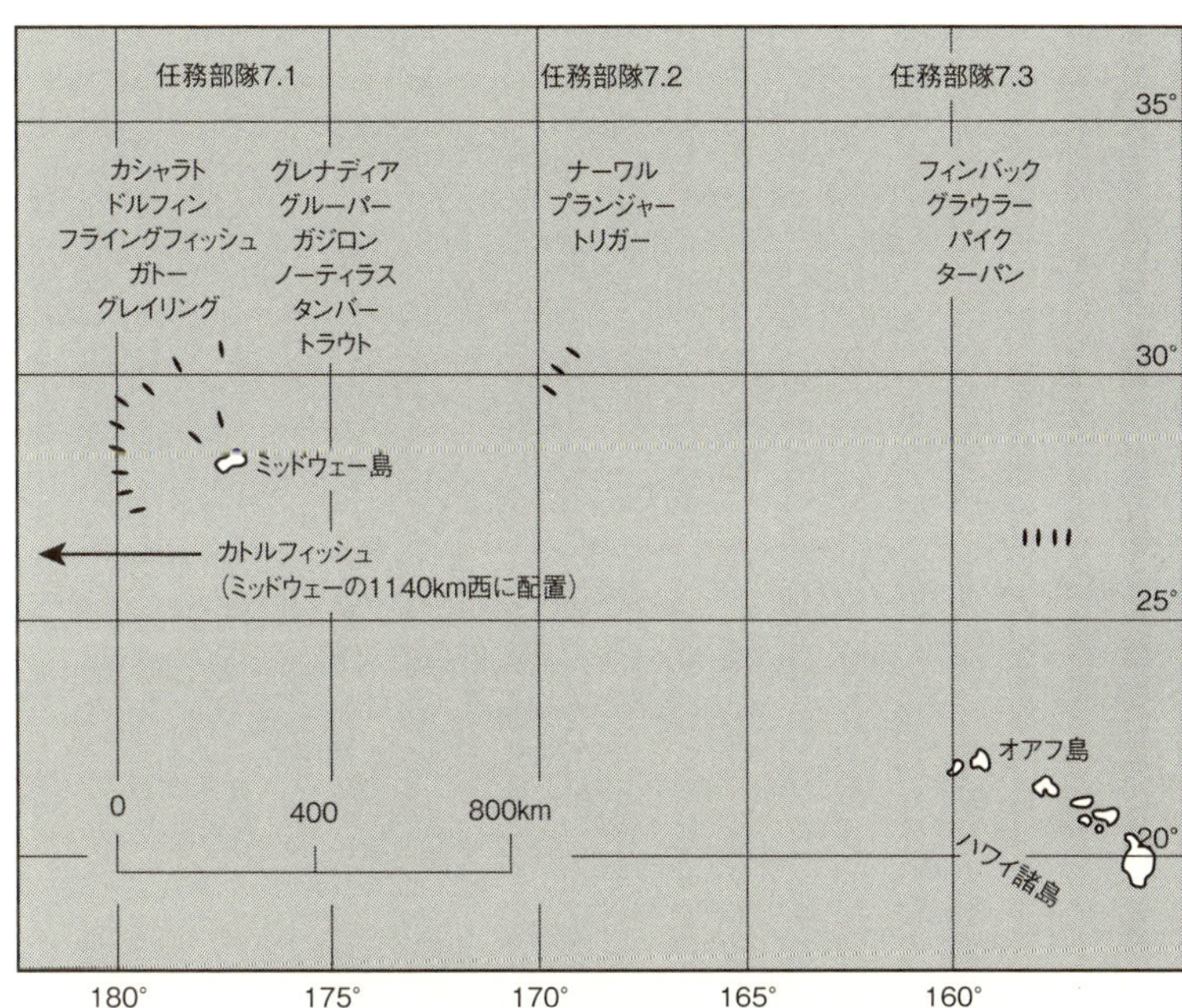

ミッドウェー海戦の時の潜水艦隊の配置図。1942年6月4日の明け方

の部隊はカトルフィッシュ以外は、ミッドウェーの約二四〇キロ西に集結して、大きなCの字の形の陣形を取り、水に浮く砦の動く防御ラインとして行動するよう命令された。カトルフィッシュはこの防御ラインからさらに九〇〇キロ西に位置して、早期警報の見張りとなるよう命じられた。

七－二任務部隊はナーワル（訳注：一角、北極海に住む小形の鯨）、プランジャー（訳注：沈めるもの）、トリガー（訳注：モンガラカワハギ）で構成され、もし日本軍がオアフ島に第二次攻撃か、陽動攻撃を掛けようとした場合に備えて、ミッドウェーとハワイ諸島をつなぐ線のほぼ中間の北に位置することになっていた。七－三任務部隊はフィンバック（訳注：ナガスクジラ）、グラウラー（訳注：唸るもの）、パイク（訳注：カワカマス)、ターパン(訳注:イセゴイ)で構成され、オアフ島の真北五〇〇キロの位置に止まり、ハワイ近くの最後の防衛線になることになっていた。遥かずっと西への遠距離の哨戒から帰りつつある六隻の艦隊型の潜水艦は、戦いに間に合うように到着して、敵の動きを監視し、もしミッドウェーから退却する敵の艦船があるならば攻撃することも期待された。

一九四二年六月三日、山本の三つに分かれた大艦隊はミッドウェーに近づいていた。山本の指揮下には主力部隊と機動部隊があった。機動部隊は巡洋艦、駆逐艦、そしてパールハーバー奇襲攻撃に参加した四隻の空母、赤城、加賀、飛龍、蒼龍、それに加えて数隻の戦艦から成る強力な集団だった(訳注:戦艦は榛名、霧島の二隻だけである)。

ドレッドノート(訳注:一九〇六年完成したイギリスの画期的な戦艦。その後の戦艦の原型となった)から続く一連のリストに含まれる、山本の旗艦である強力な戦艦大和とその姉妹艦武蔵は世界最大の戦艦だった。大和は排水量七一、六五九トンあり、露天甲板は長さ二六三メートルあった。巨大な三つの砲塔からは主砲の四六センチ砲がそれぞれ三つずつ突き出ていた。また一五・五センチ砲と一二・七センチ高角砲、三一門の対空機銃がずらりと配置されていた。機関室とボイラー室は一二あり、船体の装甲は約四五ミリあった。武蔵も同様の装備だった。

山本の作戦計画は簡単だった。機動部隊がミッドウェーの防衛陣地を繰り返し攻撃して無力化する。主力部隊がさらに敵を一掃する。マリアナ諸島から三、五〇〇人の侵攻部隊を乗せて進んで来ている第三の部隊、攻略部隊が上陸して任務を果たす。これらすべての前に潜水艦の警戒陣が張られていた。山本はあらゆることを考えに入れているように見えた。

六月四日午前七時、ポール・リヴィア(訳注・アメリカ独立戦争の開始時、イギリス軍がボストンからコンコードへ向けて出発したことを深夜に早馬で知らせた人間、ポール・リヴィアの早駆け騎行としてアメリカでは有名である）の役目を務めていたマーティン・P・ホテルズのカトルフィッシュは、攻略部隊の最初の船を見つけたと太平洋艦隊司令部に無線報告した。その時、水陸両用のPBYカタリナ飛行艇もミッドウェーの北西二四〇キロで機動部隊を発見して、多数の敵機がミッドウェーに向かっていると報告した。非常ベルが鳴り、ハッチがガチンと音をたて、総員配置が命じられた。爆弾を搭載した空母の飛行機と陸上基地の飛行機がエンジンの回転速度を上げて空に舞い上がり、ニミッツの艦隊の中核であるレイモンド・スプルーアンス少将のエンタープライズとホーネットの空母部隊が行動を起こした。七一一任務部隊の潜水艦は警報を受け、日本の空母を捜して沈めるよう命じられた。

アメリカの潜水艦が敵の空母を求めて海上を進んでいる時、日本のほぼ一〇〇機の急降下爆撃機と雷撃機が約五〇機のゼロ戦に護衛され、ミッドウェーに向かって自信に満ちて飛行していた。数で勝る海兵隊の操縦士は、日本の編隊に勇敢に突撃していって数機の爆撃機を落としたが、ゼロ戦が反撃して激しい空中戦を行ない、アメリカの戦闘機一五機が失われ、他に七機が損害を被った。山本の残りの爆撃機は目標に進み続け、ミッドウェーを爆弾で穴だらけにしたが、滑走路は後に自分たちが使おうとしたので、注意して破壊しないようにした。

「太平洋戦争の決定的な戦闘の一つだった」海軍史家のセオドア・ロスコーはこう書いた。「ミッドウェーは航空ショーとして展開した。航空機が大部分の攻撃を行ない、航空母艦が主要な目標だった。水上艦同士での戦いはなかった。……」

「ずっと離れた海上で陸上基地のB－二六と海軍の雷撃機が日本の空母に急降下爆撃を行なった。日本の空母を守るためにゼロ戦の群れが空に舞い上がった。アメリカの飛行機は三機を除いて、全て一掃された。それから海兵隊の二七機の急降下爆撃機と一五機のB－一七〝空の要塞〟がこの場にやって来た。日本の空母は上空に対空砲火の傘を広げながら、ジグザグに針路を変えて攻撃を回避した。その間ゼロ戦は敵の攻撃機と戦った。海兵隊の爆撃機八機が撃ち落とされた。残りの飛行機は穴だらけになりながら、どうにかミッドウェーに帰って行った。〝空の要塞〟は爆弾倉を空にしたが、日本の空母への命中弾はなかった」

ミッドウェーはフィリピン、ブナ、ウェーキ、グアム、シンガポール、ソロモン諸島と同じように——ニミッツの太平洋艦隊と共に——運命が決まったように見えた。しかし戦争でしばしば起こるように、不測の出来事が予定を狂わせた。混乱が運命の逆転へと刻々と導いていた。

ミッドウェーへ向かう途中で、日本の空母は進路を変えた。ホーネットとヨークタウンの第一波の攻撃隊はすでに発進しており、最後に報告された日本艦隊の位置を捜していた。その結果ホーネットの戦闘機隊は敵を発見するのに失敗し、落胆した操縦士は乗機の燃料がなくなり、エンジンが止まりそうになってバタバタいい出したので、やむを得ず海上に不時着した。ホーネットの急降下爆撃機隊も目標を発見できず、煙の立ち昇るミッドウェーに着陸しただけだった。一五機から成るホーネットの第八雷撃飛行隊はどうにか敵艦隊を発見したが、ゼロ戦の編隊と猛烈な対空砲火に追い払われ、一発の魚雷も命中させることなく、全機撃墜された。

「日本軍は得意満面だった」とクレイ・ブレア・ジュニアは書いている。「機動部隊は無敵のようだった。アメリカ軍が仕掛けた攻撃をすべて打ち負かしたのだった、陸上基地と空母搭載の雷撃機隊、高々度爆撃機隊を。今やアメリカの空母への攻撃隊を発進し、史上最大の日本艦隊の勝利であることを確かめる結果をもたらす準備が出来ていた」日本軍にとって唯一の問題は、アメリカの空母群の所在が未だつかめていないことだった。

第一波の攻撃隊が発進した後、日本の空母はアメリカ艦隊に備えて魚雷を搭載した何十もの飛行機を甲板に待機させていた。アメリカ艦隊が明らかに近くにいないと思ったので、ミッドウェーの防衛陣と施設をさらに攻撃するために、整備兵は魚雷を爆弾に取り替えるよう命じられた。その時山本の偵察機がホーネットとヨークタウンを発見して、無線で空母に知らせた。魚雷を爆弾に取り替える命令は取り消され、整備兵は大急ぎで魚雷に換装した。その結果生じた遅延がアメリカの操縦士に必要とする好機を与えた。

一〇時二四分、エンタープライズとヨークタウンの急降下爆撃機が激しい対空砲火の嵐をくぐり抜けて、加賀、赤城、蒼龍に急降下した。緊張の数瞬間、エンタープライズの爆撃機はホーネットの第八雷撃飛行隊と同じ運命に見舞われ、大きな炎上する隕石のようになり、あちこちに落ちるかと見えた。しかし雨あられと襲って来る恐ろしい砲火を気にせずにそのまま急降下を続け、爆弾を飛行甲板に投下して、そこにあった魚雷を敵空母の艦体の中に押し込んだ。一発の爆弾が命中して、加賀は爆発して巨大な火の玉になり、飛行機と水兵を海に投げ出し、海上に停止した。大きな損害にもかかわらず、熱狂した勇敢さで、アメリカの操縦士は注意を赤城と蒼龍に変えた。まもなくこの二隻の空母も爆発炎上した。北に数キロ離れていて、この襲撃の間も無事だった飛龍は、アメリカの空母を求めて急降下爆撃機を送り出した。

三〇〇キロほど離れた所で、こちらへ向かって来る飛龍の三六機の攻撃隊を迎え撃つために、一二機の戦闘機がヨークタウンの飛行甲板から飛び立った。雲の中で激しい戦闘が展開し、敵の爆撃機は全機撃ち落とされたが、その前にヨークタウンに三発の爆弾を命中させていた。ヨークタウンの乗組員が勇ましく火災を消そうとしている間に、日本の雷撃機隊の攻撃を受け、左舷に穴が開いた。かなり傾き、火災が非常に激しくなり、弾薬庫が爆発する危険があったので、ヨークタウンの艦長エリオット・バックマスター大佐は艦を放棄するよう命令した。

ヨークタウンが攻撃されているのとほぼ同じ時に、ヨークタウンとエンタープライズの急降下爆撃機は飛龍を見つけて、海に漂う地獄に変えた。

山本の艦隊は比較的狭い範囲に集まっていたので、イングリッシュ少将の潜水艦部隊が射的場のアヒルのように敵艦を狙い撃って、狩猟日みたいになったに違いないと考えることも許されるはずである。しかしそうはならなかった。実際のところはミッドウェーの周りと、ミッドウェーとハワイの間で配置に就いていた二五隻の潜水艦のうち、ただ一隻だけが直接戦闘に参加した。六月四日のあの午後、ミッドウェーの西の海が燃え上がる空母の煙で覆われているのを見て、七-一任務部隊の一員である潜水艦ノーティラスは戦闘に貢献できるという望みを持ってやって来た。ノーティラスはアーゴノート、ナールウァルと共にアメリカの一番古く、一番速度が遅く、また一番大きい（長さ約一二〇メートル、排水量二、七〇〇トン）現役の潜水艦の一隻だった。一九三〇年に就役して、現在は優秀な水中の戦士として有名なウィリアム・H・ブルックマン少佐が指揮していた。

その日の朝早くブルックマンは一隻の戦艦（おそらく霧島）と三隻の巡洋艦を攻撃するために、ノーティラスを機動操艦していた。しかし日本軍機に見つかって機銃掃射された。ブルックマンは間一髪で潜航したが、襲撃して来た敵機は潜水艦が近くに潜んでいると味方に警報を送った。それで日本の巡洋艦（長良）と二隻の駆逐艦がノーティラスの航跡を見つけ、数回にわたって爆雷攻撃をかけた。この敵意に満ちた挨拶が終わるや、ブルックマンは潜望鏡深度まで浮上して、海上の様子を見渡した。彼はこう記した。「潜望鏡を上げて見た光景は、平時の訓練では決して経験したことのないものだった。艦船がその場を高速で四方八方に動き回り、潜水艦の標的となるのを避けるために、円を描いて走っていた。距離は三キロ以上あった。巡洋艦が頭上を通り過ぎ、今は艦尾を見せていた。戦艦は左舷艦首の方にいて、その舷側の砲をすべて潜望鏡に向けて撃って来た」ブルックマンは、それから霧島に四、〇〇〇メートルの距離で二本の魚雷を発射したが命中しなかったと書いている。

敵の駆逐艦が潜水艦を捕らえた〝ピン、ピン〟という音がして、轟音を立てて帰って来て大量の爆雷を投下した。ノーティラスは爆発を回避するために深く潜った。三〇分後、海が再び静かになったので、ブルックマンは浮上して辺りの様子を見渡した。ずっと遠くの水平線に黒い煙が上がり、激しい戦闘が繰り広げられたことを示していた（アメリカ海兵隊の飛行機が機動部隊を攻撃したのだった）。それでブルックマンは現場を見るために大急ぎで走った。

〔原注：潜水艦を発見する装置であるソナーは、電子信号が潜水艦の艦体に当たった時、〝ピン、ピン〟という音を立てて跳ね返って来て、狩人に獲物の方角と距離を教える〕

九時頃、ブルックマンは日本の空母（筑摩）が燃え上がり、海上に停止しているのを見た（訳注：筑摩は重巡洋艦であり、空母ではない。ただ主砲塔四基をすべて前甲板に集め、後甲板に飛行機六機を搭載したので、航空巡洋艦と呼ばれたので間違えたのであろうか。またミッドウェー海戦では筑摩は無事で炎上していない）。それを攻撃する前に、ブルックマンは別の空母が一五、〇〇〇メートルくらい離れた所を波を立てて進むのに気づいたので、代わりにその船を追うと決めた。司令塔の頭頂部の前を通り過ぎる敵の艦影から判断して、蒼龍か蒼龍級の空母だった。ブルックマンが発射のために魚雷発射管をセットしている最中に、巡洋艦長良と駆逐艦嵐がその場に現われ、ブルックマンの注意を空母からそらした。この潜水艦キラーが実際、頭上にやって来たので、ノーティラスは急速潜航した。ノーティラスが潜航している間に、ノーティラスがこっそり追い掛けていた機動部隊の残りは激しい空襲に見舞われ、必死で逃げ回っていた。空母赤城と加賀はまもなく両者とも炎上して航行するのが困難になった。

とうとう一四時頃、炎上している加賀は停止し、ブルックマンは沈めるために近づいた。魚雷係は無力な船に四本の魚雷を扇形に撃った。一本目は発射管から出ず、次の二本は外れた。四本目は不発で空母の艦体にドンとぶつかり、真二つに壊れた。なぜかブルックマンはこう報告した。空母は深刻な損傷に苦しんでおり、「赤い炎が艦体の艦首から中央部まで表われていた。……大勢の人間が艦側を行くのが見えた」

敵の空母に魚雷を撃つのは、棒で蜜蜂の巣をひっぱたくのと同じである。いつも怒りの反応を呼び起こす。日本の二隻の駆逐艦が加賀を攻撃した相手を捜しにかかった。ブルックマンはノーティラスを深度九〇メートルまで急速潜航させた。艦体に受ける海水の圧力が一〇メートル沈むごとに一インチ（二・五センチ）四方当たり六・七キロ増えていった。古い船は九〇メートルの深度ではうめき声を上げ、あえぐような音をたてた。リベットはポンとはじけそうになったが、ノーティラスは無事だった。二時間にわたって艦の近くで爆雷の一斉投下による爆発が続いたが、深刻な損害はなかった。

アメリカの九隻の潜水艦がミッドウェーの近くで哨戒活動を行なったが、ノーティラス以外は敵に対してどんな種類の攻撃も仕掛けなかった。日本軍は数回こっそりうろつき回っているアメリカの潜水艦を見つけて砲撃して追い詰めた。付け加えると、一連の不運な出来事がミッドウェーの近くにいた潜水艦部隊を悩ました。ジョン・W・マーフィ・ジュニア指揮下のタンバーは六月四日から五日にかけての夜にミッドウェーの約一六〇キロ西で、士官たちが識別不明の艦船の大きい集団と思ったものを発見し、無線ではっきりしない不確かな報告を送った。この識別不明の艦船群はミッドウェーへ向かう途中の攻略部隊だと間違って信じて、スプルーアンス少将は指揮下の空母と潜水艦部隊の位置を変えたが、侵攻は間近に迫ってはいなかった。タンバーは単に日本艦隊が退却するのを援護する四隻の巡洋艦と二隻の駆逐艦を見ただけだった。それからエリオット・オルセンのグレイリングは不運にも日本の船と間違えた味方のB-一七に爆撃された。しかし幸運にも大した損傷はなかった。別の潜水艦、ジャック・H・ルイス艦長の新しく就役したトリガーは六月六日、不名誉なことに、ミッドウェーの近くで珊瑚礁に出くわして座礁してしまい、大きい——そして高価な——損傷を被った。

しかしながら日本軍の暗号を解読したのと、アメリカの空母の操縦士と水兵の英雄的な犠牲のおかげで、ミッドウェー海戦はアメリカの大勝利で終わり、戦争の重大な転回点となった。もちろんまだ誰も知らないことだったが、太平洋を支配しようとする日本の戦争目標がミッドウェーで最高潮に達し、そして後退していったのだった。戦況が逆転したため、今や日本はミッドウェー、ハワイ、アメリカの西海岸に侵攻することは忘れて、代わりに本土の防衛を心配しなければならなくなった。

しかしながら、この中部太平洋の勝利へのアメリカ潜水艦部隊の貢献は取るに足らないものだった。クレイ・ブレアが書いているように、「潜水艦隊には……賞賛するものは何もなかった。二回か三回だけ魚雷を発射しただけで、しかも全然命中しなかった」

（訳注：アメリカの戦史によると、エンタープライズの急降下爆撃隊は発進してからかなり時間が経っても日本の機動部隊を発見することが出来ず、燃料も少なくなって来た。そのとき眼下の海上を高速で走る日本の駆逐艦を見つけた。この駆逐艦はノーティラスを爆雷攻撃した嵐で、機動部隊に帰ろうとしていたのだった。爆撃隊の隊長マクラスキー少佐は、この駆逐艦は何らかの理由で機動部隊から離れたが、今大急ぎで部隊に帰ろうとしているのだろう、従ってこの駆逐艦をつけていけば、機動部隊に辿り着けるだろうと判断した。果たしてその通りで、日本の空母を見つけたエンタープライズの急降下爆撃隊は赤城と加賀を攻撃し、同時にやって来たヨークタウンの急降下爆撃隊が蒼龍を攻撃して炎上させたのだった。そうだとするならば、ノーティラスは思いも寄らぬ形でアメリカの大勝利に貢献したことになる）

日本の潜水艦隊に関しては、アメリカの潜水艦隊と同様にほとんど役に立たなかった。伊－一六八だけが魚雷を命中させたが、それは大物だった。六月六日、伊－一六八の魚雷は損傷してパールハーバーへ向けて曳航中だった空母ヨークタウンと、護衛の駆逐艦ハマンを沈めた。

山本のミッドウェー侵攻艦隊が退却したので、日本のアリューシャン列島への攻勢は新しい重要性を帯びた。日本はアメリカの海域での足場を固めるために、大型空母瑞鶴を日本からアラスカへつながる道へ送った。ミッドウェー海戦の後、イングリッシュ少将はアラスカへ七隻の新鋭潜水艦（フィンバック、ガトー、グローラー、グラニオン、トリガー、トリトン、そしてツナ）を急派したが、多くの目標があるにもかかわらず、Sボートと新鋭の七隻は共に期待された結果を出すのに失敗した。グローラー（SS－215）を指揮するハワード・W・ギルモアは、キスカ島沖でどうにかこうにか命中弾を与え、駆逐艦一隻を沈め、二隻に損害を与えた。数日後、チャールズ・C・カークパトリック指揮下のトライトンは別の駆逐艦を沈めた。

しかし、日本はアリューシャン列島のアメリカの領土にすでに上陸しており、これからの作戦を展開する基地を固めていた。日本軍を追い出すためには、陸、空、海の統合した大規模な作戦が必要となるのだが、その作戦は一年以上の間は取られないであろう。

しかしながら、遥か離れた南方では脅威が迫っており、すぐに対処しなければならなかった。

第四章——この世の地獄

もはやミッドウェーには差し迫った危険はなかったので、アメリカに太平洋を取り戻すための長く時間のかかる進軍を開始する時がやって来た。ニミッツの司令部の作戦地図の矢は、堅固に設営された日本の前哨陣地の中心を通る道を指し示していた。奇妙な響きを持った遥か離れた前哨陣地、しかしながら間もなくアメリカのすべての学童が知るように成る名前を。即ちソロモンズ（ソロモン諸島）、ガダルカナル、〝スロット〟（訳注：すき間の意味、ラバウルから南東に島々の間を通ってガダルカナルに至る路）、タラワ、ベティオ、クワジャリン、サイパン、ニュージョージア、ブーゲンヴィル、ラバウル、カヴィエン、アドミラルティズ（アドミラル諸島）、マダング、ウエワク、ブナ、ココダトレイル（訳注：ココダ街道、日本がポート・モレスビーを占領しようとして、ニューギニア北東部のゴナからココダに進撃した道）、ケープ・グロウチェスター（訳注：ニューブリテン島の北西部にある岬）、トラック、テニアン、グアム、ホランディア、ビアク、ペリリュー、パラオ、イオウジマ（硫黄島）、ザ・フィリピンズ（フィリピン群島）、オキナワ（沖縄）等々。しかし最初にビスマルクバリアー（訳注：ラバウルを中心としたビスマルク諸島に広がる日本軍の防御陣地）を突破する必要があった。

サミュエル・モリソンが書いているように、「ビスマルクバリアーとその東の砦はあまりにも長い間、ウィリアム・"ブル（訳注：雄牛のこと）"・ハルゼー提督の南太平洋部隊の戦闘活動を下ソロモン諸島に限定してきた。ビスマルクバリアーとその南の砦はマッカーサー将軍がフィリピンへの帰還を開始するのを妨げてきた。しかしビスマルクバリアーとその外側の砦を粉砕し、その堤防のような中心部を突破する作戦は複雑で困難だった。……一九四二年八月一日から一九四四年五月一日まで二一ヶ月の期間にわたった。

戦争でのアメリカの初めての攻勢で、カクタス作戦（訳注：ガダルカナル・ツラギ両島の奪回作戦）と呼ばれた野心的な攻撃作戦の前書きとして、ニミッツ大将はイングリッシュ少将にハワイを基地とする潜水艦を派遣して、日本がトラックに築いた基地を偵察し、出来る限り敵の船舶に打撃を与えるよう命令した。潜水艦部隊の艦長たちは自分と乗組員とその船が遂にその価値を証明するだろうことを希望しながら、喜んで命令に従った。

しかし任務を成し遂げ、日本に向かってのアメリカ海軍の進撃を導く潜水艦の能力に信頼を置くことが出来る前に、チャールズ・ロックウッド少将はオーストラリアのアルバニーのフレンチマン湾で、自分で魚雷のテストを行なうと決めた。ロックウッドの司令部は一五〇〇メートルの漁網を買って、一九四二年六月二〇日と二一日にスキップジャックの残っていた魚雷の弾頭を同じ重さの訓練用弾頭に取り替えた。"レッド"・コーとスキップジャックの乗組員はその魚雷を七八〇メートルの距離で漁網に発射した。そのテストの結果、マークXIV魚雷はまったく問題であり、セットしたよりも平均三・三メートル深く走ると分かった。

ロックウッドはこのテストで発見したことをワシントンに報告したが、兵器局はそのテスト結果を受け入れるのを拒否した。そしてロックウッドに彼のテスト方法に不備があり、間違った実験から信用できない結論が出たのだと伝えた。激怒したロックウッドは七月一八日にテストを繰り返した。今回はジョン・L・バーンサイドのソーリー（訳注：サンマ）（SS－189）を使った。再び平均的な深度の誤りは二・三メートルだった。そして再び兵器局はロックウッドの結論を拒否した。潜水艦乗りと造兵局の間の戦いは激しく続き、その間、日本の艦船は沈没を免れた。

ロックウッドは経歴に傷がつく危険を犯して、兵器局のトップを飛び越えて、自分の不満と発見したことを直接、海軍作戦部長のアーネスト・キング大将に訴えようと決意した。キングは訴えに好意的で、兵器局に試験をするよう命じた。ロードアイランドのニューポートでの試験で、魚雷は本当にセットしたよりも深く走ることが確かめられた。やっと問題を改善する処置が取られた。

しかしながら、改善が実現するには長い時間を要した。そしてニミッツの南太平洋解放の進撃は改良した魚雷を待つことは出来なかった。一九四二年七月から九月にかけて、一一隻の潜水艦が作戦に参加した。しかしほとんど結果を残せなかった。主としてトラックの周りの並外れて強力な対潜水艦防御網に悩まされたためであるが、一番大きな理由は搭載した欠陥魚雷のせいである。その信頼性の無さがたとえ秘密としても、大きな物議を醸していた魚雷の。太平洋中で日本の船の下を水をかき混ぜながら通り過ぎたり、船体に当たって跳ね返ったりするアメリカの魚雷の雑音が、勝利の可能性を打ち消す警報の響きとなった。

深く走り過ぎる問題を直すことで新しい問題が明らかになった。弾頭の欠陥がある磁気爆発装置である。この新たな欠陥を解決するのに要する何ヵ月もの間、多くの潜水艦乗りと艦長は危険な道へと出撃したが、結果は失望しただけだった。そして日本の艦船は沈没の運命を逃れて航行した。

一九四二年九月、「沈黙の艦隊」は沈黙を破った。イングリッシュ少将は今まであまり成功しなかった水中の部隊による良いニュースを報告する必要に迫られて、トーマス・クラークリングが指揮するガードフィッシュ（訳注：北米に棲息するカワカマス）（ＳＳ－２１７）の目覚ましい最初の哨戒を褒め称えるための、かなり検閲された記者会見を許可した。

クラークリングは、ガードフィッシュは本州の北東海岸沖で合計五〇、〇〇〇トンに成る六隻の船を沈めた、そのうちの四隻は一日で沈めた、空前の偉業であると主張した。クラークリングはその哨戒での功績で、海軍特功十字章を受賞した。

この記者会見はある伝説も生み出した、偽りの伝説ではあるが。クラークリングの副長ハーマン・コスラーは、潜望鏡を通して海岸沿いに走る旅客列車を見つけたと言った。潜水艦の海図の表記によると、競馬場が近くにあり、司令塔にいた者は当然の推測として列車の人間は競馬に行くところだと結論を出した。記者会見でクラークリングはちゃかすように、士官たちはレースを近くで見て馬に賭け始めたと言った。するとコスラーは言った。「それを言うなんて、殺してやりたいよ。畜生。ともかく我々は哨戒活動で大きな成果を上げたのだ。クラークリングはもし望むならば、海の話を語る資格がある。いい話を、モラルを元に戻すいい話を」

この話はすべてのニュースサービス（訳注：通信社がテレックスで刻々ニュースを新聞社などに送るシステム）を通じて伝えられ、事実ではない想像上の詳しい話が形を変えて積み重ねられていった。遂にガードフィッシュは東京湾の中に入り、士官たちがポニーに金を賭けるのに充分なほど近づいた潜水艦として国中で有名になった。後に「クラークリングの日がピンリコ競馬場（訳注：メリーランド州にある競馬場）で催され、さらに艦長はニューヨーク州競馬委員会の名誉委員になった」

ロン・スミスが飛行学校に入り、操縦室に乗り込むのを待っている間、太平洋で大規模な地上の攻撃を掛ける時がやって来た、日本に占領された島々をアメリカが取り返し始める時が、ビスマルクバリアーを突破する時が。連合国の作戦立案者は南太平洋での三つの主要な目標を定めた。最初の目標は非常に重要なフィリピンを解放することである。二つ目は日本の広範囲に及ぶ島々の要塞との連絡線を切断することである。三つ目の、そして一番大きい目標は、それらの島の要塞を占領してアメリカの基地に変え、そこからアメリカの戦争兵器が日本の抵抗能力をすり潰せるようにすることである。そうすれば日本本土への最終的な侵攻の道が開くのである。

これらの目標を達成するためには、まずラバウルを粉砕する必要があった。ラバウルはニューブリテン島の北東の先端にある港町で、日本の巨大な海空軍基地があった。その基地はその地域の日本の全基地の中で一番強力で重要だった。モリソンは書いている。「ラバウルには広くて使いやすい港があり、ビスマルク・バリアーの外側の要塞が打ち破られるまでは、連合国の空からの攻撃には安全だった。そこには爆撃機隊、果敢に攻撃する巡洋艦隊、〝東京急行〟（訳注：ラバウルやショートランドからガダルカナルまで、補給のため駆逐艦が夜間に往復したのをアメリカ軍がこう呼んだ）が集まっており、長い間ソロモン諸島でのアメリカの戦争努力を苦しめてきた。ラバウルの五つの飛行場は蓄えられた航空戦力を支えており、日本から自在に戦力を補強できた。そこから爆撃機と戦闘機が東と南に飛行して、連合国の艦船と地上部隊を攻撃した」

しかしラバウルを手に入れる前に、ポートモレスビーから真っ直ぐ東に一、四〇〇キロ離れたマラリアの多発する緑の地獄、ガダルカナルと向かいの島ツラギに上陸する必要があった。この作戦は「ウォッチタワー（望楼）」として知られている。

日本の暗号を解読して、アメリカは一九四二年七月四日に日本がガダルカナルとツラギに上陸して飛行場を建設することを計画しているのを知った。そこを基地としてニューカレドニアとニューヘブリデスのアメリカの軍事施設を爆撃し、ニュージーランドと東オーストラリアに脅威を与えるのである。アメリカは敵の作戦計画の機先を制することを決定した。

ウォッチタワー作戦は元々急に思いついたもので、ロバート・リー・ゴームレー中将の指揮下ですべて海軍の軍事行動になる予定だった。ゴームレーは一九〇六年、海軍士官学校卒で、司令部はオーストラリアのブリスベーンの北東にあるニューカレドニア島のヌーメアに置いていた。マッカーサーは作戦を嗅ぎつけると、陸軍が除外されていることに猛烈に異議を唱えた。栄光はすべて海軍と海兵隊に帰すであろう。マッカーサーの怒りを静めるために、陸軍参謀総長のジョージ・C・マーシャルと海軍作戦部長のアーネスト・J・キング大将は軟化して歩み寄った。ゴームレーはガダルカナルとツラギへの侵攻を続ける。アレクサンダー・ヴァンデグリフト少将指揮下の海兵隊第一師団は、陸軍のアレクサンダー・M・パッチ少将のアメリカル師団の兵士たちと一緒にガダルカナルの海岸を急襲する。マッカーサーはソロモン諸島での将来の合同作戦の指揮権を与えられるだろう。

一九四二年八月七日、アメリカ軍が北アフリカに上陸し、ヨーロッパの戦いの地中海方面での戦闘が始まる三ヶ月前、アメリカ軍部隊はガダルカナルの海岸に足を踏み入れた。兵士たちを待ち受けていたのは、最悪の悪夢を遥かに凌ぐものだった。

スミティーと級友たちが新兵訓練所で汗を流している間に、マレー半島の戦いは最高潮に達していた。オーストラリアと日本の兵士たちは異常な残酷さで戦い、慈悲を求めようともせず、またそれは誰にも与えられなかった。

しかし新聞の見出しになり、歴史書に残ったのはガダルカナルの戦いだった。日本は迅速にガダルカナルとツラギを占領した。ゴームレーも同じように迅速に、戦闘地域に急いで派遣できる全艦船と全兵士を手元に集めた。その中には三隻の空母もあった。ワスプ（地中海での任務から戻って来たばかりだった）、エンタープライズ、サラトガである。日本はガダルカナルにすでに飛行場を持っており、アメリカの侵攻に重大な問題を与えるのに充分なほど出来上がっていた。

作戦開始前にガダルカナルの一、六〇〇キロ北、東カロリン諸島のトラックにある日本の巨大な海軍基地は、ソロモン諸島に向かう多数の輸送船団の集結地点だと分かった。アメリカ海軍の指揮官はソロモン諸島へ人と物資を運ぶ日本の努力を妨害するために、バリケードを作ると決定した。このバリケードを作る責任が五隻の潜水艦に課された。ドラム、グレイリング、グリーンリング、グレナディア、ガジャンに。

潜水艦部隊はトラック周辺の海域に忍び込んだ。そして狩人たちが獲物を捕まえ始めるのには、長く掛からなかった。八月三日、グレンフェル指揮のガジャンは四、八〇〇トンの貨客船浪速丸を沈めた。二日後、ハンク・ブルートンのグリーンリングは初めての戦利品を獲た、兵員を満載した一二、七五二トンのぶらじる丸である。さらに次の日にもう一隻の兵員輸送船パラオ丸を沈めた。他の三隻の潜水艦、ドラム、グレイリング、グレナディアも戦闘行動に入り攻撃して、おそらく数隻の大きな船に損傷を与えた。トラックはアメリカの潜水艦にとって幸福な狩猟場になった。もっと重大なことは、アメリカの潜水艦部隊はガダルカナルとツラギを増強しようとする大日本帝国の作戦計画を妨害したことだった。しかしながら、依然として魚雷の不安定な働きは潜水艦の艦長たちを大いに心配させた。

〔原注：グレイリングは一九四三年九月九日、フィリピンの近くで失われた。グレナディアは一九四三年四月二二日、ペナン島（訳注：マレー半島北西岸沖にある島）沖で日本の航空機によって沈められた〕（www.history.navy.mil/faqs/faq82-1.htm）

ソロモン諸島を先端が右下に三五度傾いた長く薄いボトルだと想像してみよう。ボトルの底、ニューギニアに一番近いのがブーゲンヴィルという名の島である。ずっと端のボトルの口にあるのがマライタ島とガダルカナル島である。サンクリストバル島はコルクに当たる。口のすぐ内側には小さな島の集まりがある。ツラギ、フロリダ、サボ、その他の島である。すべて白い砂浜と揺れている椰子の木々がある熱帯の緑のパラダイスである。ボトルの上側と下側の間の細く狭いスペースは

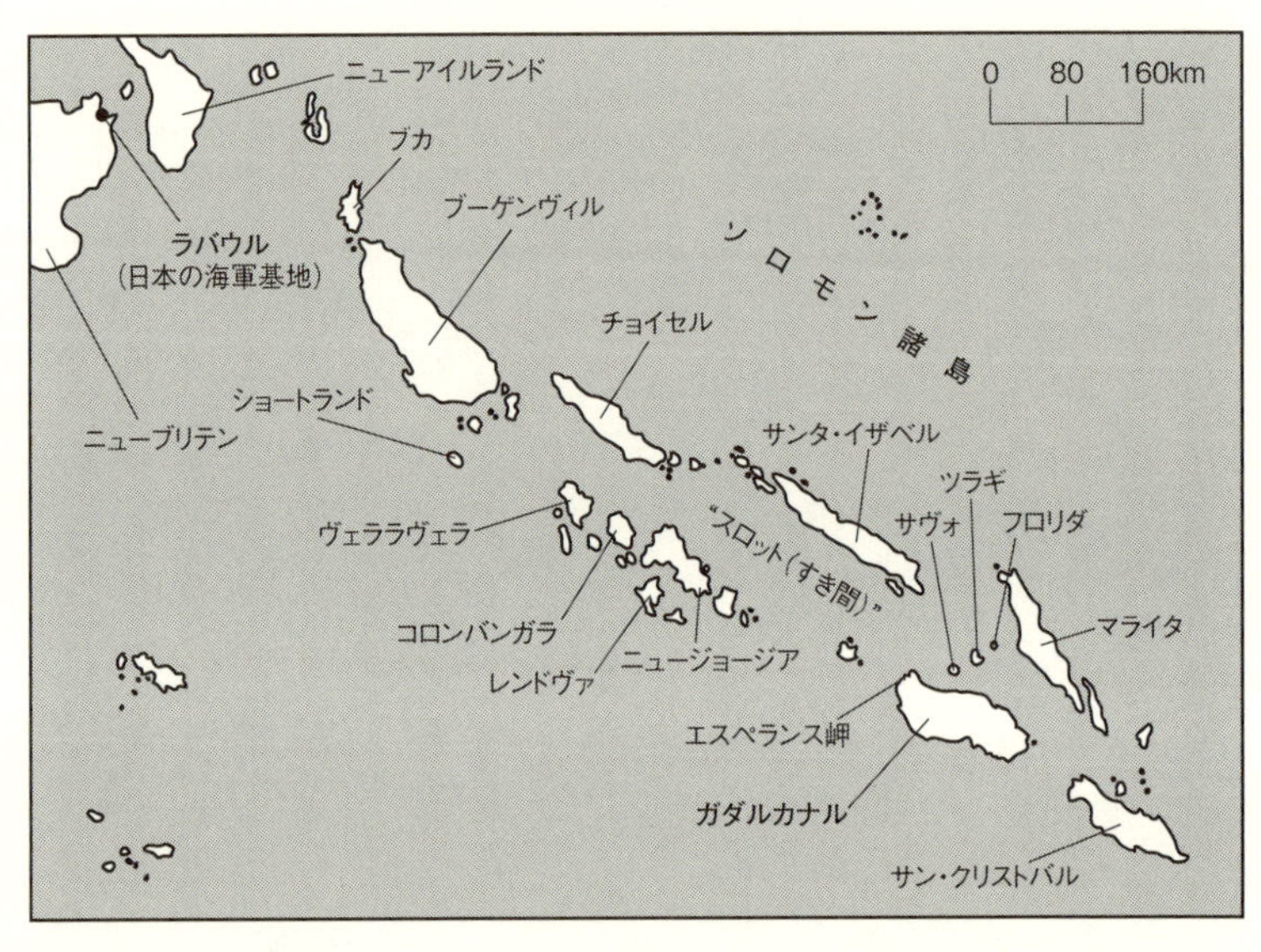

「スロット（すき間）」と名づけられた。日本軍がアメリカ海軍をこの海域から追い払うのに必要な人員、物資、艦船は、この長く狭いルートを通って来た。

ガダルカナルの戦いは一九四二年八月七日に本格的に始まった。一九、〇〇〇人の海兵隊員は浜辺に着いて、大きな驚きに見舞われた。ほとんど抵抗がなかったのだ。ガダルカナルの飛行場は建設労働者が守っているだけで、午後遅くまでには占領した。しかしツラギでは激しい抵抗に直面し、戦闘の終了が宣言されたのは翌日だった。勝利はあまりにも簡単に得られるように見えた、事実そうだった。

日本軍はラバウルとブーゲンヴィルの基地から、アメリカの地上部隊と艦船に対して激しい空襲を行なって報復した。一方、巡洋艦と駆逐艦から成る八隻の部隊がアメリカの海軍部隊に重大な損害を負わせるためにラバウルから出撃した。サボ島海戦（訳注：日本では第一次ソロモン海海戦）と呼ばれる海戦で、八月九日に始まった。アメリカの操縦士は空では技量が上で、自軍の一二機の喪失に対して三三機の日本の航空機を撃ち落としたが、アメリカ海軍は大打撃を被った。

日本の第八艦隊――〝東京急行〟――は夜間に〝スロット〟を轟音を立てながら突っ走り、見つかることなくサボ島まで進んだ。アメリカにとってはもう手遅れだった。大砲の発射炎と爆発が暗闇を照らし出し、あらゆるものが混乱の中に投げ出された。アメリカの艦長たちは味方だと思って敵艦を撃つのを停め、一方では敵だと考えて味方の艦に発砲した。三〇分もしないうちにアメリカ・オーストラリア連合の艦隊はほぼ壊滅した。アメリカとオーストラリアの四隻の重巡洋艦は沈み、一隻の重巡洋艦と一隻の駆逐艦が大破した。シカゴの艦長ハワード・ボウデ大佐はひどく取り乱し、自分の損傷した巡洋艦が牽引されて港に入った後自殺した。日本軍はパールハーバーと同じように、奇襲攻撃の勝利に乗じてさらに攻撃することなく、任務は終わったと信じて去った。

（訳注：デニス・ウォーナー、ペギー・ウォーナー、妹尾作太男著・訳のサボ島海戦を扱った「摑めなかった勝機」によれば、海軍は敗戦の事情を調べるように、ヘバーン提督に命じ、翌年四月、ボウデ大佐は尋問を受けた後、自殺したということである）

任務はほぼ終わっていた。サボ島海戦でアメリカの一、三〇〇人近くの水兵と飛行士が死亡し、七〇〇人以上が負傷した。日本の船は戦闘中一隻も沈まなかったので、クレイ・ブレアは「アメリカ海軍が海上で被った最悪の敗北である」と言った。

（訳注：日本の重巡洋艦加古はラバウルへ帰る途中、アメリカの潜水艦の魚雷が命中して沈没した。後述）

この時ソロモン諸島のアメリカ軍にとって利用できる唯一の潜水艦部隊は、キャンベラを基地とする時代遅れの一一隻の〝シュガー級〟（軍隊ではSの字を言うのに、〝Sugar〟《シュガー》のSというから）潜水艦だった。そしてこの潜水艦は退役が近くなっていた。Sボートは全長約七〇メートルで、新鋭の〝艦隊型〟潜水艦より二五メートル短かかった。四つというよりむしろ二つのディーゼル機関を備え、艦隊型の半分の数の魚雷しか搭載できず、乗組員も半分で、最高速度は八ノットで、半分の時間しか哨戒に出られなかった。Sボートのうち、ジョン・R・〝ディンティー〟・ムーアのS－44（SS－155、一九二五年就役）だけが空調設備を備えていた。他のシュガー級ボートの乗組員は暑さ、まずい食事、電気系統と機械の問題、不十分なソナー装置、そしてはびこっているゴキブリについて盛んに愚痴をこぼした。

しかしSボートは積極果敢な精神に満ちた非常に優れた士官と水兵が乗り込むことで、その短所を補った。第二次大戦中潜水艦の哨戒活動で「日常業務」として位置づけられるものは僅かしかなかった。そして古ぼけたS－38（SS－143、一九二三年就役）の戦時の二度目の哨戒は確かに通常の活動でしかなかった。八月八日、S－38の艦長ヘンリー・G・マンソンは六隻の輸送船と護衛の駆逐艦から成るかなり大きい敵の船団の側近くにやって来た。マンソンは潜航して駆逐艦の下に滑り込み、大きい輸送船、五、六二八トンの明陽丸に二本の魚雷を発射して、船と増援物資を海底に送った。日本帝国海軍はこの出来事に驚いて船団の向きを変え、その海域から去った。マンソンとS－38は少なくとも一時的に、ガダルカナルの海兵隊が防備を強化する時間を少し稼いだのだった。戦争が終わるまでに、ハンク・マンソンは撃沈した総トン数で五番目に多い潜水艦艦長になった。

他の古い潜水艦も得点をあげた。八月一〇日、S－44のディンティー・ムーアはニューアイルランドのカヴィエンの近くで獲物を捜していたが、一、〇〇〇メートルも離れていない所に四隻の巡洋艦部隊を視認した。そして追跡した巡洋艦、七、一〇〇トンの加古に対して近距離から四本の魚雷を発射した。それから命中した船が沈んでいる間に潜航した。加古の護衛の駆逐艦が何十もの

巨大潜水艦アーゴノート艦上のカールソンの急襲部隊、1942年8月17日のマキン島急襲作戦の後

爆雷をS－44に投下したので、突然、蛇のように振り回された。S－44はかろうじて逃げおおせた。

すべてのSボートが成功した哨戒をしたわけではない。八月一三日から一四日の真夜中に、フランク・ブラウンのS－39は航法の誤りで、ルイジアード諸島のラッセル島の近くの暗礁に乗り上げ、激しく打ち寄せる波でバラバラに壊される危険に曝された。再び海に浮かべようとする、記録に残っているあらゆる努力（記録されなかったのもあった）にもかかわらず、うまくいかなかった。ブラウンは無線で救助を要請した。オーストラリア海軍の船カツーンバがやって来て、S－39の乗組員はそれに乗り移った。それからカツーンバは敵の手に落ちるのを防ぐために、アメリカの潜水艦を砲撃で破壊し始めた。古く誇り高い船には悲しむべき、しかしやむを得ない最後だった。

アーゴノートとノーティラスには間もなく新たな役割が見つかった、兵員輸送船である。一九四二年八月八日、海兵隊の二個中隊――エヴァンス・F・カールソン大佐指揮の選抜された二一一名の兵士で、カールソンの奇襲隊として知られる――が二隻の潜水艦に押

海兵隊のエヴァンス・カールソン大佐（左側）と大統領の息子ジェームズ・ルーズベルト少佐がアーゴノートの艦長ジョン・ピアースと笑い合っている。マキン島急襲の後

し込まれ、マキン島に向かった。その任務は陽動作戦を行なって、ガダルカナルに上陸したばかりの第一海兵師団と戦うのに投入されるかもしれない敵の部隊を引きつけることだった。しかしこの任務はまるで幻想のようだった。

八月一七日の夜明け前の暗闇の中、蒸し暑い潜水艦の中に九日間も閉じ込められ、船酔いに苦しんだ海兵隊員は上陸したが、実際の所、計画通りにはいかなかった。クレイ・ブレアによると、訓練した奇襲はまさに失敗に終わった。「波はゴムボートをびしょ濡れにし、多くの船外モーターを水浸しにした。最善の方法として他のボートに牽引された数隻のボートは、注意深く考えられた上陸の仕方を放棄した。暗闇でカールソン大佐は自分の〝旗艦ボート〟を見失い、他のボートで岸に行かなければならなかった。ともかく日本軍は前もって警告されていたのか、警戒を厳重にしていたのかのどちらかだった。おそらくアメリカがガダルカナルを攻撃したからであろう。狙撃手が木の陰に隠れていた。荒波を上がったり下がったりして通り抜けて、奇襲隊員たちはでたらめな隊形で上陸した、予定していた日本軍の背後ではなく、正面に」海兵隊員を乗せて来たブルックマンのノーティラス――ミッドウェーで魚雷を命中させた唯一のアメリカの潜水艦――は一一キロ離れた港の中の日本の船に対して、デッキ・ガン（訳注二）を発射した。そして輸送船と哨戒艇の二隻をまったくの幸運で沈めた。しかしマキン島の日本軍の兵力は急襲隊がかなわない程大きく、攻撃の中止が決定され、八月一七日から一八日の闇の中で潜水艦へ退却した。海兵隊員が再びマキン島に上陸するのは、一年以上経ってからだった。撤退もまた失敗だった。海は依然として荒れており、多くのゴムボートがひっくり返った。一九のボートの半分以下しか潜水艦へ帰れなかった。翌朝、ノーティラスとアーゴノートは出来るだけ浜辺に近寄り、はぐれた者を拾い上げようとした。何人かが見つかったが、日本軍の砲火と飛行機が危険な程近づいて来たので、潜水艦は海岸から離れて潜航しなければならなかった。

その夜、一日中水面下で待った後、二隻の潜水艦はカールソン大佐自身の信号灯の手引きで再度岸に近づいた。小競り合いで三〇人が殺されたと推定され、それ以外の無事だった者は皆ボートに戻った。（原注：九人の海兵隊員がまだ生きており、日本の捕虜になり、首を斬られた。両潜水艦の士官用食堂兼談話室は、負傷者の命を助けようとする病院の手術室になった）

海軍の広報部は、カールソンの潜水艦による奇襲は「第二次大戦中に太平洋で実行された最大の奇襲攻撃である」と賞賛した。奇襲隊員の報告によれば、敵の無線基地、二機の飛行機、物資集積場、そして一四キロリットルのガソリンを破壊する一方、日本の小さな守備隊を一掃したと。

しかしながら事実に基づく観察者は戦後、奇襲は日本軍を牽制してガダルカナルから注意をそらすという本来の目的を達成しなかったと言った。現場からの報告は誇張されていただろうけれど、やる気が一番必要とされていた時に、アメリカ人にやる気を与えた。カールソン大佐とジェームズ・ルーズベルト少佐――大統領の四人の男子の一人で、この奇襲攻撃に参加した士官の一人――

は、アメリカ中で有名になり、国民的英雄になった。

日本がガダルカナルとツラギからアメリカ軍を追い払うための、一か八かの反撃と見なした大軍事行動が始まった。二隻の大型空母と一隻の軽空母、八隻の戦艦、多数の巡洋艦、駆逐艦、支援艦船で構成された大艦隊を集めて、日本はアメリカの海軍戦力を打ち砕こうと準備していた。対するアメリカは三隻の空母、戦艦一隻、巡洋艦四隻と一〇隻の駆逐艦しかこの地域にはいなかった。この衝突は東ソロモン海海戦（訳注：日本では第二次ソロモン海海戦と呼んだ）として知られることになる。

一九四二年八月二四日、戦いは始まった。戦闘開始後まもなく、ゴームレーの部隊は軽空母龍驤と巡洋艦一隻、駆逐艦一隻を沈めた。さらにガダルカナルの部隊を増援するために向かっていた数千人の兵士を運んでいた輸送船を沈め、九〇機の敵機も撃墜した。しかしアメリカ側も損害を被った。エンタープライズは急降下爆撃機から深刻な損傷を受けた。そして数日後、サラトガは日本の潜水艦から雷撃されたが、沈まなかった。このような損害にもかかわらず、ヤンキーは敵を防いだ、少なくともしばらくの間は。

一九四二年八月が九月に移っていく時でさえ、一両の貨車分の雉の狩人がネブラスカ州のすべての鳥を射つように割り当てられた如く、依然として太平洋のアメリカの潜水艦の数はあまりにも少なく、担当する海域は余りにも広かった。やる気のバラストタンクが開いて、楽観主義は沈みつつあった。

〝地球の裏側〟（訳注：ヨーロッパから見てで、オーストラリア・ニュージーランドを指す）での海軍の指揮機構の大移動は、事態の改善に全然役立たなかった。メルボルンの海軍のトップで、マッカーサーに次ぐ第二の指揮官のハーバート・F・リアリー中将は異動になった。代わりに来たのは頑固で、人を酷評するアーサー・スカイラー・〝チップス（訳注：大工のあだな。カーペンターは大工のことで、名前のもじり）〟・カーペンダー中将だった。カーペンダーは南西太平洋潜水艦隊指揮官のチャールズ・ロックウッドとずっと昔から仲が悪かった。二人の仲の悪さはカーペンダーがロックウッドの資産の半分――第二戦隊――をオーストラリアの南西海岸から東のブリスベーンに移動させたことでさらに悪化した。ロックウッドの戦力は今や西海岸を基地とする僅か八隻だけになったが、元通りに広い範囲を哨戒するよう求められていた。パースに司令部を置いていたロックウッドは、第二戦隊を指揮するのに都合が良いようにブリスベーンに司令部を移したいと要請したが、カーペンダーはその要請を拒否しただけでなく、第二戦隊の指揮官に下位の提督ラルフ・クリスティーを据えた。ロックウッドは激怒した。

　ロックウッドの腹立ちを増したのは、クリスティーが魚雷の疑わしい磁気信管の〝父〟なので、潜水艦艦長からのその信管への不満を、依然として少しも聞こうとしないという事実だった。魚雷が深く走るという問題は改善されたが、信管のせいで魚雷は相変わらず早く爆発するか、狙っていた目標に当たっても不発に終わっていた。敵の船は多くの場合、アメリカの潜望鏡の中心に捕らえられているにもかかわらず、不死身の人生を送り続けた。

　八月と九月の間、Sボートには命中弾はなかった。シュガーボートは盛りを過ぎたと思ったので、太平洋艦隊司令長官はSボートはもっと敵の少ない海域に戻り、新型の〝艦隊型〟潜水艦に代えるよう命じた。それでも結果は改善されなかった。多くの者はクリスティーが誤って、沈めるのに適さない地域に潜水艦を配置したからだと言った。潜水艦を欠陥のある魚雷の射程範囲外に釘づけする対潜防御に満ちている地域に。

　非難の一部はワシントンのキング大将も負うべきだった。脆弱で容易だが、あまり重要ではない駆逐艦、輸送船、貨物船、タンカーよりも、充分に護衛された空母、戦艦、巡洋艦のような敵の〝ハードな〟目標をずっと優先していた。しかしどのようにして海軍の最高位の提督に、貴方は間違っています、あるいは少なくとも別の戦闘のやり方を考えるべきですと言えるだろうか。誰も出来なかった。そして天皇の船は沈没を免れ続けた。

日本もアメリカと同じことを知っていた、ガダルカナルとソロモン諸島は戦略上非常に重要であると。もし日本がそこでアメリカを打ち負かせたなら、マッカーサーが北へ進撃して、失った地域特にフィリピンを取り戻すのに必要な兵員と物資を、アメリカがオーストラリアに集積するのを妨げられる。また援助を受けられずに、オーストラリア自身が窒息させられて死に至る。

逆にいえば、もし日本がソロモン諸島を失ったならば、アメリカ軍が日本本土へとだんだん近づいて来るのをほとんど止められないだろう。それゆえ日本にとってアメリカの勝利を防ぐためにあらゆる努力をするのはこの上ない緊急のことだった。ちょうどアメリカが勝利者となるために必要なあらゆる手立てを尽くそうとしていたのと同じように。このようにソロモン諸島の戦いはミッドウェー海戦後の太平洋の最も重要な戦いとなった。

ガダルカナルの緑の地獄は、まるで原始的な植物、毒蛇、人の拳くらいの大きさの虫が好む軽食物であるかのように、人間を食べ尽くした。暑さと湿気と絶えず降り注ぐ豪雨は軍服をぼろぼろにし、皮膚に茸のような発疹を起こした。あらゆる種類の病気が瘴気の漂うジャングルに潜み、南部機関銃や擲弾筒(てきだんとう)の弾と同じくらい致命的だった。絡み合った厚い下草に数メートルの踏み分け道を切り開くだけでも、何時間もの手が麻痺する仕事だった。その踏み分け道は鉈で一度も切り開かれなかったように、一日経つと植物が再び生い茂るのだった。休みを取るのは不可能だった。鳥と哺乳動物はまるで人が刺され、痛めつけられ、腹を切られ、去勢されるような金切り声を上げげた。

血で膨らんだ、マラリアを媒介する蚊が人体に取りつき、重苦しいたまらなく臭い空気は、腐った植物と、無数の死体の腐っていく肉の混じり合った臭気で汚れていた。

　ガダルカナル特有のたくさんの恐ろしい状況にもかかわらず、アメリカの地上部隊は前進を続けた、ゆっくりと、高価な犠牲を払いながらではあるが。そして敵をずっと小さくなった島の端の陣地に押しやった。ニューギニアでもアメリカ軍部隊がポート・モレスビーに到着し、オーストラリア軍部隊への容赦ない圧迫を取り除いた。オーストラリア軍部隊は日本が全ニューギニアを支配下に置こうとするのを防ぐために、最善を尽くしていたのだった。

　ガダルカナルは血まみれの戦いだった、太平洋の島々の〝蛙飛び〟作戦の全戦史と同じように。アメリカが狂信的な日本軍部隊が最後の最後まで戦ったと悟るまでに、ガダルカナルのアメリカの陸軍兵士と海兵隊員六〇、〇〇〇人のうち一、六〇〇人が、七ヶ月の長きに及ぶ激闘で死に、四、二四五名が負傷した。

　日本側はもっと悲惨だった。三六、〇〇〇人の大日本帝国の兵士のうち、約一五、〇〇〇人が死亡するか、行方不明の名簿に載った。他に九、〇〇〇人が熱帯の病気で死んだ。ほぼ一、〇〇〇名が捕虜になった。残った者は勇敢な救出作戦で退避し、他の島でまた戦うために生き残った、ガダルカナルと同じくらい荒涼とした島で。

　しかし九月の中頃に日本は手ひどい仕返しをした。空母ワスプはニューヘブリデス諸島で日本の潜水艦に沈められ、戦艦ノースカロライナもかなりの損傷を受けた。アメリカ太平洋艦隊に残されたのは、損傷を受けていない空母ホーネットと作戦可能な戦艦ワシントンだけだった。広い海での消耗戦は日本に有利な方へ傾いているように見えた。

　きちんと作動する魚雷を備えた潜水艦と、訓練を積んだ乗組員の必要性が非常に大きくなった。

第五章――欠陥魚雷

ロン・スミスには海軍の新兵訓練所での四週間が四年間以上に思えたが、自分の体が頑丈で引き締まった戦闘機械に変わっていくのが分かった。へとへとに疲れる肉体作業がだんだんと楽になった。教室の授業も同じだった。スミスは段々理解していった。任務をこなせることを示していった。一人前の水夫になれることを示していった。教官は厳しい態度を和らげ始めた。スミスは戦争が終わる前に、戦いに参加するのを望むだけだった。

とうとう一九四二年八月の終わり近くに、幸いにもスミティーの新兵訓練は終了になり、スミスは自分の最終的な成績を知った。クラスのトップ近くだった。最後の閲兵の後、鮮やかな青色の軍服を着た少年たちは、今や正式に――たとえ年はそうでなくとも――一人前の男になった。各々海軍の実習兵という階級を持っていた。卒業生は皆、家族と友人に別れを言うために、九日間の休暇をもらった。それからロンと、同じクラスの他の〝新兵〟は交代するために五大湖を去った。陸軍、海軍、海兵隊の訓練所は、戦争の終わりのない流れ作業によって、体がたるんだ、神経質な若者を一万人単位で鍛え上げ、無数の戦士を大量生産した。

スミティーは最後の九日を高校の仲間、とりわけガールフレンドのシャーリーと家で過ごした。スミティーは含み笑いをしながら思い出した。「セックスはしなかったが、抱き合ったり、たくさんチューをしたな。ウィッカー公園でひどい目にあったな。地面で〝レスリング〟をしたから、僕の白い服に草の染みと口紅がいっぱい付いたな」

間もなく再び別れの時が来た。一九四二年八月の終わりにスミティーは、おそらく最後となるであろうさよならを言って、船員用の円筒状のズック袋に荷物を詰め、父親の運転でシカゴのユニオン駅へ行き、サンディエゴ行きの列車に乗り、驚きと危険に満ちた新たな生活に乗り出した。

シカゴからサンディエゴへの鉄道の旅は長く退屈で、あまり楽しいものではなかった。しかし多くの若い水兵にとっては、初めて故郷を離れ、初めて一人になり、そしてわくわくするような冒険の始まりとなるものだった。彼らはアイオワとネブラスカの平らな大草原を横断し、とうもろこしと小麦が丈高く成長し、ほぼ収穫の時期を迎えている、果てしなく広がる農場を眺めた。そして西カンサスと東コロラドの巨大な牧場を通り過ぎた。そこでは牝牛が穏やかに草を食み、走っている列車に何の注意も払わなかった。またデンヴァー（訳注：コロラド州の州都）の西の方に雪をかぶった背景幕のようにそそり立つ、堂々としたロッキー山脈を見た。それから列車を乗り換え、山脈に沿って南へと進み続け、乾燥した不毛のニューメキシコ州に入った。一週間もの旅は若い水兵たちの多くにアメリカの巨大さ、その強さ、その豊かさを強く印象づけた。日本軍やドイツ軍はこの豊かで広大な国土を決して征服できないと彼らは思った。

アルバカーキ（訳注：ニューメキシコ州中部の都市）から列車はさらに西に向かい、ずっと変わりのない荒涼とした土地を抜けて海へ走った。車中での食べ物はハム、えんどう豆、ジャガイモばかりで、景色のようには変わらなかった。時々、水や石炭を積むために機関車が停まった時は、水兵は列車から降りて手足を伸ばし、煙草を吸った。

カリフォルニア州、ネヴァダ州、アリゾナ州の州境が交わる所に接する陸軍の砂漠の訓練所の近くに停車したが、そこは気温が優に三七度を越えており、水兵たちは埃をかぶった給水車が鉄道の給水塔の下で低く重々しい音を立て、水がその給水車の上に——その中に——勢いよく流れ落ちた時、驚きを持って見詰めた。濃いオリーブ色（訳注：アメリカ陸軍の制服に使われる色）の革のアメリカンフットボールのヘルメットと、同じ色のカバーオール（訳注：ズボンと身頃が一続きの、衣服の上から着る作業衣）を着た給水員が「ヘルメットを脱いで、噴出口の下に立って水びたしになったなら、茹でたロブスターのように見えるな。あの給水車の中の温度が何度になるか誰にも分からない」とスミティーは思った。そして自分が陸軍ではなく海軍に入ったのを喜んだ。

旅は九月一一日の遅くに終わりを迎えた。列車はサンディエゴの下町のサンタフェ駅に滑り込んだ。五日の旅の間の睡眠不足のせいで目が充血し、その間ずっと閉じ込められて休みがとれなかった水兵たちは、伝道団様式の駅の周りをぶらぶら歩き、魅力的な女性（大抵は水兵たちを無視した）を見詰め、自分たちのバッグが荷物車から出て来るのを待った。それから外へ出て椰子の木の下で煙草を吸い、海の匂いがする冷たくて湿った空気を吸った。西の方の見えない真っ暗闇の中のどこかで、大日本帝国の龍たちが傷を負いながら、依然として火を吐いていた。間もなくこれらの成り立ての水兵たちは闇の中に入り、龍たちを殺すことになるだろう。スミティーは列車で一緒だった仲間たちを見回して、このうち誰が帰って来られないだろうかと思った。さらに考えを進めて、彼らも自分と同じことを考えていると思い当たった。

真夜中の少し前に下士官が現われて坊やたちを集め、数台の灰色に塗った海軍のバスへ案内した。そのバスが町の南側にある海軍の駆逐艦基地へ彼らを運んでいった。基地の入り口では海兵隊の番兵が乗って来て、全員の階級と身分証をチェックした。全員がここに入る許可を得ていると分かったので、海兵隊員はバスを中へ入れた。

バスが収容施設へと向かって道を曲がった時、どうにか居眠りをしていなかった水兵たちは、窓から新しい宿泊所をじっと見た。建物は全くの軍隊風だった。つまり単調で、味気なく、実用一点張りだった。運転手は角を曲がった。離れた所に入江が見えた。月光が波に反射していた。突然、巨大な黒いものがバスの左側にぬっと現われた。怪物のように見えた。水兵たちは席から飛び出して、よく見ようとした。

「すごい、潜水艦だ」誰かがが叫んだ。スミティーは驚いた。アメリカが潜水艦を持っていたとは全然思っていなかったから。ドイツだけがそんな水面下の船を持っていると思っていた。しかしあの船は海から出て、一体何をしているのだろうか？　巨大な影は背後に消えた。誰かがバスの運転手に、見たものは潜水艦なのかどうか尋ねた。

運転手は答えた。「そうだ。何かの作業のために、引き上げ船台に載っているSボートだ」

適当な寝具を出すのには遅過ぎたので、新しく到着した者たちはその夜は収容施設のむき出しのスプリングの上で寝た。くたくたに疲れていたので、気にならなかった。翌朝、彼らはゆっくりと食堂へ歩いて行った。新兵訓練所で命じられたように、一団となって一緒に行進する必要はなかった。列車で出されたハム、えんどう豆、ジャガイモばかりの食べ物から解放されて、大喜びで金のかかったセルフサービスの朝食を取った後、水兵たちは収容施設の外で整列させられ、さらに小さいグループに分けられた。水兵たちは自分たちが様々な海軍学校があるサンディエゴ駆逐艦基地にいると分かった。たくさんの潜水艦乗りがコネティカット州のニューロンドンにある潜水艦学校で訓練をしていたが、かなりの人数がサンディエゴでも指導を受けていた。

突然スピーカーが叫んだ。「注意して聞くように。次の者は艦隊魚雷学校、この建物の前の通りの北の端に集まるように」　スピーカーの声は水兵たちの名前と認識番号を大声で繰り返した。その声がSに達した時、スミティーの名前を告げた。「スミス、ジョン・R、三〇〇九五五三」　スミティーは船員用の円筒状のズック袋を肩に掛け、他の艦隊魚雷学校の生徒となる者が集まっている場所へ向かった。スミティーは何か間違いがあったに違いないと思った。海軍は操縦士を必要としていた。そして自分は操縦士になりたかった。もし操縦士になれなかったなら、銃手でも我慢しただろう。ともかく空に舞い上がりたかった。彼は砂漠の訓練所の給水車を思い出した。潜水艦のような鉄の棺桶の中に入れられたくないのははっきりしていた。

スピーカーが水兵たちを学校ごとのグループに割り当てるのを終えた時、ほぼ三〇人がスミティーのグループに集まっていた。ずんぐりした、丸ぼちゃで赤ら顔の上等兵曹がクリップボード（訳注：上部に書類等を挟むクリップのついた筆記板）と葉巻を持って立っていた。スミティーはこの上等兵曹が白い顎鬚を付けたなら、サンタクロースの代役を務められるだろうと思った。

上等兵曹は自分のグループの名前をもう一度読み上げる手続きを終えた。そして静かな、父親のような声で言った。「俺の名前はエヴァンスだ。主任魚雷下士官だ。これから六週間、お前たちの指導に当たる。艦隊学校に選ばれるのは、この男の海軍では名誉だ。お前たちが大抵の者よりも頭がいいことを示している。それを覚えておいた方がいい。平和な時の海軍が六ヶ月でやり終えることを、六週間でやり終えねばならない」

「俺はこの海軍で一五年間勤務してきた」エヴァンスは続けた。「三等兵曹になるのに四年かかった。お前たちのうち、成績トップの三人は卒業の時に三等兵曹になるだろう。あと一〇人は上等水兵になるだろう。残りは二等水兵から一等水兵に昇進するだろう、教科課程を無事に通ったならばだが。うまくやり遂げられない者は卒業させない。そう、どうなるかはお前たち次第だ」

衛生兵──海軍ではファーマシスト・メイトとして知られている──が現われてグループの方へ歩いて来た。「ああ、そうだった」エヴァンス主任は言った。「忘れとったよ。性病検査だ」

ファーマシスト・メイトは言った。「オーケー、皆パンツを脱ぎな」ぎくっとした水兵たちがズボンとパンツを足首まで下ろした後、ファーマシスト・メイトは懐中電灯を持って列を通り、性病の徴候がないかどうか、各々の性器を調べた。ファーマシスト・メイトが点検を終えると、恥ずかしい思いをした水兵たちはズボンを上げた。スミティーは三〇人の若者が真っ昼間に通りに立って、局部を曝している場違いな光景にあきれて、頭を振らずにはおれなかった。そしてまもなく入隊した水兵たちは全て、新しい部隊に移るか、休暇から帰って来た時は、この屈辱を受けなければならないことを知った。

エヴァンス主任は世話するよう命じられた者たちを、魚雷学校のある所へ案内した。その区域には一六人の人間を収容できるだけの大きさの小さい小屋があった。壁は下半分しか木を使っていなかった。上の半分は天候が悪くなった場合には、横に滑る鎧戸で覆うことが出来る仕切りで出来ていた。小屋の中は二段ベッドでいっぱいだった。トイレ用の小屋が一つ、シャワー用の小屋が一つあった。

同じ小屋を割り当てられたスミティーと他の水兵たちがベッドを探して中に入った時、小屋の半分が海兵隊員に占められているのを見て当惑した。スミティーが海兵隊員が魚雷学校に配属されているのに驚いたと言うと、海兵隊員――ジャーヘッド（訳注：海兵隊員の侮蔑的な名称）、スミティーは彼らをがさつにこう呼んだ――の一人がはっきりと言った。「我々はマークXIII航空魚雷について学ぶためにここにいるのだ。海兵隊の飛行機もそれを使うのだ」

飛行機という言葉にスミティーの耳は反応した。そして「僕のような操縦士が魚雷学校で何をしているのだろう？」という疑問が再び頭を掠めた。スミティーはエヴァンス主任と話をして、この問題を片づけようと決めた。

翌朝、日の出三〇分前の暗闇の中、二等水兵たちと相方の海兵隊員たちは外に出て、体操を行なった。五大湖で得た体力はすべて無駄ではなかったなとスミティーは思った。体操が終わると汗をかいた一行は行進して、朝食を食べに行った。それから小屋に戻って、髭を剃りシャワーを浴びた。そして学校として使われている大きいかまぼこ形兵舎に向かう前に、きちんとした清潔なダンガリー（訳注三）の服に着替えた。エヴァンス主任の教室での授業は八時きっかりに始まり、正午の昼食時まで続いた。授業は一三時（午後一時）に再開し、一七時（午後五時）まで続いた。授業の半分は魚雷の理論と働きに費やされ、残る半分は動く魚雷の模型を使って学び、調べ、分解し、そして再び元通りに戻すという実地体験の授業だった。

スミティーは魚雷の模型に興味をそそられた。少し前にバルサ材（訳注：熱帯アメリカ産の木で、極めて軽く強い）のたくさんの飛行機模型を作ったことがあったので、手先が器用なので、機械的な操作をしたいと思っていた。生徒たちは発射準備中にダイヤルを操作して、魚雷の速度と深度を決める方法を学んだ。スミティーは魚雷が「蒸気の力」で動くのを知って興味をそそられた。つまり発射管から圧縮空気の力で押し出されて発射され、内部にある容器に入ったアルコールが点火されて、〝たいまつ〟を作った。それからこの〝たいまつ〟によって水が霧となって噴出されて蒸気に変わるのだった。順々にその蒸気がタービンを動かし、プロペラを回して魚雷を目標に推進するのだった。

開戦から一九四三年九月、新型のマークXVIII電気魚雷がアメリカ潜水艦部隊に使用可能となるまで、アメリカの潜水艦は（魚雷艇、駆逐艦、巡洋艦、雷撃機も含めて）三種類の魚雷を使用した。即ち旧式のマークX（旧式のSボート用）、水上艦艇にはマークXV、そしてマークXIV（新型の艦隊潜水艦用）この三種類の魚雷はすべて直径五三センチだった。マークXの弾頭には約二三〇キロの爆薬が詰まっており、固いもの——敵の船の船体のようなもの——にぶつかった時、爆発した。マークXは一、〇〇〇キロの重さがあり、三六ノットの速度で有効射程距離は三、二〇〇メートルだった。

それに対してマークXIVとXVは重さ一、三六〇キロで、走行速度は早いか遅いかのどちらかを選んでセットできた。遅い速度では——ほとんど選ばれなかったが——三一・五ノットで八、〇〇〇メートル走行できた。早い速度では四六ノットで四、〇〇〇メートル走行できた。速度が早くなれば

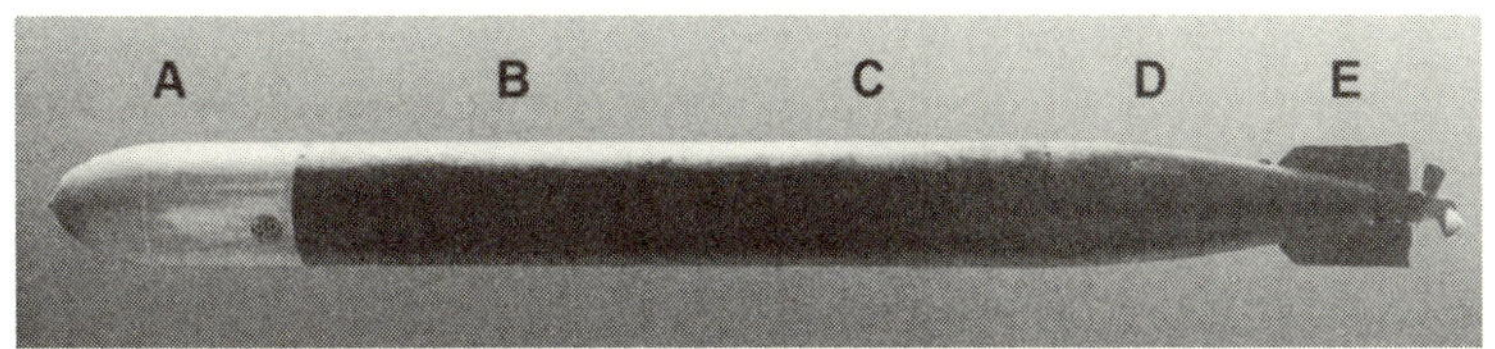

代表的な魚雷の写真　A：弾頭　B：空気タンク（燃料と水）　C：胴体中央部（燃焼点火装置）　D：胴体後部（燃料タンク、タービン、始動機、ジャイロスコープと深度維持装置）　E：尾部（排気管）

なるほど、多くの蒸気を消費するので、走行距離は短くなるのだった。遅い速度にセットすれば魚雷は遠くまで走るが、正確に目標に当てるのは難しくなった。マークXIVとXVの弾頭は開戦時には、TNT火薬二三〇キロが詰まっていたが、後にはトルペックスとして知られる特殊な爆薬（訳注：TNT、シクロナイト、アルミニュウム粉末の混合高性能爆薬）を使用した。それは敵の艦船にもっと大きな損傷を与えることができた。

起爆装置のおかげで、魚雷は発射するまで安全だった。起爆装置には触接型と磁気型があった。触接型はその名前から分かるように、魚雷が船の船体にぶつかって、撃針が爆薬の中に強く打ち込まれて爆発するのだった。磁気型はもっと複雑なものであり、従って多くの問題を抱えていた。先端にあるセンサーが鋼鉄製の船体の近くを通り過ぎる時に船の磁場を探知して、炸薬を爆発するようになっているのだった。しかしながら船は〝消磁〟、すなわち船体の磁気を除くことができた。そうすれば磁気起爆装置が適切に作動するのは非常に困難になった。二種類の起爆装置とも、魚雷がおよそ三〇〇メートル走るまで先端の中にある装置が、弾頭が爆発するのを防止した。

しかしながら、マークXIV魚雷には大きな問題があった。

マークXIVの最高機密とは何か。マークXIVは触接か磁気のどちらかで爆発するように設計されていたが、しばしばどちらも作動しなかった。この事実は魚雷学校の生徒には隠されていたが、その魚雷を使わなければならない潜水艦の乗組員には、痛切なほど明らかだった。

「我々は起爆装置について大いに訓練した、マークXIVの磁気起爆装置に力点を置きながら」スミティーはこう書いている。「我々は起爆装置が当てにならないことを知らなかったし、その時は他の誰も知らなかった」

スミティーと級友は間もなくそれを知ることになる、苦い経験を通して。

ニューロンドンの潜水艦学校の生徒と違って、スミティーはある種のテストに合格する必要はなかった、例えば〝圧力タンク・テスト〟のような。ミネソタ州セント・ポール出身のレイノルド・ディドリッチー後にアスプロ（SS－309）に乗ることになる——は、圧力タンクは潜水艦乗りには向いていない者を排除する方法であることを回想している。ディドリッチは言った。「係員が最初にしたことは水面下三〇メートルでの圧力に耐えられるかを見るために、圧力タンク——地面に置かれた大きい円筒のようなもの——に押し込めることだった。そこにあるベンチに座ると、二〇キロ以上の空気圧を掛けてきた。両側に五人か六人ずつ、合わせて一〇人か一二人くらいいた。海軍はちゃんと呼吸できるかどうか調べる必要があった。非常につらかった。熱気は恐ろしいほどだった。非常に暑かったので、汗がどっと出てきた。体がたまらなかった。鼻と口から呼吸して、圧力が両耳に同じくらい掛かった。何人かは外へ出たがった。それで係員は空気圧を下げて、外へ出した。それからまた同じことを始めた。多くの者は蓄膿症みたいになった。圧力にどう対応していいか分からなかった。大勢の者が頑張れなかった。もし君が僕のように幸運だったら、ひどく汗をかく以外には圧力には悩まなかっただろうよ」

潜水艦は空を飛ぶことからかなり遠く隔たっているという事実にもかかわらず、スミティーは魚雷学校を面白く思い始めた。それでエヴァンス主任に飛行学校へ移るように頼むのはやめると決めた。海軍航空学校で九ヶ月過ごすよりも、魚雷学校での六週間は多分思っていたよりも早く戦闘に参加できるだろうことを意味した。それに加えて、潜水艦の乗組員ならばたくさんの金を稼げるだろう、航空機搭乗員身分の少尉とほとんど同じくらい多く。操縦士や空挺隊員以外に、潜水艦乗りと同じくらいのたくさんの不思議さ、魅力、畏敬の念を起こさせるものを伴っている専門職を見つけるのは難しかった。誰でも水兵か兵士になれたが、潜水艦乗りは特殊な集団だった、賢く、勇敢でそして健康で、言いようがないほど特殊だった。

誰でもが潜水艦の閉所恐怖に耐えられたり、水面下の死の恐怖に向き合う勇気を持っていたわけではない。長い、緊張した戦闘哨戒でもたらされる心理的な問題は、潜水艦勤務の忌まわしい現実であり、そして厳密に守られた秘密だった。クレイ・ブレアは書いている。戦闘哨戒は「人をほぼ精神的に参らせた。船と乗組員の安全はほぼ完全に艦長の判断と鋭さにかかっていた。一つのミスが致命傷になった。何週間にもわたって、ブリッジ、潜望鏡、ソナー、無線傍受からの報告で絶えず睡眠が中断される中で、それに耐えられる冷静な剛気さと無限の体力が必要だった」ドルフィンの艦長だったゴードン・B・レイナーは、一九四一年のクリスマス・イヴにパールハーバーを出てマーシャル諸島へ向かう哨戒の間に神経衰弱に苦しみ、交代しなければならなかった。

テッド・エイルワードはシーラヴァン（訳注：ケムシカジカ、全身に毛のような棘がある）を指揮する精神的ストレスがもたらす体の症状が進行して交代した。それからセイルフィッシュ（訳注：バショウカジキ）（SS－192、元はスクアルス（訳注：ホシザメ等小さなサメの総称））の艦長モートン・C・ママ・ジュニア少佐の例もあった。戦争が始まってまもなく、激しい爆雷攻撃に曝された後、ママは精神的に参ってしまい、副長のリチャード・ボーゲに自分を艦長室に閉じ込めるよう命令した。ママは指揮を交代した。他の士官と、数え切れない数の志願兵も強い緊張に負けた。見習い水夫のジョン・ロナルド・スミスはこれらや他の例は知らなかったが、自分は強い緊張に耐えられるほどたくましいと確信していた。スミスは帽子をしゃれた角度に傾け、少し背伸びして歩き、海軍のエリートの一つである閉鎖的な友愛会のメンバーと見なされる幸福感に浸っていた。制服の右袖に、イルカの記章（訳注：潜水艦の乗組員の戦時記章）を着ける資格を得るまで待てなかった。

海軍は毎月五日と二〇日に給与を現金で支払った。魚雷学校の三等水兵には月に五四ドルで、半月分の給与は二七ドルになる。一九四二年に一八歳の若者にとっては、まるで王様の身代金のようだった。スミティーと二人の友人、ケンタッキー州ルイスヴィル出身のバッド・シネマン（シナモンと韻を踏んでいる）（訳注：バッドはつぼみで、シナモンは肉桂の木のこと）と、イリノイ州ホイートン出身のジム・フェルドマンは、学校からの最初の週末の休暇が与えられた時に、最近得た富をサンディエゴのバーや他の娯楽施設で使うと決めた。

三人が町へ繰り出すために真新しい制服を着た時、ひとたび基地を出て〝現実の〟世界に再び入ったならば、丁寧に話そうとお互いに注意し合った。しかしそのような抑制は簡単ではなかった。新兵訓練の初めからずっと、彼らの言葉遣いは控えめに言っても、〝粗野〟になって来ていた。宗教上敬虔な人をこきおろすのに充分なくらいの汚い冒瀆的な言葉と猥雑な言葉が、蛇口から出る水のように自然と彼らの口から飛び出した。スミティーが述べているように、「水兵は民間人と話をする時は注意しなければならない。言葉は習慣から思わず出て来る」

金曜日の午後の授業は定められた通りに一七時に終わった。そのあとサンディエゴのアメリカ駆逐艦基地の三二番通りの門の前に立っているという愚かな行為をした者は、基地からあふれ出て来て、路面電車、バス、タクシーへ大急ぎで走って行く水兵たちの群れに踏みつぶされる危険があった。乗り物は海軍の人間で満員だったので、三人は歩いて町へ行こうと決めた。おそらく週末のどんちゃん騒ぎをする者の第一波が引いた時、三人は走っている路面電車になんとか割り込むことが出来るスペースを見つけた。更なる三つの体を収容する場所しかないほど乗客でいっぱいで、路面電車が喘ぎながら走る時間は長くはなかった。三人は電車に乗って、〝ダゴ〟の下町まで行きたかった。この町は二つ以上の音節を含む軽蔑的な言葉で知られていたのだった。

シネマン、フェルドマン、スミティーは町の中心部で電車から降りた。そして〝ダゴ〟は海軍基地のもっと大きい文化的な変形のように見えるのに気づいた。一九四二年のアメリカの多くの都市と同じように、サンディエゴは軍事的な町だった。駆逐艦基地となっている四、一六四キロ平方メートルの土地の他に、ポート・ロマの一六インチの海軍砲を備えたトーチカ状の砲台でサンディエゴ湾を守っているフォート・ローズクランスがあった。キャンプ・ペンデルトンとして知られる新しく設営された海兵隊基地が、町の北に五二六、〇〇〇キロ平方メートルの規模で広がっていた。そして四五、〇〇〇人の民間人の労働者が、近くの市営飛行場にあるコンソリデーティッド航空会社の工場で働いていた。そこでは毎週多数のB－二四〝リベレーター〟爆撃機を量産していた。「町は兵士、水兵、海兵隊員で満ちあふれていた」スミティーは思い出している。「何千もの人間がバーに入るために、あるいはただ通りを歩くために、ぶつかったり押し合ったりした。バー、刺青屋、土産物店がサンディエゴの下町の、椰子の木がいっぱいある公園、プラザ・スクエアの四方すべてに連なっていた。公園の周りのバーすべてには、隣近所よりももっと大きな音を出そうとしているジュークボックスが置いてあった」

フェルドマンはビールを飲もうと持ち掛けた。そしてティーンエイジャーたちはビールを飲むために一番近い店に入った、彼ら三人が酒を飲む年齢に達しているかどうかを調べるために、誰も身分証をチェックしようとしないことに驚いたが。バーの中にいた大勢の人間は大声を出し、馬鹿騒ぎをし、そしてほとんどが男だった。酔っ払いの間で喧嘩――サンディエゴの週末のいつものスポ

サンディエゴ港の潜水艦母艦U.S.S. ホランド、6隻の潜水艦が側に繋留されている。1935年撮影

ーッ——が始まるには時間が掛からなかった。「ここから出ようぜ」スミティーは友達に言い、三人は店を出た。

憲兵隊と海軍憲兵隊が現場にやって来て、喧嘩している者に激しく警棒を振り下ろした。三人は公園のベンチにごろりと横になり、金曜の夜に下町に来るという分別についてじっくり考えた。誰も休暇中に仲間の軍人から傷つけられたり、刺されたり、撃たれたりして、海軍の経歴を終わりにしたくなかった。夜はひんやりして、湿っぽくなって来た。それで三人は濃い青のピーコート（訳注：船乗りなどの着る厚地ウールの短い外套）を着てきたのを喜んだ。そしてこれからどうするか話し合った。

「どこかで部屋を借りようぜ、そうすれば泊まれる場所ができる」フェルドマンが提案し、他の二人も賛成した。三人の水兵は調べるまでもなく、ブロードウェイにある豪華なグラントホテルとウェストゲイトは、彼らにはあまりにも値段が高過ぎるのを知っていた。建物の正面を見ただけで、宿泊料金は一晩一〇ドルか二〇ドルすると分かった。産業界の有力者、映画スター、重要な戦時ビジネスに携わる会社経営者、さらには結婚式の夜の若手海軍士官用の特別な領域だった。それで三人はプラザ・スクエアを出て横丁に向かい、正面に「旅行者用部屋」の看板が掛かっている家を見つけた。

家の持ち主である中年を過ぎた女性は宿泊希望者を注意深く見て、部屋では酒を飲むのも、食べることもしないと約束させた。三人はそうすると約束して、週末料金の三ドルを払った。部屋にはダブルベッドが二つあり、浴室は下のホールにあった。そこは静かで気持ちが良く、目撃したばかりの酒に酔った血まみれの喧嘩のショックを和らげてくれた。お腹がグーグー鳴る音を聞いたので、三人はあえて下町へ戻って、食べる所を捜すことにした。

「こいつは素晴らしい」シネマンは近くの簡易食堂で、味のいい民間の食物をかき込みながら言った。

「僕はどれだけおふくろの料理を懐かしんでいるか気づかなかった」フェルドマンも顔に心からの満足を浮かべた。

その言葉でスミティーは自分の母親のことを思い起こした、スミティーが僅か一三歳だった時、乳癌で亡くした母を。父親はあまり料理が得意ではなかった。食事を作るために来た大勢の家政婦たちも残念な点が多かった。そして海軍は全軍隊の中で最高の食べ物を出すという評判だったが、料理の素晴らしさでは海軍もブルーリボン賞は得られなかった。「もう一杯ビールを飲みに行くか?」スミティーは尋いた。

「あの最後の騒ぎの後では行かないよ」シネマンは答えた。「この町では君の命は偽の五セント硬貨の値打ちもないよ」

三人は夜の娯楽として、静かで素敵な映画館でくつろいだ。映画は銃後の士気を高め、入隊者を励ますために企画された一九四二年の戦時の典型的なドラマだった。見終わった後、三人の水兵は宿泊所に帰って寝る前に、一杯か二杯のビールを最後に飲むための静かで落ち着いたバーを見つけた。そこで三人は海軍に入る前の生活、故郷に残してきた少女、そして戦争が終わった後にどうするか計画していることについておしゃべりした。話は仲間同士で仲良く盛り上がっていたが、その時突然三人の酔っ払った海兵隊員が入ってきた。

海兵隊員はペンデルトンの新兵訓練所を出たばかりで、酒と血気に満ちており、喧嘩をしたがっていた。そしてスミティー、フェルドマン、シネマンは恰好な喧嘩相手に見えた。

スミティーとフェルドマンは喧嘩早い海兵隊員を無視しようとしたが、やせたバッド・シネマンは挑発に乗った。言葉のやりとりの後、二人の思慮のある水兵はシネマンを持ち上げて、ドアから連れ出した。三人はバーを出てなんとか宿泊所に向かったが、海兵隊員が後ろからふらつきながらついてきた。

水兵たちが宿泊所の玄関に着いた時、海兵隊員が追いついた。そして狭い階段で最初の喧嘩が始まった。シネマンは橋の上のホラティウス（訳注：紀元前五〇九年、イタリア北部のキュージの王との戦いで、テヴェレ川の橋の上で奮戦し、ローマ軍が橋を破壊できるようにしたローマの勇者ホラティウス・コクレス）やペリシテ軍と戦うサムソン（訳注：旧約聖書士師記に出て来る怪力の持ち主、ペリシテ人との戦いで活躍した）のように、攻撃してくる海兵隊員を撃退した、スミティーとフェルドマンはびっくりしながら賛嘆の気持ちでそれを眺めた。三人の水兵の中で一番小さいシネマンが、自分の身を守る名人芸に通じているようだった。手すり付きの階段は一時に一人以上の海兵隊員が上がるには狭過ぎたので、一人ずつ階段の上に上がって来た時、シネマンは体の大きさからは不似合いの激しいパンチで吹っ飛ばした。水兵たちが威張っていた海兵隊員を階段から三度転がり落とした後、海兵隊員はとうとう降参して、ぼやき、痛む顎をかばいながら、よろめいて夜の闇に消えていった。

スミティーとフェルドマンは、シネマンに新たな尊敬の念を抱いた。二人は喧嘩では体の大きさが全てではないことも学んだ。そして仲間のアメリカ人ではなくて、日本人をやっつける日が来るのを待ち望んだ。

第五週の終わりまでにスミティーは掌を指すように、魚雷をよく知るようになった。そしてクラスでトップの三人のうちに入って卒業できると確信した。エヴァンス主任は内密にスミティーはクラスで二番目に良い成績だと教えてくれた。それでスミティーは自動的に三等魚雷士に昇進し、昇進がもたらす昇給も得られると期待した。

それで艦隊魚雷学校を監督している士官J・D・サムス大尉がスミティーとエヴァンス主任を自分の事務所に呼んで、スミティーに悪い知らせがあると告げた時の彼の悔しさを想像してみよ。サムスはスミティーは三等魚雷士に昇進するには若過ぎると言い、上等水兵にすると告げた。

スミティーは呆然として何も言えなかった。そしてエヴァンス主任の顔をちらっと見た。主任は大尉を殺しそうな形相で睨みつけていた。「主任の顔は真っ赤だった。まるでぶち切れるようだった」スミティーは言った。「もし軍隊の規律がなかったならば、大尉は床の上にのびていただろう」

スミティーとエヴァンスに一言の返事もさせずに、サムス大尉は話を終えた。二人の兵士はカリフォルニアの陽光の下に出た。そこでエヴァンスは冒瀆的な言葉に満ちた長広舌で、大尉へのかんしゃくをぶちまけた。主任の感情が落ち着き、二人が学校のある方へ帰り始めた時、エヴァンスは言った。「分かるか、ぼうや、約束された昇進がなくなったのを償えそうもない。しかし俺はお前に職務を選べるようにしてやるつもりだ。俺の力でな。そうだな、何があるだろうかな、潜水艦、魚雷艇、それとも駆逐艦かな？　考えて明日教えてくれ」

エヴァンスが誇り高い潜水艦乗りであるのを知っており、また選択肢の中に飛行学校を入れていないのが分かっていたので、スミティーはよく考えると約束した。

スミティーはどれを選ぶかあれこれ考えたので、その夜はすぐには眠れなかった。本当に勝利に貢献するだろうことをしたかった。もし死ぬのならば、母国に最大限の見返りをもたらすことをした後になって死にたかった。スミティーも潜水艦乗りになるのは非常に難しいのは知っていた。志願者のうち、僅か一〇パーセントだけしか実際に受け入れられなかった。しかしあの銀色のイルカの記章（訳注：潜水艦の乗組員の戦時記章）をぜひとも身に付けたかった。それで翌朝、スミティーはエヴァンス主任に潜水艦を選んだと言った。主任は満面に喜びの色を浮かべ、彼と握手をした。今やスミティーがしなければならないことは厳しい体格検査に通ることだけだった。

一九四二年一一月、ロン・スミスと、様々な別のクラスからの他の一〇六名の魚雷学校の卒業生は、潜水艦勤務のための体格検査を受けるために、基地の病院に集められた。歯医者はスミティーの口の中を調べて合格とした。それからスミティーの一七二センチ、六八キロのやせ型で強靭な体は海軍の医者の手で隅から隅まで検査されたが、不適格な点は何もなかった。別の検査所に送られて、そこで目を閉じたまま二分間、片足で交互に立たなければならなかった。潜水艦勤務は聞いていたよりももっと大変そうだった。それから二分間息を止めなければならなかった。スミティーは肺が破裂しそうだと思った。最後の試験は精神科医との面接だった。

少佐が事務所の木の机の向こうに座っていて、スミティーを呼び入れて座るように言った。それから質問しながら検査を始めた。最初の質問は「若いの、お前は死にたいのか？」だった。

スミティーはこれは馬鹿げた質問だと思った。「いいえ、先生。僕は死にたくありません」

「それならどうして潜水艦に乗るのを希望したのだ？　潜水艦乗りがどんなに危険か皆知ってるぞ。危険いっぱいの任務だから、五〇パーセント以上の給料の割増しがあるのだ」

「もっと危険かもしれませんね、先生。しかしそれはお前は死ぬぞということにはならないでしょう」

精神科医はにやりとしてから尋ねた。「誰かを殺せるか？」

「はい、そいつが僕を殺そうとするなら」スミティーはこの精神科医は、自分とどんなゲームをやっているのだろうと不思議に思いながら答えた。この医者は罠に掛けて、自分が精神的に潜水艦勤務に向いていないことを証明する何かを言わそうとしているのだろうか？

「幾つか質問をしたいのだが」医者は次に客観的な職業的な口調で言った。医者は一枚の紙を取り上げて読み始めた。「君が奥さんと母親と一緒に泳いでいて、二人が溺れ始めた。君はどちらを初めに助けようとするのか？」

スミティーは微笑（ほほえ）んだ。「それは簡単です。僕には妻はいませんし、母は死んでいます」

この答えは一瞬、医者の不意を突いたようだった。しかしその当惑した表情はすぐに腹の底からの大笑いに変わった。精神科医はスミティーと握手をして、先導して部屋から出した。明らかにスミティーは正しい答えをしたのだった。

その日の終わりまでに一〇七人の志願者のうち、九人だけが試験に合格し、潜水艦学校への入学を許可された。スミティーの友達のバッド・シネマンは入学を許可されたが、フェルドマンは許可されなかった。「九人以外がなぜ許可されなかったか、誰にも分からなかった」スミスはそう言った。

第六章――〃艦隊型〃潜水艦

九人の若者はサンディエゴのすぐ近くに創設されていた潜水艦学校に向かうために、命令で整列した。

「〃本当〃の海軍潜水艦学校はコネティカット州のニューロンドンにあった」スミティーはこう言っている。「しかし我々はそこには行かなかった。この当時は新しい乗組員への需要が非常に強かったので、潜水艦学校が即席でサンディエゴ駆逐艦基地に作られた」

学校はお粗末だった。教科書がなかったので、生徒はそれぞれ自分で学習帳を作らなければならなかった。講師は古い〃V〃ボートのカシャラト（訳注：マッコウクジラ）を降りた上等兵曹だった。初めの二週間、上等兵曹は生徒たちに絵を見せ、最新技術の潜水艦を動かす様々な水圧と電気の低圧・高圧の送気管と、他の装置と原理を述べた。生徒は全てを学習帳に描き、書かなければならなかった。「二週間の授業の後、上等兵曹は我々をドックに連れて行った。そこには我々の訓練船であるカシャラトが繋留されていた」スミティーはこう言っている。

次の数週間の講義の間に、スミティーは八人の級友仲間を良く知るようになった。シネマンのほかにオレゴン州出身の背の高い温厚なビル・パーティン、ワシントン州から来たハンサムで金髪のビル・クウィリアン、モンタナ人であるジム・ビガース、その色黒の顔色と無愛想な表情は、快活でおおらかな性格を隠していた。ジム・コスターはヒューストンからざっくばらんなテキサス風の振舞いを持ち込んできた。ハンク・ブラウンはロサンゼルス出身、ボブ・カミンスキーはシカゴから来た。サンフランシスコ人のジム・キャデスはグループの中で一番冷笑的で世事に通じているように見えた。そしてスミティーは彼ら全員と付き合ったが、一番楽しいのはビル・パーティンとの付合いだった。

生徒たちは潜水艦の理論を教えられた。潜水艦の背後の概念は単純だが巧妙だった。何千キロもの水圧に耐えられる中空で水密の船体を作る、大きいバラストタンクを〝反対の浮力〟を作る海水でいっぱいにして意図的に沈む。そして船体は圧縮空気を使ってバラストタンクから海水を出すことによって浮上する。船が水上航行中は、ディーゼルエンジンでスクリューを回す。潜水している時はディーゼルに代わって、電池の電力で電気モーターを動かす。乗組員の生存に必要な酸素を発生させるものは何もなかった。水上を航行中にハッチが開いている間に、周りの空気が流れ込んで来て、八〇人の乗組員がほぼ一日生きるのに十分な酸素を供給する。

潜水艦の指揮官が発見されてその場を去ることなく、周囲の海を見回すことが出来るように、潜水艦には潜望鏡として知られる光学機器が装備されていた。その装置は船の大部分が水面下に隠れている時に、自由に上げ下げ出来た。また潜水艦は無線を使って外の世界と連絡を取れた。

もちろん単に水上を走れて潜水もできる船というだけでは、偵察任務にしか役立たない。潜水艦を軍艦に変えるには、武器を備えることが必要だった。前部と後部の魚雷発射管が魚雷を発射し、甲板に搭載された大砲と機関銃は水上にいる時に、攻撃と防衛に使われた。

アメリカ海軍の者は誰でも、アメリカの潜水艦は世界一だと信じていた。ハーダー（訳注：ボラ）（SS－257）に乗っていた水兵マイク・ジェレトカはこう言っている。「俺はイギリス、オランダ、ドイツの潜水艦に乗ったことがある。一九四六年にU－505をアメリカに連れ帰って来

1943年コネティカット州ニューロンドンの潜水艦学校で基礎を学ぶ新入りの潜水艦乗りたち

た時に、それに乗艦していた。ドイツのUボートはがらくたの塊だった。アメリカは潜水艦の設計では後発だったが、他の国よりもおおいに進歩した。誰かが何を言おうとも気にしない。我々の潜水艦は他国のと比べたら、キャデラック（訳注：アメリカの大型高級乗用車）だ。他国の潜水艦はT型モデル（訳注：一九〇九年から一九二七年に発売されたフォード社の最初の大量生産の車、安っぽい意味もある）だ。我々は日に三回食事をとり、一人一人の寝台とシャワーがあった。船体は複殻式だった。船上では余分なスペースはなかったが、他の国の船よりも使える場所は広かった。我々の船はすべての点で優れていた。ガトー（訳注：ワニ）級を設計した者は優れた仕事をしたのだった。その次はバラオ（訳注：サヨリ）級、そしてテンチ（訳注：コイ科の淡水魚）級と外殻が厚くなり、さらに良くなった」

第二次大戦時のガトー級（一九四一年から四三年にかけて建造された）、バラオ級（一九四三年から四五年にかけて建造された）の〝艦隊型〟潜水艦はかって作られたどの兵器にも劣らぬくらい技術的に進んでいた。標準的なガトー級の〝艦隊型〟潜水艦は長さ九五メートルで、ビーム（訳注：両舷の肋材を連結すると共に、甲板を支える船材）は八・五メートル、喫水は四・八メートル、排水量は一、五〇〇トン以上で、二四本の魚雷を搭載した。給油なしで、あるいは食料や物資を補給することなく、何千キロも航行できた。

潜水艦は最上の心理学的な兵器でもあった。敵の船や船団の最初の印を見つけると、水面下に潜り、潜望鏡深度で致命的な攻撃を掛けられたし、視認されて攻撃されると、爆弾や爆雷から逃れるために深く潜ることが出来た。それから攻撃を再び始めるために、別の場所に再浮上するか、あるいはやって来た時と同じように、静かにこっそりとその場所から単に消え去ることも出来た。

鰐でいっぱいの川で筏を漕ぐ神経過敏な原住民のように、攻撃される恐れはいつもそこにあったし、いつも水面の下に潜んでいた。戦地にいる日本の艦長は自分の進路をじっと見詰めている細長い一つ眼の潜望鏡を見つけたり、艦体から飛び出した正しく作動しない魚雷の不吉なガチャガチャという音を聞いたり、自分の幸運がどれくらいもつだろうかと思ったりした。敵艦の水兵にとっては、潜水艦は見つからないように近くに潜んでいて、いつでも警告なしに自分たちを海の藻屑にする準備していると考えるだけで、極度に神経を悩まされた。

艦隊型潜水艦の艦首には、四つか六つの魚雷発射管がある前部魚雷発射室があった（戦闘哨戒の時には一六本の魚雷を搭載した）。ちょうつがいで取りつけられた一四の寝台が壁や隔壁から鎖で吊り下げられていた。そして頭上のハッチを通って、前部の脱出用の囲壁通風筒か区画に逃げられた。戦闘作戦中は作業場所を最大限に広げるために、寝台は邪魔にならないように吊り下げられた。

艦の中央部近くには〝士官の国〟、つまり少尉、大尉、艦長用の狭苦しい居住区域と食堂があっ

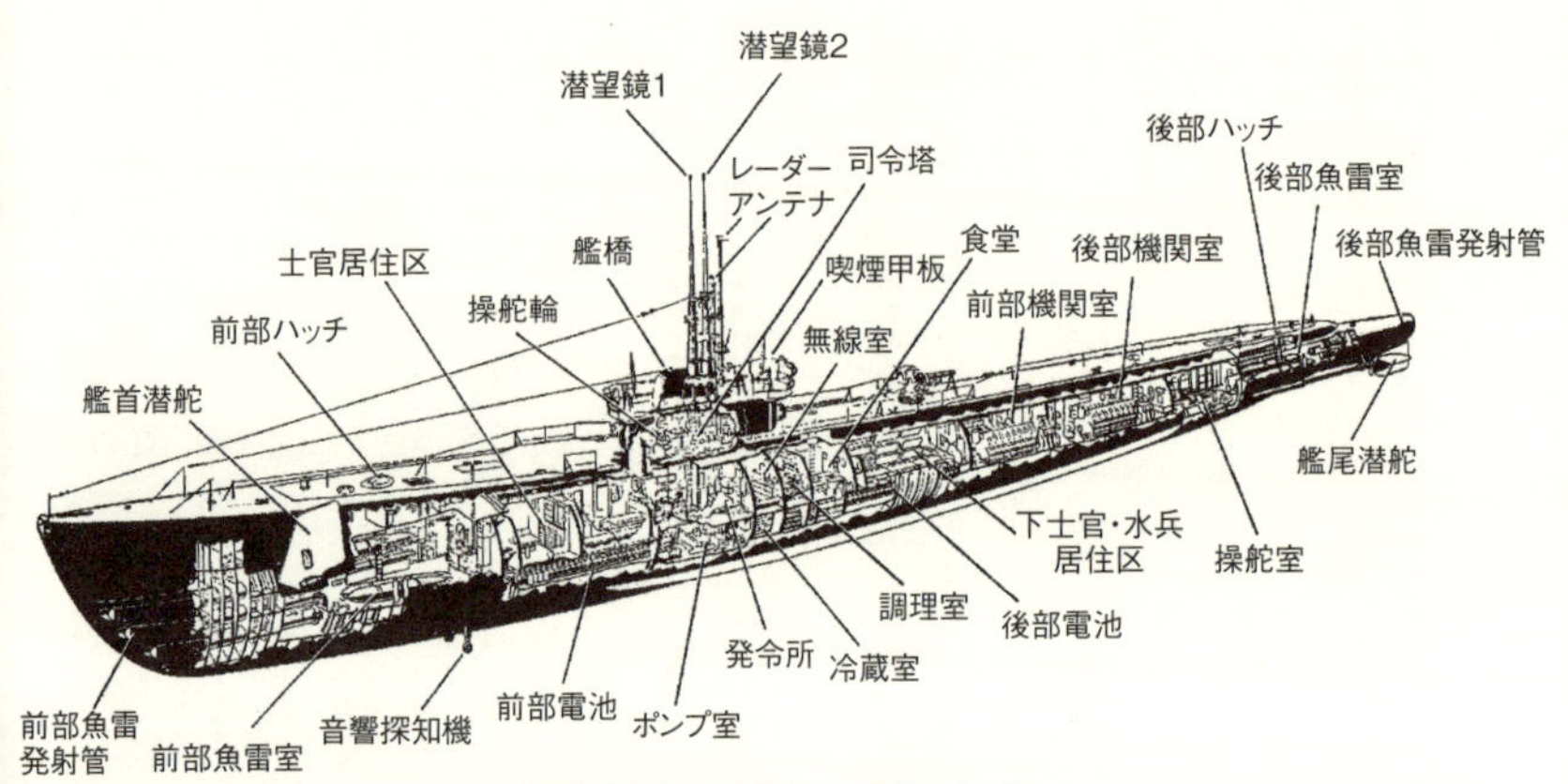

艦隊型潜水艦（バラオ級）の図解

た。士官用食堂兼談話室は多くの目的で使われた、食堂、会議室、娯楽室（トランプゲーム、クリベッジ《訳注：通例二人、時には三、四人でするトランプゲーム》）、チェス、チェッカー用）などとして。パントリー（訳注：食料品、食器などを収納してある部屋）と士官と上等兵曹用の〝特別室〟もあった。

〝士官の国〟と発令所の真下には艦で一番大きいスペースがあった。前部バッテリー区画とポンプ室である。この区画には一二六個の巨大な鉛蓄電池が収められていた。一個の重さは一トン以上あった。潜水艦が水面下で行動できるのは、この蓄電池のおかげだった。隣り合ったポンプ室には、エアーコンプレッサー、水圧ポンプ、冷暖房用コンプレッサー、そしてトリムポンプ（訳注：潜水艦の姿勢を正しくするためのポンプ）とビルジポンプ（訳注：艦底にたまる汚水をかきだすポンプ）があった。

潜水艦は潜航中は電池の力だけで走らなければならなかった。それも水上を走っている時よりもかなりゆっくりと。水面下では最大速度は九ノットだった。しかしその速度で航行したならば、電池は三〇分以内に消耗してしまうので、潜航中の速度は通常は三ノット

複雑に配置された発令所のスィッチ、計器、ダイアル、機械類、（U.S.S. パンパニト）。上の右側にある黒いパネルの箱が“クリスマス・ツリー”、左側に見えるのが司令塔への梯子

を越えなかった。潜水艦が潜航して走れる距離は大体一六〇キロくらいだった。

士官居住区域のすぐ後ろと司令塔と艦橋の下は発令所だった。その名前から分かるように、ここは潜航中、艦長が艦を指揮する所だった。右側、即ち右舷側は発令所の〃乾燥〃側と呼ばれていた。そこには電気と空気管制装置があったからである。左側、即ち左舷側は〃湿った〃側として知られていた。何故ならトリムと排水システムに加えて、水圧の管制装置があったからである。

ここには潜水操縦部署もあった。そこから大きい制御輪を使って、潜水したり浮上したりするのである。また二つの大きい〃操縦輪〃は左舷の隔壁を向き、二人の水平舵操作係が操作していた。この輪は〃象の耳〃、即ち艦首と艦尾の水平舵を制御していた。この舵が潜水艦が潜水したり、浮上したりする時の角度を決定するのである。艦首水平舵操作係の長椅子のすぐ後ろには、艦橋と展望塔に通じる梯子があった。

この区画にある隔壁の上には〝クリスマスツリー〟として知られている二つのパネルがあった。このパネルに表示された赤と緑のライトを見るだけで、どのハッチが開いているか、閉まっているか分かるのである。もしあるハッチが開いているなら、ライトは赤になり、閉まっているなら、ライトは緑になる。安全に潜水するにはすべてのライトが緑にならねばならなかった。

発令所にも副操縦部署、艦内告知装置、内部連絡交換機があった。部屋の真ん中には二つのテーブルのようなものが置かれていた。一つは位置表示用テーブル、即ち艦の緯度と経度の位置を推測航法により機械的に表示する装置である。もう一つはジンバル（訳注：羅針盤等を水平に保つための十字吊装置）に吊り下げられている主ジャイロコンパス（訳注：高速回転するこまの原理を応用して、真方位を決定する計器）で、航海には不可欠な道具だった。ジャイロコンパスの上にはキールの下の深さを測る音響探知機と、外側の水温を読み取る深海温度計があった。この温度計はソナーとして知られる敵の水面下の潜水艦探知装置をある程度無効にする、海洋の水の冷たい層の発見には不可欠だった。

発令所の後ろは信じられないくらい狭苦しい無線室で、甲板から頭の上まで無線装置が積み上げられていた。人一人——なるべく背の低い者が好ましい——が情け深く与えられた机と椅子にかろうじて体を押し込むことができた。

無線室の後ろは比較的広い部屋、つまり調理室と乗組員の食堂だった。潜水艦の乗組員の危険な任務と、とても理想的とは言えない生活状況を埋め合わせるために、海軍はあらゆる部門の中で最高の食事を提供していると言われていた。スペースが限られているため、乗組員は二四人ずつ交代で食事をとった。また料理人とパン職人は、食事を出すために二四時間ぶっとおしで働いた。多くの艦では二人の料理人と一人のパン職人がいた。料理人は一日交代で二四時間働き、パン職人は毎晩働き、食パンとロールパン、それに焼き菓子を焼いて作った。

調理室は休養・娯楽で気晴らしする場所としても使われた。ここで乗組員はくつろぎ、本を読み、トランプゲームやボードゲーム（訳注：チェスなど盤面上で駒を移動させて行なうゲーム）を楽しみ、家への手紙を書いた。

調理室甲板の下には、冷蔵食品を貯蔵するための大きい冷凍庫と冷蔵庫があった。貯蔵スペースが足りなかったので、潜水艦の利用可能なあらゆるスペース、通路、棚、小さな戸棚には食料品を入れた木箱、厚紙の箱、樽、袋が詰め込まれた。出港する潜水艦は軍艦というよりも、海上の食料品倉庫と言った方が似合っていた。志願した乗組員は通常は二つのトイレ区画（船では俗語でヘッドという）を使えたが、一つは食料品の木箱でいっぱいだったので、そこを占拠していた食料品を全て食べた後になって使用できた。

乗組員の食事の準備のために、狭苦しい調理室を共同で使っている二人の料理人（U.S.S.バットフィッシュ《訳注：アカグツ》にて）

潜水艦上での一番ややこしい設備の一つが便器だった。スミティーはこう言っている。「トイレを使う時は、正しい順序で使わなければならないという必須の掟がある。さもなければ君か、あるいは君の後で使う者が、大便で汚れた所を拭き取ることになる」

真鍮のプレートが出入り口の内側に張られていて、そこにはトイレをどう使うか詳しく書いてあった。

「使用する前に、フリッパー弁（訳注：便器の底にある、開閉する魚のヒレのようなもの）Aが閉まっているか、排出管のゲート弁（訳注：導水管末端の仕切り弁）Cが開いているか、送水管の弁Cが開いているか確認せよ。それから必要な水を中に入れるために、壷状の便器の隣の弁Eを開けよ。そして弁DとEを閉めよ。使用後レバーAを引っ張って緩めよ。空気供給管の弁Cを開けよ。海水の圧力が四・五キロ上がるように測定タンクに入れるために、船外の空気弁のレバーFを揺さぶれ。

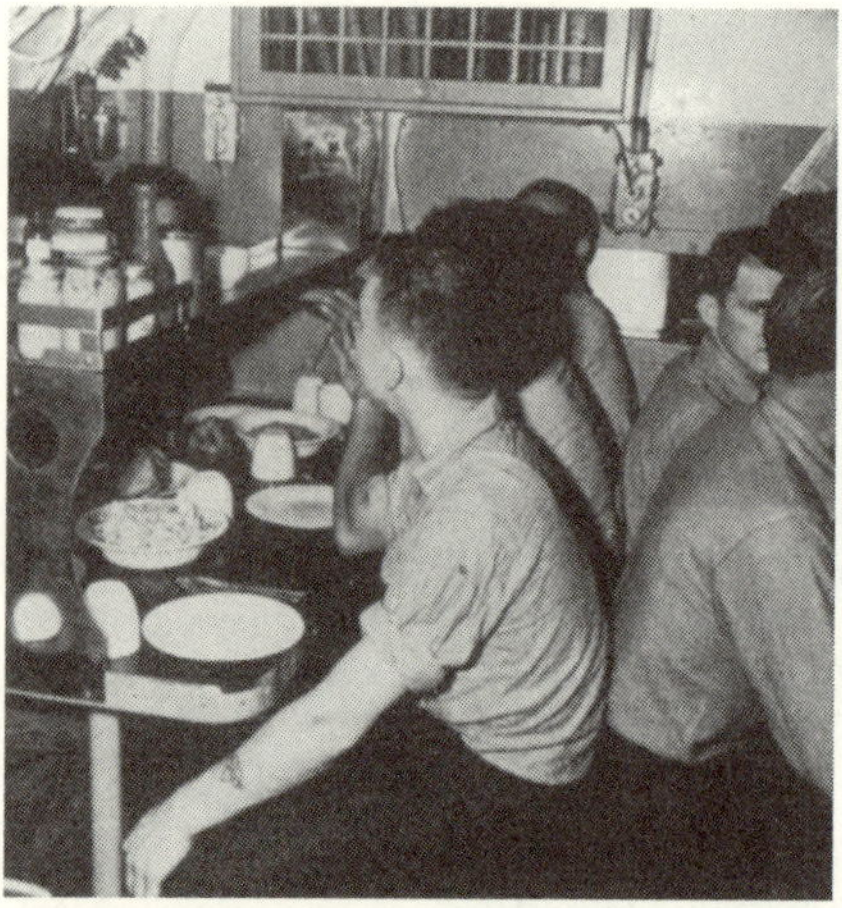

乗組員が窮屈な食堂に詰め込まれている様子（U.S.S. バットフィッシュにて）

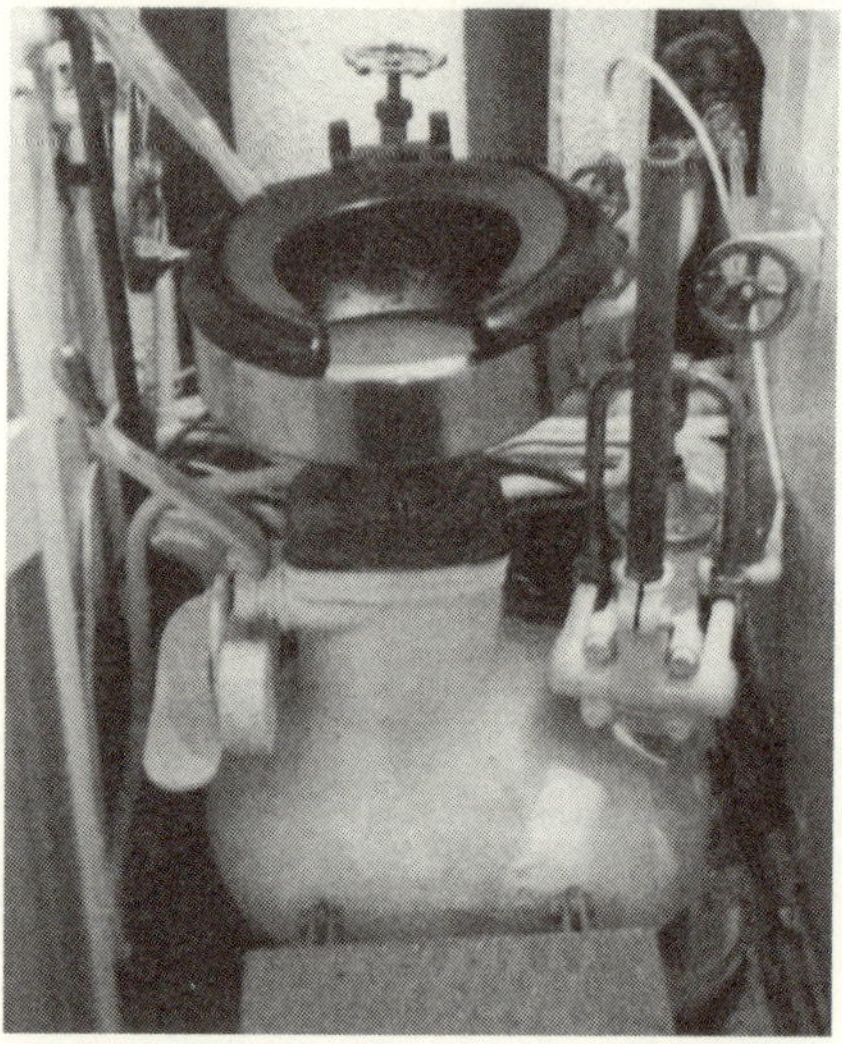

トイレ（U.S.S. コビア《訳注：大形の海水魚》）

栓Bを開けて、船外に吹き出すために船内の空気弁のレバーFを揺さぶれ。弁BとCを閉めよ。ポンプで排出するために、栓Bを開けよ。ポンプが溜まったものをからっぽにする。栓Bを閉めよ。弁Cを閉めよ。もし最初の点検で、排出箱が溢れていたならば、使用前に中身を水中に放出せよ」

甲板の下は弾薬庫で、デッキ・ガン（訳注二）と機関銃用の弾薬が収められていた。特別なハッチによって弾薬庫の中の人間が弾薬をトップ甲板に運び上げ、それから砲手に渡した。

調理室の後ろには〝後部電池〟と呼ばれる乗組員の主要な寝台設備区画があった。三六の寝台が三段に積み重ねられ、乗組員に眠る場所を提供していた。しかし全員の必要数には足りなかったので、〝ホット寝台〟――即ち当番中の乗組員が明け渡した寝台――を使わなければならなかった。

寝台設備区画の隔壁のすぐ後ろには、一日に海水を三、七八〇リットルの蒸留水に変える、二つの大きいステンレスの蒸留機があった。この精製された水の一番大事な使い道は、鉛蓄電池に注入することだった。二番目に大事な使い道は飲み水と料理用だった。三番目はシャワー用だった（艦内には二つの小さなシャワールームがあった）。長い哨戒活動の時、乗組員はおそらく二週間に一度シャワーを許された。しかしながら多くの哨戒では、一月に一度か、あるいはシャワーなしが珍しくはなかった。

その次には二つの機関室があった。H・O・R（フーベン・オーエンス・レントシャラー）エンジン――維持・点検しなければならない機関員からは、しばしば〝尻軽女〟と呼ばれた――は非常に信用できないことを証明したので、新しい〝艦隊型〟潜水艦では、シリンダーが一〇個ある、一、六〇〇馬力のフェアバンクス・モースかゼネラル・モーターズの対抗ピストン・ディーゼルエンジンを四つ装備した。それぞれ自動車くらいの長さで、船に最高二一ノットの水上速度（一時間に約三九キロ）を与えた。ディーゼルエンジンは同時に貯蔵電池を充電し、照明、食料用冷蔵庫、空調、レーダー、通信道具等の電源となった。現役として使われた一番古い潜水艦は、新しい機関に取り替えられた。

機関員は――通常〝ブラック・ギャング〟と呼ばれた――船内で最悪の立場だった。潜水艦が浮上して作戦中には何時間もぶっ続けに、ディーゼルエンジンの耳をつんざくような絶えざる唸り声に耐えなければならないだけでなく、エンジンが出す耐え難いほどの温度も我慢しなければならなかった。機関室では五〇度の熱さが普通だった。しかし船内の他の所はもう少しましだった。多くの区画ではディーゼルエンジンが動いている時でも、温度は三五度くらいか、少し上だった。潜水艦の乗組員の多くが哨戒中には、サンダルとTシャツだけで働いているのも不思議ではない。そして八〇人の汗まみれの、シャワーを浴びない男たちの体から出る悪臭が、潜水艦の中に満ちているのを想像するのは難しくない。

ブレニー（訳注：ギンポ）（SS−324）に乗艦していたフランク・ツーンは、潜水艦乗りは一度乗艦すると、臭いの感覚をなくすと言っている。「乗艦した後はどんな臭いにも気づかなくなる。ディーゼルの臭い、体臭、煙草の匂い等々。他の人間は気がつくだろう、潜水艦で暮らしたことがない者は。それに慣れて、気がつかなくなる。すべてが混ぜ合わさって、我々を取り巻く環境となる。一九四〇年代後半に海軍艦艇の日用雑貨を売る売店での出来事を覚えている。歯磨き、アフターシェーブローション〔脱臭もしくはオーデコロン〕等の必要なものを買うために、我々六人は歩いて行った。我々が列に並んだ時、レジに並んでいる二人の女性（潜水艦乗りの妻ではなかった！）がいた。我々は皆身ぎれいにしていたけれど、その女性たちは我々の臭いに気づき、我々が皆十分聞こえるような大声の悲鳴を平気で上げた、臭いのする潜水艦の水兵に。そこは潜水艦基地の売店で、二人は特別扱いとして買い物をしていたので、私の上司、主計係上等兵曹は二人を叱りつけた！　女性たちはそこからすぐに出て行けなかった。臭いについてはこれだけにしておこう。慣れていない者には、かなり気分が悪かったのだろう」

潜水艦の最後部は後部魚雷発射室で、四本の発射管と八本の魚雷、そして一二個の寝台があった。最後部のすぐ前には操艦室があった。艦長が艦橋、司令塔、発令所から針路や速度を変えるよう命令を出した時、その命令は操艦室に伝えられた。操艦室では命令に従って、大きい真鍮のレバーを手で動かした。潜航や浮上の命令もここに伝えられ、ふさわしい動力――ディーゼルか電池で――スイッチを動かした。後部魚雷発射室のすぐ下の船外には二つの大きいスクリューがあり、必要な推進力を与えた。

魚雷の直ぐ上で本を読んでいる乗組員

甲板の上には艦橋、司令塔、潜望鏡、潜望鏡シザーズ（訳注四）、レーダー設備、そして武器があった。普通は三インチか五インチのデッキ・ガン（訳注二）と、二〇ミリ口径の機関銃が二門だった。

潜水艦そのものは偵察用艦船にしか過ぎなかったので、敵の船や海岸の施設に損傷を与えるには、マストに搭載した爆薬という形式よりももっと良いものが必要だった。この形式のものは南北戦争中に使われ、攻撃する側とされる側の両方ともに破壊した。自艦を危険にさらすことなく、敵の艦船を吹き飛ばせる自力で走るものが必要だった。つまり魚雷が必要だった。

第一次大戦中のアメリカ潜水艦の標準的な魚雷は直径四五センチのマークⅦだった。マークⅦは一四八キロの炸薬の詰まった弾頭を持ち、最大射程距離は四、五〇〇メートルで、最高速度は三五ノットだった。しかしマークⅦは低性能の魚雷だった。その小さな弾頭は、当時の多くの戦艦の艦体を守る厚い装甲に穴を開けるには不十分だった。それで魚雷を発射する水上艦艇は直径五三センチのマークX魚雷を使用したので、もっと大きい魚雷を発射できる新型の潜水艦を建造する必要があった。

一九二〇年にSボートが就役した時にはマークXを装備した。今度は二二五キロの火薬を詰め、三六ノットで最大有効射程距離は三、二〇〇メートルだった。

他の国でもこの武器の改良に取り組んでいた。例えば日本ではせっせと改良して、直径六〇センチ、炸薬七八〇キロの怪物のような九三型〝長い槍〟酸素魚雷を作った。これは本来は駆逐艦から発射するよう設計されたものだった。多くの兵器専門家は、この巨大な魚雷はその時点までで一番効果的な魚雷だと評価してきた。日本の潜水艦はもう少し小さいものを装備した。直径五三センチの九五型で、航跡を出さない酸素推進魚雷で、四〇〇キロの炸薬を持ち（後には五五〇キロに増えた）、四九ノットで射程距離は八、〇〇〇メートルだった。この二つの型の魚雷の速度と火薬の量は、どんな目標も破壊するのは間違いなかった。

魚雷の設計を競争した国はすべて、真っ直ぐに走る魚雷を開発することはすでに諦めていた。潜水艦が目標か、目標の移動予想地点に真っ直ぐに向く必要があったから。それに代わって、手動でセットして、調整した通りに魚雷を走らすジャイロコンパス（訳注：高速回転するこまの原理を応用して、真方位を決定する計器）を備えた魚雷が使われた。

もう一つの技術革新は、アメリカ海軍だけに限られたのだが、電気式魚雷データ・コンピュータ（TDC）だった。ロードアイランド州ニューポートの魚雷本部にある兵器局は、直径五三センチの次世代魚雷を作るためにも働いていた。この魚雷はもっと大きな弾頭を持ち、もっと高速で、磁気近接信管を備えたものだった。この信管は実際に船体に当たらなくても、目標に接近したならば起動することになっていた。

アメリカ海軍のTDCはその当時、他のどの国が使っていたどんなものよりも進んだものだった。今日使用されている非常に精巧な、コンピューターで目標を追跡して発射するシステムの先駆者だった。他国の海軍が基本的に〝Is-Was〟（訳注：潜水艦攻撃距離測定機）手動計算機（発射角度を計算するために使う、丸い滑らせる一種の定規）の機能を機械化したのに過ぎなかったに対して、アメリカ海軍は戦艦が目標を狙い、主砲を発射するのに使用する複雑な電気機械式の計算機をコピーした。TDCは司令塔に置かれ、自艦と目標の位置、針路、速度の追跡を続け、目標に命中させるための魚雷の針路を計算することが出来た。TDCはまた魚雷に直に最新の情報をずっと伝えた。しかし勿論、全ては魚雷が目標に到達して、実際に爆発するかどうか次第である。戦争が始まってから、確実とはとても言えないことになった。

第二次大戦の初めの数ヶ月、ドイツは磁気信管を使ったが、信頼できないと分かった。Uボート艦長たちはその装置を使用しないよう命令された。魚雷の撃沈率は突然跳ね上がった。しかしながらアメリカ海軍の兵器局は現実を直視しようとはせずに（深刻な問題に関係していたので）、マークⅥ魚雷の磁気信管には欠陥はない、潜水艦の乗組員の更なる訓練が必要だと主張した。

しかしながら主要な問題は乗組員ではなくて、兵器局にあった。この組織は二つの肝要な事実を認めるのを拒んだ。一つは地球の磁場は世界の様々な場所で変化するということ、二つ目は鋼鉄の船体の船は、磁気信管を備えた魚雷に沈められたり、損傷を受けたりしないように、磁気を消すことができるということである。それで魚雷が敵の船に近づいて、さらに実際に当たっても、フジツボを数個こすり落とすだけで、敵の船長におまけ程度の心配をさせ、アメリカの潜水艦艦長を夜眠れなくさせた。

非常に精巧になった潜水艦は、非常に訓練を積んだ専門家が操作する必要があり、潜水艦乗りはまもなくエリート中のエリートとして知られるようになった。潜水艦史家のノーマン・ポルマーはこう記している。「飛行学校を卒業すればウィング（訳注：アメリカ空軍の戦時記章）を授与される飛行士と違って、ニューロンドン（訳注：潜水艦学校のある所）の卒業生は海へ出て船で資格を得てから、望んでいたイルカの記章（訳注：潜水艦の乗組員の戦時記章）を授与される、志願した水兵には銀の、士官には金の記章が」

潜水艦に乗艦した士官と志願した水兵は特定の任務を指定される。士官の一人は機関員の長に、次の士官は魚雷と砲術担当に、三番目の士官は通信担当になる。一番階級の低い士官はその補佐となる。副長は航海長兼任である。艦長は明らかに船の作戦全体と乗組員に責任を持っており、戦闘を指揮し、全員の行動を監督していた。

潜水艦の士官と水兵の間には海軍の他の艦隊や部署にはほとんど見られない、くつろいだ親密さがあった。潜水艦の親密な領域内には、堅苦しさや軍隊の儀礼の表われはほとんどなかった。階級は無視された。敬礼やサー（訳注：サーは敬称）という言葉の使用は最小限に止められた。

フィンバック（訳注：ナガスクジラ）（SS－230）の一等電気士だったカール・ボズニアックはこう言っている。「"イエス　サー"とか"ノー　サー"とかは普通の士官には言わない。"イエス　サー"とか"ノー　サー"と言うのは、艦長か、その日の当直将校だけである。他の士官はすべて名字だけで呼ぶ。"ミスター"さえも使わない。"ジョーンズ"だけである。"おーい、ジョーンズ〟」

士官は潜水艦内に自分自身のスペースを持っていたが、いかに想像力をたくましくしても、〝ゆったりした〟とか〝ぜいたくだ〟とか〝一人になれる〟とはとても言えなかった。実際、潜水艦の端からもう一方の端まで行くには、〝士官の国〟として知られる士官の居住区域を通り抜ける必要があった。艦長だけが自分の個室を持っていた。といっても電話ボックスよりも少し大きいだけであるが。そこの普通よりも少し小さい寝台から、艦長は壁に掛けられた羅針盤と深度計を見ることができ、個室にいる時はいつでも、すぐに船の態勢を認識できた。艦長はまた〝特別室〟を離れずに、船のどの部署の人間とも話が出来る通信設備も持っていた。もし軍隊の他の部門で〝階級は特権を伴っている〟ならば、潜水艦ではそんな特権はないのが明瞭だった。

たとえどんなに勇敢な人間だとしても、潜水艦の閉所恐怖を起こしそうな人工の光に照らされた内部では、甚だしく勇気をなくしそうになるだろう。潜水艦はアメリカンフットボール競技場と同じ長さはあったけれど、幅はスクールバスよりもかろうじて広いだけだった。余分なスペースはないといってよかった。配線、ホース、パイプが船の端から端まで走り、壁はスイッチ、計器、配電盤、表示灯、貯蔵戸棚、そして何百冊ものマニュアル用本棚で隙間なく覆われていた。すべての部屋、調理室、トイレ、通路は人間が住み、眠り、食べ、動き、連絡し、排便するのに必要最小限の大きさしかなかった。

真水が非常に貴重だったので、髭剃り、シャワーの使用、衣服の洗濯は禁じられていた。長く暑い哨戒の間は、士官と水兵は通常は等しくTシャツ姿になった。皮服で働く哨戒もあった。

要するにアメリカの潜水艦はすべて唯一つの目的のために、高度な技術で作られた恐るべき戦闘機械だということである。敵の船を捜し回り、沈めるという目的のために。そしてスミティーはその一員となる機会を得たと興奮した。

第七章――始まりの終わり

　サンディエゴで潜水艦学校の生徒は〝C〟クラスのカシャラトの隅から隅まで、それこそ何もかも学んだ。カシャラトと姉妹艦カトルフィッシュは一九二〇年代後半に設計され、ポーツマスで建造され、一九三〇年代前半に就役した。この二つの船は第一次大戦時の〝S〟ボートよりも大きく、進んでいた。しかし新型の艦隊型潜水艦に比べると、時代遅れだった。カシャラトは船体の鉄板をリベットでとめる通常の方法とは違って、魚雷室の内部の船体フレームを溶接で継いだアメリカの最初の潜水艦だった。船体の残りはリベットでとめられた。カシャラトは（カトルフィッシュも）また日本のパールハーバー空襲にも無事で生き残る栄誉を持ち、開戦後の数ヶ月間に三度の戦闘哨戒に加わった。

　最初の数日間、ロン・スミスと級友たちがカシャラトでしたのは、古い塗料をこすり落とし、耐圧殻を覆っているタール（石炭、木材等を乾燥して得る、黒色のねばねばした液）のような防水材を取り去り、新しい上塗りを塗り直すことだった。この大変で楽しくない仕事が終わると、生徒たちはそのまま短い試験潜航に行く準備をした。潜水艦内は生徒たちと八〇人の乗組員ですし詰めになり、ディーゼルエンジンは唸り声を上げて動き、船を震わし、他のすべての音をかき消した。温度は特に機関室で、普通はサハラ砂漠かデス・バレー（訳注：アメリカのカリフォルニア州南東部、ネヴァ

1934年7月9日ニューハンプシャー州ポーツマスで撮影されたU.S.S.カシャラト

ダ州南部にある乾燥地、海面下八五メートルで、北米の最低標高地）でしか見られないレベルまで上昇した。また機関室内の連絡は、手信号でしか出来なかった。

スミティーは乗組員、即ち〝船の仲間〟は潜水艦乗りの卵にとりたてて親切ではなかったと回想している。「船が出航するやいなや、乗組員は我々九人を邪険に扱った。自分たちに課せられた色々な任務を処理するのに大忙しだったので、邪魔だ、どけと、ずっと我々を怒鳴り続けた。発令所にある何百という計器、文字盤、弁を見詰めていたが、頭をめぐらして艦内の他の場所全部も見た。もし誰かが教えてくれなければ、どっちが前か後ろも分からないだろう」

生徒たちは自分のやるべきことがゆっくりと分かり始め、観察するだけで、邪魔にならないように最善の努力をしようとした。まもなくカシャラトはサンディエゴ湾を通り抜けて、試験潜航に十分な深さのある海域へ向かった。試験潜航の目的は、潜水しても水漏れや他の問題に遭遇しないのを確かめることだった。生徒たちの胸には真っ先に、スコラス（訳注：ホシザメ等の小さなサメの総称）の運命が浮かんだ。スコラスは一九三九年三月、ニューハンプシャー州ポーツマス沖で試験潜航中に、誰かが主誘導弁を閉めなかったために、沈没したのだった。五九人の乗組員のうち、二六人が溺死した。残りは七五メートルの深さから奇跡的に救助された。

生徒たちの意識の深い所では、沈没したO－9（USS、O－9）の話もうごめいていた。O－9は古い潜水艦で（一九一八年進水）、一九四一年六月二〇日、ポーツマスの二七キロ沖の海にいた時に船体がつぶれ、乗組員三三人が全員死亡した。

［原注：小さい鮫の名前をつけたスコラスは引き揚げられ、修理され、ずっと前に知られたように、セイルフィッシュ（訳注：バショウカジキ）と改名された。O－9の残骸は一九九一年に発見され、亡くなった乗組員のもの言わぬ記念物としてその場所に残されている」（ブレア、一一八：www.rontini.com）

スミティーはシネマン、クウイリアン、パーティンと一緒に乗組員の食堂の辺りにいたが、その時に驚きで跳び上がりそうになった。スミティーはこう言っている。「潜航警報がA型フォード（訳注：T型フォードが陳腐化した後、豪華でモダンな車として作られたもの）のアアアアオオオガーという音のように、一〇回だけ大きく鳴り響き、それが二度あり、続いてスピーカーが〝潜航、潜航〟と叫んだ」ディーゼルエンジンが静かになり、耳の中の唸り声が突然やんだ。船の動力は電池に切り替わった。そして船首が急角度で下向きになった。急に突っ込んだため、しっかりと止められていなかった本、マニュアル、陶磁器、コーヒーカップ等が棚やテーブルから飛び落ちた。

スミティーは黒人の厨房係に、「潜航するにはどれくらい掛かるのか」と尋ねた。厨房係は隔壁に懸かっている計器を眺めた。「もう終わったよ」と、その黒人は水深四五メートルで船体がすでに水平になっているのを示しながら答えた。「耳の空気圧の調整を忘れるな」四人の初心者は空気圧を同じにするために、鼻の穴を閉めたり、息を吹いたりした。

「それからは何事もなかった」スミティーは初めての潜航を思い出して語った。「すべては静かで、平穏だった」聞こえてくるただ一つの音は、二つの大きいスクリューを回して、船を前へ進める電動モーターの柔らかいブーンという響きだけだった。

しばらくすると潜航警報が大きい音で三度鳴り響き、カシャラトは浮上した。ハッチが開き、新鮮な冷たい空気が暑くて息苦しい船内に流れ込んできた。何の事故も、緊急事態もなかった。九人の生徒はお互いの顔を見て微笑(ほほえ)んだ。潜水艦での初めての潜航で無事だったのだった。


潜水艦学校の授業は、カシャラトでの航海と教室の講義と交互に行なわれた。六週間があっという間に過ぎ、九人の生徒は政府支給の誂(あつら)えの青い制服をもらった。尻と太腿がぴったりくっついているが、裾はラッパ状に大きく開いていた。生徒たちは白い帽子が滑り落ちる危険がずっとあったので、出来るだけ深くかぶった。ただの生徒でしかなかったが、まるで水兵のように見えた。

スミティーと他の生徒たちは、月曜から土曜の六日間の授業の間は休暇はなかった。唯一の休みは日曜だけだった。その日は教会へ行けたし、おそらく基地内の映画を見に行けただろう。しかしサンディエゴの街へ行くのは許されなかった。

五週目の終わりの金曜日の夕方に、ビル・パーティンのガールフレンド、メアリーがポートランドからやって来た。そして二人は駆逐艦基地の教会で結婚した。スミティーと級友たちは全員結婚式に出席した。背の高い黒い髪の新郎は、濃青(ダークブルー)の制服を着ると非常にハンサムに見えた。「メアリーは皆が予想していた通りだった。本当にすぐ隣にいるような女性だった」とスミティーは言っている。「皆はメアリーを好きになり、八人の〝最高の男（訳注：新郎の付添人）〟は結婚式の日にビルに付き添っていると決めた」

この幸福な夕べにいた者は誰も、ビルを待ち受けている運命を想像できなかった。

戦争は潜水艦学校の生徒たちが卒業するのを待つことなく、恐ろしいペースで続いていた。世界の半分離れた所では、ロシアとドイツがスターリングラードとして知られる貴重な場所をめぐって戦っていた。戦いは二年近く続き、結果的に一六〇、〇〇〇人以上のドイツ兵が死んだ。さらに九〇、〇〇〇人が降伏した。アメリカのB－一七とB－二四がドイツの都市を空から攻撃したが、アメリカの地上部隊はドイツ軍とイタリア軍に対しては、未だ戦闘をしていなかった。

太平洋では正しく作動しない魚雷が潜水艦隊を悩まし続けていた。ある場合には、狂っていて信頼できない魚雷が、うまく作動して悲劇をもたらしたこともあった。一九四二年九月二七日、七、〇〇〇トンの貨物船りすぼん丸が香港から日本へ出港した。船上には七七八名の日本軍兵士のほかに、船倉に一、八一六人のイギリス人捕虜が詰め込まれていた。多くはミドルセックス連隊（〝ダイハード〟〈頑強に抵抗する者〉という適切なあだ名を持っていた）の兵士で、一九四一年一二月に中国（訳注：香港と思われる）で捕虜になったのだった。

一九四二年一〇月一日の夜明けに、二回目の戦闘哨戒をしていたロブ・ロイ・マクグレガーのグルーパー（訳注：ハタ）（SS－214）は、上海の南の海域でりすぼん丸を見つけた。そして捕虜を運んでいるのを示す標識が見えなかったので、舟山列島の中街山群島青浜島の近くで（訳注：アメリカ側の記録では北緯二九度五七分。東経一二二度五六分）攻撃するために移動した。グルーパーの最初の三本の魚雷は外れたが、四本目は狙い通りに命中し、りすぼん丸は海上に停止した。日本の乗組員はデッキ・ガン（訳注二）でグルーパーの方向へ撃ち返した。グルーパーは二本の魚雷でそれに応えた。一本は外れたが、もう一本は命中した。日本の飛行機が頭上に現われ、グルーパーに爆雷を投下した。グルーパーは攻撃から逃れるために急速潜航した。マクグレガーは仕事は果たし

りすぼん丸

たと思って、その場から去った。

りすぼん丸が動けなくなって、船尾からゆっくりと沈み始めた時、日本の乗組員は自分たちが使うために、急いで救命ボートを降ろした。一方他の乗組員は捕虜の逃亡を防ぐために、ハッチに当て木をして締めた。捕虜は窮屈な船倉で溺れるか、窒息するように取り残された。栗が近くにいた駆逐艦は救助を求める無線を受信した。栗が大急ぎで来て、七〇〇人以上の日本の船員と兵士を艦上に収容した。一方、イギリス兵捕虜は下甲板の暗闇に閉じ込められたままだった。しかし連隊長のH・W・M・スチュワート中佐は、そのことを少しも知らなかった。

船倉の跳ね上げ戸を見つけたので、二人のイギリス人将校はそれを開けて、船橋に向かって捕虜を解放するよう船長に要求した。その時日本の監視兵が船倉に発砲して、一人の兵士を即死させ、一人の将校に致命傷を負わせた。それでスチュワートは部下に監視兵を倒して船から脱出するよう命令した。イギリスの兵士は船倉から飛び出して、側にいた駆逐艦栗と他の三隻の船からずっと射撃を受けながら、監視兵から武器を奪い取り、海へ飛び込んだ。逃げた者は銃弾をものともせずに、五キロばかり離れたシンパン島目指して泳ぎ始めた。

何人かの者は弱っていて、そんな距離を泳げなかったので、代わりに日本の船の舷側にぶら下がっているロープにたどり着いたが、日本の船員に海へ蹴り落とされた。何十人もの捕虜が溺死した。潮流に乗って島へ着いた者もいたが、打ち寄せる波が尖った岩へ叩きつけたので、多くの者が負傷した。中国の三〇隻のジャンク（訳注五）とサンパン（訳注六）の船団が突然現われ、日本軍から撃たれる危険を犯しながら、イギリスの兵士を船の上に引っ張り上げ始めた。中国の船乗りは捕虜たちに親切で、衣類と持っていた少しの食べ物を与えた。日本兵は上陸してすぐに逃げた者を捕らえ、上海に連れていった。捕えられた者は日本の船に乗せられ、再び船倉に詰め込まれた。

一〇月五日、再び捕らえられた捕虜たちは皆、上海のドックに集められ、点呼が取られた。りすぼん丸に乗っていた元の一、八一六人の捕虜のうち、九七〇人だけが点呼に答えた。八四六人が死んだのだった。その多くは雷撃されて貨物船が沈んだ時、船倉にいた者たちだった。後になって分かったことだが、六人か七人が中国人に助けられて、どうにか逃げたのだった。

〔原注：イギリスはアメリカの潜水艦に対しては、なんの恨みも抱かなかった。しかし戦後責任のある日本人は戦争犯罪裁判にかけられた〕（www.hamstat.demon.co.uk/HongKong/Lisbon Maru）

戦争のこの時点まで、アメリカ潜水艦隊はその潜在的可能性を最大限発揮するようにどこでも使われていなかった。協力して戦う強大な部隊というよりも、むしろまとまりのない狙撃手の集まりに近かった。数隻の潜水艦が行き当たりばったりに、数隻の輸送船と軍艦を沈めていた。しかしながら、だんだん増大していく潜水艦を一つのまとまりのある部隊として形成する、真に調整された努力はなされて来なかった。

アメリカの潜水艦隊の艦長と乗組員は、主要な兵器である魚雷がほとんど信頼できないにもかかわらず、獲物を追い求めるに際しては、勇気の乏しさは示して来なかった。信頼できる魚雷を手にするだけで、そして我々の勇敢さと積極果敢な精神を最高に発揮する最善の戦略方針があれば、見事な成果を上げ始められると艦長と乗組員は思った。

しかし、それは一体いつになるのだろうか？

旧式だがもっと信頼性のあるマークⅩ型魚雷を装備したSボートがかなり見事な働きをしていた。しかしSボートはあまりにも速度が遅く、あまりにも扱いにくく、機械と電気の面で信頼性がなく、またあまりにも旧式であるのは明瞭だった。時代遅れのSボートに取って代わり始めた新しい艦隊型潜水艦は、測り知れないほどの価値を持つ、幾つかの技術上の新機軸を装備していた。新機軸の一つはSJレーダーだった。これは天候や視界がどうであろうとも、潜水艦に水上の目標を発見して、正確に位置を知らせるものだった。SJレーダーはまた航海にも役に立った。この時点まで古い潜水艦はSDレーダーしか装備していなかった。SDレーダーは全方向には働かず、航空機を捜すのにしか役に立たなかった。アーサー・H・テーラーが指揮するハドック（訳注：コダラ）（SS－231）は一九四二年八月に台湾沖でこの新しいレーダーを試験的に使って、三隻の船（戦後二隻に訂正された）を沈めた。

あまり有能ではない太平洋潜水艦部隊指揮官のロバート・イングリッシュ大将は、次第に増える砲火に曝されていたが、大抵は階級が下位の者からなので、ほとんど影響力がなかった。クレイ・ブレアはこう記している。「ボブ・イングリッシュは太平洋潜水艦部隊の指揮については立派ではなかった。日本近海の日本の海運に対する、実際的で粘り強い戦略的な戦いを組織できなかった。アラスカ、トラックやその他のほとんど戦果を上げられない所へ潜水艦を送るのを許可した。またマークⅩⅣ魚雷の問題を無視して、太平洋に新しく来たばかりのロックウッドへその解決を任せた。ミッドウェー海戦中のイングリッシュの潜水艦の扱い方は、とても専門家らしいとは言えなかった。

潜水艦艦長たちはイングリッシュを尊敬していなかった。その理由の一つはイングリッシュが哨戒活動に対して、否定的で厳しい書き込みを続けたことだった、例えば、積極果敢だったが不運だったとか、魚雷の不首尾で混乱したとか。艦長たちは艦隊型潜水艦を理解しておらず、戦いに一度も出たことのない者によって、後知恵でとやかく言われて怒った。

しかしイングリッシュの仕事はさしあたり安全だった、というのは新しい決定的な局面が生じたから。ソロモン諸島で日本海軍とアメリカ海軍の間に激しい衝突が生じていた。エスペランス岬沖海戦（訳注：日本側呼称・サボ島沖夜戦）として知られる激戦である。

一九四二年一〇月一一日から一二日にかけての暗夜、ガダルカナルの北西の端の周りの海で、日米の両艦隊は二ヵ月前のサボ島沖海戦（訳注：日本側呼称：第一次ソロモン海戦）を思い起こすように、手探りで砲火の応酬をした。乱戦の中で日本軍は重巡一隻（訳注：古鷹）と駆逐艦一隻（訳注：吹雪）を失い、もう一隻の巡洋艦（訳注：青葉）が損傷した。アメリカ軍は駆逐艦ダンカンを失い、軽巡ボイスが大破した。

そしてゴームレー中将の能力と積極果敢さに対するニミッツの信頼も損なわれた。戦いの後ニミッツはゴームレーを南太平洋地区司令官から解任して、火を吹くウィリアム・フレドリック・〝ブル（訳注：猛牛のこと）〟・ハルゼー・ジュニアに代えた。ハルゼーはアメリカ海軍士官学校の一九〇四年の卒業生で、そこでアメリカンフットボールのフルバックだった。もじゃもじゃの眉毛が日に焼けた顔の頂にあり、にらみつけるような視線に陰を作っていた。勇猛果敢な指揮官としての評判はすでに伝説的だった。東京空襲の任務を負ったジミー・ドゥーリトルの爆撃機隊を乗せた空母ホーネットを含む機動部隊を率いたのはハルゼーだった。

ハルゼーは新しい任務に就いたばかりの時、大きな試練に直面した。エスペランス岬沖海戦でアメリカ軍を打ち負かすのに失敗した後、山本長官はソロモン諸島の支配権を完全に取り戻し、これを限りにアメリカ軍を追い払えると確信できる非常に大きい部隊を集めていた。一九四二年一〇月二六日、空母隼鷹、瑞鳳、瑞鶴、そして修理が終わった〝負傷した熊〟翔鶴と、五隻の戦艦、一四隻の巡洋艦、四四隻の駆逐艦で構成された機動部隊は、戦力の劣るガダルカナル周辺のアメリカ艦隊に向かって津波のように押し寄せた。この戦いはサンタ・クルーズ島海戦――サンクリストバル島の四〇〇キロ南東にある島――と呼ばれることになる（訳注：日本側呼称：南太平洋海戦）。これまでの海戦と同じように、激しく血生臭い戦いだった。

軍艦の戦闘は鋼のように強靭な戦士さえも、勇気を失わせた。しかしアメリカ人は頑張った。天皇の急降下爆撃機が空母ホーネットとエンタープライズに、何波にもわたって滝のようになだれ落ちて来た。駆逐艦ポーターは潜水艦によって沈められた。二隻の空母とガダルカナルのヘンダーソン飛行場から飛び上がったアメリカ軍の飛行機は、たくさんの蠅のように空から叩き落とされた。

ウィリアム・F・“ブル”・ハルゼー提督

しかしかなりな数のヤンキーの操縦士は、翔鶴と瑞鳳に手ひどい損傷を与え、一隻の巡洋艦と駆逐艦二隻にも損傷を与えた。それでもホーネットは海底に沈み、エンタープライズはかなりの損傷を被ったのを埋め合わせるには足りなかった。しかしながら一〇月二七日、煙が晴れ、山本の部隊がトラックに向かって帰った時、傷ついたアメリカ艦隊は依然としてソロモン諸島におり、ヘンダーソン飛行場にはアメリカ国旗が翻っていた。誰もがさらにどれだけの打撃に耐えられるかと心配していたけれど。

簡単にトラックを包囲するはずの潜水艦がその仕

事をしていないことがハルゼーには明瞭だった。あまりにも数が少なすぎた。海軍は陸軍に対抗するのに、一一人が必要なのに六人の守備陣でしか守っていないようなものだった。潜水艦は鬼ごっこのアメリカンフットボールをするのをやめて、第一列を通り抜けるボールを持っている攻撃側の選手を襲い始めることが必要だった。ハルゼーの二つのモットー「ジャップを殺せ、ジャップを殺せ、もっとジャップを殺せ」と「激しく攻撃せよ、素早く攻撃せよ、繰り返し攻撃せよ」に従って、ハルゼーは実際に、補欠をベンチから出して、すべての潜水艦基地をオーストラリアの遠い方から、必要とされる所に近い方へ移すように、ニミッツがイングリッシュに言うよう要請した。一一月までにハルゼーは一八隻の潜水艦を自分の部隊に加え、トラックの周りとソロモン諸島の南に配置した。

この地域での潜水艦の数は劇的に増えたけれど、敵の船の撃沈数は増えなかった。たくさんの輸送船団を見つけて攻撃したけれど、魚雷がうまく作動しなかった。戦時の哨戒なのにまるで平時の演習のようであり、艦長たちを気も狂わんばかりにさせた。問題の一部は魚雷にあり、一部は艦長そのものにあった。

戦争の初めは、多くの艦長は〝古い時代の人間〟だった。一九三〇年代の中頃から終わりにかけて海軍士官の経歴を積み、ポスト第一次大戦期の時代遅れの潜水艦戦の教義を学び、若さと積極果敢な精神に欠けていた。中には単に性に合わないという者もいた。赤い髪のマーヴィン・G・〝ピンキー〟・ケネディ少佐はその典型だった。

一九四二年の初めにワフー（訳注：カワスサワラ）（SS－238）の指揮官に任じられる前は、ケネディは古い化け物のような潜水艦アーゴノート（訳注：ギリシャ神話のアルゴ号の乗組員、何かを探し求める人間をいう）の副長だった。堅苦しく、人と打ち解けず、幾つかの奇癖と無意味なルールを持っていたので、ある筆者をしてケネディを〝クイーグのようだ〟と描写させた。ハーマン・ウークの小説『ケイン号の反乱』の規律にやかましい主人公に似ていたからである。ケネディはワフーの士官や水兵から好かれていなかった。もっと大事なことは尊敬されておらず、敵の船との戦闘を避けようとする傾向は乗組員を失望させ、ワフーの艦内のやる気をむしばんだ。少なくとも士官の一人はもし〝合法的な反乱〟が可能ならばやってみようと、海軍法規集を勉強していた。

幸運にも反乱は必要なかった。一九四二年一一月、ケネディは輸送船団から五、三〇〇トンの貨物船を選んで沈めたが、機会に乗じて近くにいた他の目標を追いかけるのを拒否したので、二人の士官、ダドリー・ウォーカー・〝マッシュマウス（訳注：口の中でもぐもぐ言う人）〟・モートン――かつて海軍士官学校のアメリカンフットボールチームの名選手だった（一九三〇年のクラス）――と、リチャード・ヘザリントン・オケイン（一九三四年のクラス）は、積極さに欠けるとして協力してケネディを〝攻撃〟した。ケネディは駆逐艦ゲストの艦長に転任した。一九四二年の大晦日にケネディに代わってモートンが艦長になり、オケインが副長になった。ワフーは言うまでもなく、モートンとオケインの二人とも海軍の伝説になる。

ワフーの艦長ダドリー・ウォーカー・モートン

お気に入りの骨から離されるのをいやがる犬のように、サンタ・クルーズ島海戦の後も山本長官はガダルカナルを手離さないと決心した。長官はアメリカ軍を一掃するために、最後の総力を挙げた戦いをしようとした。ボトルの形をしたソロモン諸島の首に当たる島ガダルカナルとその周囲に、依然として陣地を確立しているアメリカ軍を、どれだけ犠牲を払おうとも一掃しようと。

空母の多くが損傷していたので、山本長官はハルゼーとその艦隊を最終的にハワイに押し返す鉄の楔(くさび)として、基地航空部隊と、日本海軍が昔から信頼していたもの、何十隻もの駆逐艦に護衛された戦艦と巡洋艦に頼った。トラックに錨を降ろしていた旗艦大和の艦上で、山本は挺身攻撃隊の指揮を執る阿部弘毅中将に、二隻の戦艦、比叡と霧島、一隻の軽巡洋艦、一四隻の駆逐艦で、アメリカ軍が保持する島へ向かう一二、〇〇〇人の兵士に先行するよう指示した。阿部の部隊の後には近藤信竹中将の本隊が続いた。ガダルカナル沖海戦(訳注：日本側呼称：第三次ソロモン海海戦)として知られることになるこの作戦の開始日を、山本は一九四二年一一月一二日と決めていた。南太平洋の制海権をめぐる極めて重要な戦いである。

この戦いが起こった時、六七・一任務部隊の指揮をとるリッチモンド・K・ターナー少将は、ガダルカナルの第一海兵師団への増援部隊と再補給物資を運ぶ途中だった。第一海兵師団は三ヶ月以上狂信的な日本兵だけでなく、虫、疫病、激しい雨、高温、湿気、化膿する傷、栄養失調とも戦ってきており、まさに限界に来ていた。

ターナーの輸送船団がルンガ岬で新手の兵士と物資を降ろし終えようとしていた時に、ラバウル基地の三菱の一式陸上攻撃機と、北西のどこかにいた空母飛鷹の飛行機がガダルカナルに向かっているのが視認された。ターナーは輸送船団を海岸から離れさせ、全対空砲に人を配置し、船団に対して航空攻撃の被害を少なくする防衛隊形をとらせた。敵機は爆弾と魚雷を投下したが、僅かの損害しか与えられなかった。ヘンダーソン飛行場から海兵隊の飛行機が、恐ろしい空の馬上試合で戦う空の騎士のように飛び上がった。損傷した一式陸攻が巡洋艦サンフランシスコを自爆の目標として選び、五〇人の水兵が死傷し、非常に大きい損害を与えたが、船を沈めるのには失敗した。

その日の遅くに、ターナーの輸送船団は荷揚げを終えるために戻ったが、日本軍は去ったと信じる者はいなかった。神経過敏な見張りは空と海をじっと見詰め、敵が戻って来る兆しはないかと捜した。間もなく情報部は、まさに日本軍はこちらに向かっている途中だと連絡した。ハルゼーは阿部の部隊がガダルカナルに向かっているという報告を受け取った。また相手のチームの攻撃の協議の中にいるスパイのような〝マジック〟の暗号解読班のおかげだった。

敵が何をしようとしているかを知ることと、それをさせないようにすることとは全く別のことである。ターナーの部隊は疲れ、何度も攻撃され、牛のようにワイヤーと棒でつながれていた。ハルゼーは作戦可能な唯一隻の空母、ヌーメアで修理中の継ぎはぎだらけのトーマス・C・キンケイド少将のエンタープライズを、出来るだけ早くガダルカナルに戻るようにと呼び寄せた。

ターナーの方では、輸送船団にガダルカナルから離れて、ダニエル・J・キャラハン少将の支援部隊の保護下にエスプリット・サントの安全な所に戻るように命じた。キャラハンの指揮下には二隻の重巡洋艦、ポートランドと、損傷したサンフランシスコ、三隻の軽巡洋艦、アトランタ、ジュノー、ヘレナ、一五隻の駆逐艦があった。それからキャラハンは帰って、自分の艦隊をガダルカナルとフロリダ島の間の幅三二キロの〝アイアンボトム・サウンド（訳注：鉄底海峡の意味）〟と呼ばれた海峡を通って配置した。この海峡の名前はたくさんの軍艦の墓場となったため付いたのであり、そこで敵の艦隊を待ち受けていた。

敵の部隊が待ち伏せをしているとも知らずに、二隻の戦艦、一隻の軽巡洋艦、一一隻の駆逐艦から成る阿部の挺身攻撃隊は、〝スロット〟を通って来て一一月一三日の深夜一時頃、サボ島を通過した。四五分後、暗闇で視界はゼロだったが、レーダーがアメリカ軍に敵の位置を教え、砲手が発砲したので、夜は昼のように明るくなった。驚いた日本の比叡は敵を発見しようとして、サーチライトのスイッチを入れた。この行為は自分自身が目標になることを意味していた。それから三〇分間、敵味方の艦艇が海峡をあちこち走り回り、砲弾が船体と隔壁に穴を開け、艦橋と砲台を破壊し、人間と熱い鉄片を吹き飛ばし、船を死へと追いやった。このような短い時間と短い距離で、あのように激しく、破壊的な結果をもたらした海戦はこれまでほとんどなかったであろう。

戦いが始まって数分後に、六四・二任務部隊の指揮官ノーマン・スコット少将の旗艦だった巡洋艦アトランタは、駆逐艦暁が近距離から発射した魚雷が命中して艦体が海面から持ち上げられた。暁もキャラハンの旗艦サンフランシスコからのお返しの砲撃を被(こうむ)って沈没した。それからアトランタの艦橋はサンフランシスコの八インチ砲弾でバラバラに吹き飛ばされた。サンフランシスコの砲手はアトランタの反対側にいる敵艦を狙おうとしていたのだった。スコット少将とその幕僚は死に、アトランタは海上に停止したままになった。

両者とも、目隠しをして面と向かい合って立ち、互いに連打し合うボクサーに似ていた。サンフランシスコは戦艦霧島の奔流のような砲撃に曝され、キャラハン少将を含む七七人の乗組員が戦死した。ポートランドとヘレナの両艦は甚だしい損傷を被ったが、戦い続けた。アメリカの駆逐艦はこっぴどく叩かれ、三隻(カッシング、モンセン、ラフィー)が沈没し、ブキャナンを含む五隻が損傷した。ブキャナンは間違って味方の船から撃たれたのだが、沈まなかった。深夜の暗闇に何十もの大砲の閃光と、弾着を示す砲弾のオレンジ色の丸い爆発の輝きが続いた時、敵もまた戦艦比叡と駆逐艦二隻が沈没する損害を受けた。双方の乗組員は海に吹き飛ばされるか、体が炎に包まれて自分から飛び込んだ、鮫が出没する危険を顧みずに。海峡の水面は燃料油で覆われ、残骸が漂い、ずたずたにされた日本とアメリカの水兵の死体が混ざり合って浮かんでいた。

激しい混戦に明らかに気おくれして、一一月一三日の午前二時に阿部中将は指揮下の戦艦に敵から離れ、——比叡の舵は損傷していた——駆逐艦が退却を援護しながら北へ向かうよう命令した。この戦闘の中断はアメリカ軍に安堵感をもたらさなかった。一二隻以上の燃えている軍艦に水を掛け、負傷者を海から引き上げる作業に追われた。夜明けに、二人の指揮官が死んだので、ヘレナの艦長ギルバート・C・フーバー大佐は自分が生き残った士官の中で最高位だと知り、残った任務部隊の指揮をとった。

東の空が次第に明るくなるにつれて、誰もが心配した。「もしジャップが引き返して来たら、さらにどれほどの損害を被るのだろうか?」　まもなくそれが分かることになる。

一三日の金曜日がゆっくりと過ぎて行くに連れて、日本はガダルカナルを取り戻す努力を諦めていないのがはっきりしてきた。六隻の巡洋艦と六隻の駆逐艦から成る日本の新たな機動部隊が、ヘンダーソン飛行場を砲撃するためにこちらへ向かってくる途中だった。一方、侵攻部隊の新手の師団を満載した田中頼三少将の一一隻の輸送船団が、近藤信竹中将の無傷の霧島を含む恐ろしい艦隊を伴い、ガダルカナルに上陸しようと決心していた。

双方の部隊は午前半ばに再びぶつかり合い、一一時に敵の潜水艦伊－二六が軽巡ジュノーを雷撃し、弾薬庫を爆発させ、七〇〇人近い乗組員を海底に沈めた。その中にはサリヴァン五人兄弟、アルバート、フランシス、ジョージ、ジョセフ、マディソンもいた。

〔原注：ジュノーの二四〇人の水兵が沈没から生き残ったと伝えられたが、一二日間漂流した後、七人以外は体温が低下するか、鮫に喰われるかして死んだ〕

アメリカの艦艇と乗組員は丸一日続いた戦闘で、日本軍が加える打撃にすべて耐え、負けるのを拒否した。誰もが敵に〝アイアンボトム・サウンド〟を渡さないことの重要性を知っていた。一一月一三日から一四日にかけて暗くなってから、山本の艦隊が最後の決戦になると期待しながら戻って来たので、その夜には誰にも休みはなかった。日本の巡洋艦と駆逐艦は近づいて来て、ヘンダーソン飛行場とアメリカの船を砲撃した。しかし夜明けと共に、ヤンキーは依然として不屈の決意でもって報復し、敵と戦うためにもう一度飛行機を解き放った。

フーバー大佐の追い詰められた任務部隊と、ガダルカナルの海兵隊をまさに助けようとして、まるでハリウッドの西部劇で救援にやって来る騎兵隊のように、空母エンタープライズが率いるキンケイド少将の第一六任務部隊と、ウィリス・A・リー・ジュニア少将が指揮する二隻の戦艦ワシントンとサウスダコタ（サウスダコタはサンタ・クルーズ島海戦〈訳注：日本側呼称：南太平洋海戦〉で損害を受けていた）が南から急行して来ていた。

しかしキンケイドとリーは一四日までには間に合わなかった。攻撃して来る敵を追い払うために残った唯一の部隊は、ツラギに基地を置く哀れなほど小さなPTボート（訳注：魚雷艇）の部隊だった。一一月一三日から一四日の夜にかけて、ベニヤ合板の小さなボートは轟音を立てて突っ走って、決死の攻撃を掛けた。魚雷は一発も命中しなかったけれど、ヘンダーソン飛行場を砲撃していた遥かに大きい軍艦を怖気づかせ、逃げ出させた。自分の身を危険に曝して、PTボートの乗組員は砲撃を受けた海兵隊のために、どうにか時間を稼いだのだった。

一四日の夜明けにエンタープライズから発進した飛行機の他に、ヘンダーソン飛行場を飛び立った海兵隊と陸軍の飛行機が空に満ち溢れ、敵に断固仕返しをすると決意した。そして巡洋艦衣笠と五十鈴、随伴する数隻の艦艇を見つけて激しい打撃を与え、衣笠を沈め、他の艦艇に損傷を与えた。田中の兵員を満載した輸送船団もまたアメリカの戦闘機、急降下爆撃機、B－一七の機銃掃射と爆撃を受け、七隻が沈んだ。

しかしその辺り一帯が暗くなっても、戦闘は未だ決着がついていなかた。アメリカ軍は激しく戦い、日本軍が得た戦果と同じくらいの損害を与えただけでなく、ガダルカナルへの上陸も阻止した。そして未だ舞台に登場しない中心となる二人の主役がいた。近藤の砲撃部隊と、リーの二隻の戦艦と随伴する四隻の駆逐艦から成る部隊だった。両者とも舞台の袖で待機し、登場の合図を熱望していた。

この時点まで、ハルゼーが特に集めてガダルカナル地区に送ったアメリカの二四隻の潜水艦は、戦闘に加わっていなかった。不可解にも一隻以外は何もせず、一本の魚雷も発射していなかった。その一隻とは、かつてフィリピンの金を救ったトラウトだった。今はローソン・P・″レッド″・ラメージ少佐が艦長となったトラウトは、一四日の午後に近藤の部隊を独力で相手にして、三本の魚雷を発射し（どれも命中しなかった）、近藤の心に危ない海域にいるんだという恐れを刻みつけた。

一一月一四日から一五日にかけての暗闇の中で近藤は勇気を取り戻し、機動部隊をガダルカナルに向かって戻るようにした。それは南からやって来るリーの部隊と衝突するコースだった。両者は真夜中の直前にサボ島の南と西で真正面からぶつかることになるだろう。リーは近くの味方の船に鬨（とき）の声と海軍士官学校時代のニックネームを無線で連絡した。「こちらは″チンチョング（訳注：中国の清朝と思われる）・リー。脇へ寄れ、私が通り抜ける」ワシントンに座乗していたリーは″アイアンボトム・サウンド″に突き進み、歴史に残ることになった。続いて起こった激しい戦いで、双方は互いに魚雷と一斉射撃を放ち、真っ暗闇を真っ赤な爆発、炎、サーチライト、交差する曳光弾で照らし出した。

前の二晩の戦闘と同じで、損害と殺戮（さつりく）は驚くほど大きかった。一一月一五日に太陽が昇った時、アメリカの三隻の駆逐艦、ウォーク、プレストン、ベンハムは波の下に沈み、サウスダコタは手ひどい損傷を被った。しかしワシントンはかすり傷しか負っていなかった。リー少将の乗るワシントンは凶暴な猟犬のように敵を追い求め、近藤の部隊を退却させた。このようにしてアメリカの海兵隊をガダルカナルから追い払い、アメリカ海軍を南東ソロモン諸島から一掃しようとする日本軍の劇的な最新の（しかし最後ではない）企ては終わった。

海戦史家のサミュエル・モリソンはこう書いている。「ガダルカナル海戦（訳注：日本側呼称は第三次ソロモン海海戦）は決定的だった。ガダルカナルを巡る戦いだけではなく、太平洋戦争全体で」

アメリカの勝利を知らされた後で、ルーズベルト大統領はまさしく、ガダルカナル海戦は「この戦争のターニングポイントが遂にやって来た」のを示すと表明した。この戦いのちょうど五日前、北アフリカのイギリス軍はエル・アラメインの戦いでドイツ軍を打ち破り、ウィンストン・チャーチルの有名な言葉「これは終わりでもないし、終わりの始まりでもない。しかしおそらく始まりの終わりであろう」は、エル・アラメインと同様にガダルカナルにも適用できるだろう。

この勝利は太平洋のアメリカの潜水艦部隊がまさに補欠としてベンチにいるのを終えて、自分に何が出来るかを示すためにやっとゲームに参加する時点の目印ともなった。

一九四二年一一月の半ばから終わりにかけて、日本はガダルカナル地区の支配権を取り戻そうとする最後の試みを行った。タサファロンガ沖海戦（訳注：日本側呼称：ルンガ沖夜戦）、クルツ岬の戦い（訳注：アメリカの海兵隊がクルツ岬辺りにいた日本軍部隊を掃討したことであろうか）、第四次、第五次、第六次サボ島沖海戦として種々知られ、一一月一五日から三〇日の間にアメリカ軍と大日本帝国軍の間で一連の衝突が空と陸と海で起こった。

増援部隊がやって来る可能性が日ごとに少なくなって来たので、だんだん減ってゆくガダルカナルの日本の兵士は全滅の危機に直面した。そして日本の戦陣訓は降伏を禁じており、増強されてゆくアメリカ軍の部隊を撃退しようとする努力は、さらに絶望的になって来た。追加の部隊を上陸させようとする田中少将の試みは失敗したが、その後カールトン・H・ライト少将の第六七任務部隊に大損害を与えた。

海戦史家のサミュエル・エリオット・モリソンはこう書いている。「タサファロンガ沖海戦は南ソロモン諸島を舞台とした最後の大規模な海戦で、アメリカ軍も日本軍もそれまで経験したことのない、四か月に及ぶ艦体と艦体がぶつかり合う激しい戦いの最後となった。この血にまみれた海域で戦った者は自分が経験した不安、狂喜、恐怖、目撃した死のぞっとする様子、船員仲間に新たな尊敬の念を起こさせる自己犠牲の英雄的な行為を決して忘れられない。〝サボ〟・〝ガダルカナル〟・〝タサファロンガ〟は生き残った者にとっては単なる戦場の名前ではない。それは不滅の功績の輝く旗印である」

一九四二年一二月までに潜水艦部隊は魚雷が正しく作動しないにもかかわらず、目標に命中させ始めた。一八日にリチャード・C・レイクが指揮するアルバコア（訳注：ビンナガ）（SS－218）は貨物船一隻と軽巡天竜を沈めた。グリーンリングは中国の海岸沖で四隻の船を沈めた後、ブリスベーンへ帰る途中で、さらに四隻を沈めた。トライトンは二隻を海底に送り、一方ガードフィッシュは三隻を仕留め、古ぼけたノーティラスは一隻の貨物船を沈め、もう一隻に損傷を与え、タンカーを炎上させた。

今はウィリアム・ストヴァル・ジュニアの指揮下にあるガジャンは、異なった、しかし同じくらい重要である任務を与えられた。一九四二年一二月二七日の夜にガジャンがフリーマントルで停泊している時に、七人のフィリピン人の〝給仕〟が乗り込んで来た。しかし七人は乗組員にほとんどサービスをしなかった。実際のところは、給仕たちは姿を変えたフィリピンの兵士と情報将校で、アメリカ陸軍のジーザス・ヴィラモー少佐に率いられていた。ガジャンの最高機密の任務はその兵士たちと、数トンの武器、弾薬、通信機器と他の物資を、フィリピン群島の戦略的に重要なミンダナオ島とパナイ島へ運び、日本の占領に抵抗しているフィリピンのゲリラ部隊を援助することだった。戦争の全期間を通じて、アメリカの潜水艦はずっとフィリピン海域に潜り込み、必要不可欠な物資と人員を運んだ。

〔原注：ロバート・A・ボニン指揮下のガジョンは一二回目の戦時哨戒の時に、一九四四年四

月一八日、マリワナ諸島の近くで行方不明になったと報告された」（ブレア、五六七―五六八：www.historyNavy.mil/faq 八二―一、htm）

パールハーバーからタサファロンガに至る、ほぼ一年間の情け容赦のない空と陸と海の戦いは、ロン・スミスが軍隊に入った時にすでに入隊していた何百万もの他のアメリカの若者と同じように、スミスが戦闘に加わることが出来る前に起こった。

それらの若者の多くは、自分たちが戦いに参加する前に、戦争が終わるのではないかと心配した。しかし心配する必要はなかった。まだまだたくさんの戦いが残っていた。

第八章——戦いに備えて

それは美しかった

一八歳の一等水兵ジョン・ロナルド・スミスは年取った芸術家——五〇代か六〇代に違いなかった——が、型紙からインクで輪郭を描き、線描を華麗な三色の刺青に変えるのに没頭しているのをうっとりとして見詰めた。彫られた形は白頭鷲（訳注：アメリカの国鳥）で、その翼はスミスの右の前腕を一五センチ取り巻いて広がり、鉤爪はUSN（訳注：アメリカ海軍の頭文字）という文字で飾られた一〇センチの高さの錨を摑んでいた。

スミティーと友達のバッド・シネマンにとっては、サンディエゴの下町で騒ぎを起こした夜の間に飲んだ酒が、往復運動する四本の針のアフリカ蜜蜂の攻撃のような痛みを和らげてくれた。その針はゆっくりと動くミシンのように突き刺さり、黒い線に沿って進み、皮膚のすぐ下から色のついた小さな滴りを噴き出させた。時々その芸術家は、表皮に開いた穴から表に玉となって出て来る血を拭き取った。

二人のうち、おそらく素面に近かったシネマンは、いくらか恐怖を持って見ていた。「スミティー、刺青は規則に反するよ」シネマンは手続きを守ることで思い止まらせようとして、少し前に友に警告していた。また「梅毒にかかるかもしれないよ」とも付け加えた。

スミティー（左）と友達のバッド・シネマン

スミスは嘲笑って答えた。「刺青をするのは規則には反しないよ、梅毒にかかるだけだよ」スミティーは父親が第一次大戦中に水兵だった時にした刺青を何度よくよく眺めたか、そして自分も刺青を入れる日が来るのがどんなに待ち遠しかったかを思い出した。多くの水兵にとって、初めて刺青を入れることは、初めての航海や初めて敵艦と砲火を交えることや初めて売春宿へ行くのと同じくらい、一人前の男になる大きい厳粛な通過儀礼だった。

スミティーの刺青が終わった時、その芸術家はかさぶたが取れるまで――三週間か四週間かかるだろうが――刺青にワセリンをよく塗り続けるようにと言った。スミティーの腕はあたかも日本軍の小さい機関銃で負傷したように痛みを感じていたが、凛々しく微笑んで、芸術家に三ドル支払い、シネマンと一緒に涼しいサンディエゴの夜に歩いて出た。間もなく休暇で家に帰る機会があれば、いずれ割り当てられる潜水艦が未だ知らない広大な太平洋に向かう前に、父親に新しい腕の芸術作品を自慢して見せるのを希望しながら。

スミティーとシネマンは潜水艦学校を

卒業しようとしていた。命令を受けると、サンフランシスコの近くのメア島に行き、潜水艦に乗ることになっていた。

それは一九四二年一二月二〇日、パールハーバーから一年を少し過ぎた日だった。この一年間にスミティーと世界には色んなことが起こった。最悪の事態は終わったが、勝利は未だ遠いままで、水平線の彼方にあって見えて来なかった。

この夜サンディエゴの街では、クリスマスの照明が青白い光に調整され、何十という刺青の機械がブーンという低い音をたてて響き、それに何百という酔っぱらった水兵が道路に嘔吐したり、出入り口におしっこしたり、海兵隊員や陸軍の兵士や民間人に喧嘩を仕掛けたり、何千という売春婦と値切り交渉したりする音が付け加わった。戦争は進行中だった、偉大で栄えある海軍の戦争が。ロン・スミスのような何千という若い兵士、水兵、海兵隊員、飛行士――その多くは家から遥かに離れた所にいた――が、酒を飲んでいたり、刺青を入れていたり、セックス――慣用表現でいえば、若気の放蕩――をしたりしていた。いつ航海に出るのか、果たして無事に帰れるのか、誰にも分からなかったから。

サンディエゴの潜水艦学校は遂に閉鎖になった。しかし式典はなかった、卒業のあかしである一枚の紙や証書すらもなかった。スミティーや仲間の卒業生はいつ命令を受領するかもしれないので、受領部署に缶詰になって時間をつぶし、夜の一八時から二二時までの四時間だけの休暇しか許されなかった。カシャラトはドックから出航して、コネティカット州のニューロンドンに向かった。そこで再び海に浮かぶ教室になる予定だった。そして刺青を入れたばかりのジョン・ロナルド・スミスは痛む腕を治療していた。しかし気にはしなかった。スミティーと他の八人の卒業生は命令を待っていた。

とうとうクリスマス・イヴに命令がやって来た。そして翌日、九人の潜水艦学校の卒業生は汽車に乗り、カリフォルニア州のメア島目指して北に向かった。暗くなってから乗客は窓の日除けを降ろすように言われた。「軍の命令により明かりが汽車の海側に洩れるのは許されません」スミティーは思い起こしている。「日本の潜水艦が西海岸の沖で行動しているので、軍は列車やシルエットになるものを見せたくなかった。西海岸に住んでいた日系人は全員集められ、遥かに離れた内陸の収容所に入れられた。誰が第五列で、誰が忠実なアメリカ市民であるかを調べる時間はなかった」

スミティーは西海岸はすべて侵攻するには絶好の場所であると感じた。「一般市民はそれを知らなかったが、軍人は皆、日本軍は望む時に侵攻できると分かっていた。西海岸には事実上防衛施設はなかった。日本軍が侵攻はどんなに容易かを知らないように祈った」もちろん一九四二年の終わりまでに、次々と海戦で敗北して、アメリカ海岸から遥かに遠い所で防御しなければならなくなった後は、日本軍はもはや全面的な侵攻を図る力はなかった。

しかしながら日本は神経過敏な西海岸の住民を、パニック寸前まで追い込む力は充分持っていた。パールハーバーの後まもなく、九隻の日本の潜水艦がアメリカの太平洋海岸を戦闘哨戒して、ロサンゼルス、サンフランシスコ、シアトル、サンディエゴやその他の所で標的を捜し始めていた。次の数ヶ月間で、多くのタンカーと商戦が攻撃された。数隻の船に命中し、何人かが命を失くした。一九四二年二月二三日、日本の潜水艦伊-二五はカリフォルニア州サンタバーバラ近くのゴレタにある石油精製所に一三発の砲弾を撃ち込んだ。六月二一日には伊-二五は五・五インチのデッキ・ガン（訳注二）で、オレゴン州とワシントン州を流れるコロンビア川の河口を守るフォート・スティーブンズとフォート・キャンビーをそれぞれ砲撃した。負傷者や深刻な損害はなかった。伊-二五は甲板に作った格納庫に翼を折り畳んだ小さな水上機も搭載していた。一九四二年九月九日、その水上機はオレゴン州ブルッキング近くのエミリー山に焼夷弾を投下した。大きな山火事を起こそうとしたのだったが、その目論見は失敗した。

戦争中に日本は九、三〇〇〇個の焼夷弾付き風船爆弾を日本本土から放った。太平洋を気流に乗って横断してアメリカ本土に落下させ、大規模な火災を起こすことを意図したものだった。これらの水素を詰めた気球は、ワシントン州、オレゴン州、アイダホ州、ワイオミング州、ミシガン州、アイオワ州、ネブラスカ州、カンサス州、テキサス州、アラスカ州、カナダ西部、さらにメキシコの中部まで飛んで来た。一個はワシントン州ハンフォードの、原子爆弾を開発する最高機密の作戦に従事していた施設の近くに落下し、短時間の停電を引き起こした。アメリカ西海岸とカナダにようやく届いた三〇〇〇個の風船爆弾のうち、一個だけが数人の死傷者を発生させた。

〔原注：一九四五年五月五日、六人が一個の風船爆弾で殺された。リヴァーエンド・アーティー・ミッチェルと妻は教会の仲間と一緒に、オレゴン州ブライ近くのギアハート山へ日曜のピクニックに出かけた。子供たちの一人が金属製の奇妙なものを見つけた。その子供がそれを乱暴に扱うと爆発し、その子と、一一歳から一三歳の他の四人の子供と、牧師の妻エルシーが死んだ〕(www.members.tripod,com/-earthdude1/fugo)

ロサンゼルス地域は特に侵攻、あるいは少なくとも空襲を心配していた。バーバンクにあるロッキードの飛行機工場は第一の標的と看做されていた。それでワーナーブラザーズのスタジオは、隣りにあるサウンドステージ（訳注：映画撮影用の防音設備を施した大きな建物）が上空から見ると工場のように見えたので、屋上に大きい矢と〝ロッキードーあっち〟という言葉をペンキで書いたほどだった（伝えられるところではロッキードはお返しに、一つの建物の屋上に反対の方角を示す矢と、〝ワーナーブラザーズ――あっち〟という言葉を描いたという事である）。

ハリウッドの歴史に詳しいハーラン・レボはこう書いている。「多くの大きい映画撮影所は、その仕事を偽装するための巧妙な計画を発達させてきた。撮影所の絵描き、建築班、植木担当は、様々な建物群を一夜にして覆い隠せる精巧で芸術的な仕組みを作り出す用意をしていた。絵、緑樹、網細工を組み合わせる事で、撮影所のチームは自然の光景を表面的に巧みに再現することができた。それで撮影所は上空から見た時に〝消える〟ことができた、実際に即座に」

もちろん列車に乗っていたロン・スミスはこのことは知らなかった。「我々は一等車で旅をした」とスミティーは、列車は豪華な呼び物・プルマン寝台車を備えていた事に触れながら回想している。日中は寝台は互いに向き合うシートになった。夜にはポーターが寝台に変えた。一つは上段に、一つは下段に。寝台にはそれぞれカーテンが付いていて、パシッと閉めればプライヴァシーを守れた。

水兵たちは食堂車へ行く方法を見つけ、民間人の食事を満喫した。それからぶらぶらと、走るバーであり、カードを楽しめるクラブカーに入った。スミティーはこう記している。「クラブカーは女性と近づきになる素敵な場所だった。ジム・キャデスはそれに成功した」残りの疲れた水兵は夜には寝台車へ引っ込んでいた時に、キャデスと女性が彼の下段の寝台へ上がる音で目を覚まされた。スミティーが眠りに陥ろうとした時に、ドスンという音が響いた。それでカーテンから頭を突き出すと、ビル・パーティンが通路に横になってうめき声を上げているのが見えた。

スミティーは仲間を助けるために飛び降り、何があったのかと尋ねた。パーティンはスミティーに言った。「キャデスがふしだらな女といるのを見るために、奴の寝台をのぞき見しようとして寝台から身を乗り出していたんだ。奴のカーテンは堅く閉まっていたので、両手で留め金を引っ張るために体を下に伸ばした時に、バランスを崩して落っこちたんだ」

その車両にいた者はキャデス以外は皆大声で笑った。「お前らは面白がっているな。でも違うぞ。あの女は服を着たままだったし、俺は未だ終わっていなかったんだ」とキャデスは言った。笑い声がもう一度起こった。

サンフランシスコの約五〇キロ北東のサンパブロ湾、ヴァレーホの海軍の町の対岸、ナパ川の西側の海に突き出した土地に沿ってメア島海軍造船所は広がっていた。そこは紛れもなく戦時の活動の雑踏地だった。

一八五九年、メア島は西海岸で建造された最初のアメリカ軍艦、フリゲート艦U・S・S・サギノーの誕生の地となった。間もなくカリフォルニアの陽光の下に、家々、兵舎、工場、ドック、武器工場、貯蔵施設や他の建物が簇生した。

一八九一年建設に一九年かかった後、長さ一五五メートルの第二の乾ドックがとうとう完成した。三番目の乾ドックの建設にはさらに一一年を要した。このドックは長さ二二五メートルあった。一九一九年戦艦カリフォルニアがここで建造され進水した。一九四一年一二月七日、パールハーバーで手ひどい損傷を被ったが、再浮上して修理されることになる戦艦である。一九二〇年代にはメア島海軍造船所は、潜水艦の建造と整備のための海軍の主要な施設の一つとなった。そして目標はここで一〇年間、毎年新しい潜水艦を一隻建造することだった。

一九三〇年代までに一〇〇〇万ドル以上の金が、ミシシッピーから西で最大の工業施設であるメア島海軍造船所に注ぎ込まれた。第二次大戦の勃発前には、およそ六、〇〇〇人が船の建造と修理施設で雇用された。パールハーバーの後では三五、〇〇〇人以上に膨れ上がった。

第二次大戦中にはメア島は死活的に重要な場所になった。戦争が終わるまでにここの施設は、三〇〇隻以上の上陸用舟艇、三一隻の護衛駆逐艦、四隻の潜水母艦、一七隻の潜水艦を含む何百隻もの艦艇を建造した。

（余談であるが、この造船所は一九一八年に駆逐艦U.S.S.ウォード［DD－139］を僅か一七日半で建造して新記録を作った）

メア島の海軍基地を含むサンフランシスコ地域

［原注：ウォードは一九四一年一二月七日に、奇襲攻撃が始まる数時間前に、パールハーバーの湾口の近くで行動中の日本の小型特殊潜航艇を発見して沈めた後、太平洋戦争のアメリカ軍の最初の砲弾を発射したことで有名になった。皮肉な運命で、ウォードはフィリピンへの侵攻を支援していた時、まさにパールハーバーの三年後の一九四四年一二月七日に神風攻撃によって

メア島の海軍基地の空撮写真、一番上がヴァレーホ市

ひどい損傷を被った。乗組員が艦を放棄した後、駆逐艦U・S・S・オブライエン（DD－725）がウォードを沈めるために呼ばれた。さらに皮肉なことに、オブライエンの艦長はウィリアム・W・アウターブリッジで、即ちパールハーバーでウォードを指揮していた士官だった」（members.tripod.com/Obrien）

ヴァレーホに一番近いクロケットの駅で列車から降りて、スミティーと他の八人の水兵は日曜日にビールを買おうとして不成功に終わった後、基地まで運んでくれるバスに乗り込んだ。基地では海軍当局が乗る船を決めるのを待つ間、一時的に住む兵舎を指定された。待つ間に給料をもらった。ほぼ二回の給料の支払分をもらっていなかったので、皆一〇〇ドル以上支払いを受けた。イスラム教のカリフよりも裕福になったので、スミティーとジム・ビガースは短い保養慰労休暇の間に、フェリーに乗ってヴァレーホに行った。「そこは海軍造船所の労働者と水兵があふれる、小さくて活気のある町だった」とスミティーは回想している。「小さい入り江の向こう

側に海軍造船所があった。至る所に溶接の火花が煌いて、フル操業していた。それが見渡す限り、四方八方に広がっていた」

スミティーにとって、カリフォルニア州のヴァレーホは巨大な酒場に見えた。ジョージア通りの両側には、ビールを出す店が並んでいた。ほんの数軒の酒場ではなく、何十軒という酒場が、まるで海員協会から命令されたような〝舷窓〟とか〝血まみれの駆逐艦〟とか〝檣頭〟という名前を付けていた。

スミティーとビガーズは酒場の一つにぶらぶら入り、ビールを二つ注文した。「バーテンダーは我々の身分証明書を見せてくれとすら言わなかった。ヴァレーホの人間は自分たち自身のルールを持つ別世界に住んでいた。〝もし戦える年齢に達しているのなら、酒を飲む年齢にも達している〟というのが、彼らの態度だった。それは僕とジムには好都合だった。潜水艦乗りにとっては、本当に海軍のための気晴らしの場所だった。民間の警官は一人もいなかった。陸軍の憲兵は無断上陸の者や脱走兵を捜す時は、いつも護衛の海軍憲兵と一緒にやって来た。海軍憲兵は大勢いた。彼らの唯一の武器は警棒で、水兵は全員、海軍憲兵は自分たちを守るためにいることを知っていた」

スミティーは辺りを見回して、そこにいた二〜三人の女性を眺め、〝その場にふさわしい〟ように見えると思った。袖に銀のイルカの記章を付けた、酔っぱらった灰色の髪の機関兵曹長がやって来て、二人の若者にビールを買ってくれた。

「お前たち二人はピッグボート（訳注：豚の船の意味。潜水艦を指す古いスラング）へ行くのか？」とその兵曹長は言った。スミティーは彼の父親が、艦内に臭いがするために〝ピッグボート〟というあだ名を付けられた第一次大戦の潜水艦について話して以来、潜水艦を指すその古いスラングを久々に聞いた。

（訳注：ピックボートと呼ばれたのには、船首を補給船につけている様が、乳を飲む子豚に似ている

からという説もある）

「そうですよ。僕らは潜水艦学校を卒業したばかりですよ」とスミティーは兵曹長に言った。

「そうか、お前たちはニューロンドンから来たばかりか」

「違いますよ、僕らはサンディエゴの学校に行ってたんですよ」

その年取った水兵はクックッと笑った。「嘘をつくな。ディエゴに潜水艦学校なんかないぞ」

ビガーズが話に割り込んだ。「学校は出来たばかりですよ。我々が第一期卒業生です」

その老練な水兵は信じなかった。「ディエゴには潜水艦なんかない」と言い張った。「潜水艦は全部ここにある、あそこだ」と言って、海軍基地の方向を指し示した。「ここが西海岸の主要な潜水艦基地だ。おい、誰が信じる？　おーい、バーテン、この子らにもう一杯ずつビールをやってくれ」兵曹長は一リットルのビールグラスを二つカウンターの上にドスンと置くと、〝その場にふさわしい〟常連の女性の一人とよろしくやるために出て行った。二人のティーンエージャーはお互いの顔を見合って微笑んだ。

沈黙の艦隊にとって、新年は幸先のいい年ではなかった。ジョン・ピアースの時代遅れのアーゴノートは一九四三年一月一〇日、ラエからラバウルに向かう日本の護送船団を発見して、一隻の駆逐艦を沈め、他の二隻に損傷を与えたけれど、敵はアーゴノートに激しい爆雷攻撃を加え、前部のバラストタンクを破裂させ、アーゴノートを海面に飛び出させた。なす術もなく、アーゴノートは駆逐艦からの残忍な砲撃を被り、沈没した。ピアースと一〇六人の乗組員は戦死した。これは潜水艦が活動するもう一つの危険な世界を暗示している、ロン・スミスが行くのを待ちきれない世界の。

ビル・トリマーは戦艦ペンシルヴァニアに乗っていたが、パールハーバーの奇襲攻撃を生き抜き、そしてペンシルヴァニアに乗ったまま、珊瑚海、ガダルカナル、ミッドウェーの戦いをやり過ごしたが、潜水艦乗りに転属した。一九四二年遅くにニューロンドンの潜水艦学校に送られ、そしてジャイロコンパスとバッテリーの学校に送られた。一九四三年一月、トリマーはサンディエゴのS－37に配属となった。「初めてその潜水艦を見た時、危うく気を失うところだった」とトリマーは語った。「S－37は一九二三年に就役した古くて小さい潜水艦で、改装中だった。試験潜航深度はたった六〇メートルだった。僕は中に入り、一等砲手のハートに自己紹介した。ハートはチーフ・オブ・ボート（訳注八）だった」

トリマーはペンシルヴァニアに残っていればよかったと後悔した。「S－37の艦内にはシャワーがなかった。後部電池区画に小さい洗面器が一つあるだけだった。その区画は調理室と食堂も兼ねていた。そこには椅子がなく、小さいテーブルが一つあるだけだった。座れる場所ならどこでも座って、食事をした。多くの場合立ったまま食べた」とトリマーは嘆いた。

S－37は潜水艦学校で働き、生徒たちを訓練航海に連れ出した。それからアリューシャン列島のダッチハーバーに行くよう命じられたが、半分まで行った所で故障して、のろのろとサンフランシスコのすぐ外にあるハンターズ岬の造船所に戻った。

その時にトリマーは休みを得た、盲腸炎である。「ありがたいことにS－37が故障した。さもなければ僕は盲腸が破裂した時に海に出ていただろう」トリマーは基地の病院で二六日間過ごした。S－37はトリマーを置いて出航した。トリマーが元気になり新しい任務を待っている間に、ヴァージニア州オレンジ出身の少女アイリーン・スプリンクルと遠く離れたままで婚約した。

一九四四年春になって、やっとトリマーは新しく就役したバラオ（訳注：サヨリ）級の艦隊型潜水艦、U・S・S・レッドフィッシュ（訳注：北大西洋のメバル）に乗って海に出た。

早埼と衝突して曲がったグロウラーの艦首、オーストラリアのブリスベーンで撮影。

一九四三年一月の終わりまでにアメリカの潜水艦は敵の船舶に対して、見事な成果を上げた。ノーティラスは九日にブーゲンヴィル島の北で、小さい貨物船を沈めた。ガードフィッシュはトーマス・B・クラックリング艦長の下で、一隻の哨戒艇、駆逐艦、貨物船を海底に送った。ビスマルク諸島ではハンク・ブルートンが指揮するグリーンリングが弾薬輸送船を雷撃し、壮観な形で爆発させた。ウィリアム・G・マイヤーズのガトーは二隻の貨物船に穴を開け、アルバート・C・〝エイシー（訳注：凄腕の）〟・バロウのソードフィッシュは別の船を沈めた。ブリスベーンの基地から出撃したグロウラーは六、〇〇〇トンの貨客船を沈めたことで合計沈没トン数を増やしたが、一ヶ月後に勇敢な指揮官ハワード・W・ギルモアを実に劇的な形で失った。

一九四三年二月七日の夜、海上を走って電池を充電していた時、ブリッジにいたギルモアは一、六〇〇メートル彼方に九〇〇トンの武装商船早埼（訳注：正しくは給糧艦で九一〇トン、艦隊に冷凍品や生糧品を配達した）を発見した。ギルモアが急速潜航を命じたちょうどその時に、早崎はグロウラーに向かって突進し、甲板に積んでいた大砲を発射した。砲弾はグロウラーのブリッジにいた二人の者を殺し、ギルモアを含む他の三人を負傷させた。ギルモアは衝突を避けようとして、左へ精一杯舵を切るよう命じた。しかし遅すぎた。二隻の船は大きな音を立ててぶつかった。衝突があまりにも激しかったので、グロウラーの艦首は五・五メートルの所から九〇度左に曲がった。ギルモアは司令塔にいる者に二人の負傷者を下に運ぶように指示した後、「船を潜航させろ」と命令した。副長は数秒間、躊躇した。船を救うべきか、艦長を救うべきか？

しかし非情な決心で、副長はギルモアの最後の命令を伝えた。グロウラーは潜航し、艦長は波にさらわれ死亡した。驚くべきことに、深刻な損傷にもかかわらず、グロウラーはどうにかこうにかブリスベーンに戻り、そこで五月一日まで修理をした。その勇気に対してギルモアには死後、第二次大戦で潜水艦乗りとしては初めての名誉勲賞（訳注七）が授けられ、海軍の伝説なった。

日々がゆっくりと過ぎて行ったが、メア島の九人の潜水艦学校の卒業生には、命令は未だやって来なかった。スミティーはまた、飛行訓練への志願を申し立てることについて考え始めた。このままでは戦いに参加できるだろうか？　その時に誰かが近くのオークランド造船所での一時間一ドルの仕事があるのを見つけた。主任が朝の点呼の後、何の任務も言わない場合は、水兵たちはダンガリー（訳注三）を着てバスに飛び乗り、オークランドまで行った。

「そこではあらゆる種類のつまらない仕事のために、誰でもいいから雇っていた」とスミティーは回想している。「例えば火事の見張り人や掃除夫などである。火事を見張るためにしなければならないのは、消火器を持って溶接工の側に立ち、どんな小さい火事が起こっても消すことだけだった」スミティーはオークランドでしなければならない重要なことは、八時間隠れていて、それからその日の終わりに金を受け取りに行くことだとすぐに分かった。時々、現場主任がさぼっている者を見つけて、別の仕事をやらせたが、大抵の場合それは楽な仕事だった。金はドンドン貯まり始めた、僅か五日間で四〇ドルも。スミティーと仲間が海軍で毎月もらう金額のほぼ三分の二である。

海軍が借りた飛行機、水陸両用のパンアメリカン・クリッパーがパールハーバーの水面から離水して、機体を傾けて東へ向かい、サンフランシスコを目指した。一九四三年一月二〇日のことだった。機上には太平洋潜水艦隊司令官ロバート・イングリッシュ大将と、彼が最も信頼する三人の参謀、ジョン・J・クレーン、ウィリアム・G・マイヤーズ（ガトーの前艦長）、ジョン・O・R・コル、それに少数の将校と民間の搭乗員がいた。サンフランシスコにいる間に、イングリッシュはメア島の潜水艦基地を訪問するつもりだった。

飛行機事故で死亡した太平洋潜水艦隊司令官ロバート・イングリッシュ大将

クリッパーがカリフォルニア海岸に近づいた時、激しい冬の嵐に巻き込まれ、操縦士は方角を見失った。無線もつながらなかった。通信が回復した時、飛行機はサンフランシスコの北にいて、一八五キロコースから外れていると分かった。その時は激しい風と強い雨、一面を覆い隠す霧をどうにか通り抜けようとしていた。そして突然、連絡は再び切れた、今度は永遠に。一〇日経って、滅茶苦茶で黒焦げになった飛行機の破片が遠く離れたユカイア（訳注：カリフォルニア州の北西部の都市）の東の、容易には近づき難い山で発見された。機上のイングリッシュ大将とその他の一八人はすでに死んでいた。

全潜水艦隊はその知らせを聞いてまるで棍棒で殴られたように感じた。イングリッシュ大将には短所があり、人を誹謗したけれど、誰もこの最期を当然とは思わなかった。誰がイングリッシュの後継者になるかについて、たくさんの推測が渦巻いた。海軍作戦部長のキング大将は、太平洋潜水艦隊司令官の職にチャールズ・ロックウッドを指名することで推測を終わらせた。ラルフ・クリスティーがパース市の郊外の港街、フリーマントルにいたロックウッドの跡継ぎになった。

潜水艦隊に新しい日々が始まろうとしていた。

第九章――カブース（訳注一）への配属

イングリッシュ大将の死の結果として、アメリカ潜水艦隊は敵と戦う努力を向上させた。一九四三年一月、ダドリー・〝マッシュ〟・モートン少佐――鉄のような神経と更に強い決意を備えた人間――が指揮するワフーは、ニューギニアの北岸のウエワクにある日本の補給基地を攻撃するために、ブリスベーンから三度目の戦闘哨戒に出航した。

モートンはあらゆる理由で乗組員から尊敬されていた。ワフーに乗艦していた将校の一人、ジョージ・グリダーはこう書いている。「マッシュは……熊のように作られていて、動物の子と同じくらい遊び戯れる……乗組員は彼を愛している」モートンの副長、積極果敢なリチャード・オケインは、敵を憎むことと、敵を追い掛ける時に大胆な行動をとる熱意では、モートンよりもさらに率直だったので、ある疑いで見られた。オケインについてグリダーはこう言った。「オケインは大きなことを話した、向こう見ずな、積極果敢な話を。それで当然ながら、それは口先でしか過ぎないのではないかと思われた」

しかし乗組員は、モートンが敵の貨物船、駆逐艦、潜水艦、哨戒艇が群がっている巣であるウエワク港に侵入した時は、モートンは気が狂ったと思ったに違いない。駆逐艦の内の一隻にワフーに突撃させるように仕向けて、モートンは二本の魚雷をその駆逐艦に向けて発射した。しかし二本とも外れるか、不発に終わった。最後の瞬間に距離七〇〇メートルで発射された三本目の魚雷が首尾よく目的を達した。翌日モートンは数隻の輸送船団と出会い、一隻ずつ狙い撃ちし始めた。

攻撃後、グリダーはこう書いた。「我々は生き残った日本人がいる海面に浮上した。彼らは至る所であらゆる漂流物の断片や折れた丸太につかまったり、救命ボートに乗っていたりしており、その中を通る時には何とも言いようがない表情で我々を見つめた。海には大きい大型平底船（訳注：大発のことであろうか）から小さな手漕ぎボートまで、あらゆる種類の約二〇隻のボートが浮かんでいた。海上には敵の兵士がいっぱい溢れていたので、流木のように脇に押しやらずにその中を通り抜けることは不可能だった。この兵士たちは味方の部隊と戦って殺すためにニューギニアへ向かっていたと分かっていた。そしてマッシュの敵への抑えきれない激しい生物学的な憎しみを我々は感じ始めたばかりだったが、彼は大量殺戮の現場で勝ち誇りながら辺りを見回した」

次に起こったことはモートンが公式の報告書を提出してからずっと、議論の的となって来た。浮上してからモートンは救命ボートを砲撃するために、乗組員に四インチ・デッキ・ガン（訳注二）と機関銃の側で待機するよう命令した。もしどのようなものであれ、お返しの射撃が来たならば、ワフーの砲手はずっと砲撃しなければならない。一隻の救命ボートから小銃の射撃を受けた。オケインの伝記の中で、ウィリアム・トウオフィーが書いている。「お返しにワフーの機関銃がばらばらになり、沈みかけているボートから、救命胴着を付けた多くの日本兵を追い払った。四インチ砲はもっと大きい日本のボートを粉砕した。何人かの乗組員は海上には敵の兵士がいっぱい溢れていたので、流木のように脇に払いのけなければ、その中を通り抜けることは不可能だったと報告した。オケインはこの兵士たちは味方の部隊と戦って殺すためにニューギニアへ向かっていたと分かっていた。そして士官たちはマッシュ・モートンの敵への抑えきれない激しい憎しみを感じた」オケインの記述では、射撃は一五分しか続かなかった。モートンとオケインに関して言えば、救命ボートとそれに乗っている兵士は合法的な標的で、ちょうど飛行士や砲兵隊員にとっての護衛されたトラックの敵の兵士と同じだった。

遂に、モートンは逃げた敵の船の追跡を再開する必要を優先して、射撃の中止を命じ、ワフーはディーゼルの排気の煙を上げながら、血まみれの海を通り抜けて去った。その日、海で死んだ日本の兵士の数は分からない。

その日の遅くモートンは逃げた二隻の船をとうとう捕らえ、タンカーと貨物船の二隻とも沈めた。魚雷がなくなったので、ワフーはパールハーバーへ針路を向けた。そしてそこでワフー、モートン、乗組員はドックに入った後、ヒーローとして褒め称えられた。ロックウッドはモートンを〝たった一隻の潜水艦群〟と呼び、海軍特功十字章を授けた。また同時にダグラス・マッカーサー将軍が陸軍殊勲十字章を贈った。クレイ・ブレアは書いている。「この哨戒は戦争で一番賞賛されたものの一つで、全潜水艦隊に白信を回復させたか、もしくは士気を鼓舞した」ひょいと動いた救命ボートの敵の兵士を殺したことは誰も問題にしなかった。戦争なのだ、手加減は必要ない。

「一九四三年二月一日八時までにメア島の海軍工廠のU・S・S・スキップジャック(訳注：カツオ)(SS-184)に出頭せよ」これがスミティーが震える手に持った一枚の紙に書かれた、BuPers――ワシントンの海軍人事局――からのタイプされた命令の全文だった。とうとう潜水艦勤務に就くことになったのだ!

スミティーは以前のクラスメイトについて調べてみた。彼らも命令を受けており、それぞれ別の船に乗ることになっていた。持ち物をすべてシーバッグ(ズック製の円筒形の袋の海軍版)に詰め込んで、スミティーと仲間たちは潜水艦基地の司令部に出頭した。そこで一人の士官が出迎えて、新しい任務に関しては完全な秘密を守る必要があることを一時間以上にわたって叩き込んだ。その士官はいかなることがあっても、何をするか、或いはどこへ行くか、誰にも、たとえ親しい家族にさえ話してはならないと言った。「その士官の話が終わるまでに、自分たちは明らかに〝沈黙の艦隊〟に所属しているんだと分かった」スミティーはこう述べている。

潜水艦用の兵営地区に出頭してバッグを一杯にした後、スミティーは仲間たちと握手をしてさよならを言った。それからドックへ降りて行って、スキップジャックを捜した。ドックは非常に騒がしかった。至る所で灰色のジープとトラック、ダンガリー（訳注三）を着た水兵が、自分の仕事に精を出して動き回っていた。巨大なガントリークレーン（訳注：橋形のクレーン）が頭上で前後に揺れていた。辺り一帯は怒鳴り声、リベット打ち機の響き、溶接用の火吹きランプのジュージューという音とポンという音、サイレンの鳴る音で溢れていた。緊張した雰囲気は、戦争が進行中であり、この場所にいる全ての人間、全てのものはただ一つのもの、即ち勝利に捧げられているんだという見えない意識で満ちていた。

スキップジャックはドックで、他の一二隻の潜水艦の真ん中に押し込まれていた。各潜水艦は点検か修理中の段階だった。スミティーはホースとケーブルを踏み越えて、ドックから船に掛かっている小さい道板を、行ったり来たりしている労働者を素早く交わしながら歩いた。そして海軍の習慣に従って、その日はアメリカ国旗は掲げられていなかったけれど、艦尾で敬礼し、それから〝ドッグハウス〟——司令塔のすぐ前の甲板に一時的に作られた小さい木造の小屋——に出頭した。衛兵は親切なガナーズメイト（訳注：志願兵のうちで武器の操作に優れたものに与えられる特級）で、スミティーを潜水艦の舷外につながれた艀（はしけ）にいるチーフ・オブ・ボート（訳注八）のヒックマンのところに案内した。整備を受けている船はどれも舷側に、一時的な居住場所と、一部は貯蔵庫となる艀（はしけ）を繋（つな）いでいた。スミティーは艀はがらくたと寝台でいっぱいの大きいガレージのようだと思った。

スミティーはチーフ・オブ・ボートのヒックマンに自己紹介をした。ヒックマンは親切そうで、喜んでスミティーを潜水艦に連れていった。スミティーはこう書いている。「チーフ・オブ・ボートは潜水艦の徴募された水兵のトップで、基本的に乗組員を管理していた。ヒックマンは大変能力があり、下級士官――少尉や中尉よりも多くの点で権威を持っていた」スミティーが魚雷学校を最近卒業したばかりだと知ると、ヒックマンは近いうちに船の他の魚雷係に最新の魚雷技術を授けるための講義を行なうように、スミティーに促した。それからヒックマンはスミティーを後部魚雷室勤務とし、スミティーの直属上司となるスナヴリーという名前の水兵に彼を紹介した。二人は仲よくなった。カシャラトの冷淡で不親切な水兵とは異なって、スミティーはスキップジャックの乗組員に歓迎されたように感じた。

スキップジャックがメア島で整備を受けている次の三週間の間、スミティーは船のすべてのナット、ボルト、ケーブル、計器、ハッチについて学んだ。またスキップジャックがサーモン（訳注：サケ）級の最後のボートであり、一九三八年にコネティカット州グロトンのエレクトリック・ボート・カンパニーで建造されたことも知った。他のサーモン級のボートと同じように、スキップジャックは全長九四メートル、排水量一、四五〇トンで、テスト潜航では八〇メートルの深さまで潜航できた。ディーゼル燃料を四一六キロリットル搭載可能だった。艦首に四つ、艦尾に四つの魚雷発射管を備えていた。乗組員は八人の士官と七〇人の水兵から成っていた。

かつてはマニラを基地とするアジア艦隊に属していたが、フィリピンが陥落した時にオーストラリアに移った。戦争が勃発した時の指揮官ラリー・フリーマンは二度の戦闘哨戒で、日本の空母、タンカー、水上機母艦を取り逃した後指揮官を解任され、S－39の前の指揮官だったジェームズ・ウィギンス・〝レッド〟・クーが新しい艦長になった。スキップジャックはもはや旧式化したとみなされていたが、その旧式艦とクーは一九四二年四月、インドシナ海岸の沖で三隻の船を沈めて気概を示した。自分の幸運さにもかかわらず、もしマークⅩⅣ型魚雷が適切に機能していたならば、もっと戦果をあげられたとクーは感じた。ロックウッド提督を刺激して魚雷のテストをさせたのは、一九四二年のクーの報告書だった。

魚雷に関する争いを起こした報告書の内容だけではなく、クーはまた一九四二年六月一一日のメア島の補給係士官への、トイレットペーパーのキャンセルに関する最高にユーモアに富む手紙で、海軍の中では非常に名を知られていた。事情はこうだった。一九四一年七月三〇日、前任の艦長フリーマンは浴室で必要なため、海峡を通る間に要求を提出していた。しかしながら理由は分からないが、メア島の補給係士官は一九四一年一一月二六日にその要求を踏みにじった。「取り消し、認められない」そうスキップジャックに返信した。クーがスキップジャックの指揮を引き継いだ時、問題の真相を探りだそうと決心した。回りくどい軍事官僚用語をもじった、基地の補給係士官への手紙を書いて、その中にトイレットペーパーの小さい見本を入れた。

「トイレットペーパーを注文してから今に至るまでの一一と四分の三ヶ月の間、U・S・S・スキップジャックの乗組員は問題の物資が届くのを待つために最善の努力をしてきたにもかかわらず、非常に多くの場合に待つことができなかった。そして状況は今やまったく深刻で、特に爆雷攻撃の間はそうである。

同封したものはメア島の海軍工廠の補給係士官に情報を与えるための、熱望する品物の見本である。以前この私がよく知っていたこの特定できないものの代わりに、メア島で何を使っているのかU・S・S・スキップジャックの指揮官は、不思議に思わざるを得ない。

スキップジャックの乗組員はこの期間ずっと〝波頭〟などを使うのに慣れてきた。ペーパーワーク（訳注：文書作成業務とトイレットペーパーを使うことを掛けている）が非常にたくさん不必要になったのと、航海局のペーパーワークを減らしたいという望みに応じているので、一石二鳥だった。

この指令については、『認められない』という踏みにじられた表記はあり得る間違いであり、戦略物資の不足の単純な例に過ぎず、スキップジャックは多分、優先リストの下の方に位置したのだろうと思われる。

小さな局部的な犠牲で、戦争遂行に協力するために、スキップジャックは目下の戦いの終わるまで、これ以上〝戦争は地獄である〟と表現するに相応しい状況を作り出す行為を行わないよう切望する。

J・W・クー

〔原注：この出来事は一九五九年のケーリー・グラント主演の「ペチコート作戦」の中で取り上げられた。不運にもレッド・クーはこの映画を見ることなく死んだ。クーとすべての乗組員は新しい潜水艦、U・S・S・シスコ《訳注：鮭科の淡水魚の魚。五大湖や米北東部の湖に住む》が一九四三年九月二八日、スールー海《訳注：フィリピン諸島とその西にあるパラワン島に囲まれた海》で沈められた時に死亡した〕（www.csp.navy.mil/ww2boata/cisco）

スキップジャックがエンジンを点検・整備し、新しい司令塔とデッキ・ガン（訳注二）を取り付けている間、残りの乗組員は非番の間に酒を飲む訓練をしていた。そして彼らは恐ろしい酒飲みだった。若々しいスミティーは彼らの世俗に通じていること、野卑な言葉、いくら飲んでも平気な能力に畏怖の念を抱いた。一〇〇年早かったなら、これらの下品な言葉を話す大酒飲みの潜水艦乗りは、イギリス国王の海軍の帆をいっぱい張った軍艦に相応しかっただろうとスミティーは思った。あるいは肩にオウムを止まらせた海賊の船にかも。ある夜サンフランシスコで、スキップジャックの乗組員の一人がスミティーを一人前の男にしようとして、バーボンのグラスを何杯も飲み干すやり方を教えた。その結果はティーンエージャーを嘔吐する水兵に変えただけで、その水兵は泥酔して支えられながら基地に帰らざるを得なかった。

数日後、事務係下士官がスミティーに近づいて来て、新たな命令が兵舎で待っていると告げた。

「君はシールに転属になるんだ」とその下士官は言った。

スミティーは物も言えないほどびっくりした。まだスキップジャックに乗って海に出たこともなかったのだから。「シールの乗組員の一人が病気になったのだ」その下士官は言った。「それで欠員が生じたのだ。スキップジャックとシールはサーモンと同様に姉妹艦なのだ。シールとサーモンはスキップジャックよりも早く出航の用意が出来る。君は手頃で、すでにスキップジャックのことをよく知っているので、戦隊は君を選んだのだ」

それは本当だった。スミティーはスキップジャックのことをよく知っており、また愛してもいた。「僕はスキップジャックに馴れ親しんだばかりだ。その上その潜水艦の名前は何なんだ、シールとは魚の名前ですらない（訳注：シールとはアザラシのこと）。クソ」しかし命令は命令だった。スミティーは巨大な海軍の車輪の中の小さな歯車の一つにしか過ぎなかった。命じられた通りにシールに出頭した。

スキップジャックと同じように、シールも狂乱せんばかりに出航の準備をする民間人と海軍の人間で溢れていた。各種装備がハッチを通って運び込まれ、溶接機械が火花を散らし、人の腕ほど太い電気ケーブルが岸壁から艦体にうねって続いて、艦内に消えていた。乗艦するや、スミティーはチーフ・オブ・ボート（訳注八）のワイストに紹介された。ワイストは中肉・中背で、丸顔、丸い鼻、頰が赤い親切な男だった。スミティーは魚雷学校のエヴァンス主任のように、サンタクロースに少し似ているなと思った。ワイストは海でたくさんの時間を過ごしてきた人間に共通の、体を揺さぶる歩き方をしていた。

ワイストは艦内を手短に案内して、最後に彼の住む所、〝カブース（訳注一）〟とも言われる後部魚雷室に連れて行った。その狭苦しい場所は、たくさんのピカピカ光る鋼鉄と磨き込まれた真鍮の器具でいっぱいだった。それらのものは裸電球の下、粗い光の下できらきら輝いていた。スミティーは直接の上司であるジョン・アダム・カチャメロウスキー（略して〝ビッグ・スキー〟）という名前の身長一六五センチの魚雷手と、ディリンガム（あだ名は〝シーガル〈訳注：カモメ〉〟）という名のもう一人の魚雷手に引き渡された。ビッグ・スキーは木こりのように見えた。いや短く、ずんぐりした、たくましいカシの樹を思わせた。一方シーガルはすらりとして、まるで柳のようだった。後部魚雷室にはもう一人のベテラン、メイロン・ペンブルク・〝ウッディー〟・ウッダードがいた。スミティーは、一九四一年一二月七日以来五回の戦闘哨戒を行なった経験がある、この強く結びついたチームからよそ者として扱われるのではないかと心配したが、新しい仲間はスミティーを温かく迎え入れてくれた。誰かがスミティーにシールの戦闘旗を見せてくれた。鰭（ひれ）にボクシンググローブをはめ、魚雷の上に座っている喧嘩早いアザラシを漫画風に描いたものだった。スミティーはその絵が乗組員の戦闘心を正確に捕らえていることを望んだ。

シールの乗組員ウッディ・ウッダード

メア島にいる間にシールは新しい潜望鏡と潜望鏡シアーズ（訳注四）を受け取った。前のものは敵の船と衝突した時に引きちぎられていたから（訳注：一九二ページ参照）。司令塔の後に喫煙甲板があり、浮上時には水兵がそこで煙草を吸えたが、メア島にいた時にそれも大きくなった。また司令塔の前に新しい甲板が設置された。この二つの甲板には二〇ミリエリコン機銃が装備され、司令塔の中に弾薬用のロッカーが作られた。シールが水上戦闘がもっと起こると思っているのは明らかだった。

スミティーの新しい仲間はシールの歴史と戦時の危険な行動に関する話をして、スミティーを楽しませた。シールのキールは一九三六年三月二五日にグロトン（訳注：コネティカット州南東部の都市）で据えられ、一九三七年八月二五日に進水したことをスミティーは知った。シールはSボートではなかった。Sボートと後期のガトー・バラオ級の間に位置するサーモン・サルゴ級に属する初期の艦隊型潜水艦だった。最初の艦長はカール・G・ヘンゼル少佐だった。一九四〇年の春にケネス・C・ハード少佐がヘンゼルに代わって艦長になった。最初の哨戒は一九四一年一二月一四日に開始した。シールはマニラを出た。そしてリンガエン湾の北で八五〇トンの貨物船早隆丸を沈めた。これが一九四一年に日本が沈められた最後の船だった。（訳注：早隆丸が沈められたのは二三日で、その後二六日に第2雲洋丸が爆撃で沈められている）

五三日に及ぶ哨戒はジャワのスラバヤで終わった。それからシールは補給のためにティラチャップ（訳注：ジャワ島の南海岸にある港）へ向かった。シールがティラチャップの港にいる間に、日本軍は何度も空襲を掛けてきた。シールは命中から逃れたが、何人かの原住民はそう幸運ではなかった。シールの乗組員はスミティーに、空襲の時に罪のない村人が虐殺されるのを見たと言った。「乗組員は、原住民は地面から二・五メートルくらいの高さの柱の上に建てられた、棕櫚（しゅろ）の葉を葺（ふ）いた小屋の上に腹這いになっていたと言った」スミティーは順を追って話した。「普通起こる動物の襲撃や洪水などの危険な状況に直面した時の自然な行動だった。原住民はまるで小屋の上に座っているアヒルのようだったと乗組員は言った。日本の操縦士は野外演習日のように、何百人もの原住民を機銃掃射して殺した」

ビッグ・スキーとウッディーはスミティーに、ユージーン・〝ジープ（訳注：アメリカ軍が使った四輪駆動の軽自動車)〟・ピーナの英雄的な行動を話した。ピーナは五〇口径の機関銃を両腕に抱えて、ゼロ戦を撃ち落としたのだった。ピーナは機関銃の熱くなった銃身が皮膚を焦がした火傷の跡を前腕に残していた。

ティラチャップでの四日間の空襲に無事生き残った後、シールの補給は終わり、一九四二年二月一九日、二度目の狩りに出かけた、ジャワ海、フロレス島(訳注:インドネシアの小スンダ列島の島)、マカッサル海峡(訳注:ボルネオ島とセレベス島の間の海峡)、チモール島の南岸沖での狩りに。二月二〇日、シールは三隻の駆逐艦に護衛された四隻の貨物船の船団に遭遇した。シールは潜航して、一番大きい目標に向かって四本の魚雷を発射した。そして二度の爆発音を聞いたが、浮上した時船団は行ってしまっており、乗組員は船が沈んだか、損傷した証拠を発見できなかった。

四九日間の哨戒の終わり近くに、シールはシーウルフとセイルフィッシュと共に、日本軍のバリ島への水陸協同の上陸作戦を阻止する命令を受けた。それからすぐにジャワ海海戦(訳注:日本側呼称:スラバヤ沖海戦)の間に、シールは軽巡に損傷を与えたと報告した。それからシールは物資の補給のためにフリーマントルまで後退して、次の指示を待った。

一九四二年五月一二日、シールはインドシナ半島の沖で標的を捜すためにフリーマントルを出港した。哨戒地区に向かう途中でハードは一隻の貨物船、辰福丸を見つけ魚雷を命中させた。近くにいたソードフィッシュが、損傷したその船の止めを刺した。それで両艦で撃沈の手柄を分け合った。

〔原注:ソードフィッシュは一九四五年一月一二日、九州の南方で行方不明と報告されることになる。〕

シールは一九四二年八月一〇日に西オーストラリアのアルバニーを出航しての四回目の哨戒に出かけたが、初めからけちがついていた。一隻の貨物船に損害を与え、他に多数の船を見つけたが、魚雷の問題のために、戦闘旗に敵の船を加えられなかった。燃料、食料、弾薬が不足したので、補給のためにフリーマントルへ戻った。

五回目の哨戒は一〇月二四日に開始され、シールはパラオ諸島に向かった。一一月の半ば頃、シールは豊かな戦利品となる可能性のある絶好の狩りの群れへ、苦労しながら水中を進んでいた。二隻の駆逐艦が九隻の貨物船を護衛しているのを視認したので、発射管から魚雷を発射した。船団の大多数は恐怖に見舞われたウズラの群れのように逃げ散ったが、五、四七七トンのボストン丸はシールのいる方へ向かって突進して来た。艦を破壊から救うには緊急潜航するしかなかった。ぼすとん丸の船体が潜航するシールの司令塔をこすり、二本の潜望鏡を曲げ、潜望鏡シアーズ（訳注四）を損傷させ、そして潜水艦を五〇度傾けた時には、恐ろしい騒音が発生した。しかし衝突で、貨物船の船体も薄いブリキ缶のように切り裂かれた。それでシールは、潜望鏡シアーズで敵の船を沈めたと認められた唯一の潜水艦となった。

何時間もの間、損傷して盲になったシールは凄まじい爆雷攻撃に曝（さら）されたが、どうにかこうにか七五メートルの海中で生き延びた。敵が去るや、シールは緊急修理のため、パールハーバーへのろのろと帰った。しかしパールハーバーの施設で修理するには損害は大き過ぎたので、さらに徹底的な修理のためにメア島へ行くよう命令された。その時にシールの指揮を取っている間に名を上げたハードに代わって、海軍士官学校の一九三〇年のクラスのハリー・ベンジャミン・ドッジ中佐が艦長になった。

チーフのウェイストは新しい艦長に会わせるためにスミティーを連れて行った。スミティーは新艦長についてこう述べている。「口数の少ない打ち解けない人物だが、やさしい微笑を浮かべていた。中肉中背で青い目をしており、血色のよい顔色をしていた。鼻は鳥のくちばしのように鋭かった。裕福な家に生まれ、上流階級の物腰を身に付けていた。常に感情をコントロールし、最も積極果敢な潜水艦艦長ではなかったが、決して勇気に欠けていなかった。僕が聞き、後に自分自身で分

シールの艦長ハリー・B・ドッジがクロアシアホウドリと友達になろうとしている

かることとだが、戦闘では立派に振る舞った。本当の指揮官だった」

スミティーの心には、自分が戦闘で鍛えられた艦と乗組員に加わっていることについて、少しの疑いもなかった。一九四三年三月の終わりにシールは新しい魚雷手ロン・スミスを乗せて、今や海に出て敵と戦いを交える準備がほとんど出来ていた。シールに必要なのは潜航試験だけだった。言うは易く行なうは難しを証明することになるのだが。

大規模な修理を受けた後は、潜水艦は哨戒に出発する前に、作業が完全に行なわれたことを確かめるために試験をする必要があった。太平洋の真ん中は新しいパラフィン等の封印剤、パッキング、ハッチが不適切に取り付けられているのを見つける場所ではなかったから。

このようにして三月の寒く暗い朝に、シールはサンフランシスコ湾の冷たく波が騒ぐ海域で潜航試験の準備をした。ドッジ中佐は、シールをメア島の停泊地からアルカトラズ島とゴート島の間に動かした。そこは水漏れがないかどうか調べ、すべてのシステムが正しく作動しているのを確かめるための、静止した試験潜航に十分な深さがあった。

スミティーは大きいヘッドフォンと喉当てマイク（訳注：喉の所につけ、喉仏の振動で作用するマイクロフォン）を渡され、自分の部署が呼ばれた時に、士官と後部魚雷室の間の命令と情報を中継するために、魚雷発射管の側に立っているよう言われた。

ドッジ艦長は司令塔の中に自分の場所を取った。シールが試験場所に着いた時、戦闘回線を通じて命令が響いた。「潜航用意」スミティーがその命令を繰り返したので、艦長は命令が正しく伝わったのを知った。間違いは致命的な結果を招くのだ。

艦の中央部、発令所ではすべての目が〝クリスマス・ツリー〟（訳注九）とそこの赤と緑の指示灯に集中していた。ハッチが閉じられ、指示灯は赤から緑に変わった。ただ唯一つだけが赤のままだった、エンジン排気の指示灯だけが。

「潜航、潜航」潜航と機関担当士官ジャック・フロスト大尉が叫び、神経を逆撫でする、恐ろしいガガガガーという警笛が艦内中に甲高い音で鳴り響いた。唸りを上げていたディーゼルエンジンは不意に静かになり、電気モーターが推進の仕事を引き継いだ。排気口が閉じた時、エンジン排気の指示灯は緑に変わった。

フロストは高圧空気を艦内に入れるよう命じた。鼓膜がポンと鳴り、気圧計はシールの封印がなされていることを示していた。フロストは司令塔にいる艦長に報告した。「万事順調。艦内は高圧」

「よろしい」ドッジが答えた。「二〇メートルまで潜航」

「二〇メートルまで潜航、了解」それはシールの潜望鏡深度だった。

「海水注入」ドッジは言った。

「海水注入、了解」

空気を排出するためにバラストタンクの弁が開いて、何トンもの海水がタンクを満たし、艦体は急角度で下を向いた。

「艦首を上げろ」

「艦首を上げろ、了解」

艦首と艦尾にいた二人の水兵は、前にある泡の表示器と大きい深度計を見ながら、潜航角度を調整する大きなクロムメッキの鋼の舵輪を回した。

「ポンプ室で少し水漏れあり」誰かが突然、周り一帯に報告した。

「ポンプ室、了解」フロストが静かに返事した。

前部魚雷室にいた誰かが電話してきた。「第二サウンド・ヘッド（訳注一〇）の周囲に少し水が浸入してきたが、パッキングを締めています。問題はないです」

「前部魚雷室、良し」

二〇メートルに達してから数分後に、ドッジは艦を三〇メートルまで潜航させるよう命じた。シールがその深度まで達した時、深刻な異常が生じた。後部魚雷室の前部隔壁を通って乗組員トイレから、まるで消火栓が壊れて栓が開いたように、水が勢いよく噴出して来た。ウッディーとビッグ・スキーはすぐに隔壁の方へ走っていった。「浮上、浮上」とビッグ・スキーは叫んだ。スミティーは発令所へその言葉を繰り返して送った。直ちに警笛が三度鳴り響いた。浮力を付け、水面に戻るために、発令所はバラストタンクから水を排除し始めた。

フロスト大尉はスミティーに尋ねた。「後部魚雷室、状況はどうだ?」

「発令所、分かりません。たくさんの水が洗面所から頭の上に流れ込んで来ています」

「後部魚雷室、了解。隔壁のドアは閉まっているか?」

「後部魚雷室、イエス」潜航の前に、すべてのハッチとドアは固く閉められていた。もし後部魚雷室が水でいっぱいになったならば、そこがスミティーと仲間たちの墓場となるのだった。船に乗っている者全員が受け入れるべき危難の一つだった。お前たち仲間はそうして死ぬのだ、そうすれば船は助かるのだ。

一方ビッグ・スキー、ウッディーと、海軍工廠から試験のために一緒に乗っていた民間人は、氷のように冷たい海水が流れ込んでくる穴にほぼ近い大きさの木の栓を見つけて、それを穴に突っ込もうとした時に、ずぶ濡れになった。木槌を数回振るうと、海水の噴出はほぼ止まった。

シールが浮上するや、フロスト大尉は状況を調べるために、後部魚雷室にやって来た。ウッディーははっきりと話した。「緊急脱出ブイ装置を取り外した時、残っていた八センチくらいの穴にした当て金が悪かったようだ」フロストは納得し、ドッジはシールをメア島に帰る針路に向けた。

シールがドックに入った後、検査官がシールを隅から隅まで徹底的に調べ、別のぞっとするものを発見した。トリム・ラインー艦体の端から端まで伸びている大きいパイプーに、誰かが意図的に穴を開けていたのだった。もしトリム・ラインが駄目になったなら、潜水艦は潜航中にコントロールできなくなり、乗組員は全員死ぬだろう。

理由は一つしかなかった、労働者による破壊行為だった。

乗組員自身の手で損傷したトリム・ラインを取り外し、新しいものを取り付けた。乗組員は急に海軍工廠の労働者を信用しなくなった。

数日後の二回目の試験潜航では何の問題も起きなかった。そして一週間の訓練は乗組員の戦闘精神を養った。シールは六回目の戦時哨戒に向けて出航する準備がほぼ整った。

スミティーは静かで不安に満ちた興奮に捕らわれていた。すでに一九四三年四月になっていた。アメリカ合衆国が参戦してからほぼ一年半、そしてスミティーが海軍に入隊してから一〇ヶ月経っていた。遂に戦闘に出かけるのだ。そのことが彼をぞくぞくさせていた。しかしながら表に現われない心配、恐怖があった。スミティーはかつて爆雷攻撃に曝された経験はなかった。その緊張下で、神経が参らないだろうか？　年上の水兵から戦いの話をたっぷりと聞いて、厳しく、過酷で、危険な状況にもなるのを知った。

潜水艦は一度海に出れば仲間はほとんどいなかった。まるで決死的な任務のために、敵の支配する地域に単独で踏み込んでいく歩兵小隊のようだった。味方の部隊が敵だと思って攻撃して来るかもしれなかった。潜水艦は皆同じように見え、しかも出て来てアメリカ国旗を揚げて振ることが出来なかったから。それに加えて、爆雷攻撃や爆撃、機銃掃射を受けなかったとしても、水面下の暗礁にぶつかったり、誰かが緊急潜航の時にうっかりしてハッチを閉め忘れたり、危険な作戦に際してへまをして台無しになり、艦と乗組員全員が失われるかもしれなかった。

＊　＊　＊

一九四三年四月一三日、ドッジ中佐は翌日の出航の前に、必要最小限の乗組員だけを残し、他の乗組員に最後の休暇を与えた。スミティーはある思いを持ってサンフランシスコへ行った。童貞であることが依然、彼を悩ましていた。それで戦いに出かける前に、その状態を変えてくれる若い女性を見つけるのを望んだ。どうにか勇気を奮い起こして数軒の酒場を当たり、一軒のバーの上にある売春宿を教えられた。親切で魅力的な〝思っていたよりは年取った〟女性と気まぐれな数分を過ごした後、スミティーは服を着てメア島へ帰った。水平線の彼方に潜んでいる戦いの想像に耽(ふけ)りながら。

酒と、童貞から卒業したことに慰められて、スミティーは赤ん坊のように眠った。しかし他の乗組員と一緒に、夜明け前に起きて、航海の準備をした。「配置に付け」艦橋からスピーカーを通じて命令が届いた。甲板にいた者は艦内に入り、その背後でハッチがハンドルを回して閉められた、前部から後部まで順番に。十分に訓練を積んだチームのように。

朝の太陽が東の方のカリフォルニアの丘の上にチラッと見え始めると共に、水上を走っていたシールは、オレンジ色に染まったゴールデンゲート・ブリッジの下を通過した。一九四三年四月一四日水曜日のことだった。シールは西の方へと向かった。初めはハワイに、それからシールの金庫にしまってある秘密の命令が指示する所へ。

潜水艦での見張り

乗組員は当直勤務を開始した。四時間当直につき、八時間は非番、一日に二四時間、一週間に七日。艦が水上を走っている時は乗組員は艦橋で配置に付き、高倍率の双眼鏡で絶えず空と水平線を見渡して、飛行機と船の印がないか捜した。何人かの乗組員は特別製の偏光サングラスを掛けた。それを掛けると網膜を損傷する恐れもなく、太陽を直に見詰められるのだった。太陽を背にして攻撃するのを好む日本の航空機を捜すのに役立った。当直に立つのは退屈で苦痛な勤めだった、四時間も休みなしだったのだから。しかしまた絶対に必要な勤めだった。いつどこから敵が現われるか分からなかったから。

航海中ドッジ中佐は戦闘への反射行動の素早さを維持するために、乗組員に絶えず訓練を行なった。潜航中の戦闘配置中、浮上中の戦闘配置中を問わず、時々、警笛が思いがけず皆の神経を驚かし、「潜航、潜航」という命令が続いた。艦長はストップウォッチを手にして、潜航に要する時間を縮めるために行なったのだった。もし敵機が突然、上空から急降下してきたなら、シールは五〇秒以内に水面下に潜る必要があった。艦長自身も含めて甲板にいる者は皆、取り残されて死ぬ危険があった。

シールが着実にハワイに向かっていた時、一九四三年四月一八日に、遥か離れた南西の方で重大な事件が起こった。海軍の暗号解読班は山本長官がラバウルとブーゲンヴィルを査察するのを知った。多分ニミッツの幕僚たちが思いついたのだろうが、山本長官を待ち伏せて撃ち落とす絶好の機会になると判断した。ラバウルとブーゲンヴィルに一番近いアメリカの航空基地は、約六四〇キロ離れたガダルカナルのヘンダーソン飛行場だった。単発エンジンの戦闘機には遠すぎたが、双発エンジンのロッキードP－三八〝ライトニング（訳注：稲妻のこと）〟がより大きい燃料タンクを備えたならば、行って帰ることが出来た。

それでジョン・W・ミッチェル少佐指揮下の第三三九戦闘飛行中隊が選ばれ、待機していた。そして整備兵は落下タンクを取りつけるために、四月一七日の夜遅くまで働き、P－三八に必要な航続距離を与えた。山本長官の詳しい行動予定を翻訳したものを検討した後、ミッチェルは一八機の編隊を率い、山本長官の飛行機がブーゲンヴィル島のカヒリ飛行場（訳注：日本側資料ではブイン基地）に近づいた時に攻撃すると決めた。

九時三三分、ミッチェルは六機のゼロ戦に護衛された二機の一式陸上攻撃機を見つけた。ミッツチェルにはどちらの一式陸攻に山本長官が乗っているか分からなかったので、両方とも攻撃対象にして、P－三八は機体を横に傾けて攻撃態勢に入った。ほぼ同時にゼロ戦の操縦士もアメリカ軍機を発見し、追い払うために向きを変えた。二機の一式陸攻はP－三八が背後に迫る中、滑走路に向かった。レックス・T・バーバー大尉は一機の陸攻に襲い掛かって炎上させ、ジャングルに墜落させた。それからもう一機の陸攻を追い掛けて、海へ墜落させた。後で分かったことだが、山本長官は最初に撃墜された陸攻に乗っていた。バーバー中尉の機関銃の弾で即死したのだった。

〔原注：海軍史家サミュエル・モリソンは二機のうち、一機の撃墜の栄誉をトーマス・G・ランファイヤー大尉に与えている〕

振り返ってみると、山本五十六長官の死は日本の戦争遂行に関しては、大きな影響はなかった。一九四三年四月までにアメリカの増大している工業力と軍事力は、大日本帝国のそれを凌駕していたからである。しかしながらアメリカ人にとっては、精神的勝利としては非常に大きかった、パールハーバー奇襲攻撃の立案者が死んだのだから。

シールは燃料を節約するために、四つの一、六〇〇馬力のエンジンのうち、二基だけを使って水上を航行した。もし四つのエンジンをすべて使って最高速力を出していたならば、二一・五ノットで走れただろう。しかし二つのエンジンだけでは一五ノットでしか航行できなかった。シールは燃料を多く使う方で、一ガロン（訳注：三・八リットル）あたり平均二〇キロしか航行できなかった。ジグザグの進路を取った時はずっと速度が落ちたが、有難いことには、近くの日本の潜水艦の標的にはなり難（にく）くなった。

多くの乗組員は時間の感覚をなくした。スミティーはこう述べている。「潜水艦の中ではディーゼルエンジンが動いていなければ、昼か夜か分からなくなる。それで多分、夜だろうと思って、暗い間に電池を充電するために浮上するのだった」

シールは最初にハツイに寄港した。そこまで五日かかった。その間中、スミティーは船酔いに苦しみ、他の船酔いした水兵たちと争うようにして、後部にあるたった一つのトイレを利用した。そう、スミティーは惨めな状況になったのだった。それでこう言っている。「死ぬことでしか、この状況から解放されないだろう」

ブディー・ウッディーがスミティーに警告した。「この男の海軍で決してしてはならないことが二つある。ビルジで吐いてはいけないし、小便をしてもいけない」ビルジは魚雷発射管の下にあり、甲板の水を排出する下水溝のような場所だった。スミティーはこの掟に従おうとしたが、それは容易ではなかった。特に八〇人の人間が乗っており、その半分が次々とトイレを使う必要があったから。


オアフ島の数時間東で一隻の駆逐艦が、パールハーバーへ案内するためにシールと会同した。艦内の伝達装置を通じて命令が来た。「ロープを操作する者は上甲板へ。当直任務は解く」

後部魚雷室の残りの乗組員と共に、スミティーはハッチを抜け出て上に上がり、船尾で明るい日の光の中にロープを手にして立って、係留を手伝う準備をした。そしていやでも気づかざるを得なかった。左舷側にはアメリカ太平洋艦隊の数隻の艦船が未だ残っていることを。損傷した艦船の多くは——カリフォルニア、ネヴァダ、メリーランド——はすでに引き揚げられて修理を受け、戦闘に戻っていた。しかし戦艦群の中で一番手ひどい被害を被ったアリゾナは、主甲板と主砲が水面下に沈んだ状態で沈座し、上部構造物は奇妙な角度で傾き、灰色の塗料は焦げて黒くなっていた。アリゾナの背後のフォード島の空軍基地では、破壊された飛行機が壊れたおもちゃのように一つに積み重ねられていた。港の中では至る所で何百人という労働者が切断し、穴を開け、溶接し、そして壊滅した艦隊で残っているものを引き揚げようとしていた。シールの視界外ではスミティーの父親の乗っていた古い戦艦ユタが横倒しになり、表面を錆びが覆いつつあった。

スミティーはこう言っている。「パールハーバーの基地は未だ混乱していた。水面から突き出ている沈んだ船の上部構造物は、ここで起こったことのグロテスクな記念品であり、また僕が海軍に志願した理由でもあった」

シールは一、〇一〇フィート（訳注：三一〇メートル）の長さのテン・テン・ドックを過ぎて、港の東岸にある潜水艦のドックに向かった。副長で艦内で一番経験に富んだ潜水艦士官のフランク・グリーンアップ少佐が、ドック入りの指揮をした。少佐は小さい船があらゆる方向に行き交う混乱した所を、シールを巧みに操艦して通り抜けて停泊地に向かった。艦橋にいた少佐は乗組員と少数の士官、それにドックで待っている水兵たちに自分の能力を少し見せびらかしたいという誘惑に抵抗できなかった。アメリカンフットボール競技場と同じ位の長さがあり、五・五メートルの喫水がある一、五〇〇トンの潜水艦をドックに入れるのは簡単ではなかった。たとえ波が穏やかで、潮の流れがなくとも。しかしグリーンアップ少佐の技能は見事だった。

「舵、宣候（ようそろ）」少佐は下にいる舵手に呼び掛けた。そしてその舵手が発令所で操縦盤の前にいる者に命令を伝えた。それから少佐は叫んだ。「舵、左二〇度、左舷停止」

「舵、左二〇度、左舷停止、アイアイサー」舵手が叫んだ。二～三秒かかったが、船はそれに反応した。

艦首が回り、ドックと真っ直ぐ向き合う直前に、少佐は命令した。「舵真ん中、三分の一速で前進」

「舵真ん中、三分の一速で前進、アイアイサー」シールは言葉による指揮に自動的に反応するみたいだった。あたかも船自体が十分に訓練を積んだ生き物のようだった。

「全エンジン停止」少佐は命令した。そしてシールはドックに向かって真っ直ぐに惰性で進んだ。しばらくして、何も知らずに見ていた者は船がドックにぶつかるだろうと思った。しかしその時、グリーンアップ少佐は命令した。「全速後進」ディーゼルエンジンは唸りを上げて生き返り、スクリューが逆回転して水をかき回し、船体は横滑りして完全に横向きになり、かろうじてドックに触れるかどうかで停まった。潜水艦を並行駐車させるやり方の見事な実演だった。

「知ったかぶりをした奴らめ」ビッグ・スキーは艦尾にいるスミティーと他の乗組員に低い声で不平を言った。「近いうちにやつは失敗し、俺たちは最後は太平洋潜水艦隊司令部の中に入るぜ」

太平洋潜水艦隊司令長官ロックウッド提督とその幕僚の執務室がある、ヤシの木で囲まれた建物の方角へ親指を突き出した。

「全エンジン停止」グリーンアップ少佐は命令した、エンジンは止まった。「艦首からロープを投げろ」と少佐は叫んだ。それで艦首にいた者がモンキーフィスト、即ち〝ヒィーヴィー〟――物干し用ロープくらいの厚さのある撚糸に二キロほどの鉛の重しを付けたもの――をドックで受け取るために待っている者に投げた。撚糸は七センチ幅のマニラ麻の係留用ロープに繋がっており、この麻のロープがドックにボルトで留められた大きい鉄の耳形索止めの周りに巻きつけられた。同じ手順が艦尾でも繰り返された。シールの艦尾がゆっくりとドックの方へ引っ張られ、固定されるにつれ、ロープがピンと張ってギシギシ音をあげた。

休暇で上陸するために、シールの士官と水兵は二つのグループに分けられた。スミティーにとっては幸運なことに、最初のグループに入れられた。しかし上陸する前に、皆まずシャワーを浴び、髭を剃り、体から一週間相当の汚れを洗い落とし、人前に出ても見苦しくない姿にならなければならなかった。大きい真水のホースが艦上に運び込まれ、乗組員は垢を洗い落とすために、シャワー室の外に並んだ。乗組員が誂(あつら)えた白い制服は小さいロッカーの中に乱雑に詰め込まれ、しわくちゃになっていた。それでスミティーや仲間は制服を持って上陸し、ホノルルへ行く途中のクリーニング店でアイロンを掛けてもらった。それから近くの洋服屋でさらに白い服のセットを数個買った。

水兵たちはキングストリートへと行進し、酒を飲み、売春婦と戯れ、それから船へ帰った。彼らの休暇は一八時までで、それを過ぎると夜間外出禁止令の時間になるのだった。上陸しての短い休暇は別の状況の場合よりも、あふれるばかりの喜びや気ままさは少なかった。シールが停泊した後、ドックのスカトルバット（原注：公園等の噴水式水飲み機を示す海軍の隠語、即ち最新の噂話を拾う場所）では、ブリスベーンを基地とする三隻の潜水艦、アムバージャック（訳注：ブリ）、トライトン（訳注：サンショウウオ）、グランパス（訳注：ハナゴンドウ）が失われたと伝えられた。

その噂は正しいと判明した。ジョン・ボウル少佐指揮下のアムバージャック、ジョン・クレイグが艦長のグランパス、ジョージ・K・マッケンジー指揮下のトライトンは、二月にブリスベーンを後にして哨戒に出かけた。そして一隻も戻らないか、消息も聞かなかった。（後で分かったことであるが、アムバージャックは二月一六日にラバウル沖で日本の魚雷艇鵯に沈められた。グランパスは三月五日にソロモン諸島のニュージョージア島の沖で駆逐艦によって沈められたと思われる。トライトンは三月一五日にアドミラリティー諸島の北で永遠に沈んだ。しかしながらその時はいつ、どこで、どのようにして、三隻の潜水艦と全部で二一七名の士官と水兵が沈没したかは正確に分からなかった）

それに加えてロバート・J・フォーリーが艦長を務めるガトー（訳注：ワニ）は、二月に敵の駆逐艦と交戦中に手ひどい損傷を被り、かろうじて味方の港に逃げ込んだ。一斉投下された爆雷がガトーを激しく揺さぶり、一一五メートルの苦しい潜水に追いやったが、そこで水平になり、そして最後に再浮上した。ガトーの推進システムは損傷して、かろうじて動くだけだったが、どうにかこうにか這うようにしてブリスベーンに戻った。この話を聞いた時、スミティーの心配のメーターは特別な段階まで跳ね上がった。

シールは乗組員の休暇と、食糧と燃料を積み込むためだけにしかパールハーバーにいなかった。真剣な訓練もスケジュール通りに行なった。三日間シールはハワイの海域で駆逐艦の側で行動した。駆逐艦はシールを敵と間違えるかもしれない〝味方〟から守るほかに、十分な訓練の時間も作って、シールを攻撃する形を取り、一方シールは交替で駆逐艦を攻撃する形を取った。デッキ・ガン（訳注二）の砲手も二〇ミリ砲が、牽引されている標的に対して何が出来るかを知る機会を得た。そしてスミティーのような新米の乗組員に本当の爆雷攻撃がどのように響くかを教えるために、ある日駆逐艦がシールからかなり離れた所で、〝くず入れ缶〟と〝灰入れ缶〟というあだ名で呼ばれた装置の一つを投下した。その衝撃波はシールの艦体中に反響し、まるでベルのように鳴り響いた。スミティーはまるで頭上で爆風を受けたように感じ、もし爆雷がシールのすぐ側に投下されたならば、どのように鳴り響き、どのように感じるのだろうかと驚いた。

それから間もなく、青と灰色の斑点の新しいカモフラージュをこれ見よがしに施（ほどこ）したシールは、六回目の戦闘哨戒に出かける準備をした。箱に入った一トンの食糧が艦内に運び込まれ、箱が入る所には、どこにでも詰め込まれた。燃料タンクは満タンになり、弾薬庫もいっぱいになり、一六本の魚雷が――八本は前部に、八本は後部に――収納場所にしまい込まれた。乗組員は髭を剃り、これから何週間も浴びられないだろう最後のシャワーを浴びた。

スミティーは不安を無視して、戦争がどのようなものなのか、直に体験する心構えをした。

一九四三年四月の終わりにシールはパールハーバーを出港した。洋上での最初の一時間は一隻の駆逐艦が護衛に付いて真北へ向かった。それからシールは広い道筋のない大海原で一人ぼっちになった。

シールの乗組員は船を潜航させるのに掛かる時間を減らすための訓練をずっと行なってきた。そしてドッジ艦長が潜水すると指示した海域に到着した時、乗組員はディーゼルエンジンで走る水面から、電池で動く水面下約三〇メートルまで、急速潜航をどうにか四五秒で行なった。

シールの金庫の中にしまい込まれた秘密の命令を開けるまでは、艦長すらシールがどこに行くべきか、そこに着いたら何をすべきか知らなかった。ドッジ艦長は命令を見るとすぐに、全員が知りたがっていることを艦内通報装置で告げた。シールは最初にミッドウェーに行き、それからパラオ諸島に戻って五回目の哨戒を行なうと。そこは八、〇〇〇キロ以上離れており、日本軍の大きな海軍基地があり、潜水艦に対して強固な防御態勢を取っていた。

シールがミッドウェーに着くには三日間かかった。ミッドウェーの基地は前年の六月に日本軍が攻撃を終えた直後よりも、あまり良くなっているようには見えなかった。しかし表面上の体裁だけでも直そうとする努力は少しだけだったにもかかわらず、基地は作戦可能になっていた。太平洋を奪い返そうとするアメリカ軍の努力を支援するのに不可欠な施設が。飛行機格納庫、整備工場、兵舎、事務所が継ぎ当てをして修繕されたが、多くのものはまだ戦闘の傷跡を残していた。屋根は日本軍の爆弾で吹き飛ばされたままで、窓ガラスの残った窓はほとんどなかった。しかし星条旗は司令部の前で温かい微風の中、旗竿から翻(ひるがえ)っていた。それは見る者すべてを励ます光景だった。

ロックウッド提督はミッドウェーを第一級の潜水艦基地にするために、すでに多大な労力を払っていたが、更なる努力が必要な事も認めていた。潜水艦基地として、いつかは三隻か四隻を同時に修理できるようにする計画を立てていた。また島の休養施設が不十分なことも認めていたが、その改善は始まったばかりだった。

スミティーと前部魚雷室所属のウィークリーという名前の水兵は、ランチ(訳注:動力付きの大型のボート)でサンド島の魚雷作業所に行った。サンド島はミッドウェー島を構成する島の一つで、もう一つはイースタン島といい、飛行場があった。二つの島の間のラグーン(訳注：砂州などで海と遮断されて出来た湖沼)はサンゴ礁で囲まれていて、一ヶ所だけ安全な出入口があり、天然の良港となっており、中部太平洋の貴重な潜水艦基地の一つだった。

サンド島は一〇〇メートルくらいの長さしかなく、舗装されていない道が真ん中を通っており、数本のヤシの木と低木、小さい砂草が生えているだけだった。二人は元はパンアメリカン航空のホテルだった所をとぼとぼと通り過ぎた。そこでは戦争前はパンアメリカン航空のクリッパー(訳注：長距離快速飛行艇)の乗客が一夜を過ごし、東洋から帰るか、東洋への旅を続けるかしたのだった。

島は何千羽もの鳥の住み家でもあった。エキゾチックで見慣れないのもあれば、単に見慣れないだけの鳥もいた。背中の深紅色の大羽が目立つ、雪のように白く美しい鳥がスミティーの目を引き付けた。他にも緑色、青、茶色の鳥もいた。しかしミッドウェーの一番有名な鳥の住民は不恰好(ぶかっこう)な〝あほな〟鳥、すなわちリーザン(訳注：ハワイ諸島の北西部の島、野鳥保護区域)・アホウドリだった。堂々たる鳥で、三つに折りたためる羽根を持ち、羽根を広げた時の長さは三メートル以上だった。幼い時は地上をよろめきながら歩き、絶えて久しかった来訪者に〝あほ〟というあだ名をつけさせたが、一度飛翔すれば優美な姿を見せた。

ウィークリーとスミティーは壁の一つにある、出入口として役立っている爆弾でできた大きい穴を通って魚雷作業所に入った。そして一人の水兵に魚雷の高圧空気注入弁用のパッキングが欲しいと言った。二人が冷たいビールと美しい女性が欲しいと言ったと思ってみよう。「ふざけるな」力になってくれそうとはとても思えないその水兵は怒鳴った。「お前たちは俺たちがここで部品を栽培してると思ってるのか」

とてもパッキングは手に入れられそうにないと悟ったので、ウィークリーは「じゃ、ありがとう」とだけ言って、その場を去った。スミティーは年上の仲間——ウィークリーは二二歳だった——がなぜ腹を立てないのか不思議に思ったが、ミッドウェーの連中は一年以上ここにいるのだと言われた。ウィークリーは言った。「連中の多くはその間中、女を見たことがないんだ。この戦争は長くなるだろう。それで嫌な奴らに丁重さなんか示さないんだ。批判する前に、原因を考えろ」

スミティーはいい忠告だと悟って、納得した。

翌朝、ドッジ艦長は士官と水兵全員を司令塔の前の甲板に集めた。「諸君、手短に話す」艦長は話し始めた。「ミッドウェーを出発する前に、これだけは言わねばならない。もし諸君が捕虜になったならば、敵に話していいのは名前と認識番号だけである。もし認識票を身に付けていたら処分しろ。捕虜になったら、多分、日本に送られて劣悪な環境で働かされるだろう」乗組員は不快げにうなずいた。東京ローズによる日本の宣伝放送は、すでにその可能性を警告していた。「諸君は志願者である」艦長は話を続けた。「諸君のうち、誰かが考えが変わったというなら、今なら変えられる」誰も動かなかった。しかし新任のフランツ少尉について思いを廻らす者もいた。少尉は盲腸炎の攻撃で船を降り、後方に残されるはずだった

潜水艦が一度戦闘哨戒に出れば、盲腸炎や、親しらずが生えて来れずに歯肉の中で化膿したり、足の骨が折れて苦しんでも、適切な治療を受けられる機会はほとんどないことは皆が知っていた。潜水艦には医者が乗っていなかった。唯一の医療従事者は各船に一人いるファーマシスト・メイト（訳注一一）だった。ファーマシスト・メイトはアスピリンを与えたり、小さい切り傷に包帯を巻いたりは出来たが、もっと重大な病気や怪我を処理する教育を受けておらず、またそのための設備もなかった。

しかしその例外的なことが一九四二年九月一一日、〝赤い潜水艦〟シードラゴン（訳注：ヌメリゴ

チ）の艦内で起こった。その時シードラゴンは南シナ海のインドシナ海岸の沖、味方の領土から何百キロも離れた海で二五メートルの深さに潜航していたが、第二次大戦の潜水艦隊で一番驚くべき話の一つとなるものの舞台となった。ダレル・ディーン・レクター上等水兵は化膿した虫垂に苦しんでいた。二二歳のファーマシスト・メイト、ヴァージニア州出身のホイーラー・ブリソン・〝ジョニー〟・ライプスは医者ではなかった。しかしライプスと艦長のピート・フェラールは、もし緊急に虫垂切除手術を行なわなければ、レクターは死ぬことが分かっていた。

士官用食堂兼談話室を手術室にして、ライプスと二人の士官の助手は――その内の一人は驚いたことに、シールの将来の艦長となるハリー・B・ドッジだった――間に合わせの道具を熱湯で殺菌消毒した。また着用する〝手術着〟のパジャマを、通常は魚雷の燃料のために取っておくアルコールの〝魚雷ジュース〟の中に浸して殺菌消毒した。艦内には適切な外科手術用の道具がなかったので、ライプスはスプーンを曲げて、切口と腹の筋肉を開けたままにしておくリトラクターとして使った。ライプスはダイニングテーブルの上にレクターを横たえて、手術に取りかかった。ドッジはレクターの鼻と口にかぶせて麻酔用のマスクとなるようにした、紅茶濾し器の上のガーゼにエーテルを垂らした。一人の水兵が医学の教科書を読んで、ライプスに手術の手順を教えた。

道具がすべて揃っていなかったので、ライプスは外科用メスの刃だけを使って切開を行なった。そして壊疽にかかった虫垂は一三センチの長さで、三箇所で腸の裏にくっ付いていると分かった。もし虫垂が破れたならば、腹腔の中に膿があふれ出て患者を殺すであろう。二時間半の間、ライプスはゆっくりと丁寧に周囲の組織から虫垂を切って取り除いた。

驚いたことに全てはうまく行き、レクターは二週間もたたずに自分の持ち場に戻った。他の潜水艦での二つの似たような出来事が沈黙の艦隊の伝承となった。

〔原注：シカゴデイリーとライフマガジンの二誌がこの手術に関する記事を報道した。ライプ

スは急場の間に合わせの腕前に対して、幾つかの方面でかなりの賞賛を得た。またその行為に怒った海軍の軍医から批判も受けた。ライプスとしては手術をしろという艦長の命令に従っただけなのだが。軍医総監さえもライプスがしたことにあきれ返って、すぐに潜水艦上での虫垂切除のための治療プログラムを用意した。海軍に残り少佐に昇進していたライプスは、ずいぶん遅ればせながらその功績を認められ、二〇〇五年二月に海軍褒賞(ほうしょう)勲章を授けられた。そして同年四月一七日に膵臓癌のため八四歳で死亡し、アーリントン国立墓地に葬られた」(デンヴァーポスト、二〇〇五年四月二〇日)

この手術は別のハリウッドの潜水艦映画に取り入れられた。一九四三年の「Destination Tokyo」で、主演はまたもケーリー・グラントだった。

悲しい事に、患者のレクターは一九四四年に乗っていた潜水艦タン(訳注:クロハギ)が自分の魚雷の機能不全のために沈没した時に死亡した。(ワシントンポスト、二〇〇五年四月一九日)(訳注:第一八章参照)

ロン・スミスに関して言えば、ミッドウェー島は「〝保養慰労休暇〟(訳注:外地勤務一年につき、与えられる五日間の休暇)はいうまでもなく、上陸許可で過ごすにも地球上で最悪の場所だった。地勢はシンプルだった。砂である。砂しかなかった。ほかに数本の不揃いの木とヤシがあった。ミッドウェーが初めて重要になったのは、太平洋を横断する最初の航空便のための中間地点としてであった。パンアメリカン航空の〝チャイナクリッパー〟――有名な飛行艇――はミッドウェーに立ち寄って燃料を補給し、乗客に休養を与えざるを得なかった。航空会社は乗客用のホテルを建て、パンアメリカンホテルという相応(ふさわ)しい名前を付けた。我々はそれをグーニーバード(訳注:アホウドリ)ホテルと呼び変えた。ここが戦闘哨戒の間の潜水艦の乗組員の休養場所だった」

海上で一ヶ月か二ヶ月、定期的な緊張状況を過ごし、時々爆撃と爆雷攻撃を受けた後の、ミッドウェーでのお粗末だが平和な宿泊は歓迎すべき気分転換だった。しかしながら或る〝行為〟を求める若者にとっては、ミッドウェーは極めて退屈な島でもあった。「一九四一年に最後の民間機が去って以来、この荒涼とした島には女性が足を踏み入れていなかった。それでセックスは実行可能な選択ではなかった。残されたものはギャンブルと温かいビールを飲むことだけだった」とスミティーは述べている。

スミティーはこうも書いている。パンアメリカン／グーニーバード・ホテルは「かなり大きな入り口、もしくはロビーのあるV字形をした建物で、士官は建物の一方を使い、我々ろくでなしはもう一方を使った」戦争中はそこは〝太平洋のラスベガス〟だった。緑色のフェルトのカヴァーの付いた、クラップス（訳注：サイコロ博打）、ポーカー、ルーレット用のテーブルでロビーは一杯になった。ギャンブルは一週間に七日、一日二四時間続いた。賭け金が三、〇〇〇ドルもの大きさになるのも珍しくはなかった。普通の賭け手は一月に一〇〇ドル以下しか使わなかったので、非常な高額だったが。スミティーはこう話している。「例の通り海軍は通常の二枚舌を見せた。ギャンブルは容認していたが、家に送金するためには五〇ドルの郵便為替一枚しか買えなかった。大勝ちした者は本国へ帰る仲間を信頼してその〝財布〟を委ねた。仲間が大勝ちした者の家族にその〝財布〟を送るだろうと思われていたから。この賭けの確率はどうなったと思いますか？」

全員給料は現金で貰（もら）った。そして一人一人にビールの配給もあった。一週間につき、二四本のボトル入りの箱が一つだった。「その銘柄は〝グリーンリヴァー〟と呼ばれている、いまいましいものだった。そのラベルにはカリフォルニア産と書かれていた。そう、皆知っているように、カリフォルニア出身の者は本物のビールを造ることが出来ない。しかし我々はともかくそれを飲んだ」スミティーはこう話した。冷却用容器も氷もなかったので、水兵たちはビール箱をシールの船尾下の水に浸けて冷やそうとした。水温は二五度もあったので、あまり効果はなかったが。

「そこではどんなヌード写真も――〝Esquire（訳注：アメリカの男性月刊雑誌）〟さえも――許されていなかった。島を守るために数千人の海兵隊員がいた。かなり長い期間いたので、半分気が狂いそうになっていた。いわゆる〝ロックハッピー（訳注：海外の遠い基地、特に島での長い勤務の結果として起こる、少しおかしくなったような状態）〟である。自慰が奴らの気に入りの気晴らしだった」とスミティーは嘆いた。

ロックハッピーになった水兵と海兵隊員は、しばしば間に合わせの筏を作ろうとした。それに乗れば望み通り任務を放棄して本国に帰れるから。その筏の多くは木の切れ端、空っぽのミルクの紙箱、そのほか水に浮くものは何でも使って作られた。「あの地獄から逃げようとした多くの者が溺れたと噂された」とスミティーは言った。

しかしながら砂浜はきれいだった。白い砂と透き通った青い水、南海の島の観光客用のパンフレットをそのまま具現化したものだった。「三〇メートル、あるいはさらにもっと水中を見通すことが出来た。それほど澄んでいた。その砂浜は何百万もの〝キャッツアイ〟で覆われていた。真珠が牡蠣（かき）の中で作られるように、〝キャッツアイ〟も二枚貝の中で作られる。そしてまるで眼球のように見えた。回りが白くて真ん中に色がつき、前が丸くて後ろが平だった。色も大きさも多数あり、六ミリ以下から五センチの大きさのものまであった。我々はギャンブルをしない時や粗悪なカリフォルニアビールで酔っていない時は、よく似ている対の〝キャッツアイ〟を見つけようとした。本当によく似て釣り合ったのを見つけた者もいた」

日本軍は時々、水兵たちと海兵隊員たちに、戦争が未だ続いていることを思い起こさせた。スミティーはこう回想している。「奴らは〝あのくそみたいな所をかき回すために〟飛行機を送り続けた。ある夜、砲手のテッド・シャープと僕とが生ぬるいビールをがぶ飲みしていた時に、空襲警報のサイレンが鳴り響いた。空襲が起こった時、海軍が最初にするのは島のすべての明かりを消すことだった。参ったことには、何も見えなかった。テッドと僕は前に見たことのある防空壕を探して、この舗装されていない道（島ではすべての道は舗装されていなかったが）を走った。この〝防空壕〟は砂に掘られた穴で、木で覆われ、さらにその上に砂が積まれていた。我々は一本のビールを飲み、他のビールを腕の下に挟みながら走った。一時間も走らなければならなかった、時々立ち止まってビールを飲みながら。対空砲はぶっ放し続けており、時々、爆弾が炸裂したようだった。とうとう我々は疲れてしまい、「もうどうでもいいや」と言った。それで積み上がった砂の上に座ってショーを眺めた。事態は遂に落ち着いた。我々はビールを飲み終えて、積み上がった砂の上で眠り込んだ。翌朝、目が覚めると、我々は防空壕の上で寝ていたことが分かった。人生とはこんなもんだ」

スミティーはミッドウェーでまるまる二週間過ごした間で一番面白く興奮したのは、シールとスヌーク（訳注：アカメ科の魚の総称）（SS－279）の乗組員の間での野球の試合だったと言っている。「皆ビールで酔っぱらっていて、試合は二つの艦の乗組員の間の喧嘩騒ぎで終わった。初めは頭に少しこぶができ、唇に血が出たくらいだったが、とうとうスヌークの乗組員の一人がベルトに挟んだ皮の鞘から刃渡り二〇センチの甲板ナイフ——我々は皆そのナイフを持っていた——を抜いた。その男は我々の魚雷手の一人の足にナイフを突き刺した。それで試合は終わりになった」

〔原注：スヌークは一九四五年四月に沖縄の近くで行方不明になったと報告された。おそらく日本の潜水艦と遭遇した結果であろう〕（ブレア、八〇九．；www.history.navy.mil/faqs/faq 八二—一）

幸運にも他の誰かが負傷したり、ゲーム台でもっと金を失くす前に、一九四三年四月一四日にシールは食糧、燃料、ビールでお腹が膨れた水兵たちを満載して、六回目の戦闘哨戒へと海に戻った。マークXIV魚雷がだんだん少なくなるのを心配して、太平洋潜水艦隊司令官は潜水艦艦長に魚雷を安易に使うなと命令した。ロックウッド提督は信頼できないマークXIV魚雷の使用可能な貯えが非常に少なくなったのに気づいたので、戦闘哨戒に出る次の三隻の船に魚雷の使用を控えて機雷を使うよう命令した。航跡を残さないマークXVIII電気魚雷の支給を望む声が、間もなくロックウッドの司令部に届いたが、兵器局がマークXVIII電気魚雷は優先順位が低いと判断していたと知って愕然とした。この新たに加わった問題はロックウッドを怒らせた。

シールが出港する一〇日前に同じ海域を目指してミッドウェーを出たシーウルフは、噂では僅か二日間で六隻を葬ったと言われた。

〔原注：今回は噂は間違っていた。シーウルフの八回目の戦闘哨戒の報告では、ロイス・L・グロスの指揮の下で、一三、一〇〇トン相当の三隻の船を沈めたとなっている。戦後の訂正ではこの数字は二隻で五、三〇〇トンに減っている。シーウルフは一九四四年一〇月三日にアメリカの駆逐艦ロウエルの過ちでモロタイ（ボルネオの東、モルッカ海にある島）の沖で沈められ、全乗組員が失われた〕（ブレア、七一二；www.fleetsubmarine.com/ss-一九七；www.history.navy.mil/faqs/faq八二—一）

ミッドウェーから戦闘場所へ向かうシールの航海は長く、苦痛で、そして極めて単調だった。スミティーは定められた当直の割り当て以上に仕事をした。息苦しい潜水艦内部でレーダースコープの配置に就いたり、あるいは照りつける太陽の下で味方か敵の船か飛行機の影を捜して、広大な海と空を見渡して何日も過ごし、最後は目の玉が焼け焦げたと感じた。

時々スミティーはソナー係のイヤフォンも着けてみて、シールのソナーの先端にある鋭敏なマイクロフォンが拾う、水中の生物が群がり進む行進の様々な無数の音に魅了された。そしてすぐにネズミイルカの群れのピューピュー鳴く音やベチャベチャしゃべる音と、クジラの奇妙な金切り声との違いを学んだ。魚の群れは鳥の群れのように聞こえた。未知の魚や哺乳動物からは、げっぷをする、おくびを出すような音が聞こえた。そして腹にガスが生じたのと判別できない同じ音だったので、スミティーはくすくす笑った。一番畏怖の念を起こさせる音は、地球のプレートがこすり合わさることによって引き起こされる海底の地震による、あるいは海面下何千メートルの火山の唸りを上げる噴火の深く、まごつかせる、低く重々しい音だった。海中の世界は親しくもあり、また同時に恐ろしくもあるとスミティーは分かった。

ソナー係には自然の余計な音から、本来聞くのに興味がある音——船のスクリューが出す微かなシュー、シュー、シューという音——を識別するために鋭い耳が必要だった。シールのソナー操作係の"ランピー（訳注：ずんぐりしてのろのろしているの意味）"・リーマンはそのような耳を持っていた。リーマンは三〇キロも離れたスクリューの微かなシュー、シューという音を探知できた。そして士官に何隻の船がいるか、船団にどんな種類の船がいるか、何ノットで走っているか、どの方角に向かっているかまで報告できた。シールの冗談の好きな者は、ランピーは船の登録番号まで分かるぜと断言した。

夜シールが電池の再充電のために水上を走っていて、新鮮な空気を艦内に入れるためにハッチを開けていた時、暗い海面に青白く輝く航跡を残した。まるで航跡に何百万という非常に小さいクリスマスの明かりを引きずっているようだった。ある夜スミティーが艦橋で当直に就いていた時、砲術士官のジョン・ヘインズ大尉が、あの輝きは藻の中の化学物資から起こると説明した。スミティーは、まるで誰かが海にU・S・Sのシールはこっちにいると書いたみたいで、敵の飛行機が簡単に自分たちを見つけるのではないかと個人的に心配した。

第一〇章──失敗した攻撃

シールがフィリピン海の割り当てられた戦闘地域に行くのに八日間かかった。そこに到着するや通信将校のドゥリエー大尉は、パールハーバーの太平洋潜水艦隊司令部からの無線通信を解読した。それは四月二九日にアンガウル島にある日本の施設を攻撃するよう、シールに指示していた。アンガウルはパラオ諸島の大部分を取り囲むサンゴ礁の南の先端にある、小さな染みのような島で、感嘆符の上の点のように見えた。アンガウル島は日本軍にとっては重要な島だった。弾薬と火薬の製造に使われるリン酸塩が産出したから。噂では戦闘配置についている全ての潜水艦は、その日にアリューシャンからオーストラリアの近くまで、日本軍の基地を攻撃する命令を受けているということだった。ドッジ艦長はパラオとアンガウル目指して、シールの艦首を南に向けた。スミティーは初めての戦闘になると思って興奮し、また少し不安にもなった。

二〜三日以内にシールはひそかにアンガウル島に近づき、偵察するために数キロ沖で完全にではなく、少し潜航して停止した。日の出の最初の弱い光が水平線上に濃淡の縞（しま）を作った時、シールは不毛のサンゴが散在する海岸の沖に潜望鏡深度で停泊していた。そしてドッジ艦長と士官は島の西海岸の状況を偵察した。島の唯一のかなり大きな町サイパンのすぐ北にリン酸塩の工場があった。その工場から一〇〇メートルほど離れた所に小さい入り江があり、そこにはドックがあり、五、〇

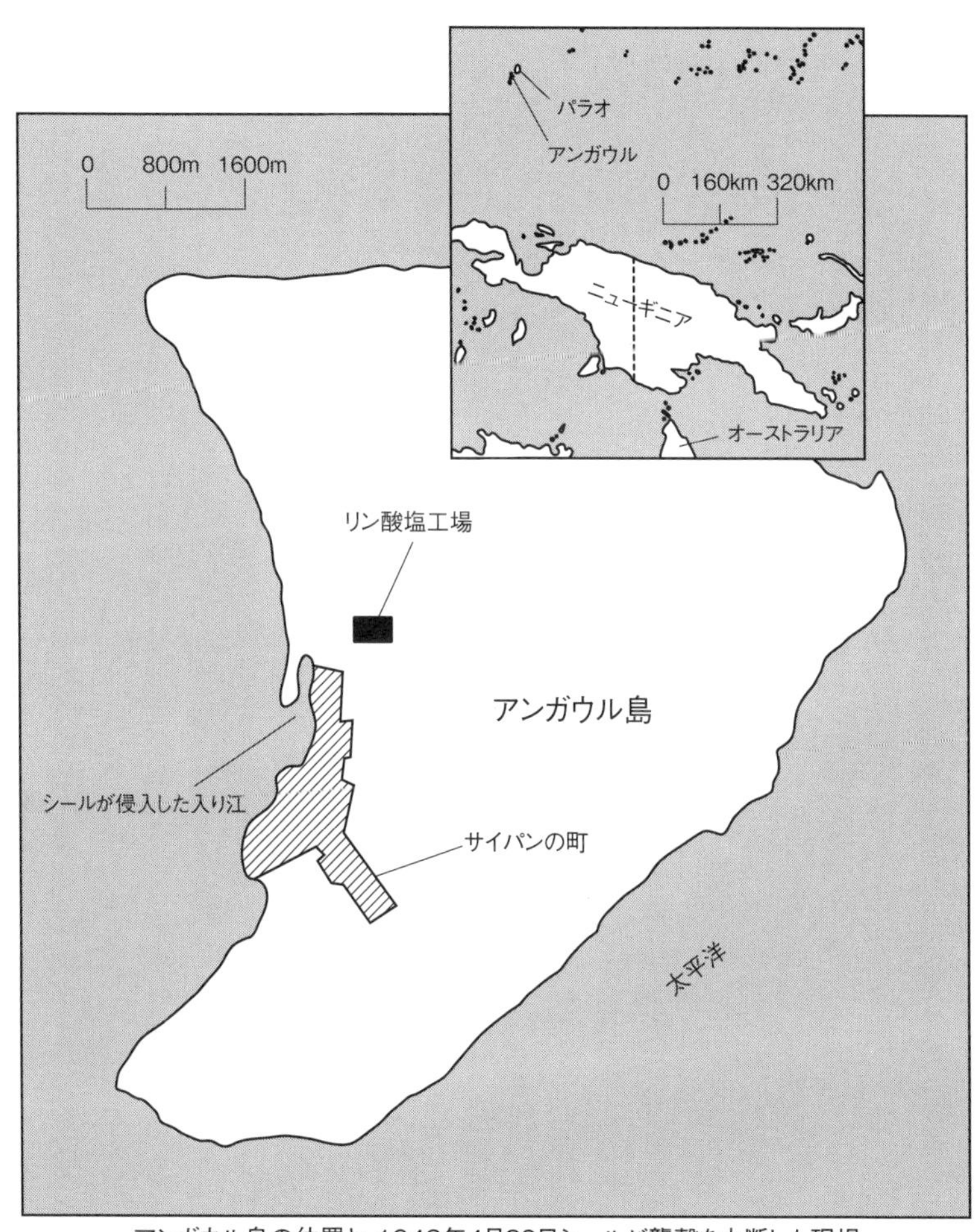

アンガウル島の位置と、1943年4月29日シールが襲撃を中断した現場

〇〇トンくらいの貨物船が一隻、リン酸塩を積み込んでいるのが見えた。

入り江はそれほど大きくなく、北から小さい扁桃腺のような形をした陸地が突き出ていることでできていた。リン酸塩の工場は入り江の北東の角の少し上にあった。日本の二隻の哨戒艇が入り江の出入口を行き来しているのが見えた。デッキ・ガン（訳注二）の砲手は——スミティーもその一人だったが——、攻撃が夜になり、暗闇で目標を捕らえる必要があるので、すべての建物と陸地の特徴を覚えておくように命じられた。

「これが攻撃の計画だ」ヘインズ大尉は食堂に集められた砲手たちにアメリカンフットボールのコーチのように説明した。「我々は素早く攻撃して、さっと出てゆく。日没時に町の南の海岸に潜航して近づく。そして浮上する。お前たちは甲板にすぐ上がって、砲撃の準備をする。頼むから、出来るだけ静かにやってくれ。それから四基のエンジンをすべて動かして速度を上げ、入り江の北の端に行き、通過しながら目標を攻撃する」

砲手たちはにやりと笑いながらうなずいた。ヒットエンドラン攻撃はまさに優れた作戦のように聞こえたから。

一八時に砲手たちは発令所に集まった。スミティーは初めての戦闘で少しびくびくしていたが、それを表に出さないようにした。そして仲間たちに自分の有能さを示したかった。それで自分の青年らしい勇気が戦闘の真っ最中にしぼんでしまわないことを望んだ。

太陽が水平線の下に沈んだので、シールは島の南端に向かって突き進んだ。「戦闘配置、浮上」という命令が艦内中に鳴り響き、シールは艦首を上に向けた。誰かが梯子を駆け上がり、ハッチを開けた。海水が中に滴り落ちて来た。ドッジ艦長が真っ先に外に出た。砲手たちがそのすぐ後ろから先を争って戦闘部署へ走った。スミティーの担当は後部の二〇ミリ機関砲だった。スミティーと他の砲手たちは良く訓練された手順に従って行動し、戦闘の準備をした。大砲に装塡して、海岸沿

シールの乗組員が五インチのデッキガンで砲術訓練を行っているところ。ロン・スミス（円内）がそれを見ている

い の暗い目標に照準を合わせた時、アドレナリンがビールのように溢れ出てきた。

「全速前進」ドッジ艦長が命令し、四基のエンジンは唸りを上げて生き返り、がくんと揺れて大きい船を岸と平行に前進させた。誰もがちゃんとやり遂げる機会はただ一回しかないことは分かっていた。

砲撃開始の命令が来る直前に、ヘインズ大尉が叫んだ。「砲撃中止、艦橋から退去！」

スミティーはなぜ攻撃が中止になったのか不思議だったが、未使用の弾薬を防水ロッカーに突っ込んで戻した。

「一体どうしたんだ？」誰かが叫んだ。

「あそこを見ろ」別の水兵が左舷の方を指差しながら叫んだ。少し前に偵察した時に発見した二隻の哨戒艇が真っ直ぐにこちらに突き進んで来ており、そのサーチライトがシールを捜して水面の向こうでパッと点いた。

「梯子を降りろ」 甲板にいた者は叫び、消防士が柱を滑り降りるように、垂直の柱の外側に手と足を掛けながら梯子を滑り降りた。ヘインズ大尉が最後に降りてきた。「ハッチを閉めろ」 大尉は足が甲板に達するや、下士官兵の一人に命令した。潜航警報が鳴り響いた。

「艦長はどうしたんです?」 誰かが尋ねた。

「艦長は上に残っている」 大尉はそう答え、それから振り向いて発令所にいる潜航士官に言った。

「注水潜航。艦橋は海面から出しておけ。艦長が上に残って、入り江の外へ向かって操艦する。二〇メートル潜航」

全員が顔を見合わせた。船と乗組員を救うために、艦長が自分を危険に曝しているとは信じられなかった。ハワード・ギルモアのグロウラーでの、最後の命を捨てた勇敢な行為が皆の頭に思い浮かんだ。(訳注:一七七ページ参照)

幸運の女神がドッジについていた。ゆっくりと注意深く操艦しながら、どうにかこうにか哨戒艇に見つからないようにして、シールを入り江の外に出した。無事に脱出した時に、シールは浮上し、ドッジは下に降り、通常の見張りが上に上がって任務を引き継いだ。皆が一息ついて安心することが出来た。


シールがアンガウル島で戦闘哨戒任務に就いていた時、ロックウッド少将はワシントンで魚雷の問題で高級将校たちと争っていた。メリル・カムストック大佐との会議の中で、潜水艦の責任者とキング大将の作戦参謀の話し合いは、魚雷の機能不全の問題に及んだ時白熱した。ロックウッドは、もし兵器局が自分の船に信頼できる魚雷を与えないならば、艦船局(訳注:艦船の建造、修理等を行なう部門）に敵の船から船体の鉄板をはぎ取ることが出来る〝鉤ざお〟を設計してほしいと要求して、一斉射撃を行なった。カムストックはロックウッドの皮肉に不快そうだった。

次の数日間、シールは哨戒区域を行ったり来たりしたが、何も見つからなかった。そして五月四日の七時、乗組員の一部が朝食を食べている時に、警報が鳴り響いた。「戦闘配置、潜航」ずっと向こうの水平線に船団を見つけたのだった。機関兵はディーゼルを停め、操縦室の電気士は電池へ切り替え、シールは静かに水面下に滑り込んだ。

シールの艦内では日常の活動が中止になり、全員が戦闘部署に急いだ。後部魚雷室では再装塡機が素早く寝台を除けて、後部機関室に詰め込んだ。魚雷の再装塡が必要な場合に、後部魚雷室に備えられた予備の四本の魚雷を支えるために、前と後ろに部屋を横断して水平のI形梁が回転して配置された。スミティーは戦闘配置部署に就いた。後部発射管の間に座り、後部隔壁に据えつけられたTDC（訳注一二）に目を釘付けにし、耳にイヤホンを当て、マイクを喉に押しつけていた。

シールが迎撃地点に進み続けている間、スミティーは窮屈な場所にいる仲間の水兵をちらっと見回した。むさくるしく、軍人らしくは見えない仲間を。皆がぼろぼろになった、膝までのダンガリー（訳注一三）製の半ズボンを履き、靴下はつけずにサンダルを履いていた。汚れた袖のないTシャツか、明るい色のアロハシャツの取り合わせだった。誰もが汗をかいていた。何人かがよれよれになった、洗っていない髪に青い海軍の野球帽をかぶっていた。髭を剃るのに十分な年になった者は一面に髭を生やしていた。スミティーのような数人の若い者は髭の最初の疎ら（まばら）な兆しを楽しんでいた。

しかしながら全員がこの恐ろしい船ではプロであり、熟練者だった。接戦になった試合のクォーターバック（訳注：アメリカンフットボールでセンターのすぐ後ろに位置するバックで、味方の攻撃を指揮する）のような、自信に満ちている顔つきのビッグ・スキーがいた。その後ろにはビッグ・スキーをバックアップするように行動する、潜水艦の戦いで信頼できる男、ウッディー・ウッダードがいた。また〝シーガル（訳注：カモメ・大食いの意味もある）〟というあだ名の匹敵する者のない魚雷手の、やせたディリンハムもいた。他に二人の水兵――一人はブラウンという名前で、もう一人は〝デッドアイ（訳注：三つ目の滑車）〟というあだ名だった――が、再装塡に際して手とかなりの筋肉を貸すのに備えて待機していた。全員が無頓着な、ほとんど高慢といっていい表情でスミティーを見ていた。感じているかもしれない不安を隠し、スミティーの緊張した胃を静めようとして、あたかも「どうってことはない、俺たちはこんなことは百回も経験したのだ」と言っているみたいだった。

シールが船団を迎撃するために進んだ時、発令所はすでに作戦計画を開始していた。TDC（訳注一二）は距離、角度、目標の速度等、魚雷の原始的な〝頭脳〟に入力される情報を与えられていた。TDCの送信機のダイヤルのマークを、魚雷に入力するダイヤルのマークに合わせるのはスミティーの仕事だった。スミティーはもし発射の命令を受けた後、そのマーク、即ち〝星のマーク〟が完全に一直線に揃った時にだけ、大きい真鍮の発射レバーを押すのだった。正確な計算は魚雷を目標に命中させるだろう。しかしたとえ星印が正しかったとしても、魚雷が正確に爆発するかどうかは誰も確信が持てなかった。

ヘッドフォン越しに発令所は艦内に、戦闘に備えて待機するよう警報した。スミティーは周りの者にこの新しい警報を伝えた。前部魚雷室が戦闘待機下に置かれた一方、後部魚雷室はゆっくりしているよう言われた。

目標――さんくれめんて丸という明らかに日本風でない名前を持ったずんぐりしたタンカー――が一度TDCに入るや、「一本目発射」という命令が前部魚雷室に与えられ、艦体はあたかも煉瓦の壁に衝突したように突然揺れた。

「二本目発射、三本目発射」〝衝撃瓶〟からの九〇〇キロの圧縮空気が発射管から魚雷を激しく押し出した時、さらに二度の揺れが起こった。ソナー係の〝ランピー（訳注：ずんぐりしてのろのろしている」の意味）〟・リーマンは回線を通して報告した。「すべての魚雷は真っ直ぐに正常に走っている」今や全員が待っていた、魚雷が狙った所に命中するだろうと。しかしこんなに静かなのはどうしてだろうか？ 指を交差したり、首に架けている十字架に指で触ったり、または幸運をもたらすとされる他の種類のまじないをする者もいた。

シールの何人かの乗組員は、魚雷が狙っている敵の水兵の事をちらっと考えたかもしれない、すぐに世界が吹き飛んで、自分の命が突然に暴力的に終わりを迎えるという事実に気づいていない者たちを。アメリカの水兵と同じように、これらの水兵たちも故郷にガールフレンドや妻や母親、父親、子供がいるだろう。アメリカの水兵と同じように、これらの水兵たちの多くは高い地位にある者が命じた仕事をしているだけだろう。アメリカの水兵と同じように、これらの水兵たちの多くは青春を他のもっと平和な物事の追求に使うのを選んだであろう。しかしながらアメリカ人は敵を人間的な間柄で考えるのは健全ではないと感じていた。

いや、戦いの本分は敵をまさにそのもの

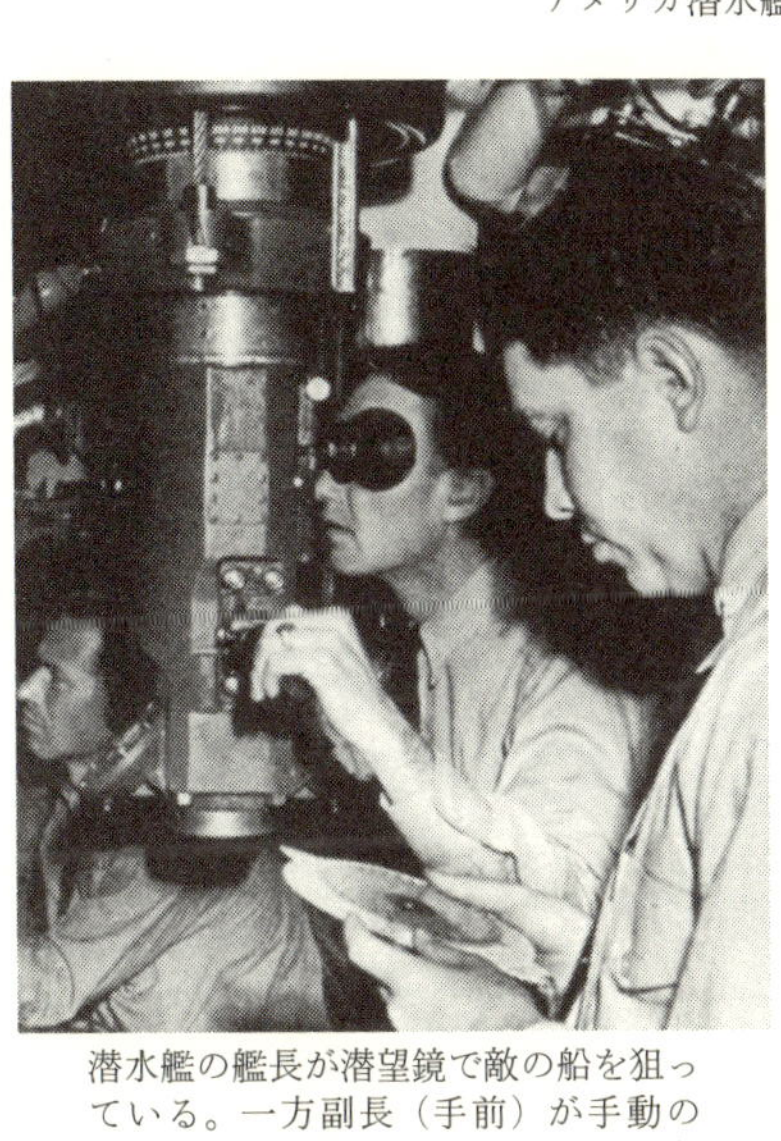

潜水艦の艦長が潜望鏡で敵の船を狙っている。一方副長（手前）が手動の“Is-Was”コンピューター（訳注：魚雷データ計算機械）を操作している

——敵——として考え、可能な限り多く殺そうとすることを要求していた。結局のところ、警告なしでパールハーバーを攻撃したのは日本人だった。朝鮮、中国、マレー、フィリピンに侵攻した日本人。上海、南京他で何十万もの市民を殺し、拷問し、強姦した日本人。何千人もの朝鮮の少女と若い女性を性奴隷にした日本人。捕虜にしたオーストラリア、イギリス、アメリカの兵士と飛行士を斬首した日本人。アメリカとフィリピンの捕虜をバターン半島の行進で大勢死なせた日本人。世界の反対側でナチスが犯したと全く同じ恐ろしい残虐行為にかかわった日本人。敵を〝人間〟として考えるのは単に無益な営為だった。それでシールの乗組員はそのような考えを——もし持っていたならば——心の中から追い払い、熱い期待を抱いて爆発を聞くのを待っていた。嫌悪する敵である日本の水兵を——〝汚いジャップ〟を——苦しんで死に追いやるのを意味する爆発を。

後部魚雷室員は隔壁の光っているクロノメーター（訳注一三）を回っている秒針の動きに焦点を合わせた。

「最初の一本は外れた」命中する時間が過ぎた時、ウッディーはぼそぼそと言った。二本目と三本目も失敗の静けさに終わった。

ドッジ艦長は艦体をぐるりと回して、前部魚雷室が再装塡している間に、後部魚雷を発射できるようにした。そしてスミティーはヘッドフォンでヘインズ大尉の「後部発射管、用意」と言う声を聞いた。

「後部発射管、用意します」とスミティーは自分の姿勢をもう少し真っ直ぐに、軍人らしくしながら返事した。「用意せよ」とスミティーは仲間のために繰り返した。乗組員の中で一番新入りで、一番若いスミティーがここでは〝オールドソールト（訳注：熟練の船乗り）〟に命令を出していた。スミティーは遂に自分が出来ることを示すチャンスを与えられたのだった。スミティーはこの最初の重大な試験に失敗しないことを望んだ。乗組員は発射部署へ素早く動いた。目標が何であるのか

――空母か、戦艦か、巡洋艦か、駆逐艦か、タンカーか、貨物船か、輸送船か――知らなかったし、それは特に大した問題ではなかった。

「後部発射管、五番、六番、七番、用意せよ」ヘインズが言った。

「後部発射管、五番、六番、七番、用意します」スミティーが繰り返した。

ヘインズが命令した。「後部魚雷室、アイアイサー」とスミティーは言い、ビッグ・スキーとシーガルに命令を繰り返した。「後部魚雷室、五番、六番、七番の外側の扉を開けろ」

ビッグ・スキーとシーガルは〝魚雷用補水タンク〟――魚雷発射管のすぐ下にあるタンク――の注水弁を開け、三本の発射管内を外の海と同じ水圧になるように海水で満たした。

「発令所、五番、六番、七番の外側扉を開けました」とスミティーは報告した。

「後部魚雷室、五番、六番、七番の発射装置のスイッチを入れろ」とヘインズは命じ、スミティーは指示を繰り返した。

シーガルは魚雷を作動させるスイッチを入れ、それからスミティーに〝オーケー〟のサインを送った。「五番、六番、七番の発射スイッチ入れました」とスミティーはヘインズに伝えた。

「よろしい、後部魚雷室、深度を三・六メートルにセットせよ」

「深度三・六メートルにセット、アイアイサー」発射管のダイヤルが命令された深度にセットされた時、スミティーはそう報告した。

「五番発射管用意」

「五番発射管用意、アイアイサー」スミティーはダイヤルを見詰め、TDC（訳注一二）のマークが一列に揃うのを待った。

「五番発射」

星のマークが一列に並んだ時、スミティーはヘインズが五番発射管用の発射ボタンを押したと同時に、発射管の発射ボタンを押しつぶした。たとえ電気回路が故障していても、確実に魚雷を発射するためである。

圧縮空気のシューという大きな音と、非常に低いブーンという音がして魚雷が発射された時、発射管のパッキングの周りから水飛沫(しぶき)がほとばしった。六番と七番発射管でも同じ手順が繰り返された、もっともTDCの星のマークが一直線から二度ずれていた時に六番を発射させたことで、スミティーは自分自身に腹を立てた。そして六番発射管の魚雷は目標から外れるだろうと思った。

ビッグ・スキーは魚雷を射った直後に七番発射管でトラブルに直面し、悪態を吐き散らした。二〇センチ幅の水流が流れ込んで来て、排水溝へバチャバチャと入った。まだ危機的な段階ではなかったが、無視できない問題だった。

「緊急弁を開けろ」ウッディーは激しく流れる水の音に負けじと大声で叫んだ。「水を止めろ」

ビッグ・スキーは七番発射管へ行き、大変な努力をして手動の操作輪を回した。水流は徐々に減っていったが、その前にビッグ・スキーはびしょ濡れになってしまった。

「後部魚雷室、外側の扉を閉めろ」ヘインズが命令した。

「後部魚雷室、外側の扉を閉めろ、アイアイサー」スミティーは命令を伝え、ビッグ・スキーとシーガルはクランクを回して外側の扉を閉めた。

「魚雷は全部、通常通りに真っ直ぐにちゃんと走っている」とソナー手のランピー・リーマンは報告した。

そして最初の魚雷の時間を計っていた者が、あれは外れたと告げた。後部魚雷室の乗組員は落ち込んだ。くそ、あの欠陥魚雷め。みんなそう思った。

数秒後ドーンという音が轟き、続いて艦体が大きいハンマーで殴られたように揺さぶられた。

「やったぞ、命中した」とビッグ・スキーは叫んだ。命中したのは六番発射管の魚雷で、スミティーが間違いなく外れると思っていたものだった。

乗組員たちは歓声を上げ、わめき、飛び上がり、お互いの背中を叩き始めた。あたかも自分たちが勝利のタッチダウン（訳注：アメリカンフットボールで相手側のゴールライン上、またはその後方にボールを持ち込むこと、またはその得点、六点になる）を決めたようだった。どんな幸運が味方したのか？　スミティーは怪訝に思った。

「後部魚雷室、再装塡を始めろ。いい発射だったぞ、スミティー」ヘインズは言った。

「後部魚雷室、再装塡を始めろ、アイアイサー。ありがとうございます、ヘインズ大尉」スミティーはそう答えた。

潜望鏡が上げられ、そして降ろされた。グリーンアップ副長が艦内通話装置にやって来た。「大きい貨物船を沈めたぞ。大勢の者が海に投げ出されたようだ」と知らせた。再び歓声が起こり、もう一度お祝いのダンスが行なわれた。乗組員はスミティーに新しいニックネームを送った、〝名射手〟と。

歩兵は自分の銃弾が標的に命中しているか見ることが出来る。砲兵も自分の撃った砲弾の成果を見ることが出来る。爆撃機の搭乗員も眼下の光景を見渡して、自分の爆弾が狙った所に命中したかどうか分かる。水上艦の砲手も自分の砲弾が引き起こした破壊を見ることが出来る。しかし潜水艦の乗組員は、潜望鏡を操作している士官は別にして、命中の確認を目で出来ず、聴覚だけを信じるしかなかった。たとえソナーのヘッドフォンがなくても、潜水艦の中にいる者は七、三五四トンのさんくれめんて丸が沈む時に木端微塵になるのを聞くことが出来た。その時にボイラーがバーンと爆発した。その衝撃波はシールにも押し寄せ、艦体を揺さぶり、調理室の陶磁器をガタガタと鳴らした。それから貨物船がさらに深く沈んでいく間に、隔壁がへこんだ時に出すパンという割れる音を聞いた。そうなのだ、これが断末魔の船の音なのだ。スミティーはぞっとして身をすくませながら独り言を言った。

グリーンアップはまた告げた。「二隻の護衛艦がいて、我々を捜している。爆雷攻撃に備えよ。静かに走れ。すべての水密扉を閉めろ」

一秒も無駄にせずに、シールの乗組員は千回も訓練したことを行なった。各区画の間の水密扉が重い蝶番(ちょうつがい)を回して閉められ、固定された。区画の間に空気を通していた隔壁のフラッパー(訳注：ぱたぱたする平らなもの)は閉められた。ビッグ・スキーは脱出用ハッチの中に上がり、爆雷攻撃の衝撃で急に開いて中に水が流れ込まないのを確かめた。空気調整装置も止められた。

シールは深度六〇メートルに潜った。そこでは艦体にかかる水圧は一平方インチ(訳注：六・五平方センチ)当たり四〇キロだった。電気モーターは音を出さなかったので、スクリューのゆっくりとした回転でさえも、艦の位置を教えただろう。話すこと、歩き回ること、道具を落とすこと、非常に微かな音を出すかもしれないことは、どんなことでも厳密に禁じられた。これは潜水艦乗りが恐れ不安を抱く時だった。窮鼠猫を嚙む。狩人が狩られることになったのだった。

シールの乗組員たちが水面下で心配しながら待っている一方、敵の駆逐艦はその上の水面を縦横に動き回りながら、敵の潜水艦を見つけるために最善の努力を払っていた。駆逐艦のソナー係は潜水艦発見装置を使って、〝ピンギング〟をしていた。即ち電気信号を深い水中に発信し、反射音を聞いて、大きい金属製のものが下にあるのを知るのである。反射音が聞こえたならば、爆雷が動かない餌食に向かって滝のように降り注ぎ始めるのだった。時々はほんの少しの爆雷攻撃で終わることもあったが、他の場合は何時間も続くのだった。いつ、あるいはどのようにして終わるのか、誰にも分らなかった。

日本の爆雷は一般的にいって、アメリカの種類の多い爆雷よりも威力が少ないと見なされていた。一一〇キロの爆薬しか持たず、比較的浅い深度で――最大限四五メートルで――爆発した。通常は六〇メートルかそれ以上潜航すれば安全だった。しかしいつでもそうだとは限らなかった。〝くそいまいましブリキ缶（訳注：駆逐艦のこと）〟は依然として致命的な兵器だった。幸運な爆雷が耐圧艦体を引き裂いたり、推進機構や操舵装置に損傷を与えたり、バラストタンクの弁を壊したりして、浮力を得て海上に戻るのが不可能になったために、どれだけの潜水艦が帰って来なかったか分からなかった。

スミティーと後部魚雷室の仲間は突然、問題があるのに気がついた、しかも大きな問題が。爆雷攻撃に備えよという命令が来た時、五番・七番発射管へは魚雷はすでに再装塡済みだった。しかし六番発射管への装塡はまだ途中だった。シールが六〇メートルまで潜航した時、水圧が鋼鉄の艦体を圧縮して魚雷を強く締めつけた。その結果、六番発射管の魚雷は動けなくなった。爆雷が艦尾の近くで爆発したならば、六番発射管の外側の扉を振動させて開け、海水がどっと流入して来ると誰もが分かっていた。もし爆発がかなり大きかったならば、外側の扉を蝶番からもぎ取って魚雷を中に押し戻し、後部魚雷室を水浸しにし、密閉された区画にいる者を全員殺し、シールが水上に浮上するのをたとえ不可能ではないとしても、かなり困難にするだろう。後部魚雷室の乗組員たちは魚雷を人力で元に戻そうとしたが、少しも動かなかった。

誰かがかつてスミティーにこう言った。自分は爆雷が爆発する直前にカチッという音を聞いた。それは起爆装置で、潜水艦の中の者たちに何かに摑まり、歯を食いしばり、足を踏ん張るためのほんの僅かな瞬間しか与えないだろうと。そしてそれが起きた。

カチッ、……ドカーン！　恐れていたように、爆雷が艦尾の近くで爆発し、突き出ている魚雷の周りから水がすぐに後部魚雷室の中に注ぎ込み始めた。カチッ、……ドカーン！　一つ、また一つ。明かりが点いたり消えたりした。そして巨大な海の生物がその大きい拳骨でシールを何度も叩いているように、艦体すべてが揺れ動いた。

カチツ、……ドカーン！　爆発の度に艦内中の計器のガラスが粉々になり、電球がポンと弾け、シューシューという音を出し、そして切れた。コルクの防音材と塗料の破片が吹き飛んだ。ゴキブリが安全な場所へ大急ぎで走った。艦体の溶接された継ぎ目が剥がれようとしているように思えた。そして水が半分突っ込まれた魚雷の周りから勢いよく流れ込み続けていた。

「いまいましい海の水が全部流れ込んで来る前に、あの邪魔なものをあそこに入れろ！」とウッディーは叫んだ。ブラウンとデッドアイは角材と道具を使って最善の努力をしたが、魚雷は動かなかった。ビッグ・スキーは手を貸すために行って、デッドアイの前の綱を摑んだが、デッドアイはビッグ・スキーを馬鹿なポーランド人と呼んで、邪魔にならないように乱暴に押しやった。ビッグ・スキーは濡れた甲板で滑って、発射管の扉を開閉するクランクの取っ手を手に持ってやって来て、デッドアイの頭をかち割ろうとした。デッドアイは木槌を摑んだ。しばらくの間、二人のアメリカ人はお互いに宣戦を布告したみたいだった。

カチッ、……ドカーン！　……カチッ、……ドカーン！

さらに二つの爆雷が近くで炸裂してシールを激しく揺さぶり、二人の戦士を正気に戻らせた。さらに水が勢いよく流れ込んで来た。外側の扉はいつ吹き飛ぶか分からなかった。

ビッグ・スキーはクランクの取っ手を捨て、デッドアイや他の者を押しやり、魚雷の後ろからまくら楔（くさび）と滑車装置を引き離した。それから自分の大きいポケットから拭き取り用のぼろ切れを引っ張り出し、それを魚雷の後ろに当てた。そして唸り声を上げ、力をふりしぼりながら、超人的な努力で魚雷を発射管の中へ自分一人だけで押し込んだ。誰もがびっくりして肝を潰して見詰めた。奇跡が起こったみたいだった。誰も、特に一六五センチしかない者が一人で出来るはずはなかった。

カチッ、……ドカーン！

一瞬茫然自失した後、シーガルは我に返り、六番発射管の内側の扉をバタンと閉めた。スミティーはクランクを回して錠を掛けた。ビッグ・スキーはすっかり疲れ果てて床に崩れ落ち、頭を膝の間に挟んで座り、激しい汗をかき、ハーハーと息を吐き、前腕と首の血管は蛇のように膨れ上がっていた。皆は敢えて一言も声をかけずに、ビッグ・スキーの周りを用心深く静かに動いた。

カチッ、……ドカーン！ ……カチッ、……ドカーン！

爆雷は頻繁に素早く降り注ぎ続け、スミティーはすぐに終わるように祈った。さらに一〇回か一五回の爆発があった後、攻撃は終わった。戦闘は全部で四時間ぐらい続いたが、スミティーにとっては果てしなく長い時間のように思えた。

最後にスミティーは喉のマイクに静かに話した。「発令所、こちらは後部魚雷室。すべての発射管に再装塡しました」

「後部魚雷室、よくやった。ゆっくり待機せよ」

潜水艦の狩人は去り、シールはゆっくりとしかし着実に三ノットで、その海域から静かに滑るように去った。やっと爆雷攻撃に備えるのと無音航行を解除する命令が来た。シールは浮上し、新鮮な空気が艦内に流れ込んで来た。寝台が魚雷室のあるべき場所に戻された。疲れ切った乗組員はそこに倒れ込んだ。

スミティーは自分自身を評価してみた。初めての戦闘だったが、自分でも驚いたことに、興奮したが、怖がってはいなかった。本当に怖がるにはあまりにも忙しかったのだった。また今まで経験したことがないくらいに疲れ果てたのに気づいた。寝台が使えるようになるやいなや、緑色のビニールのカバーが付いた堅いマットレスの上に倒れ込んだ。鼻先僅か七センチの所に、艦尾の横舵を動かしている三〇馬力の電気モーターの下のオイルパン（訳注：内燃機関の潤滑油がたまるクランクケースの底部）があったが、モーターの騒音も気にすることなく、スミティーは数秒で眠りに落ちた。

しばらくすると誰かが寝台を叩いているのに気がついた。「当直の時間だよ、スミティー」ビッグ・スキーだった。

「僕は寝入ったばかりだよ」とスミティーは不満げに言った。

「もう二時間経ってるよ。お前の番だよ」とビッグ・スキーは言った。

スミティーが寝台から這い出るやいなや、ビッグ・スキーが代わって最高の状態である〝温かい寝台〟に潜り込み、すぐに夢の国に行った。

スミティーの二時間の当直は平穏無事に過ぎた。暗く果てしのない海と、これまでずっと見てきた輝く星が散りばめられた暗く果てしのない空があるだけだった。スミティーは空を見上げ、神がそこにいて自分と仲間たちを見守っているのだろうかと思い巡らした。それからスミティーは魚雷室に戻って眠りについた、今度は六時間の。

目覚めた時、お腹がグーグー鳴っていたので、食堂に向かった。そこで前部魚雷室のリック・〝ビッグ・ウップ（訳注：イタリア人のこと）・ボニノと、操艦室の〝ホパロン・キャシディー（訳注：アメリカのC・E・マルフォードの小説に登場するカウボーイ）〟と呼ばれている電気士と一緒になった。キャシディーの兄ヒラムはシーラヴァン（訳注：ケムシカジカ、全身に毛のようなとげがある）（SS－196）の艦長だった。腹いっぱい食べた後、スミティーは煙草に火をつけ、顔に自己満足の表情を浮かべて上体を後ろに反らし、一緒に食事をした二人の仲間にはっきり言った。

「ほらね、最悪の事態になるとは思ってなかったよ」スミティーは父親とシャーリーに書いて知らせるのを待ちきれなかった。

ボニノはにやにや笑った。「馬鹿野郎。そいつはナンセンスだよ。俺たちは単に幸運だっただけなのだ」

「そうだよ」キャシディーも付け加えた。「お前はまだ何も分かっていないんだ。何をしているのか分かっているあの日本の艦長たちの一人が、俺たちをやっつけるのを待つだけだったんだ。あいつはハッチに忌々しい爆雷を真っ直ぐに投下してきたんだ」

スミティーははっと息を飲み、体中に恐怖の小さな疼きが駆け回った。仲間たちが自分が汗をかいたどうかを知るために叱責しているのか、皮肉のつもりなのか分からなかった。

「どうして終わった後で、いつも怖がらせるんだ、ほら、まるで危うく車を滅茶苦茶にしそうになった時のように？　君たちは物事が進行中は気持ちを押えている。しかし終わってからは危機一髪の犬のように震えている。僕が言いたいことは分かるだろう、ウップ？」

「もちろん分かるよ。しかしホパロンが言うように、君はまだ何も分かっていないんだよ」

シールはさらに数日間割り当てられた海域を行ったり来たりして哨戒を行なったが、収穫は乏しかった。見つけた幾つかのものは魚雷を費やすほどの値打ちもないと判明した。戦いはまた退屈なものになった。

ロックウッド少将は依然、魚雷の問題で頭を抱えていた。兵器局が磁気起爆装置の問題を解決するために、最大限の努力をしているのはしぶしぶ認めた。そして五月一〇日にアレクサンドリアの魚雷工場から専門家が、兵器局が多くの問題を解決しなければならないと感じているマークXIVの改造方針を持ってパールハーバーへやって来たことを書き留めた。ロックウッドは改造したものをテストしようと決心した。しかしもし問題が解決せずに残るならば、磁気起爆装置を使わないようにする許可を太平洋艦隊司令長官に要請しようとした。

四〇日間も海上に出ていて、食糧も燃料も乏しくなったので、ドッジはシールをミッドウェーの港へと反転させた。乗組員は最初は新鮮な果物とステーキを食べていたが、今や長期保存食品――粉末卵と缶詰のジャガイモーに低下していた。

〝ノーホエア〟——船が通らず、陸地からも見えない太平洋のどこかの場所——に着くやいなや、シールは水上を一日二四時間走った。

スミティーは当直もなく、下で点検もせず、後部の砲手と共に行なう訓練もないくつろいだ時には、潜水艦の資格試験のために一生懸命勉強した。各人は資格を得るために六ヶ月の時間があった。もしスミティーが試験に落ちたならば、潜水艦勤務からお払い箱になるだろう。

資格を得るのは簡単だった。しなければならないことは、資格を与える士官と共に艦内を調べ、全ての計器と弁を識別できるか、全てのハッチがどこに通じているか分かっているのか、全てのパイプについて水か、燃料か、空気のどれが通っているのか述べられるのか、また士官を含む他の全ての乗組員の仕事を詳しく説明できるかだった。簡単だった。

「準備できたか?」スミティーがテストを受ける用意があるとヘインズ大尉に言った後、大尉はこう尋ねた。

「僕はいかなる時でも準備していますよ、大尉」

ヘインズはスミティーを艦首から艦尾まで艦内中を歩かせ、近くの全ての弁、計器、ダイヤル、表示器、スイッチ、レバー、舵輪、電線、水圧管、高圧空気パイプ、低圧空気パイプ、送水管を指差し、スミティーにそれが何であるか尋ね、何のためにあるのか説明するよう求めた。

「どうでしたか、大尉?」艦内を歩き終えた後、スミティーは尋ねた。

ヘインズはあいまいに言った。「後で知らせるよ」それだけだった。

二日後、スミティーは士官用食堂兼談話室に出頭するよう言われ、副長のフランク・グリーンアップ少佐に会った。スミティーはかなり神経質になってヘインズ大尉と同行して、士官たちが食事、打ち合わせ、カード遊びやクリベッジ(訳注:通例二人、時には三、四人でするトランプゲーム)に使う小さい部屋に入った。グリーンアップはテーブルの一つの前に座っていたが、その顔には何の表情も浮かべていなかった。スミティーはいい知らせであるのを希望した。

「スミス」とグリーンアップは言って、劇的に効果を上げるために一呼吸置いた。「ヘインズ君は君を資格検査に合格したと認めた。私をそのことを君の経歴に加えるよう命令する」スミティーとヘインズは微笑みを交わした。「もう一つある。ヘインズ君はまた君を三等魚雷士に推薦した。私は同意し、ドッジ艦長も承認した。おめでとう、スミス」

グリーンアップは手を伸ばし、スミティーはその手と握手した。「ありがとうございます、副長」

誇りの表情を浮かべながらスミティーは言った。

「私にお礼を言う必要はないよ。君の力で勝ち取ったのだから」

スミティーは有頂天になって、偉くなったような気がした。後部魚雷室に戻った時、皆に自分が資格を得、昇進したことを告げないわけにはいかなかった。おめでとうの声は本物だった。大体においてスミティーは仲間から好かれていた。時々、少し生意気になるが、戦闘では立派だというのが仲間の評だった。

シールは二日以内に六回目の戦闘哨戒を終えることになっていた。スミティーにとっては最初の戦闘哨戒を終えようとしていた。シールのチームの一員になれたのをうれしく感じた。ハモンド高校のアメリカンフットボールチームの一員であるのと少し似ていた。しかし賞金はもっと多かった、遥かに多かった。争うべきトロフィーやリーグの選手権はなく、試合でどれぐらいの時間が残っているかを示すスコアボードの時計もなかった。さらに勝っているのか負けているのかを知らせるスコアボードすらなかった。そして負けたならば、気落ちせず、意気消沈せず、落胆もしなかった。死ぬだけだった。

トロフィーの代わりに国の将来——全世界の将来——が掛かっていた。もしシールに乗っている者全員が務めを果たしたならば、人々が生き生きとして暮らし、もっと良い世界を作り始めるだろう。そこでは人々がうまく暮らすことができ、ある国が他の国を支配しようとして、——兄のボブがかってスミティーをいじめっ子から守ったように——結果的にアメリカが巻き込まれる戦争を始めようとは必ずしもしないだろう。それは素晴らしい世界だろうとスミティーは思った。多分、本当に多分だが、非常に善良な人たちが大きいテーブルを囲んで座り、問題を討論し解決するようなことが起こるかもしれない。戦争は人を興奮させる、それは間違いないが、また愚かな行為でもあった。そして多数の立派な人々が殺されるのである。一八歳のジョン・ロナルド・スミスは地政学、覇権、国家の主体性、強者による弱者の支配の全概念を理解しようとした。しかし若い頭脳が完全に理解するにはあまりにも大きすぎる、複雑すぎる概念だった。

さらに多くの水兵たちが小さい士官用食堂兼談話室に入ってきて、部屋を煙草の煙と、腐敗した鯨に近い体臭で満たした。数日前に爆雷攻撃の間に艦内中に漲っていた緊張感は、浮き浮きしたお祭り気分と仲間内の馬鹿騒ぎにとって代わっていた。銘々が輸送船の沈没と乗船していた憎むべき敵の死に対して、自分がどれだけ義務を果たしたかを自慢し合った。冗談が飛び交い、お互いにからかい合った。

ビッグ・スキーはうまいジョークをよく作った。「おい、俺は今ある噂を聞いたぞ」と集まっていた悪臭を放つ乗組員に言った。

「どんな噂だ?」ドリーという名前の男が尋ねた。

「ジャップはこれらの島の一つに、こんな大きい肉の冷凍庫を持っているらしい」

「どんな種類の肉の冷凍庫だ、スキー?」ドリーは話についていきながら言った。

「そうだな、人食いのためのものだ。そら、やつらはまだやってるだろう。とにかく人食いのボスが肉の冷凍庫に入って、ジャップの事務員に尋ねた。『あそこにぶら下がっている若くて強い海兵隊員はいくらだ?』事務員は言った。『海兵隊員は一ポンド(訳注:四五〇グラム)につき五ドルだ』年取ったボスは言った。『高すぎる』それからあっちにぶら下がっている空母の操縦士を見ていくらだと聞いた。事務員は『一ポンド四ドルだと言った』年取ったボスは言った。『高すぎる。もっと安いやつはないか?』事務員は水兵を指差した。ボスは聞いた。『いくらだ?』事務員は言った。『あなたのために一ポンド五〇セントにしましょう』『なんでそんなに安いんだ?』ボスは知りたがった。『潜水艦乗りだからですよ。潜水艦乗りは臭くて汚いでしょう。あなたがきれいに磨いたらどうですか?』」部屋には爆笑が起こった。

馬鹿話の集まりがやっと終わった後、スミティーはビッグ・ウップと一緒に前部魚雷室を短時間訪ねた。それから後部魚雷室に戻る途中に発令所を通り過ぎた時だった。レーダースコープを操作していた水兵が突然叫んだ。「レーダーに敵影、潜航、潜航」同時に足で警報ボタンを踏みつけた。ブ・ブ・ブ・ブー! 艦内中に警報が鳴り響き、乗組員を大慌てで戦闘配置に就かせた。潜航担当将校のフロスト大尉は沈降タンクを八トンの海水で満たし、スクリューが海に食いついて、シールを急角度で潜航させた。狭い通路では乗組員がお互いにぶつかり、反対方向に突進するなどして、組織的な混乱状況が起こった。スミティーは気づいたら艦尾へと三〇度の傾斜を駆け上がっていた。士官の声が内部通話装置から聞こえた。「爆雷攻撃に備えよ! 爆雷攻撃に備えよ!」スミティーは水密ドアがバタンと閉められて、ハンドルを回して固定される寸前に、各区画を通り抜けて突進した。

後部魚雷室に入った直後に激しい爆発が起き、スミティーを縫いぐるみの人形のように部屋の向こう側まで投げ飛ばし、床から三〇センチくらいの高さで部屋に張り渡してあった重い鉄鋼のI形梁の一つに両脚を激しくぶつけさせた。すでに後部魚雷室にいたビッグ・スキーは寝台のフレームを掴み、一方ウッディーは吹き飛ばされて仰向きに横たわっていた。寝台で眠っていた者たちはすっかり目を覚まして目を大きく見開き、恐怖と混乱が顔に出ていた。スミティーは床にうつぶせになり、激しい痛みに苦しみながら下を見た。向こうずねから血が流れ出しており、白い骨が見えた。

「くそ」ビッグ・スキーは深度計を見ながら叫んだ。「あの爆発は非常に近かったぞ。あのろくでなしが襲ってきた時、俺たちは三〇メートルしか潜っていなかったんだ」

その〝ろくでなし〟は日本の航空機だと分かった。太陽を背にして唸りを上げながらシールの上に急降下して来たのだった。もしレーダー係が操作中に捉えなかったならば、シールと全乗組員は死んでいただろう。

攻撃が終わった後、スミティーはびっこを引きながらファーマシスト・メイト（訳注一一）の所に行った。ファーマシスト・メイトは深い切り傷を見て舌打ちし頭を振った。「俺はどうしたらその脚を治療できるか分からない。その傷は深く、ずっと骨まで達しているから」そう言った。そしてその傷に消毒剤を塗ったが、ひりひりと痛んだ。それから包帯を巻いてくれた。スミティーは傷が思っていた以上にひどくなかったことを喜びつつ、自分の配置部署にびっこをひきながら戻った。

シールは一日中潜航していた。日没後にだけ電池を再充電するために鼻先を突き出した。翌日一九四三年六月三日、シールは補給のためにミッドウェーに入港した、そのすぐ後ろにはシーラヴァンがついていた。ドッジ艦長とシーラヴァンのハイラム・キャシディ（ホパロンの兄）は士官と水兵を岸へ運ぶランチの船首で、士官学校の同窓生として幸福な再会をした。スミティーはまだ脚が痛むので、ランチの船尾に立って、糊のきいた誂（あつら）えのカーキ色の軍服を着た二人の士官がにこやかな笑いを交わすのを見つめていた。ドッジは一九三〇年にアナポリス海軍士官学校を卒業し、キャシディーは一年後に卒業していた。シーラヴァンは七回目の戦闘哨戒を終えたばかりだった。それでスミティーは二人の艦長は多分、撃沈数を比べているのだろうと思った。

スミティーは海軍に入って一年も経っていなかったが、一般的にある志願兵の将校への妬みと恨みを感じ始めていた。アメリカの潜水艦の指揮官は白人でアングロサクソン、大抵はプロテスタントで、海軍士官学校——〝アイヴィーリーグ（訳注：アメリカ北東部にあるハーバード大学等の名門大学の一群）の海軍版〟——の卒業生だった。多くの、いや大半のアナポリスの卒業生は海の近くに住み、成長する間に船に乗ったり、ヨットを操縦したりする時間（と金）をたっぷり持っている裕福な家族の出身だった。スミティーは士官が持っている様々な特権——多額の給与、上等な軍服、快適な宿泊設備、非番の時のくつろげる施設——に腹を立てた。もしミッドウェーに女性がいたならば、士官が手に入れていたであろうことはスミティーにも分かっていた。その不公正さにスミティーは頭を振った。もし飛行学校に行くのを選んで、操縦士になっていたならば、士官になり、特権を享受する少数の一員になっていただろう。ついていない、スミティーはぶつぶつと己に不満をこぼした。

ランチはドックにしっかりと固定してあった潜水母艦ブッシュネル（訳注：アメリカ独立戦争に使われた原始的な潜水艦を造った人物）に横付けしていた潜水艦の側に停泊した。シールの全乗組員は少し歩いてグーニーバード・ホテルへ行き、部屋を割り当てられた。スミティーは三人の仲間と質素な部屋を共有した。そしてシャワーを快適に感じた。

四人の体はやっときれいになった。シールの乗組員は二ヶ月分の給料を軍票でもらった。温かい一ケースのグリーンリヴァー・ビールの伝票を発行してもらい、軍服のクリーニングのために洗濯屋へぞろぞろと行き、髪の毛とひげを切ってもらい（スミティーはまだそんなにひげは生えてなかったが、髪型は素敵なモホーク刈り（訳注：額からうなじにかけて一筋だけ毛を残し、残りは剃り落とす刈り方）にしてもらった）、そして見つけた中で一番色鮮やかで派手なハワイアン水泳パンツを買うために酒保へ行った。スミティーは脚の傷を見てもらうために医者に行った。それからびっこをひきながら砂浜へ降りて行き、数羽の攻撃的なアホウドリを戦いで傷ついたヤシの木の陰から追い払い、白い砂の上で思い切り手足を伸ばした。そして故郷へ手紙を書こうと思った。父親、祖母、シャーリーが皆手紙を書いてきており、なぜ故返事をくれないのかと尋いていた。どう言ったらいいのだろう？　と思った。もし二ヶ月間の戦闘哨戒に出ていたために書けなかったのだと言えば、検閲官はそれを削除するだろう。もし時間がなかったからだと言えば、言い訳だと思うだろう。書いても非難され、書かなくても非難される。一体全体どう書けばいいのだろう？　たとえ僕がしている事を伝えられたとしても、理解してくれるだろうか？

横になってゆっくりと揺れている葉と、その外の青い空と白い膨れた雲を見つめながら、戦争について考えた。噂ではピカラル（訳注：北米産の小さなカワカマスの総称）とグレナディア（訳注：ソコダラ科の深海魚の総称）の二艦が期限を過ぎても帰ってこないということだった。そしていつものように噂は本当だったと分かった。グレナディアは四月二一日、マレー半島の西海岸のペナンの沖で戦闘中に沈没した。日本の飛行機が二隻の船を追いかけていたグレナディアを見つけ、爆弾を投下した。それが艦尾を破壊し、スクリュー軸を曲げ、電気回路から火災が生じた。翌朝グレナディアは海上で停止し、救助の望みもなかったので、艦長のジョン・フィッツジェラルドは乗組員に海水弁を開いてグレナディアを放棄し、海岸へ泳ぐよう命じた。この処置を行なっている時に、敵機が止めを刺すために急降下して来た。艦橋から攻撃機にブローニングの自動小銃を連射して、フィッツジェラルドは操縦士を追い払った。フィッツジェラルドと乗組員は捕えられ、拷問を受け、戦争の残りの期間を過ごすために、悪名高い大船の捕虜収容所に送られた。敵の前であってもフィッツジェラルドの信念は変わらなかったので、後に海軍勲功章を受けた。

捕虜の一人に上等兵曹のロバート・ヨークがいた。彼はこう回想している。「我々は全員生き延びたが捕虜になった。ペナンのライトストリート修道院に連れて行かれ、そこで約三ヶ月かそこら、ジャップが我々を尋問する間、幽閉された」

間もなくグレナディアがどうなったか分かる一方、ピカラルと艦長オーガスタス・H・オールスタン以下の乗組員の運命は今日に至るまで分からない。ピカラルは三月二二日にミッドウェーを出て、本州沖に獲物を求めて行ったが、再びその消息を聞くことはなかった。

ヤシの木の下でスミティーは自分の最初の哨戒で、シールが三度危うく危機を逃れたこともじっくり考えた。アンガウルの港から気づかれないようにそっと抜け出したこと、さんくれめんて丸を沈めた後、恐ろしい爆雷攻撃を被ったこと、そして日本軍機が爆撃して来て、もう少しであの世に行きそうになったこと。スミティーの、そしてシールの幸運が続くかどうか疑わしかった。

答えを知るにはそう長く待つことはないだろう。

第一一章——シールの危機

一九四三年六月になっていた。世界中の戦争の流れは徐々に連合国側に有利に傾いていた。ドイツとファシストの同盟国イタリアは北アフリカで完全に打ちのめされ、生き残った者たちはチュニジアの北東海岸からシシリー島へと逃げ、そこでアメリカ軍とイギリス軍の侵攻への備えをしていた。アメリカとイギリスの爆撃機が第三帝国の対空砲火が散在する空を昼夜を問わず飛行し、何百トンもの爆弾を投下してドイツの都市と工業施設を荒廃させた。

ロシア戦線ではドイツ軍は、スターリングラードでの一月の第六軍の壊滅から回復しつつあった。しかしソ連軍はゆっくりとだが着実に、一歩ずつ、町毎に、侵略者から国土を取り戻しつつあった。太平洋ではオーストラリアは、日本のポート・モレスビー占領の企てを確実に撃退し続けていた。その間アメリカ軍はとうとうガダルカナルの日本軍の抵抗を一掃して、ソロモン諸島の支配権を日本からもぎ取った。アメリカの海兵隊は太平洋の過酷な奪回作戦を始めた。レンドヴァ島〔原注：ソロモン諸島の島、ガダルカナル島とブーゲンヴィル島の間にある〕に加えて、トロブリアンド諸島（訳注：ニューギニア東端の北方にある群島）のウッドラークとキリウィナ島へも上陸した。

しかしながら敵は、議会軍事問題委員会の一員だった、思慮のない連邦議会議員アンドリュー・ジャクソン・メイから勝利を手渡された。一九四三年六月、太平洋への実情調査旅行から帰って来た後、この六八歳のケンタッキー人は記者に、日本軍はアメリカの潜水艦がどれだけ深く潜れるかを知らない、その結果、爆雷を浅すぎる深度で爆発するようにセットしていると話した。当然のことながら、アメリカにいる日本のスパイはこの話を捕え、日本へ中継して送った。それで帝国海軍は爆雷がもっと深くで爆発するようにセットすることを命令した。ロックウッド少将はメイの思慮の無さを知った時、当然のことながら激怒した。戦後少将は秘密情報を漏らしたことによって、あの議員はおそらくアメリカの一〇隻の潜水艦と八〇〇人の水兵の命を失わせたと言明した。日本軍はこの秘密情報の漏洩のおかげで、爆雷の爆薬の量を一一〇キロから一六〇キロへと増やし、一五〇メートルの深さで爆発するように変更した。

一九四三年の中頃までにアメリカ中が全面戦争に向かって歩んでいた。実際のところ国の異なる様々な要素は全て勝利に向かって力を合わせて進んでいた。アメリカが存続できるかどうか分からなかった時、アメリカの人々は危機を認め、共通の敵に向き合うために、それ以前に、そしてそれ以後も決してなかったくらい団結した。犠牲を払うのはそんなに深刻ではないように見え、個人的な不便さは取るに足りないこととされ、国のために困難に耐えるのはつらいことではなくなった。

一九四三年の春までにアメリカ軍は戦争前の五〇万人に足りない僅かな部隊から、戦闘の準備をした四三〇万人の部隊に増大していた。その数はこの年の終わりまでに倍近くになるはずだった。

しかし徴兵されない者もいた。徴募センターは兵役に就いて〝義務を果たしたい〟若者で溢れかえっていた。一方、肉体的か精神的欠陥のため徴募センターの支部で受けつけてもらえないのは、大勢の将来の戦士にとって恋人にふられたと同じくらい打ちのめされることだった。〝軍服に身を包む〟のは愛国的な行為をすることであり、徴兵年齢に達しながら軍服を着ていない大勢の若者は、自分をアメリカの社会の中ののけ者のように感じた。たとえ入隊するためにベストを尽くしたとしても、もしくは肉体的に不適当だったり、〝必要不可欠な〟軍需産業で働いているために兵役を免除されているとしても。

たくさんのプロスポーツの選手とハリウッドの映画スターと監督が、進んで高給と楽な仕事を捨てて軍隊に入った。非常に多くの有名な野球選手――テッド・ウィリアムズ、ボブ・フェラー、ジョー・ディマジオ、ラルフ・カイナー、エディー・ヨスト、ヨギ・ベラ（訳注：カイナー、ヨスト、ベラがメジャーリーグで活躍するのは戦後であり、この時点では有名選手ではなかった）、ハンク・グリーンバーグ、ウォーレン・スパーン、スタン・ムシマルや更に何百人がフランネルの服をカーキ色の服に変えた。それで選手の不足を補うために、選手全員が女性ばかりのリーグが作られた。ボクシングのヘビーウェイト級の世界チャンピオン、ジョー・リイスさえ陸軍に入隊した。グレン・ミラーのような人気音楽家とバンド指揮者も、十代の若者を楽しませることから兵士を楽しませることに切り替えた。最も兵士の多くは十代だったが。

トニー・カーチス、ジャック・レモン、リー・マービン、ウォールター・マソー、キャメロン・ミッチェル、ヒュー・オブライアン、ジャック・パランス、アルド・レイ、ジェイソン・ロバーズ・ジュニア、ロバート・ライアン、テリー・サバラスのような戦後スターになった人たちだけでなく、エディー・アルバート、ダグラス・フェアバンクス・ジュニア、グレン・フォード、クラーク・ゲーブル、ロバート・モンゴメリー、ポール・ミューニ、ロナルド・レーガン、ミッキー・ルーニー、そしてジェームズ・スチュワートのような切符の売り上げが安定していた有名俳優も、戦争に参加するために安全で華やかな生活を捨てた。有名な映画監督、脚本家、プロデューサーは――フランク・キャプラ、ジョン・フォード、ジョン・ヒューストン、バッド・シュルバーグ、ジョージ・スティーブンス、ダリル・ザナックら――その才能を、教育映画、ドキュメンタリー、そして銃後の士気を高めるために必要な戦争プロパガンダ映画の方に使った。

ほんの一〇年前には大恐慌のどん底で希望を失った労働者が安食堂で長い行列を作った状況から、アメリカはほぼ全面的に戦争体制に移行したおかげで一九四三年までに立ち直り、空前の繁栄と完全雇用の時代に入った。何年も閉鎖していた工場が戦争物資の注文をこなすために突然活気づいた。綿と毛糸の工場はカーキ色、濃いオリーブ色、ネービーブルーの軍服を作るために二四時間ぶっ通しで動いた。石炭、鉄、石油、そして関連する産業はこれまでなかったほど掘り出していた。前は半端な仕事かパートタイムの働きしか見つけられなかった大工、電気工、配管工は、国中に出現した軍事基地と他の一時的な政府施設のための激しい需要に自分の腕を揮えるのが突然分かった。

一九四三年はまた空前の社会変革の年でもあった。何百万人もの男性が軍隊に志願するか徴兵された。そして何百万人もの女性が労働環境に身を置いた。経済的に貧しいアフリカ系アメリカ人が熟練労働者と未熟練労働者の両方の必要に応えて、南部からシカゴ、デトロイト、ニューアーク（訳注：ニュージャージア州北東部の都市）のような北部の都市へと移住した。

しかし全てが良いことばかりではなかった。大都市での人種間の緊張が高まり、黒人が雇用されたり、白人より昇進した時には、ストライキと騒動が勃発した。人種差別は軍隊の中でさえも激しかった。

一九四三年までに民生用の物資は消えてしまった、闇市を除いては。新品のタイヤは手に入らなくなった。アメリカの高度に機械化された軍隊が膨大な量の車両、艦船、航空機を動かすために必要且つ充分な燃料と石油製品を確実に備蓄するために、ガソリンと石油も厳しい配給制になった。

兵士、水兵、飛行士の国内の移動のために、バス、飛行機、列車を空けておこうとして、広告とポスターを通して、「その旅行は必要ですか?」と問いかけ、政府は市民に気ままに大量輸送機関を使わないように警告した。一九三〇年代の土砂嵐の被害を受けながら生き残った中南部の農民は、兵士たちを食べさせ、また母国の食器棚に蓄えるために必要な食糧を全て作ることは出来なかった。

従って肉、砂糖、コーヒーやその他の物が必然的に不足し、食糧雑貨店の棚は半分空っぽになった。

しかしアメリカ人は、国家の最終的な目標である勝利から関心をそらさないために、出来ることは何でもした。主婦は料理用の脂を節約し、それを回収センターに持っていった。そうすればそれが爆薬を作るのに必要な化学物資に変わるのだった。秘書は一枚の複写紙から何枚もコピーを取るように言われた。靴の革も配給制になったので、市民は靴底の穴を塞ぐために紙を靴の中に詰め込んだ。女性たちはナイロンと絹のストッキング無しで済ませた。その材料がパラシュートを作るのに必要だったから。代わりに〝脚のメイキャップ〟で脚を化粧した。ボーイスカウトは近くの空き地を捜し回り、またドアをノックして、軍需物資に使うことが出来るスクラップのアルミニュウム、鋼、捨てられた鉄を集めた。男、女、子供を問わず戦時財政を助けるために、〝戦時公債〟と〝戦時印紙〟を買った。負傷した兵士たちのために、市町村血液募金運動は何百万リットルもの血液と血漿をもたらした。

雑誌を手にしても、商品を提供するのが不可能なことを謝罪するが、同時に戦争努力への貢献を自讃する何十もの会社の広告を見ずに済ますことは実際できなかった。

フォード、ゼネラル・モーターズ、ハドソン、スチュードベーカー、ウィリスやその他の自動車メーカーは何千もの小さい無名の会社と共に、一九四二年の初めに民生用の車の製造を止め、工場の設備を戦争用の装備の製造専門に切り替えた。戦車、ジープ、トラック、司令車（訳注：司令官等が偵察、前線指揮などに使う装甲車やジープ）、ウィーザル（訳注：軽量荷物・人員運搬車）、ハーフトラック（訳注：後輪のみにキャタピラーを装備したトラック）、曲射砲、トレーラー、エンジン、発電機、また爆撃機、戦闘機、哨戒機、訓練機等の航空機、そしてそれらを動かしていくための部品である。

戦時生産委員会の督促の下で、以前は激しく競争していた会社が国家が必要とするもののために協同して働いた。ウィリスはかってジープの設計をしていたが、ウィリスとフォードは何にでも使える車を作る仕事を分担した。インターナショナル・ハーヴェスターのような農機具会社はM－1ライフルと魚雷を組み立てた。ボールドウィン・ロコモーティヴ・ワークスは戦車を製造した。キャデラックはその戦車に搭載するエンジンを開発した。ウェスタン・エレクトリックとモトローラは何千もの軍事用の無線と電話を量産した。ウッドン・プロペラの工場は、航空機が金属製のプロペラへと進歩した結果需要がなくなったので、アメリカの唯一の山岳師団のためにヒッコリー材（訳注：北米産のクルミ科の木材、スキーに最適）のスキーを作った。

アメリカの造船所は一週間に七日、一日二四時間働き、あらゆる種類の船を建造し続けた。空母、戦艦、巡洋艦、駆逐艦、護衛駆逐艦、給油船、輸送船、タンカー、コルベット、砲艦、フリゲート、リバティー船（訳注：第二次大戦中にアメリカが大量に建造した一万トンくらいの低速貨物船）、魚雷艇、機雷敷設船、掃海艇、軍需物資供給船、病院船、弾薬輸送船、修理船、上陸用舟艇、水陸両用舟艇、修理兼サルベージ船、水上機母艦、潜水母艦、駆潜艇、そしてもちろん潜水艦も。

一九四三年の夏、ポーツマス、グロトン（訳注：コネティカット州南東部の都市）、マニトウォック（訳注：ミシガン湖に臨む都市）、メア島、そしてフィラデルフィアにある造船施設はその能力を精一杯働かせて、何十もの新しい潜水艦を進水させた。しかし依然として魚雷と、そして沈黙の艦隊で損失が増え続けていたため、乗組員が不足していた。

浜辺でくつろぎ、鳥を追いかけ、苦労して手にした金をミッドウェー島のグーニーバード・ホテルとカジノでギャンブルで使い果たし、不味(まず)いビールで酔うだけでなく、スミティーとシールの乗組員は訓練に励み、戦闘技能を磨き、戦いに戻るのに備えるために海上で時間を過ごした。他の船に転任になったり、新しく建造された船に乗るために本国に戻ったり、イルカの記章（訳注：潜水艦の乗組員の戦時記章）を取るのに失敗した者たちの代わりに新たに来た者たちの訓練もあった。

一九四三年六月二四日、シールはミッドウェーにいた潜水母艦ブッシュネル（訳注：アメリカ独立戦争で用いられた原始的な潜水艦を作った人物）から離れて、七回目の戦闘哨戒に出かけた。金庫の中の秘密命令によれば、シールはミッドウェーから約五、〇〇〇キロ離れた日本近海の本州沖で哨戒することになっていた。非常に危険な場所だった。

途中で待ち伏せしているかもしれない敵の標的になるのを避けるために、シールはジグザグの進路を取って海上を五日間進んだ後、台風、即ちハリケーンの東洋版に遭遇した。家と同じくらいの高さのある波に突っ込んだので、乗組員はこれは普通の嵐ではないと確信した。艦体は左右に三〇度横揺れし、艦内の固定していないものは全て転がり落ちるか、安全にしまい込まれるかした。寝ていた者は床にどさっと振り落とされないように、寝台にしっかりと体を縛りつけなければならなかった。一番経験を積んだ老練な水夫以外は皆、激しい船酔いに苦しんだ。嵐が最も激しい時に、スミティーは司令塔の上の右舷見張りの当直を志願した。「僕は眠れなかったし、何も食べられなかった。何か役に立つことをする方がましだと思った」とスミティーは言っている。

嵐はロン・スミスがこれまで経験した中で最も強く激しいものだった。風は時速一六〇キロまでに達し、揺れ動く潜水艦に吹きつけていた。雨は一つの方向からではなく、四方八方から飛んで来るみたいだった。シールはバドミントンの羽根のように、一つの巨大な波から次の波へとぶつかった。スミティーは腰の回りに命綱をしっかりと締め、それを手すりに縛りつけ固定した。双眼鏡は役に立たなかった。

「うねりが海面の一五メートルから二〇メートル下に穴のようなものを作り、向こう側に同じ高さの黒い壁を作った。シールは飛行機が急激に降下するようにその穴に落ちた。後部を持ち上げて落としてもがき、艦体を震わしながら向こう側の水の壁にぶつかった」スミティーはこう語っている。

波が艦体を洗い、波頭が自分よりも高くなりそうだと思った時は、スミティーは目を閉じ、息を止めながら手すりにしっかりと摑まった。それから波が落ちて来て砕け、まるで巨大な濡れた拳のようにスミティーを殴り、船の安全な場所からもぎ取って海に投げ込もうとした。スミティーはシカゴのリヴァービュー遊園地の乗り物の一つを思い出した。しかしこの乗り物は楽しいなんてとても言えなかった。

この嵐にも一つ良い点があった。もし敵の船が荒れ狂う海の向こう側にいたとしても、その水兵はアメリカ人ではなく母なる大自然と戦うという混乱状態にあったことである。

数時間、嵐に叩かれ、びしょ濡れになるのに耐えた後、スミティーはとうとう解放され、やっとのことで雨のない艦内に戻った。そして前後に縦揺れしている食堂に引っこみ、コーヒーカップを摑み、体全体に行き渡るくらい飲み続けた。それから滴をぽたぽた落としながら発令所へ行った。「一等航海士、どうして水面でこの嵐を乗り切ろうとしているのですか？」と海に慣れたベテランの潜水艦乗りであるレッド・サーヴナックに尋ねた。「どうして潜水して、この忌々しい嵐から逃れないのですか？」

「この悪天候が続きそうなのを知らないのか」サーヴナックは答えた。「今のこの状況では潜水するのは難しい。おそらく水と同じくらいの量の空気をタンクに入れてしまうだろう。潜水できるかどうか分からない」

機関科兼潜水担当士官のジャック・フロスト大尉はバランスを取るためにジャイロコンパス（訳注：高速回転するこまの原理を応用して真方位を決定する計器）台に寄りかかりながら、話に加わってきた。「スミス、水面にいながらこの嵐を乗り切った方がいいんだ。シールにはそれが出来る。こいつはタフな船だぞ」

未だ納得できない気持を抱きながら、スミティーは後部魚雷室へと戻り、びしょ濡れになった服を脱いで絞り、再び着てから寝台へもぐり込んで、体を縛りつけた。少なくとも服を洗うことが出来たと思い、この状況に諦めのため息をついた。

三日後に嵐は去り、シールは再び穏やかな海を進んだ。


ブ・ブ・ブ・ブー！　ブ・ブ・ブ・ブー！　潜航警報が数えきれないほど鳴った。「潜航、潜航」発令所が怒鳴った。ドッジ艦長は熟練した水兵が不平をこぼし始めるほどまでに、次々といろんな訓練で乗組員の技量を試していた。それが五日間も続いていた。潜航して浮上、戦闘配置に就いて潜航、戦闘配置のままで浮上。

「今日はこれで一〇回目だぜ」とビッグ・スキーは、真鍮製の速度ギアを船尾側に入れる大きいレヴァーをもう一度押し上げるために反射的に動きながら、スミティーに不平をこぼした。そのギアは電動ソレノイド（訳注：電流が流れると金属棒が動く仕掛けの制御スイッチ）で自動的にギアが入るようになっていたが、長期間使われていなかったので、当直の魚雷員がギアが入るまでハンドルを押すのが習慣になっていた。シールは急角度で下向きに傾いた。

「少しゆるめたほうがいい」　スミティーはかってシーガルが自分に注意したのを思い出した。ビッグ・スキーはゆるめようとしたが、難しかった。


一週間後、――その半分は嵐と戦うのに費やしたのだったが――、シールはやっと配置場所に到着した。日本の本土である本州の北東海岸の沖で、敵の前庭に当たるところだった。この緯度では二四時間中明るいので、ドッジ艦長はシールを大半の時間潜水させ、暗くなる僅か四時間だけ電池の充電のために浮上した。それは危険を伴う行動だった。もし敵に見つかったならば、急速潜航してその場から素早く逃げなければならなかった。もし電池が完全に充電してなかったならばどうなるのか、誰が分かるだろう？

こんなに日本の国土に近づいているので、スミティーには船の往来がラッシュアワー時のシカゴ・ループ（訳注：シカゴのダウンタウンを走る高架鉄道及び地下鉄）のように見えた。たくさんの船が右に行き、左に走っていた。しかしドッジは艦内にいて魚雷の発射を禁じ、ただ待っていた。一体全体何を待っているのか、誰もが知りたがった。

ある日、爆雷がずっと遠くで爆発する音がシール中に鳴り響いた。しかしそれが何故なのか誰も知らなかった。「何が起きているのか、発令所に尋いてみろ」魚雷員の一人がヘッドフォンを着けているスミティーに指示した。

「発令所、こちらは後部魚雷室。爆発音がするのが聞こえました。何が起きているのでしょうか？」スミティーは尋ねた。

「後部魚雷室、こちらは発令所」発令所で艦内電話を操作する水兵の〝カウボーイ〟・ヘンドリックスが答えた。「我々にも聞こえた。何が起きているのか分からない。しかし明らかに我々を狙ったのではない。あまりにも遠すぎる」

「他の船が近くにいるのかどうか尋いてみろ」ビッグ・スキーがスミティーに言った。

カウボーイは、グリーンアップはランナー（訳注：アジ科カイワリ属の食用魚）がシールの南の近くにいると考えていると伝えた。

爆発のテンポが、七月四日の独立記念日の花火ショーの最後の瞬間のように速くなったが、依然としてまったく遠かった。

U.S.S. シール、1943年3月撮影

「奴らが誰かを徹底的に痛めつけているように聞こえるぜ」とアベラード・ラゴという名の水兵が言った。乗組員は隔壁か甲板をじっと見つめ、耳をそばだてるだけだった。

二一時頃、爆発音は止み、シールの乗組員は少しほっとした。それから四五分後、回線を通じてランピー・リーマンの声が聞こえた。リーマンはすでに緊急信号を捕えていたのだった。「ランナーと思われる信号。弱い信号で判読困難。泥か何かに突っ込んでいると言っているように聞こえる。正確に判読できない」

ヘインズ大尉の声が聞こえた。「聴音所、こちらは発令所。おそらくランナーは着底しているのだろう。聴音を続けろ」

「聴音所、了解」とリーマンは答えた。

シールの乗組員は無言だった。事態は明らかだった。ランナーは多分沈められたのだろう。姉妹艦は今死につつあるのだ。あるいはもう死んだか。シールは厳粛な静けさに包まれた。シールの乗組員は分かっていたのである、それが自分たちの運命になるかもしれないことを。

〔原注：戦後日本海軍の記録を調べたところでは、この時期にアメリカの潜水艦への爆雷攻撃をしたか確認できなかった。その時の推測では、ランナーは本州の北東沖にたくさんばらまかれていたことが知られる浮遊機雷に沈められたのだろうということだった。爆雷攻撃を受けていた潜水艦の正確な身元は決して分からないだろう」

(www.csp.navy.mil/ww2boats/runner)

一九四三年七月七日の二二時、シールは電池を再充電するために暗闇の中で浮上した。出来るだけ短時間で鉛蓄電池に可能な限りの量の電力を貯めるために、四基のディーゼルエンジンは全力を出した。

翌朝三時四〇分にレーダーが、一二ノットで北へ進む大規模な護送船団の輝点を捕らえた。三隻の大きい輸送船、五隻か六隻のもっと小さい船、そしておそらく数隻の護衛艦。船団は海岸線の近くを走っていたため右舷側だけを曝しており、シールは巧みに動く余地はほとんどなかった。ドッジ艦長は危険は大きいが、攻撃する価値は充分あると判断した。それで船団を迎撃するために、浮上しながら最高速力で北向きの進路をシールにとらせた。艦内では乗組員が攻撃の準備を行なっていた。シールが待ち伏せ地点に着いた時、戦闘配置の潜航に移り、潜望鏡深度まで潜る。目標の方角、速度、距離をTDC（訳注一二）に入力する。攻撃のために全てが準備された。

ランピー・リーマンが突然、報告した。「小さい高速のスクリュー音が左舷から接近中」

それはシールを撃沈するために向かって来る日本の潜水艦だった。

「五〇メートル降下」艦長が命令した。フロスト大尉はバラストタンクの弁を全て開けるよう命じ、シールを急角度の前のめりで突っ込ませた。その命令はかろうじて間に合った。シールの乗組員全員が、魚雷が水を切り裂く特有の高いシュルシュルシュルーという音が、すぐ上を通るのを聞いたから。スミティーはその音を聞いて驚いて、危うく跳び上がりそうになった。

「潜望鏡深度」ドッジ艦長は命令した。シールは命令に従って上昇した。依然として船団を攻撃するつもりなのだった！

「前部魚雷室、発射用意」ヘインズ大尉が言った。

「前部魚雷室、発射用意。アイアイサー」ビッグ・ウップは声に喜びを込めて答えた。

スミティーは艦長が前部発射管から射つ位置に艦を動かしているのを、ヘッドフォンで集中して聞いていた。頭の中では、前部魚雷室の同僚が攻撃準備のために必要なことを全てやっているのを思い描くことが出来た。

「一番管発射」ドッジ艦長は命じ、シールは圧縮空気の反動で揺れた。さらに二本の魚雷が続けさまに放たれた。「すべて全速で走っている」ドッジ艦長は教えた。「前部魚雷室、再装塡を始めろ。三〇メートル降下」

「後部魚雷室、発射用意」ヘインズ大尉は命じた。「五番、六番、七番発射管の扉を開けろ」

「俺たちはあんちくしょうの水面下になるぞ!」ビッグ・スキーが叫んだ。

「もしあの最初の三本の魚雷が奴らに命中したら、奴らは俺たちのちょうど上にやって来るだろう!」ラゴも叫んだ。

「ラゴ、たわ言は止めろ」ウッディーが叫んだ。「古強者は自分が何をしているか分かっている」

魚雷員はクランクを回して、発射管の外側の扉を開け始めた。

今や全員が悟った。前部発射管から射った後、標的の下を通り、そして反対側から後部発射管で再び攻撃する。見事な戦術だった。スミティーが知る限り、今まで誰もやろうとしたことのない戦術だった。しかしあまりにも海岸に近づきすぎてはいないだろうか? 標的の船の反対側に出た時、シールは座礁しないだろうか?

心配している時間はなかった。ヘインズの声がスミティーのヘッドフォンに鳴り響いた。「後部魚雷室、こちら発令所。五番管発射用意」

「後部魚雷室、五番管発射用意中」スミティーはTDC機器に集中し、星のマークが線に達するのを待った。

突然に　カチィ……ドカーン!　カチィ……ドカーン!　カチィ……ドカーン!

衝撃波が三回シールを襲い、叩きのめした。電球が吹き飛ばされたため、カブース（訳注一）は真っ暗になった。船体をねじった力で折れたパイプから水が吹き出し始めたので、すぐに非常に冷たくなり、また濡れてきた。魚雷員は怒鳴り、ののしり、指示を出し、警告を叫んだ。

スミティーは自分の体を支えるために本能的に手を伸ばして、見つけられものなら何でも掴み、真っ暗な部屋の中で堅くていろんなものが出っ張っている床に投げ出されるのを防いだ。そして船体が驚くような角度で上に傾いているのを感じた。その瞬間、明かりが点いた。

「こいつは驚いた」ビッグ・スキーは深度計を見つめて、喘ぎながら言った。「一一〇メートルだぞ」古い船体は一インチ（二・五センチ）四方に九〇キロの重みがかかる圧迫の下でうめいていた。シールの最大試験深度が三〇メートルであるのは誰もが知っていた。かつてこのような深度まで潜ったことは一度もなかった。

カチィ……ドカーン！

「爆雷攻撃に備えろ！　無音走行の準備をしろ！」発令所から命令が届いた。スミティーはおびえて取り乱しながら、その命令を繰り返した。

「そいつは少し遅すぎるぞ」後部魚雷室員が水密ドアを閉鎖し、隔壁のフラッパー（訳注：空気を通すための穴）を閉め、発射管の外側の扉を閉めながら、誰かがうわずった声で言った。

カチィ……ドカーン！

「一体全体どうなっているんだ」誰かが状況を知りたがった。

「あのくそったれどもが不意打ちをくらわせたのさ」ウッディーが答えた。

カチィ……ドカーン！　シールはあたかも煙突大の野球バットで殴られたように震えた。

「輪姦されてるみたいだ」デッド・アイが装填架にしっかりと掴まりながら叫んだ。

折れたパイプから水飛沫が後部魚雷室に降り注ぎ続けた。船体が上に傾いていたので、氷のように冷たい水は、スミティーの配置場所の近くでは膝の下の高さになり、ますます深くなっていった。

カチィ……ドカーン！　カチィ……ドカーン！　カチィ……ドカーン！

シールの乗組員はまだ知らなかったけれど、日本の七隻の駆逐艦がシールの潜望鏡とレーダーには見えない、輸送船団と海岸の間にいたのだった。最初の魚雷の爆発を見て、日本の駆逐艦は回頭して船団の間を抜け、シールを探知し、恐ろしい武器を投下し始めたのだった。ビッグ・スキーとホパロングが推測したように、爆雷を〝ダウン・ザ・ハッチ〟（普通はハッチから降ろすの意味であるが、海軍のスラングでは乾杯の意味がある）で投下する一人の艦長――もしくは七人の艦長――に遭遇していたのだった。

カチィ……ドカーン！　カチィ……ドカーン！　カチィ……ドカーン！　音と衝撃波が艦内中に反響した。衝撃を受けるごとに、スミティーはあたかも艦体がアルミフォイルで作られているかのように、鋼鉄が曲がったり動いたりするのが実際に見えるのでびっくりした。カブース（訳注一一）の乗組員は水嵩（みずかさ）を増す水から逃れるために、もっと高い所に上がろうとしたが、甲板は油膜でつるつるして滑ってばかりいた。水の温度は氷点より二～三度上だったので、空気は冷えて、乗組員は吐く息が白くなるのが見えた。

カチィ……ドカーン！　カチィ……ドカーン！

様々な部署からの損害報告がスミティーのヘッドフォンにひっきりなしに届いた。スミティーは意気消沈させる知らせを仲間に伝えた。「前部魚雷室、浸水中。サウンド・ヘッド（訳注一〇）のパッキングがひどく漏れている。前部電池室は無事である。司令塔には数か所小さな穴が開いている。発令所には浸水はないが、ポンプ室は発令所のハッチの辺りまで浸水している。後部電池室には少し水が入り、電池から二〇センチあたりまで来ている」

最後の知らせは特に問題だった。もし水が電池まで達したならば、酸と結合して塩素ガスが発生するからである。そうなれば艦内の者は全員死ぬことになる。

「前部機関室は小さな水漏れがあり、下水溝に多少の水が溜まっていると報告した」スミティーは各部署の報告の中継を続けた。「後部機関室は甲板まで浸水した。ドンキーエンジン〔原注：緊急時に使うために甲板の下に置いてある五〇〇馬力の予備のエンジン〕はほぼ水に浸かった」

今度はスミティーが報告する番だった。「発令所、こちらは後部魚雷室。外の扉は閉めた。水が甲板から半分くらいの高さまで上がり、艦尾の深度計は一一〇メートルを指し示している」

「オーケー、後部魚雷室」発令所から落ち着いた返事が来た。こんな緊急時にヘインズ大尉はどうしてそんなに沈着冷静になれるのか、スミティーは不思議に思った。しかし大尉の冷静さは、スミティーの神経質な気持を静めるのに役立った。多分、事態は自分たちが思っているほど悪くはないのだろう。スミティーは自分に言い聞かせた。

「今、何時だ」ホパワングはスミティーに尋ねた。スミティーがクロノメーター（訳注一三）を見られる所に移動していたからである。

「〇七時二〇分」スミティーは返事した。一九四三年七月九日だった。スミティーは果たして七月一〇日まで生きていられるだろうかと思った。

「攻撃が始まってから、まだ一時間も経っていない」ウッディーは信じられないように静かに言った。まるで何時間も攻撃を受けていたかのように思えたからである。誰かが爆雷攻撃は三〇分ほど前に終わっていたと言った。後部魚雷室の乗組員は安堵の溜息をついた。しかしまだ水が電池に達する心配があった。

「全部署に告ぐ。艦を正しい姿勢に戻す」発令所が告げた。しかしバルブが音を立てて開くやいなや、新たな爆雷が雨のように降り注いで来た。

カチィ……ドカーン！　カチィ……ドカーン！　カチィ……ドカーン！　カチィ……ドカーン！

カチィ……ドカーン！　カチィ……ドカーン！

「爆雷の音は言い表わすことが出来ない」　スミティーは後にこう語った。「他に似た音がないから。一番音の大きい雷よりもうるさい。大きい爆弾の一〇倍も大きい音がする。その音が非常に強烈なので、耳が聞くことが出来る体の音のスペクトルを通り抜けて、圧力波に変わったのだった」

カチィ……ドカーン！　カチィ……ドカーン！　カチィ……ドカーン！

「爆雷は前よりも遠いということはないぞ」　ブラウンはI形の梁にしっかりと掴まっているために、指の関節を白くしながら唸り声をあげた。

爆雷はまるで土砂降りの雨のように降り注ぎ続けた。カチィ……ドカーン！　カチィ……ドカーン！　カチィ……ドカーン！　非常にたくさんの爆雷が投下されたので、乗組員は敵の駆逐艦は基地へ帰って再搭載し、引き返して来てまた投下しているのではないかと思い始めた。多分、日本軍の持つ全ての爆雷がシールを沈めるために使用されたのかもしれない。スミティーは心底からおびえ始めた。仲間の乗組員は職務においては最高である。しかし敵に反撃する方法はなかったし、爆発をそらす楯もなく、敵を消し、爆雷投下をやめさせる魔法の杖もなかった。

カチィ……ドカーン！　カチィ……ドカーン！　主よ、攻撃はいつ終わるのでしょうか？　という思いが銘々の心に満ちた。さらにどれくらいの試練を我々に耐えさせるのでしょうか？

潜航担当士官は釣り合いを直すことによって、シールの危険な角度を変えようとしたが出来なかった。タンクから水をポンプで押し出そうとするたびに、日本のソナー手はその音を捕らえるのだろう、さらに爆雷が落ちて来るのだった。敵は明らかにシールを身動きできなくして、浮上させないようにしていた。

さらに三時間が過ぎたが、神経と鼓膜への攻撃は休みなく続いた。

「聴音手、何か分かったことはないか？」ある時点で発令所がランピー・リーマンに尋いた。

「発令所、七隻の駆逐艦とその近くに数隻のもっと小さい艦艇、おそらく護衛駆逐艦がいると思います」ここで乗組員は頭上にいる狩人の数を初めて聞いたのだった。疑いもなく連続攻撃は止みそうもなかった。

「よくやった、聴音手」発令所は感謝の意を示した、再び何の感情を交えずに、あたかも晴れた空と穏やかな海についての天気の報告を受けたように。

後部魚雷室は刻一刻と寒くなって来た。ここが僕の墓なのか？ここで僕は死ぬのだろうか？とスミティーは思った。父親はどのようにしてその知らせを受け取るのだろうかと訝（いぶか）った。そしてシャーリーも。二人には埋葬すべき体さえもないのだ。

ランピー・リーマンは推測した状況を伝えた。「敵は我々の周りを回り、向きを変えてその円を横切って走り、爆雷を投下しているように聞こえます」

スミティーは聞こえたことを繰り返し、ブラウンは気持ちを元気づけようとした。「まるでインディアンが幌馬車隊を取り囲んでいるようなものだな」カブース（訳注二）の者たちは普段より少し硬い表情で笑ったが、再び部屋は静かになった。グループの中で一人一人が時折、目を閉じ頭を垂れようとした。他の者には祈っているのだと分かった、皆がしているから。

スミティーは自分の静かな祈りを捧げた。敬愛する神様、どうか僕をお助け下さい、我々全員をお助け下さい。もし戦争を終わらせるのに役立つならば、死ぬのは構いません。しかしそうはならないと思います。どうか僕にしなければならないことを、全てする力をお与え下さい。

ラゴが緊張した雰囲気を卑猥（ひわい）なジョークで和らげようとしたが、完全な失敗に終わった。

カチィ……ドカーン！　カチィ……ドカーン！　カチィ……ドカーン！

ウッディーもジョークで緊張を和らげようとしたが、落ちにたどり着ける前に、カチィ……ドカーン！　カチィ……ドカーン！　カチィ……ドカーン！　という音で妨げられた。全員が一時的に耳が聞こえなくなった。

　まるでシールが大きい銅鑼(どら)になったかのように、突然鋭く大きいピンという新しい音が艦体中に鳴り響いた。

「ソナーだ、奴らがこっちに電波を当てて、金属音を出している」デッド・アイが言った。

「下司野郎どもが今や我々を捕まえた」ビッグ・スキーは立ち上がって隔壁を向きながら言った。

スミティーはビッグ・スキーが恐怖に怯(おび)えるのを始めて見た。敵の駆逐艦隊はアクティヴ・ソナーを使って音響探知を行ない、無力な潜水艦の大きな鋼鉄の船体から信号を跳ね返らせ、その位置を計算し、シールにぴたりと狙いを定めていた。その音は潜水艦乗りが爆雷の音よりももっと恐れる唯一の音だった。まるでシールが船側にネオンが輝く巨大な標的を描いているかのように、敵の駆逐艦がシールがどこにいるか正確に捕らえたのを意味するからである。

　乗組員の動揺する耳に新しい音が挨拶した。パン、パン、パン、パン、パン、パン、パン、パン、パン、パン、パン。それは水面下の大きい爆竹の連続した音のように響いた。

「対潜水艦爆弾（訳注：あらかじめセットされた深さで爆発する爆弾）だ」ウッディーが言った。

　さらに八個の爆雷が爆発し、そして多数の対潜水艦爆弾も爆発した。

「奴らは多分この近くに飛行場を持っているんだぜ」ホパロングが言った。

「そうだな、そしていまいましい爆弾工場もな」ビッグ・スキーは言った。「俺たちはその流れ作業台のちょうど終点にいるんだぜ」

　前部魚雷室のビッグ・ウップ・ボニノは投下された爆雷の数を数え続けていて、艦内回線を通して定期的に数を静かに報告していた。「二一二」最新の数だった。

　信じられないことながら、ともかくまだ全員生きていた。死がもはや差し迫ったものではないように思えると、代わって生きることを考えた、特に食べ物のことを。

「俺腹ペコだ」誰かが言った。

「俺もだ」別の誰かも言った。

突然、乗組員は予備の魚雷の後ろのような秘密の隠し場所から缶詰を引っ張り出し始め、それを出し合った。ドール（訳注：ハワイの果物会社）のパイナップルの缶詰が七つ、オイルサーディンの缶詰が少し、それとソーダクラッカー（訳注：重曹で中和したイーストを使って焼いたクラッカー）の缶詰が一つ集まった。水兵たちはナイフを取り出して缶を開けた。「凍るような寒さと爆雷の爆発が続いていなければ、素敵なピクニックに行ったみたいだったな」スミティーは後にこう言った。

カチィ……ドカーン！　カチィ……ドカーン！　カチィ……ドカーン！

「坊や、奴らは本当に諦めていないぜ」口にクラッカーを詰め込みながら、ビッグ・スキーがスミティーに言った。

何時間も経ったが、日本の駆逐艦隊はピクニックに来た者たちを仕留める努力を緩めていなかった。奇妙なことに、爆撃され爆雷攻撃を受けるのが当たり前になっていった。そして驚いたことに、シールが上向きに異常な角度になっているにもかかわらず、油断なく見張っている敵の駆逐艦隊からこっそり逃げ去る望みを持って、ドッジ艦長は減少した出力で艦をどうにか動かし続けた。

損害報告があちこちの部署からやって来た。ポンプ室には水が溢れ、機械が動かなくなった。幾つかの通気口が損傷した。そしてエンジンのマフラーが吹き飛ばされていた。もっと悪いことに燃料タンクに穴が開いており、ディーゼル燃料が漏れていた。油は海面にピカピカ光る虹色の帯を作っているだろうから、敵の駆逐艦がシールの動きを追いかけるのを容易にしていた。

一四時三〇分にスミティーは状況を調べるために、艦内の他の部署へ行ってみようと決めた。ヘッドフォンをビッグ・スキーに渡して、水密ドアを開けてそっと出た。艦体が急角度で上に傾いていたので、ドアを閉めるには後部魚雷室員が数人がかりでやらねばならなかった。

スミティーは操艦室の乗組員と短いおしゃべりをして、急な勾配を登ってその部屋を抜け、それからジニー・ジネロが自分のドンキーエンジン（訳注：補助エンジン）が水浸しになったことで気落ちしているのに同情した。

次に前部機関室に通じるドアをドンドンと叩き、機関員であるフィリップスという名の水兵がドアを開けた。前部機関室は大丈夫のようだった。「ここはどうなんだ？」スミティーは尋ねた。

「お前は知らん方がいい」フィリップスは答えた。「水が電池の蓋にだんだん迫っている」良い知らせではなかった。

スミティーは急いで部屋を出て、次に乗組員の食堂に行った。そこでは一二人、あるいはもっと多くの者が集まって煙草を吸い、小さな声で話をしていた。スミティーは彼らに後部魚雷室からのニュースを伝え、それから自分のハムサンドイッチを作った。誰もが比較的意気盛んだったが、見せかけの陽気な冗談のやり取りの裏では、全員が置かれた状況を良く分かっていた。

「有難いことに、ジャップはヘッジホッグ（訳注：ハリネズミのこと）を持っていないぞ」一人の水兵が言った。皆が頷いた。大西洋にいるアメリカの駆逐艦はヘッジホッグとして知られる水面下用の武器を装備していた。それは直径七・六センチの徹甲弾頭を持つ二四個のロケット弾を前方に円を描くように発射するものだった。ナチの潜水艦の艦体に厄介な穴を開けていた。

発令所は全員に白い粉の入った五ガロン（訳注：一九リットル）の缶を開け、周りに散布するよう命令した。それは二酸化炭素吸収剤で、艦内の酸素がだんだん減ってゆくのを防ぐのに役立つはずだった。煙草を吸うための休憩は一時間につき五分に縮められた。〝喫煙灯〟が点いた時、スミティーは煙草に火を付けようとしたが、酸素が少ないため点火できないと分かった。

スミティーは食堂にいた者にさよならを言って、爆雷の爆発音の連弾を伴奏にしながら下り道を後部魚雷室へと向かった。そしてビッグ・スキーからヘッドフォンを受け取ると、艦内中の状況の聞き取りを続けた。スミティーは知った。前部魚雷室の状況は悪化しており、水が損傷したサウンド・ヘッド（訳注一〇）のパッキングの回りから注ぎ込み続けており、徐々に部屋に満ちて来ていた。もし誰かがドアを開けると、水は外に出て前部電池区画に流れ込み、大惨事になるだろう。

カチィ……ドカーン！　カチィ……ドカーン！　カチィ……ドカーン！　終わることはないのだろうか？

スミティーは徐々に悟り始めた、なんとか無事である可能性は刻一刻減りつつあるのを。酸素が欠乏し、水が電池に迫るだけでなく、日本軍はいつまでも爆撃と爆雷攻撃を続けられるのだ。なんといっても自分たちは日本の海岸のすぐ沖にいるのだ。敵の駆逐艦は爆雷がなくなった時は、一番近くの港へ行って新たに搭載できるのだった。ドッジ艦長がこの離れ業を企てたのはなんと愚かだったのだろう？　海軍当局が〝天皇のバスタブ（訳注：アメリカ軍は日本海をこう呼んでいた。ただ、シールが攻撃されたのは三陸沖である）〟に実際、自分たちを送り込んだのはなんと愚かだったのだろう？

スミティーはむき出しの膝を引き寄せて両腕をそれに回し、傾いた床に座っていた。歯は寒さのためにガチガチ鳴っていた。この哨戒に際して暖かい衣服を持ってこなかったとは、自分はなんと愚かなのだろう？

苦い思いが頭の中を駆け回った。それはそうと僕らはどうしてこの戦争に巻き込まれたのだろう？　ジャップが欲しがる石油、ゴム、鉄鋼を我々が手に入らないようにしたから、ジャップが攻撃して来た。僕らが干渉すべきことだったのだろうか？　もし奴らが僕らに同じことをしたならば、僕らが先に攻撃しなかっただろうか？

スミティーは考えた。どうして僕は自分が始めたのではないことのために死ななければならないのだろう？　結局充分な食べ物があり、妻子があり、干渉されない限り、どんな政府であっても違いはないのではないか。日本とドイツの貧しい馬鹿な野郎たちも同じように感じているに違いない。もし違いがあるならば、死んでも構わない。しかしそうではないだろう。

人間とはなんと愚かなのだろう？　僕らは皆死ぬだろう。そしてこの戦争には何の影響も与えなかったのだ。くそ、僕らは一隻の船も沈めていないのだ。

スミティーの心は状況を理解しようとして取り留めもなく動いた。僕は僅か一八歳なのに生きる見込みはもはやない。結婚して子供を持ちたかった。女性と本当に暮らしたこともない。

この戦争で掛かるすべての金を考えてみろ。この潜水艦だけでも何百万ドルも掛かっているのだぞ。なんという無駄使いだ。ちくしょう、魚雷一本だけでも一五台の新車よりも金が掛かるのだ。一五台の新しいポンティアック（訳注：ゼネラルモータースが製造していた乗用車）を買って、なお金が残るのだ。

まるでスミティーの心が読めるかのように、ビッグ・スキーがスミティーの思考の中に入り込んで来た。「スミティー、お前は馬鹿だよ。嫌な臭いのするこの船にずっとこだわる代わりに、お前は年取ってからのことを考えるべきなんだ。」

スミティーは訴えるような目でビッグ・スキーを見た。「スキー、僕たちはここから無事に逃げられるのか？」

「間違いないよ、坊や。お前は五五歳まで生きて、膝の上で孫を叱っているだろう。望みを捨てずに頑張れ。シーガルが言っていることを思い出せ、〝落ち着け、本当に落ち着け〟」

スミティーは事態がそう簡単であるようにと願った。僕はドイツと戦う必要のないのが嬉しい。少なくとも奴らはクリスチャンだから。この異教徒のジャップめ、一体全体奴らは何者なんだ？奴らは天皇を神だと思っている。奴らは全員殺されるべきなんだ。もし奴らが天皇のために死んだとしても、天国に行けると誰が思うだろうか。僕はあの忌々しい裕仁を今すぐここに連れてきたい。そうすれば奴らに裕仁が人間であることを証明してやる。

カチィ……ドカーン！　カチィ……ドカーン！　カチィ……ドカーン！

七隻の潜水艦狩人は一日中つきまとい、いじめっ子が弱い者を叩くように、大喜びでシールを交替に攻撃した。シールの艦内の空気は本当に汚れていき、酸素の量はだんだん低下し、二酸化炭素の量はますます増えていった。誰も煙草を吸おうとしなかった。ともかく煙草には火が付かなかったから。電池もだんだん減っていった。あと二時間も持ちそうになかった。スミティーはバラストタンクから水を噴き出して水面に浮上するだけの高圧空気が残っているのかどうか知らなかった。シールの乗組員は死んだも同然だった。敵の駆逐艦隊はあと二〜三時間そこにいるだけでよかった。そうすればすべてが終わるだろう。目を閉じて諦めるべきなのだろう。

カチィ……ドカーン！　カチィ……ドカーン！　カチィ……ドカーン！

第一二章――〝フェザー・マーチャント〟

昇る太陽は極東における日本の覇権のシンボルだった。その太陽は今は本州の北東の海岸線の向こうに隆起している北上山脈の後ろに沈みつつあった。多分これもシンボルか、あるいは少なくとも前触れだった。

大きいボクシングのグローブで打たれ、揺さぶられるような爆雷攻撃が句読点を打つ時間が、何時間もゆっくりと過ぎたが、シールは水面下で未だ身動き出来なかった。一九四三年七月九日のことだった。クロノメーター（訳注：一三）は二三時を示していた。シールはすでに一八時間も潜水していた。多くの乗組員は今日が最後の日になるのかと覚悟していた。

ハリー・ベンジャミン・ドッジ少佐は別のことを考えていた。敵の駆逐艦がいるにもかかわらずシールを浮上させ、そして必死で逃げる時だった。もしそうしなければ、自分と乗組員全員の名前は確実にどこかの記念碑に刻まれることになるだろう。敵の艦隊から逃げられるチャンスはゼロに近かった。しかし水面下一一〇メートルにいて、必然的に窒息状態になるのを待つよりはましだった。

突然、「水上戦闘要員、発令所に集まれ」という命令がヘッドフォンに飛び込んで来た。スミティーはびっくりして命令を伝え、立ち上がった。

た。

「一体全体どういうことだ?」　後部魚雷室の水兵の一人はぶつぶつ言った。しかしその水兵も立ち上がった、水上戦闘要員の一人だったから。実際ビッグ・スキーを除く後部魚雷室員は全員水上戦闘での任務を持っており、皆出て行った。スミティーは最後に部屋を出たが、出る時に振り返って、自分のために水密ドアを開けてくれているビッグ・スキーを見た。二人の目が合った。スミティーは再びビッグ・スキーに会うことはないだろう、少なくともこの世では、としばらくの間思った。

「君は大丈夫かい?」　スミティーは尋いた。友達を一人だけにするのが嫌だったから。

「俺は大丈夫だ、スミティー」　ビッグ・スキーはまるでスミティーの考えていることが分かるように、手を差し出して若い男と握手しながら言った。「奴らを地獄へ送れ、坊や」

スミティーが発令所に着いた時、薄暗い赤い電球だけが明かりとして点いていて、すでに砲術担当の乗組員でいっぱいだった。スミティーはまとまりのない集団を見回した。規則通りの軍服の代わりに、ハワイ風の柄の水泳パンツ、膝の上までのショートパンツ、サンダル、鞘に入った甲板ナイフ、サブマリン・ジャケット（訳注：ボマージャケットに似た潜水艦乗り用の革製のジャケット）を身に着けていた。そしてあごひげを生やし、モホーク刈り（訳注：額からうなじにかけて一筋だけ毛を残し、他は剃り落とす刈り方）にして、頭、腕、脚、首に色のついたぼろ布を巻いていた。アメリカ海軍のエリートの潜水艦乗りの集団というよりは、バーバリー海岸の海賊たち（訳注：北アフリカ海岸にいた海賊で、一九世紀の初めアメリカはこの海賊討伐の戦争を行なった）のように見えた。

ドッジ艦長は司令塔に上がる梯子を数段登った。それで水兵たちを見ることができ、また水兵たちからも姿が見えた。「諸君」と真剣に話し始めた。「私は諸君全員を誇りに思っている。我々は水面下に止まって鼠のように死んではならない。水上に出て戦わなければならない。もし死ぬとしても、アメリカ人らしく戦って死ぬのである。フロスト大尉、艦を浮上させろ」

「アイアイサー」潜航士官は答えて、バラストタンクから水を押し出すよう命令した。艦体に浮力を与えるために、タンクから何トンもの海水を押し出そうとする空気の音が聞こえた。しかしその音は皆が今まで聞き覚えのある音よりもずっと弱々しかった。この古い船は浮上できるだろうか？　全員の目が深度計に注がれた、水面に出るということに皆の意志の力を集中させながら。ほぼ力を失っていた電気モーターが弱々しくではあるが、シールを上へ押し上げた。三〇メートルの深さでシールは停止し、元気を与える空気まであと数尋を登れず、死の潜航へと滑り落ちていくかのように見えた。その時、予告もなしに急に跳び上がり、潜望鏡は波を突き破り、続いて艦橋と司令塔が水面に飛び出した。

「メイン誘導弁（訳注：内燃機関で混合ガスをシリンダーへ誘導する弁）を開けろ」ドッジ艦長が命令した。メイン空気誘導弁の金属製のガチィという安心させる音がして弁が開き、ディーゼルエンジンに酸素を送り込んだ。「大きいエンジンが艦内を真空にしたので、腸が鼻から吸い出されるような気がした」とスミティーは語った。

「第一エンジンを動かせ」グリーンアップが叫んだ。ディーゼルのクランクが回って聞き慣れた唸りと共に始動し、続いてふらつきながら前進を開始した。

ドッジ艦長は敏捷に梯子を昇り、ハッチを音をたてて開けた。冷たい海水の小さな流れと一緒に冷えた新鮮な空気が非常に熱くなった艦内に勢いよく流れ込み、発令所の中の空気をすぐに厚い霧に変えたので、何も見えなくなった。しかし誰も何かを見る必要はなかった。全員が艦長に続いて梯子を駆け昇り、甲板に飛び出し、死ぬ前に敵をやっつけようとして、自分の大砲へと走っていった。

スミティーは司令塔の後ろにある二〇ミリ機関砲に向かって突進していた時、湿った甲板で滑って向こうまで滑っていった。スミティーは弾薬をしまったロッカーを開け、出来るだけ早く弾薬を取り出し、砲手に手渡した。すぐにも日本軍の砲弾がシールに飛んで来るかもしれなかった。日本の駆逐艦隊は一日中ここにいて、正確な打撃を加え、シールが水面に浮上するのを待つだけだったから。

三インチ砲が台の上で旋回し、砲手は目標を捜した。二〇秒間同じ状況が続いた。指が緊張したまま引き金に添えられていた。さあ最後のチャンスだ。

一つだけ問題があった。

日本の七隻の駆逐艦はいなかったのだった。

乗組員はあちこちを見渡し、暗闇の中に目標を見つけようと目を最大限に働かせた。しかし何も見えなかった。どんな痕跡も。周囲の海は暗く、何もなかった。

乗組員は自分たちの幸運さに当惑した。おそらく敵は爆雷と対潜水艦爆弾（訳注：あらかじめセットされた深さで爆発する爆弾）がなくなったのだ。多分、敵はシールが海の底に沈んだと思ったのだ。いや多分うんざりして帰ったのだ。どんな理由であれ、日本軍は奇跡のようにシールを星の下に残したまま消えたのだった。

全員が無言のまま戦闘配置部署から離れ、甲板を通り、艦内へ戻った。とても言葉では言い表わせない、理解不能なことを経験したと感じた。

シールは乱打され、痛め傷つけられ、びっこを引くようにのろのろとミッドウェーへ帰った。シールの無線手は状況を尋ねる太平洋潜水艦隊司令部からの通信を受け取ったが、受領の通信を送れなかった。沈黙の結果として、太平洋潜水艦隊司令部はシールは失われたと推定した。それで一九四三年七月二〇日にまるで魔法のようにミッドウェーに現われた時は、大いなる安堵と喜びが起こった。

専門家のチームが艦首から艦尾までシールを子細に検査し、意見を交換して頭を振った。損傷はそこの限られた施設で処理できるよりも遥かにひどかった。シールはさらに検査するためにパールハーバーに戻る必要があった。パールハーバーでも処理できなければ、次にはメア島まで行かねばならなかった。戦いからしばらく離れなければならないということについては、シールの乗組員は誰もひどくがっかりはしなかった。もしシールが休みもなくまた海に戻れと命令されたならば、抗命に近い不満な気分が実際起こったであろう。

パールハーバーへ帰る航海はつらいものだった。シールの具合は非常に悪かった。水中では不安定になり、ひどく左に傾き、次に右に傾き、また左に傾いた。鯨のように不意に頭から突っ込み、それから逃げ去るネズミイルカのように海面上に飛び出した。艦体を抑えるためには艦首と艦尾の水平舵操作係の全力を要した。シールは調子が正常になるまでは、明らかに戦いに戻ることは出来なかった。

七月二四日、シールがびっこを引くようにのろのろとパールハーバーの停泊地に入った時、ドックの楽団が愛国的な行進曲を演奏した。潜水艦が帰って来た時はいつもするように、公式の歓迎行事が行なわれ、それから乗組員はシャワーを浴びた。寝台のスプリングとビニールのカバーのついたマットレスの下でずっとプレスしていた白い軍服を着て、通り一遍の身体検査を受け、欲しいだけの新鮮な果物をもらい、給料を受け取った。普通の給料に加えて五〇パーセント増しの潜水艦勤務の給与、さらに一〇パーセントの海外手当が付いていた。そして海軍が戦争期間中、ワイキキビーチの贅沢な宿泊所として、マストン・カンパニーから借りたロイヤルハワイアン・ホテルの部屋が彼らを待っていると言われた。ハワイアン・ホテルには一五〇人の士官と一、〇〇〇人の水兵を同時に収容するのに十分なスペースがあった。

この許可証を受け取るや否や、スミティーとビッグ・ウップ・ボニノはヒッカム飛行場を通り過ぎたばかりの所にある、基地の門の外に駐車していたタクシーへ走って行って、運転手にホノルルに行くように言った。

スミティーとボニノはほとんど信じられなかった、タクシーが夢のように見える町へ入って行くのが。二人はここに、本当にハワイにいるのだ、窮屈で息苦しく、悪臭に満ちた潜水艦の中で、果てしのない海で終わりのない哨戒に出ているのではないのだ。花とパイナップルの香りがする空気が、タクシーの開いた窓から流れ込んで来た。窓の外ではきちんと並んだ椰子の木の列が通り過ぎていった。ミッドウェーのような、爆弾で壊された建物は見えなかった。自分たちを殺そうとする者はいなかった。あらゆるものがきちんとして、清潔で、上品だった。絶えざる緊張と不安がなかったので、やっと安心してリラックス出来た。ビールを一本かそれとも一二本(あのグリーン・リヴァー・クラップではない)飲み、陽が沈むのを眺め、一週間か二週間、あるいはもっと長いかもしれないが、——それは修理にどれぐらいの時間を要するか次第だったが——、快適な生活を送ることが出来た。スミティーはボニノを見た。そして二人とも同じ考え、同じ素晴らしい見通しを共有しているかのように、にこっと笑った。

制服の店を通り過ぎたので、二人は運転手に車を止め、降ろすように言った。そしてその店に入って、白い服を数セット買った。結局ホノルルではかび臭い、ふきんみたいな臭いがする軍服を着ていては、あまり立派なようには見えなかった。スミティーは仕立て屋に右袖の先にイルカの記章を付けた第三等の軍服を縫うように頼んだ。二人は服がスリムな体格に合うように仕立てられるまで一時間待った。それから新しい服をプレスして茶色の紙に包んでもらって、別のタクシーを捕まえてホテルに行った。

二人がタクシーから降りた時、ロイヤルハワイアン・ホテルの優雅さにスミティーは思わず息を呑んだ。そこには異国風で珊瑚色の化粧漆喰の、壮観さに満ちた有名な〝太平洋のピンクの宮殿〟

があった。スミティーはシカゴのエッジウオーター・ビーチホテルだけがロイヤルハワイアンの壮大さに匹敵すると思った。ムーア様式（訳注：アラビア風の幾何学模様のある建物）で建てられ、背の高い堂々たるココヤシが周りを取り巻く、オアフ島の五〇〇室ある海辺の大建造物は、一九二七年にオープンして以来、ずっと金持ちと映画スターのお気に入りだった。それが今やアメリカ海軍の疲れた潜水艦乗りが独占的に使う、休息と元気回復の中心地となっていた。土嚢で囲んだたこつぼ壕と武装した衛兵、それとすぐ前の砂浜にある有刺鉄線だけが戦時下であるのを示していた。

その時、二人はそれを見た。

そこで、ホテルから通りを横断して歩きながら、二人の水兵は何ヶ月も見たことのないものを見つけた。それは……女だった。

スミティーとビッグ・ウップは通路で凍り付いたように立ちすくんで信じられないように、口紅をつけハイヒールを履いた、肉付きがよく曲線の美しい生きものを見つめた。二人は立っている所から、髪の毛の微かな香りを嗅ぐことが出来た。「そしてその女はきれいでさえもなかった」スミティーはそう認めている。長い間抑えていた男としての原始的な性的衝動が、敵の駆逐艦のように全く突然に押し寄せて来た。

しかしまず初めに、その性的衝動を満足させられる前に、きちんと行動しなければならなかった。海岸警備員はボートから落ちたばかりのように見える、しわくちゃの服を着た水兵を親切に案内しなかった。それで二人はホテルにチェックインして、部屋に大急ぎで上がってシャワーを浴び、髭を剃り、一張羅の新しい軍服を着た。それから悪名高いホテルストリートの売春宿の密集地域に出かけた。しかしどの宿の外にも欲情した水兵たちが長い行列を作っていた。それでボニノは以前ホノルルに来た時によく行った、信用できる店に若い仲間を案内した。そこでスミティーの欲情は手慣れた小柄なポルトガル人の女性によって放出された。

海軍工廠の技術者は軽く舌打ちして頭を振った。こんなにひどいものを見たことがなかった。サドルタンク（訳注：初期の型のバラストタンク）の一番上にある五センチの厚さの数個の真鍮の口は、肉眼ではほとんど見えない非常に細いひびが入っていた。どの口にもその穴を開け閉めする二本の水圧のアームが付いていたが、蝶番の留め針にかかった不均等な圧力のために、ひびがあっても口の蓋を閉じることはどうにか出来たのだった。シールがパールハーバーへ帰る航海の間、潜航した時に不安定な動きをしたのはそれが理由だった。「あの真鍮にひびを入らせたのはどえらい力だったに違いない」技術者はジャック・フロスト大尉に言った。「あれを取り換えるには多分二週間かかるよ。そして壊れた他のものを修理しなければならない」フロストは技術者に急ぐようにと言った。シールは出来るだけ早く海に戻る必要があったから。

修理班が働いている間、シールの水兵たちはくつろぎ続けた。酒を飲み、売春婦と遊び、そしてワイキキビーチにただ横たわって白い肌を焦がした。

ある日冷たいビールを流し込み、日光を浴びながら、スミティーは側で手足を伸ばしているビッグ・ウップとビッグ・スキーに言った。「これが人生だよ、ビッグ・ウップ。僕はこれに慣れたよ」

「どうかな、あまりこれに慣れ過ぎるな、スミティー」ボニノは言った。「俺たちはすぐに海に戻る気がするよ。それと、スミティー、俺の頼みをきいてくれるか?」

「もちろんだよ、ウップ。何でも」

「これからは俺を〝ビッグ・ウップ〟と呼ぶのはやめてくれ。俺の名前はリックだ」

スミティーはびっくりした。自分がこの何ヶ月もの間ずっとボニノを馬鹿にしていたのに気づかなかったのだった。「そうだな、俺が悪かった。君を傷つけるつもりはなかったんだ。あれは唯……」

「もういいんだ。忘れろ」

「そうか、ウッ……。そうするよ、リック」スミティーは恐ろしさを感じた。

修理作業は迅速に終わり、ドッジ艦長はシールの能力を試す準備をした。七人か八人のベテラン乗組員が他の船に転属するか、潜水艦学校で教えるためにアメリカ本土に送られた。その代わりに七人か八人の新しい乗組員がやって来た。

戦闘経験の豊富な多くのベテランは次のような事実を話している。ある時、頭の中の小さい声が〝死ぬ時が近い〟、次の銃弾、爆弾、砲弾の上に〝お前たちの名前が書いてある〟、お前たちはこの戦争を生き抜けないだろうというのを聞いたと。スミティーは同じようなことを、自分は生きて平和を見られないという運命を感じたのを覚えている。スミティーは言った。「世間一般では戦争は多分あと五年かそこら続くだろうと言っていた。一九四三年には三隻の潜水艦のうち一隻を失っていた。頭の切れる人間でなくとも計算は出来る。五年足らずでお前は多分死ぬだろう。それで潜水艦隊の我々はほんの少しだけ運命を受け入れた。決して死の願望ではない。我々はおそらくこの戦争を生き抜くことはないだろうという事実だけを受け入れた、そしてそれでも構わなかった。多分それはちょっとした無感覚な態度だった。しかしそれがどうした？　ともかくもそれについてはどうすることも出来ないのだ」

海でのテストが完全であり、シールは戦闘に戻るのに十分適していると証明されるとすぐに、スミティーは士官室の艦長の許へ出頭するよう言われた。ヘインズ大尉とグリーンアップ少佐もいた。軍法会議に似た〝艦内法廷〟のようだった。スミティーは自分が何か間違ったことをしたのだろうかと思った。

「気楽にしたまえ、スミス」ドッジ艦長は言った。「ヘインズ大尉は君が海軍士官学校に入学するのに興味があると言った」

「そうです、艦長」安堵の溜息を洩らしながらスミティーは答えた。最後の哨戒から帰る途中で、スミティーとヘインズ大尉はその可能性について論じた。神経をいら立たせる哨戒がスミティーを悩まし始めていた。それでスミティーは臆病者の烙印を押されることなく、シールを降りる途を見つけるのを望んでいた。スミティーの新兵訓練所でのテストの高い得点を見て、ヘインズ大尉は士官学校志願者にふさわしいと考えた。

「君をなくすのは非常に残念だ」ドッジ艦長は話し続けた。「グリーンアップとヘインズと話をして、我々は皆、君が将校になる素質を持っているという点で意見が一致した。それでここパールハーバーで君を交代要員にする。君は予備の学校に入学して士官学校を目指したまえ」

スミティーは物も言えないほどびっくりした。確かにヘインズ大尉と話をした。大尉は何とかしようと約束した。しかし大尉が実際に最後までやってくれるとは本当に信じていなかった。スミティーは士官たちが自分がどんな人間なのかを知ってくれているのであり、またシールの艦内で大勢の水兵たちの中の特色のない顔ではなかったのだと感じた。

まだ夢見心地のまま、スミティーは三人の士官と握手を交わして、かなり幸福な茫然とした状態で、自分自身をすでにあの士官たちの一員として思い描きながら、自分のロッカーへふらふらと戻った。そして小さいロッカーから自分の物を取り出し、バッグに詰め始めた。ビッグ・スキーとウッディーが側に来て、立ち止まった。

「一体何をしているんだ?」ビッグ・スキーが尋ねた。

「僕は行くよ。船を降りるんだ。転属になった」スミティーは二人がにこにこしていたので、既に知っているなと感じた。シールを去るのはつらかった。大部分の人間を好きなのを知っていたから。そのうち数人は兄のボブと同じくらい親密だった。彼らのために死んでも構わなかった。しかしシールを去ることは自分が生きるのを意味していた。スミティーは罪悪感を覚えた。そして二人の友と握手を交わし、二人は戦争をうまく切り抜けるのだろうかと思った。また再び二人に会えるのだろうかと思った。

複雑に入り混じる感情の波と戦いながら、スミティーはバッグを肩越しに掛けて、司令塔のハッチに続く梯子を登り、艦尾の国旗に敬礼した。そしてシールとハワイとを繋いでいる舷門を威勢よく歩いた。スミティーは後ろを振り返ろうとはしなかった。感情を抑えられるかどうか自信がなかったから。

しかしながら次の日に戻って来てシールをじっと見た。大勢の友達が乗っていて、ドックから離れて外洋に向かうシールを。一九四三八月一五日のことで、シールは八回目の戦闘哨戒に出発するところだった。胸に熱いものがこみ上げて来て、目がうるんでくるのを感じた。

「幸運を祈ります」シールが視界から消えた時、スミティーはつぶやいた。

乗る船のない水兵スミティーは一時的に基地の魚雷作業所で、ディアソンという名前の男の下で働くように言われた。ディアソンは年取った主任魚雷士で、魚雷の整備、分解修理、保管、積み込みなど基地の仕事をすべて管理していた。ディアソンはスミティーに最も重要なエンジン作業所の仕事を割り当てた。スミティーはそこで数日間大勢の水兵たちと一緒に働いた、ある大尉が探しに来るまで。

「スミス、ジョン・R?」その大尉は呼び掛けた。

スミティーはグリースにまみれた手を上げ、道具を置いてから、その士官の方へ歩いて行った。

「はい、私ですが」

「スミス、私は君にとって良い知らせと悪い知らせを持ってきた」　その大尉は言った。

「何でしょうか？」

「太平洋潜水艦隊司令部からの命令である。悪い知らせは、君のような有能な潜水艦乗りを交代要員のままにしてはおけないということである。良い知らせは、戦隊指揮官のブレア大佐が君を自分の下で働くように選んだということである。私は大佐の参謀で、君を見つけるために送られた」

「私の任務は何でしょうか？」

「君は大佐個人の運転手、手伝い、〝雑用係〟、護衛、何でもやるんだ」

「アナポリス（海軍士官学校のこと）へ行くための予備の学校についてはどうなんでしょうか？」

「心配するな。ブレア大佐が世話してくれる」


マークXIV型魚雷の磁気信管の問題は解決しそうになかった。ロックウッド少将はまったくうんざりし続けていた。一九四三年の終わり頃に少将はその信管を使わないように命令した。〝ミスター魚雷〟クリスティー提督を怒らせた命令を。潜水艦乗りのロバート・ベイノンが書いているように、「口論の根本的な問題はクリスティー提督がマークVI型信管の主要設計者だったことである」　提督はその信管の有効性と信頼性を固く信じていたので、苦情を訴える潜水艦の艦長は〝譴責されるべきだ〟。非難するのを変えない艦長は陸に追いやり、しっかりと警告して指揮を代えるべきである……。

クリスティー提督は頑固な人間で、自分の魚雷を信じていた。実際その地位は動かせなかったので、クリスティーよりも地位の高いロックウッド少将は割り込んで、磁気起爆装置を使用しないように命令しなければならなかった。この命令は、ロックウッド少将の指令には従わないというほどクリスティー提督をかんかんに怒らせた。この争いはクリスティー提督指揮下の潜水艦は磁気起爆装置を使用し、パールハーバーから出撃する潜水艦は磁気起爆装置を使用しないという形で続いた。この争いは第七艦隊の指揮官であるトーマス・C・キンケイド提督によって決着がつけられた。その起爆装置は〝水中に捨てて〟、使うべきではないと。

　ロックウッド少将はマークXIV型蒸気推進魚雷の改良型であるマークXVIII型電気推進魚雷も同じ問題を抱えていると認め、部下を怒鳴っていた。ロックウッド少将はマークXVIII型を〝海の人殺し〟と呼んだが、落胆はしなかった。そのうちに部下がその問題を克服できると信じていたから、専門家が魚雷を修繕している間、電気魚雷を哨戒に向かう潜水艦に配備するのを一時的に保留した。ロックウッド少将と部下たちは電気魚雷をひどく欲しがっていた。それは所在をばらす航跡を残さなかったので、どの方向から魚雷がやって来たかを標的が知るのをほぼ不可能にしたから。

　魚雷の論争はもはやスミティーには興味がなかった。スミティーはもう潜水艦乗りではなく、危険を免れた新しい穏やかな生活を送っていたからである。ブレア大佐の運転手として、かなり自由があり、比較的贅沢な生活を過ごしていた。開いた窓から入ってくる穏やかな良い香りの漂う、熱帯のそよ風に満ちた風通しの良い兵舎で眠った。毎日清潔な軍服を着て、好きなだけシャワーを浴びることが出来た。毎日新聞を読み、ラジオを聞いた。食堂でたらふく食べ、ビアホールで飲み過ぎるほど飲んだ。

　仕事はアイエア（訳注：ホノルルの地名）にあるブレア大佐の広々とした家から、パールハーバー基地管理ビルの司令部へ大佐を運び、また家へ運び帰ることだった。スミティーの一日の多くは、大佐が行きたい所へ運ぶために待機するのに費やされた。三〇分かそこらヤシの木陰で立って、大佐の車、海軍らしくない海老茶色の塗装をしたシボレー（訳注：ゼネラルモーターズの車のブランド）のステーションワゴンの埃を拭き取っていた。大佐が難しい仕事を処理する時は、他の高級将校の運転手に選抜された志願兵たちと煙草を吸いながらおしゃべりをした。

大佐が二〜三時間スミティーを必要としない時は、スミティーは浜辺で光に満ち溢れた温かい午後を過ごすか、潜水艦基地のビアガーデンで酒を飲んだ。「ビールはうまく、冷たく、安かった。クォート瓶（訳注：約一リットル入る瓶）でたった一〇セントだった」とスミティーは思い出している。時間をつぶすには楽しいやり方だった。

またある時はスミティーが車を運転してブレア大佐の家に帰って、かつてシールで炊事係をとして勤務していたことがあったグアム人の給仕のエイグアンと一緒になり、大佐のたくさんある棚から食料品をむさぼり食い、大佐が私的に蓄えている酒をがぶがぶ飲んだ。

スミティーは時々、自分が若い女性兵士——海軍の看護婦の恋愛対象になっているのに気づいた。大佐の家のパーティーで少し酒を飲み過ぎ、スミティーが彼女らを住んでいる所へ送り返す時に、ハンサムな水兵に秋波を送った。海軍の看護婦と親しく付き合うと海軍刑務所に入れられると分かっていたので、スミティーは賢明にも彼女たちに近づかなかった。自分の性的欲求を処理するために時々、日中にホノルルへ車を走らせ、一時間か二時間化粧を塗った女性と恋愛をした。それから大佐を乗せて家へ送るのに間に合うように司令部へ戻った。「大変な仕事だったが、誰かがやらなければならなかったからね」スミティーは笑いながら言った。スミティーは〝フェザー・マーチャント〟になったのだった。これは後方の安全地帯にいて戦闘任務を負わない者を嘲（あざけ）った海軍用語だった。

スミティーはもはや積極的に参加していなかったけれど、戦争はその冷酷な歩みを続けていた。気を滅入らせる知らせがビアガーデンの周囲を飛び交っていた。シスコ（訳注：鮭科の淡水魚のこと）とポンパノ（訳注：コバンアジ）の両艦が失われたと布告され、現役の海軍艦艇の名簿から削除された。ビアガーデンにいた潜水艦の水兵たちはグラスを厳粛な気分で上げて、自分たちの番が来るのかどうか、もしそうなら何時になるのか思い巡らしながら、船と共に沈んだ仲間の思い出に乾杯した。

〔原注：シスコは一九四三年九月の中頃に最後の通信があり、明らかにスールー海（訳注：フィリピン南西の海）で沈んだ。ポンパノは本州の近くで哨戒活動をした後、九月三日に失われたと報告された。その辺りにあった機雷に沈められたと推定される〕（ブレア、433,474,www,history.navy.mil/faqs/faq81-1)

第一三章——東京への道

一九四三年一一月の下旬、ビアガーデンの噂話が爆雷のようにスミティーを激しく揺さぶった。スカルピン（訳注：カジカのこと）が沈められたという話だった。サンディエゴでの結婚式に出席した友達のビル・パートンがスカルピンに乗っていた。おそらく多くの者が生き残って、日本軍に救助されたとも聞いた。スミティーは果たしてビルがその中にいるかどうか知りたがって、話の続きに耳をそばだてた。

〔原注：一九四四年一一月一九日、日本の駆逐艦山雲がトラック島沖でスカルピンを沈めたと後になって報告された〕（www.history.navy.mil/faqs82-1）

サンディエゴでビルと一緒に過ごした楽しい時がスミティーの脳裏に蘇（よみがえ）った。またサンディエゴからメア島に向かう列車で、バーの車両で引っ掛けた女の子とセックスをしているキャデスをのぞき見しようとして、上段の寝台からビルが落っこちた夜を思い出した。

スミティーは覚えていた、ビルが自分や他の者に演じた突飛で面白くもないジョーク、鋭い機転、そして気を引き締めて勉強に向かう時の真剣さを。ほんの数週間前にパールハーバーのビアホールで向かい側に座っていたビルをありありと思い描いた。黒く濃い髭がビルの若い顔を覆っており、スミティーに生まれたばかりの子供の写真を見せた。その間中ずっと笑い、冗談を言い、戦争はまるで朝飯前のように振る舞っていた。スカルピンが最後の哨戒に出航する直前のことだった。

スミティーは二つのイメージを思い描くことが出来なかった。駆逐艦基地の礼拝堂での夕方の結婚式のビルとメアリー、その夜二人はどんなに幸せそうだったか。そしてもう一つ——父親を知らずに成長するだろう赤ん坊の写真。そして今やビルは海で行方不明になった。メアリーはどのようにしてその知らせを受け取り、どのようにして耐え忍んでいるのだろうかと思った。彼女に手紙を書くべきかと思ったが、住所を知らなかった。そして痛みを減らすために、何を言ったらいいのか、何を言えるのか分からなかった。子供や夫に重大なことが起こったと分かった者にとっては、非常に耐えがたいに違いない。もし誰かが殺されたなら、その者はもはや苦しまない。しかし苦しむのは生き残った遺族なのだ。スミティーはそう思った。

スカルピンの喪失は、太平洋の戦いでの最もドラマティックな出来事の一つだった。潜水艦乗りの英雄的行為のどんな記述も、スカルピンの乗組員の半分の死と、ジョン・フィリップ・クロムウェル艦長の自己犠牲を物語ることなくしては完全とはいえないだろう。クロムウェル艦長はギルバート諸島のタラワ島とマキン島侵攻のガルヴァニック作戦に際して、潜水艦協同攻撃グループの指揮官であり、スカルピンと共に沈んだのだった。

クロムウェルは一九〇一年生まれで、一九二四年に海軍士官学校を卒業し、大戦間に戦艦メリーランドに乗艦した後、数隻の潜水艦で勤務したのだった。太平洋戦争が始まった時、太平洋潜水艦隊の将校であり、第四四と第二〇三潜水艦小隊を指揮していた。後に第四三潜水艦小隊の指揮も追加された。

一九四三年一一月、ソロモン諸島での戦役が成功裡に終わった後、アメリカはブーゲンヴィル島、タラワ島、マキン島への侵攻の準備をした。この作戦を妨げる日本軍の動きを阻止するために、マ

ジョン・P・クロムウェル大佐

ーシャル諸島とギルバート諸島に潜水艦群が配置された。

〔原注：配置されたのはアポゴン（SS－308）、ブラックフィッシュ（SS－221）、コルヴィナ（SS－226）、ドラム、ノーティラス、パドル（SS－263）、プランジャー、スカルピン、シール、シーラヴァン、スケート（SS－305）、スピアフィッシュ、スレッシャーだった。ロデリック・ルーニーが指揮するコルヴィナはこの作戦の時に、トラック島沖で日本の潜水艦伊－一七六によって沈められた〕（ブレア、490－497）

クロムウェルはタラワでの作戦を命じられ、スカルピンを旗艦にした。スカルピンは九回目の哨戒であり、フレッド・コナウェイが初めて指揮を執っていた。

歴史家のエドワード・C・ウィットマンは、こう書いている。「クロムウェル大佐は潜水艦の戦略と戦術、潜水艦隊の動きの日程、具体的な攻撃計画に関する秘密情報を知っていた。……高級将校として、ガルヴァニック作戦を完全に熟知しており、またスカルピンの誰よりもウルトラとその出所についてよく知っていた。

〔原注：ウルトラは日本とドイツの通信の傍受と暗号解読から得られた情報を表わすのに使われる一般的な用語である〕

スカルピンは一一月一六日にトラックの東の配置場所に着いた。二日後の夜、スカルピンのレーダーは高速でトラックに向かう日本のかなり大きい護送船団を捕らえた。コナウェイ艦長は夜明けに攻撃するために潜航した。しかし潜望鏡が敵に見つかった。敵はスカルピンを深く潜航させた。スカルピンが再浮上するまでに、船団は通り過ぎていた。遅れてやって来た敵の駆逐艦山雲がスカルピンに襲いかかり、コナウェイは再び潜航せざるを得なくなり、数時間潜航し続けた。恐ろしい爆雷攻撃の間に、スカルピンの深度計は壊れてしまった。潜望鏡深度まで浮上しようとした時に、潜航士官はまだ深度三七メートルだと間違って判断して、艦体を完全に水面に出してしまい、待ち伏せていた駆逐艦に発見されてしまった。さらに爆雷攻撃が続き、艦体をねじ曲げ、たくさんの浸水孔を開け、操縦装置と潜航装置にかなりの損傷を与えた。

水面下では艦をコントロールできないと判断して、唯一の望みは浮上して山雲と撃ち合うことだとコナウェイは決断した。それは勇敢だが、向こう見ずな決断だった。潜水艦の小さいデッキ・ガン〔訳注二〕は、敵の駆逐艦のずっと数が多く、大きい大砲には敵わないのが分かっていたから。山雲の最初の砲撃でスカルピンの艦橋と司令塔は吹き飛ばされ、コナウェイ艦長、副長、砲術士官と見張り員たちは戦死した。砲撃を交える中で、デッキ・ガンを操作していた乗組員たちも吹き飛ばされた。スカルピンは沈没の危機に面し、予備役の大尉のG・E・ブラウンが今や艦の指揮を執り、海水弁を開いて艦を放棄するよう命令した。

ウィットマンはこう書いている。「この命令はクロムウェル大佐を決定的に重大な選択に直面させた。ウルトラとガルヴァニック作戦の両方を知っていたので、艦を捨てて日本軍の捕虜となるのは、この極めて重要な秘密を漏らす深刻な危険性があった。……薬や拷問のために。このために大佐は損傷した潜水艦を去ることを拒否した」 大佐のブラウン大尉への最後の言葉は、「私は君とは一緒に行けない。私はあまりにも多くのことを知りすぎている」だった。

ウィットマンはこう言っている。「クロムウェルと一一人の乗組員（ビル・パートンも含む）はスカルピンの海底への最後の沈下の時、その中にいた。そこでクロムウェルの秘密情報は永遠に封印された」 スカルピンを誤って浮上させてしまったW・M・フィールダー潜航担当少尉も、捕虜になるよりも死を選んだ中にいた

ブラウン大尉と他の二人の士官、三九人の水兵は日本軍に救助された。そのうちの一人は重傷を負っていたので、舷側越しに投げ捨てられ溺れ死んだ。そして更なる悲劇が襲いかかった。空母沖鷹はスカルピンの生存者の半分を運んでいたが、一九四三年一二月四日、潜水艦セイルフィッシュ（訳注：バショウカジキ）に雷撃され沈没した。スカルピンの生存者のうち、ただ一人だけが救助された。全部で二一人になったスカルピンの生存者は捕虜収容所に送られ、戦争の残りの期間をそこで過ごした。

〔原注：太平洋の舞台でのおそらく一番皮肉な巡り合わせは、一九三九年に沈没したスコラスの引き揚げを手助けしたのがスカルピンだったということである。そのスコラスはセイルフィッシュと名前を変えていた〕（訳注：一四六ページ参照）

ロックウッド大将は戦後スカルピンの生存者から、クロムウェル大佐の自己犠牲の行為を知り、勇敢さに対する最高の軍人勲章である名誉勲章に推薦した。アメリカ議会はそれに同意し、戦後クロムウェルの未亡人はその勲章を授与された。

✽　✽　✽

スカルピンの沈没に際して救助され、捕虜になった者の名簿がパールハーバーに届き、発表され

るまでに数週間かかった。ビル・パートンの名前は名簿になかった。

　全く予期していなかった知らせが、思いもかけない力でスミティーを揺さぶった——彼の母親の死と同じくらいの強さで。少なくともスミティーの母親については、長い間病気だったので、彼と家族はその死を避けられないと覚悟していた。一方、潜水艦乗りは海に出ている時はいつ死ぬかもしれないことは分かっていたけれど、ビルが死んだという現実——究極の真実——は急所を突くような鋭い打撃を与えた。ビルは若かった、多分自分よりも一つ年上に過ぎなかっただろう。どうしてこんなことが起こったのだろうか？　とスミティーは思った。そして一人になれる場所を見つけ、亡くなった友達と、このような最大の犠牲を払った者たち全てのために涙を流した。

　そして一度落ち着くや、ブレア大佐の許へ行って、スカルピンの沈没とビルの死について打ち明けた。大佐は関心がなく、冷淡なようだった。「お前、戦争は地獄だよ」これが大佐が言った全てだった。それから再び報告書を読み始めた。その瞬間、スミティーは机を飛び越えて大佐に殴りかかりたい衝動を抑えなければならなかった。「あなたはこれをつまらないことだと思うんですか？」スミティーは叫びたかった。「ビル・パートンのような者がこの忌まわしい戦争で死んでいるのに、一方ではあなたの太った尻は、その忌まわしい革張りの椅子の上で安全に快適に過ごしているのを何とも思わないのですか？」

　自分の激情を抑えようとしている間に、スミティーには突然分かった、友だちが毎日二四時間、命を危険に曝しているのに、もはやパールハーバーで安穏な生活を続けられないということを。僕は特別だから、美しいハワイにいるブレアのように戦いに加わらずにいられるなんてどうして思っていたのだろうか？　スミティーは自分に問いかけた。ジャップと戦うために海軍に入ったのだ。それなのに一体全体、ジャップと戦わずにここで何をしているんだ？

　大きい怒りの波がスミティーの中で沸き起こった。大佐の気にもとめない態度に対する怒り、安穏な道を取っていた自分自身に対する怒り、そして戦争を始め、ビルを死なせた日本人に対する怒り。「僕の仲間にもうそんなことはさせないぞ」興奮する頭の中の声が太平洋の向こう側、はるばると東京まで聞こえるような大声で叫びたがっていた。「それは愛国心や排外主義、忠誠なアメリカ人であること、勲章を欲しがることとは全然関係なかった。自分の仲間に対する忠誠だった。さあ、よく聞けよ、東條。僕は戦いに戻り、お前の手下のろくでなしどもを最後の一人まで殺すぞ、たとえその途中で死ななければならないとしても！」

直立不動の姿勢を取って、スミティーは無関心な大佐に言った。「海軍士官学校の予備校に行くという約束を取り消すように要請します。私は潜水艦乗りに戻ります」

ブレア大佐は顔も上げなかった。「要請を認める」まるで長い間このことを待ち望んでいたかの如くに大佐は言った。それから自分の意見をぴしゃりと言った。「とにかく君に士官になる素質があるかどうか分からないね、スミティー」

スミティーは威勢よく敬礼して、回れ右して部屋を出て行った。もし大佐が顔を上げていたならば、耳から煙が出ているのを見られただろうと確信していた。

ガルヴァニック作戦はタラワ環礁への侵攻作戦だった。タラワ環礁は三八の小さな島から成り、主要な島はベティオとマキンだった。作戦はスカルピンが沈没した翌日、一九四三年一一月二〇日に始まった。一年半前のミッドウェー海戦で素晴らしい成果を上げたので、ニミッツはレイモンド・A・スプルーアンス少将をガルヴァニック作戦の指揮官に任命した。

タラワは残酷という言葉に新しい意味をもたらした、太平洋の多くの上陸作戦の一つだった。ガダルカナルを失ってからずっと、大日本帝国の海軍特別陸戦隊員と朝鮮人労働者は島の指揮官の柴崎恵次少将の監督の下で、アメリカ軍の攻撃を予想して、ベティオに飛行場を作り、環礁を要塞化していた。そして遂にその時がやって来た。シンガポールのイギリス軍から分捕った四門の重海岸要塞砲を据えつけて、柴崎少将は侵攻艦隊を海上から吹き飛ばす作戦計画を建てた。そして「百万人の兵士が百年かかってもタラワは占領できない」と豪語した。

マキン島への上陸は比較的容易だった。六、〇〇〇人の海兵隊員が上陸し、三〇〇人の日本の守備隊と、銃口を突きつけられて戦うよう強制された五〇〇人の朝鮮人労働者と戦った。短時間戦闘を交えた後、マキンの全守備兵と朝鮮人の半分は一掃された。残りの朝鮮人は捕虜となった。六四人のアメリカ人兵士が死亡した。

しかしベティオは手強い相手であるのを示した。一一月二〇日の早朝、三隻の戦艦、五隻の巡洋艦、九隻の駆逐艦からの三時間に及ぶ集中砲撃に続いて、第二海兵師団はベティオのラグーン（訳注：環礁に囲まれた浅い海）側から上陸する準備をしていた。大日本帝国の約四、八〇〇人の戦意盛んな海軍陸戦隊員に加えて、武装した二、三〇〇人の日本人と朝鮮人労働者が待ち構えていた。労働者たちはココヤシの木で覆われた強力なコンクリートのトーチカを作ることによって、ベティオを恐ろしい要塞に変えるという優れた仕事を成し遂げていた。そのトーチカから守備隊は、侵攻して来る部隊に大砲、迫撃砲、機関銃の激しい集中砲火を浴びせられるのだった。

困難な状況に輪をかけたのは、アメリカ側の誰かがが全くへまをして、潮の干満を間違えたという事実だった。船べりまで海兵隊員を詰め込んだ六隻の輸送船は、日本の海岸砲台にとっては絶好の標的だった。援護射撃は充分ではなかったにもかかわらず、艦砲射撃は早めに終わり、空母の操縦士は遅れてやって来た。「三〇分の航空攻撃は七分しか行なわれなかった」マンチェスターはこう言っている。そして海兵隊員はヒギンスボート――ベニヤ合板の上陸用舟艇で、その鋼鉄の船首を前に倒して兵員を浅い海に出すことが出来た――に乗り移ったが、干潮のため珊瑚礁で動けなくなり、やむなく水中を一・五キロ以上歩かなければならなかった。そのため縦射射撃で掃射された。

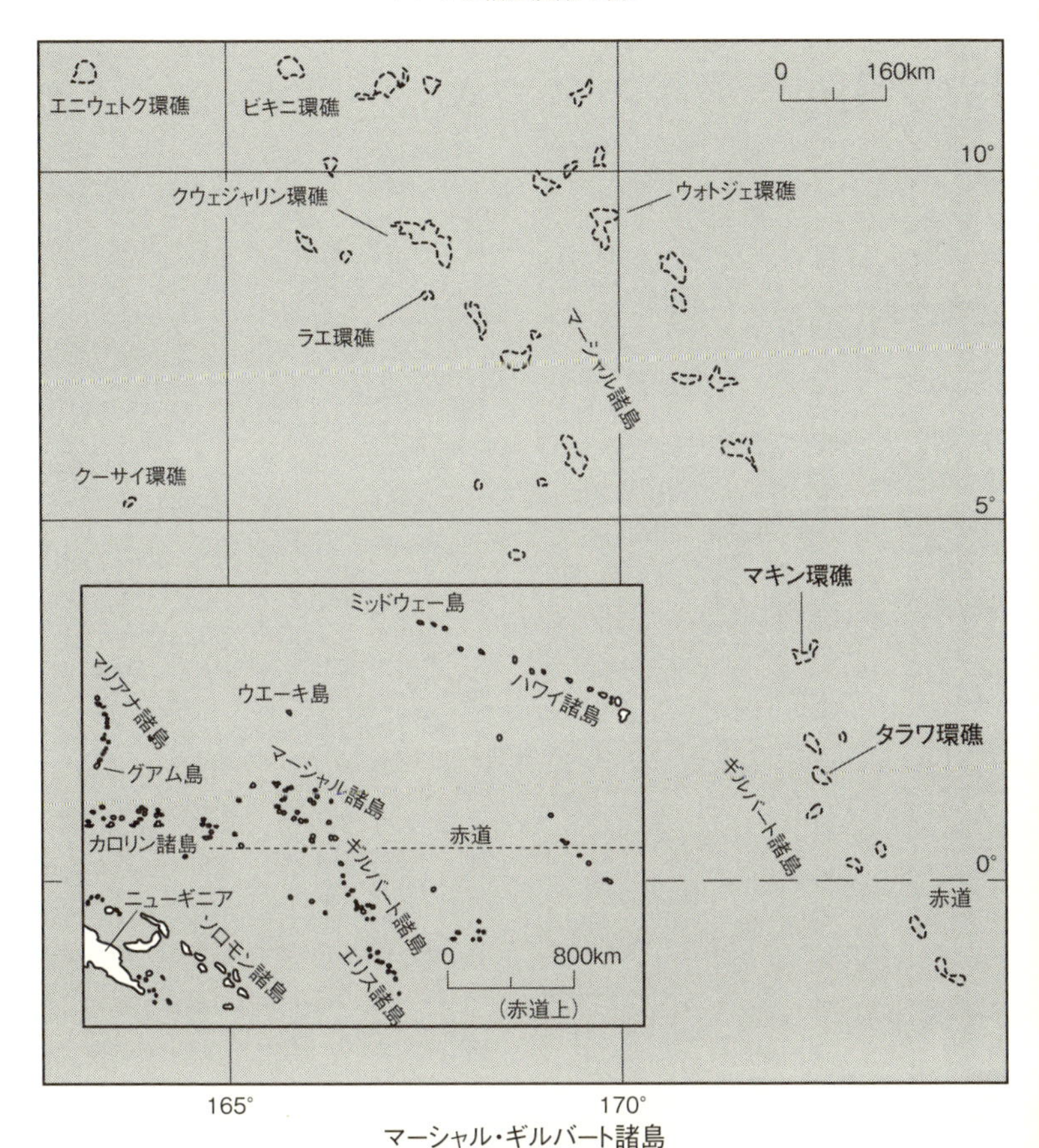

マーシャル・ギルバート諸島

身を隠す所はなかったので、悪夢のようにゆっくりとした動きで海岸に向かって水中を歩く海兵隊員は、日本軍の射手にとっては絶好の標的だった。アメリカ軍の第一波はほぼ全滅したが、新たな海兵隊員がヒギンスボートと〝アムトラック〟――二〇人が乗れる水陸両用の装甲車――で死のゾーンにやって来た。彼らはどうにか浜辺にたどり着いた。

ウィリアム・マ

ンチェスターはこう記している。「死んだ海兵隊員がそこら中に溢れかえった。海兵隊員は戦術を変えた。敵に縦射を浴びせた。そして海兵隊員が有刺鉄線の上で死んだ時には、生きている者はその上を這って進んで有刺鉄線を越えた。たとえそうしても、常にジャップの視界には入っていたのだが。……その日がゆっくりと過ぎていくにつれて、沖合には頭、手足、胴体のグロテスクな塊が散乱した」

海兵隊員は死と破壊の溢れた光景を見て、そして士官と下士官の大量の殺戮（さつりく）によって身がすくんでしまった。前進は飛び上がって月に触るのと同じくらいに不可能になった。しかし、どうにかこうにか恐怖にすくんだ小さな集団が、持っているかどうか分からない勇気を奮い起こして、すぐ隣にいる同じくらい怯（おび）えた仲間に「さあ行こうぜ」と声をかけ、塹壕に潜む敵とライフル銃、拳銃、手榴弾、火炎放射器、銃剣、ナイフ、そして素手ででも戦うために、血に染まった砂を這って進んだ。

敵は信じられないような頑強さで戦った、マンチェスターにこう書かせるほどの特有さで。「その時は敵に最小の賛辞でも贈るのは愚かな考えだった。それで死を恐れぬ日本人の決意は一般的に〝狂信主義〟とされていた。今振り返ってみると、それは勇敢な行為と同じだった。勝利の代償を少なくするためには、アメリカにとって敵を負かす勇気が必要だった」

沖の戦闘も同じくらい過酷だった。空母リスカムベイは日本の潜水艦に雷撃され、六四四人の水兵が死亡した。

悪夢のようなタラワを占領するには、一〇〇万人の兵士が一年を要することはなかった。しかしながら守備兵を完全に一掃するには、三五、〇〇〇人の兵士が三日を要した。僅か一七人の日本人か朝鮮人が捕虜になった。柴崎少将とその参謀は自決した（訳注：正しくは砲弾の命中による戦死）。この戦いで一、五〇〇人のアメリカ人兵士が戦死した。それはほんの七二時間のことにしか過ぎないのに、恐ろしい代償だった。しかしアメリカは更に日本に、そして勝利に近づいた島々を手に入れた。

ロックウッド少将の潜水艦隊は一一月中に賞賛に値することを成し遂げた。マークXVIII型電気魚雷の欠陥はまだ続いていたが、乗組員は改善されたマークXIV型で奮闘努力した。この月の間に三隻の敵の軍艦と四八隻の商船——合計で二三二、三三三トン——を海底に送った。

シールの九回目の戦闘哨戒は来るべきフリントロック（訳注：火打ち石）作戦の準備として、マーシャル諸島への簡単な偵察を行なうものと分かった。この作戦はマーシャル諸島とトラック島を攻撃するものだった。一一月一七日から一二月一五日の間、シールは上陸予定の浜辺を偵察し、鎖のように繋がっている九六の島のうち、五六の島の日に見える日本の防御陣地を潜望鏡を通して写真に撮った。ミッドウェーでの修理の後、シールはパールハーバーの乾ドックへ行き、正しく動かないスクリューを取り換えた。

一九四三年のクリスマスの一週間前、シールが戦闘旗に新たな戦果を加えることなく、哨戒から帰って来た時、スミティーは仲間に挨拶するためにテン・テン・ドックへ行った。ウェイスト一等航海士が船から降りて来た時、近づいて行って挨拶した。「やあ、どうでしたか、航海士？」

「何も尋くな、スミティー」ウェイストは言った。「大きな零だよ。一度魚雷攻撃をしたんだが、命中しなかった。その後、定例の潜航をした時、誰か馬鹿な奴が司令塔のハッチを開けたままにしたんだ。誰もクリスマスツリー（訳注九）をチェックしなかったんだ、そうでなければ赤いランプを見ただろう。水が流れ込んで来て、たくさんの電気設備をショートさせた。エアコンプレッサー、エアコンのモーター、ジャイロコンパス、ポンプ、送風機など何もかも。船を動かして魚雷を発射するために、海で応急装置を使ってコンプレッサーの修理をしなければならなかった」

「航海士、僕はシールに戻りたいんです」　スミティーは出し抜けに言った。

　ウェイストは苦笑いを浮かべた。「一体全体どうしたんだ？　陸での勤めが厳しすぎるというのか？」

「そうです。一日中座って、酒を飲んで酔っ払っているのに、へとへとになったんです」

「まあ、多分お前をシールに戻すことは出来ると思うよ。とにかくお前が船を降りたのは失敗だと分かったんだから。親父（訳注：艦長のこと）に話して、俺に出来ることをやってみるよ」

「ありがとうございます」

　ウェイストは約束を守った。修理を終えた後、シールは再び戦闘への準備をした。スミティーは乗船して後部魚雷室へ戻り、一九四四年一月一七日、シールは一〇回目の哨戒へと出航した。今回の任務は二つあった。一つはマリアナ諸島のポナペ島の状況についての情報を集めることだった。この島は日本の約一、五〇〇キロ南、グアム、ウェーキ、サイパン、テニアンの近くにあった。もう一つは救助係となるもので、フリントロック作戦の間に撃墜された飛行士を助け上げる任務だった。


　一九四三年が終わりに近づいた時、アメリカの航空部隊は敵の強力に防備されたラバウルの海空の基地に、協同攻撃を開始していた。日本軍は最後まで戦う備えをしていたが、アメリカ軍は単にラバウルを孤立させて、〝しおれさせる〟と決めた。一二月にアメリカの陸軍と海兵隊の部隊は敵から飛行場を奪い去る目的で、ニューブリテン島のグロスター岬への侵攻を開始した。しかし地形、気候、敵の抵抗が厳しく、任務は四月まで達成できなかった。

　太平洋での一九四四年は一九四三年の終わりと同じように始まった。アメリカの人的・物的損害が着実に増える代償を払いながら、アメリカが獲得する領域を着実に増やしていった。

一六隻の潜水艦が一九四三年に失われていた。前年から六隻だけ増えていた。しかしロックウッドの艦隊は一二ヶ月の間に敵の四二二隻の船を沈めたと報告していた。〔原注：戦後日本の報告書を調べると、三三六・五隻しかないと分かった〕

アメリカは日本の支配地域のさらに奥深くへとギアを上げた。一九四四年の元日にフレデリック・C・〝テッド〟・シャーマン少将の空母機動部隊の飛行機が、ニューアイルランド島のカヴィエン沖で巡洋艦と駆逐艦に護衛された日本の船団を爆撃した。次の日にアメリカ軍部隊がニューギニアのサイドール（訳注：ニューギニアの北東部、ニューブリテン島に面した所にある）に上陸した。一月八日、ウォールデン・L・〝パグ（訳注：獅子鼻の意味か）〟・アインスワース少将が指揮する第三八任務部隊が、ソロモン諸島のファイシ、ポポランド、そしてショートランドにある日本の海岸施設を爆撃した。三日後、ギルバート諸島とエリス諸島の基地の海軍航空隊が侵攻への準備として、マーシャル諸島のクウェジャリンの日本の船舶と施設を爆撃した。一月一四日、日本の駆逐艦漣が中部太平洋で潜水艦U・S・S・アルバコア（訳注：ビンナガマグロ）に沈められた。新しい年はアメリカにとって幸先の良いスタートを切った。

地球の反対側でも、停滞していたイタリア戦役で重大な進展があった。一月の中頃、連合国はモンテカシーノの頂上からドイツ軍を追い払おうとして、四回の攻撃のうち最初の攻撃を開始した。二二日、行き詰まっていた戦況を打破しようとして、米英連合の水陸両用部隊はシングル作戦（訳注：屋根を葺くのに用いる薄板のこと。アンツィオ上陸作戦のコードネーム）を行ない、イタリアのアンツィオ・ネットゥノに上陸した。この作戦はすぐに動きが取れなくなり、ローマがさらに四ヶ月以上解放されなかった。シングル作戦が始まってから五日後、八八〇日に及ぶドイツ軍のレニングラード包囲は遂に打ち破られた。

話を太平洋に戻すと、アメリカの潜水艦隊は勝利への重要な貢献をなし続けていた。ティノサ(訳注：大型の黒っぽいアジ。和名カッポレ)はボルネオの北東に人員と物資を上陸させた。一方、ボウフィン(訳注：北アメリカの東部にいる肉食の淡水魚)はボルネオの南東海岸沖に機雷を敷設した。スミティーが以前乗っていたスキップジャック(訳注：カツオなど水面に飛び上がる魚)は、カロリン諸島で日本の駆逐艦涼風を沈めた。

ギルバート諸島のマキン、タラワを占領した後、アメリカはギルバート諸島の一、一〇〇キロ北西にあるマーシャル諸島に狙いを定めた。第一次大戦前はマーシャル諸島はドイツ領だった。戦後ドイツが太平洋の植民地を取り上げられた後、ベルサイユ条約によって日本が支配する委任統治領になった。これによって別の名前が付いた、「東洋の委任統治領」と。

そして今やアメリカがレイモンド・スプルーアンス中将の指揮の下で、リッチモンド・K・ターナー海軍少将率いる第五水陸両用部隊と、ホランド・M・〝ホウリンマッド(訳注：狂ったようにわめく)〟・スミス海兵少将の率いるV水陸部隊によって、委任統治を取り消そうとしていた。

マーシャル諸島を奪うにはアメリカは高価な代償を払わなければならないと教えようとして、日本はこの諸島の備えを大いに強化していた。しかしその努力は無駄であるのが証明されることになる。この地域の指揮官である小林正志提督は、マーシャル諸島の防備に二八、〇〇〇人の兵士を擁していたが、航空機は僅か一一〇機しかなかった。この不足が割高なツケを払うことになる。一月二九日、アメリカの空母機がロイーナムール島の飛行場を攻撃し、フリントロック作戦の幕開けとして九二機の敵機を破壊した。

アメリカは最初に一番外側にある島を攻撃して来るだろうと予想したので、小林提督は守備兵の多くをウォトジェ、ミレ、マロエラップ、ヤルート環礁に配置した。しかしアメリカは日本の通信の解読によってこの配置計画を知ったので、ニミッツ大将はこの外郭の陣地を素通りして、直接クウェジャリンを攻撃すると決めた。

クウェジャリンは長さ五キロ足らず、幅は八〇〇メートルしかなかった。この狭い場所が死が満ち溢れる現場になるのだった。タラワでのたくさんの失敗に学んで、アメリカはクウェジャリン作戦を教科書通りの厳密さで行なった。一九四四年一月三一日、海と空を完全に支配する中、上陸部隊――アメリカ陸軍の第七歩兵師団と海兵隊の第四海兵師団がクウェジャリンとマジロ環礁の海岸へ進み、塹壕に潜む五、〇〇〇人の敵へ殺到した。

空母の航空機とギルバート諸島の陸上基地の航空機が上陸を援護した。環礁の北側では、海兵隊が多数の小さい島を占領した。ロイ島の飛行場はすぐに奪取された。ナムール島は翌日に制圧された。ロイ、ナムールに三、五〇〇人いた日本の守備兵のうち、僅か五一人が生き残って捕虜になった。海兵隊の爆破チームが日本の掩蔽壕に高性能かばん爆弾（訳注：爆薬をテープで板に固定し、その板にロープまたは針金の取っ手を付けたもの）を投げ入れた時、最悪の事態が起こった。後でその掩蔽壕は魚雷の弾頭でいっぱいだと分かった。その結果生じた爆発で二〇人の海兵隊員が死亡し、さらに多数が負傷した。

一九四四年二月一日、すなわちクウェジャリンでの作戦の二日目までに、日本軍は負ける運命にあるのは明らかだった。アメリカ軍は最初にいた五、〇〇〇人のクウェジャリンの守備兵の大半は戦死したと見積もった。二月三日までにほんの一握りの兵士しか残っていなかった。そして体が膨れ上がった死者を埋めることを除いて、全ては終わった。

一方、シールの問題のあるH・O・R・エンジンはくたびれていたので、新しいフェアバンクス・モース・ディーゼルに取り換える時だった。そのオーバーホールのためにはメア島に戻らなければならなかった。

ほとんどの乗組員は本国に帰るのを喜んでいた。しかしスミティーは違った。「本国に戻っても僕を待っているものは何もなかった。シャーリーは水兵と婚約したという手紙を書いて寄こして来ていた。それで故郷に戻っても心配するような〝関心のある愛〟はなかった。それ以外にも依然として死んだビル・パートンのかたきを取りたかった。シールの最後の三回の哨戒では日本の船を一隻も沈めていなかった。他の船に転属することを考え始めた」

パールハーバーのビアガーデンで冷たいビールを飲んでいたある日、スミティーは古い仲間のユージーン・〝ジープ〟・ピーナに出会った。ピーナはスミティーがシールの乗組員になる前、ティジャラトジャップで日本の飛行機を機関銃で撃っていた時に前腕に火傷を負い、その跡がずっと残っていた（訳注：一九〇～一九一ページ参照）。ピーナは今は上等兵曹の記章を付けていた。

「よう、ジープ、ここで何してるんだ？」スミティーは驚いて尋ねた。

「ラバロ（訳注：アカメのこと）に乗ってやって来たばかりだよ」ピーナはスミティーにラバロ（SS－273）について簡単な説明をした。ラバロはガトー級の潜水艦で、ウィスコンシン州のマニトウォック（訳注：ミシガン湖に臨む港市）で建造され、ミシシッピー川を下ってメキシコ湾まで行き、それからパナマ運河を通ってパールハーバーへやって来た。そしてここで就役した。

「本当かい？　そいつは素晴らしいな。そして君も上等兵曹になったんだな」

「そうだ、俺はシールからラバロに転属になったんだ。ところで一体全体、お前は近頃、何をしていたんだい？」

スミティーはピーナに自分の人生の短縮版を話した。上等兵曹は言った。「スミティー、俺は本当に厄介な問題を抱えているんだ。適任な乗組員は三分の一もいないんだ。能力・経験のある者を見つけなければならないんだ。お前のような者をね」

「本当かい、そいつは大いに興味があるね」

「俺たちの船は最新設備を備えているんだぜ」ピーナは勧誘した。「今は発射管の扉は電動で動くんだ。エアコンまで付いているんだぜ！　その上、お前は本当に艦長が好きになるよ。艦長はあのキンメル大将の息子なんだ」

「本当かい？」スミティーは興味をそそられた。パールハーバーの大惨事の後で行なわれた議会の公式調査で、ハズバンド・E・キンメル大将は防備を怠り、日本軍のパールハーバー奇襲を許したと非難された。大将につきまとっていた不運は息子には及ばなかったようである。

「いいかい、俺はお前を一等魚雷士にして、後部魚雷室の責任者にする。どうだい？」

「そうだな、オッケーだよ。俺を見事に説得したよ」

「さあ、ドックに行って、船を見ようぜ」

二人の潜水艦乗りはビールを飲むのを止めて、ラバロが係留されている所へぶらぶら歩いて行った。ラバロは真新しくて鮮やかで、シールのように戦いでくたびれていなかった。大きい〝273〟という数字が司令塔に溶接されていた。

二人は舷門を渡って国旗に敬礼し、乗艦する許可を求めた。ハッチを通って下に滑り降りた時、スミティーの目は大きく見開かれた。至るところ輝くような磨かれた真鍮とクロームメッキの金属がピカピカしていた。まるでサルタン（訳注：イスラム教国の君主）の宝の部屋の中の煌めく金と銀のようだった。隔壁は木目模様で、それがラバロにヨットのような雰囲気を与えていた。さらに新品の匂いもさせていた。甲板と隔壁には水兵の汗の悪臭がまだ充満していなかった。

スミティーはガトー級の新世代の潜水艦が、古い世代の船をそんな程度にまで凌駕しているのにびっくりした。それからジープはスミティーを艦長、マンニング・M・キンメル少佐（海軍兵学校一九三五年卒）の許に連れて行った。

1943年5月9日、ウィスコンシン州マニトウォックのマニトウォック造船所で進水するラバロ

僅か三〇歳でしかなかったが、マンニング・マリウス・キンメルはすでに老練な潜水艦乗りだった。一九三五年から一九三八年まで戦艦ミシシッピーで勤務し、それからグロトンの潜水艦学校に通った。最初に割り当てられた潜水艦は旧式のS－38で、それから転属して一九四二年の初めにドラム（訳注：ニベ科の魚の総称）を就役させるのを手伝った。そしてドラムが最初の三回の戦闘哨戒に出る間乗艦した。それからラトン（SS－270）の就役準備委員の一員になり、一九四三年七月にラトンが就役してからその副長になった。ラトンで二度戦闘哨戒にでた後、マニトウォックの造船所で建造中のラバロの指揮を任された。

スミティーはキンメルに良い印象を感じた。そしてその感情はお互いにだった。キンメルはスミティーにシールを降りて自艦の乗組員になるよう勧めた。必要なことはスミティーが運転手を務めていたブレア大佐の承認だけだった。

しかし翌日、大佐はシールがスミスの勤務に関する一番の優先権を持っていると言って、キンメルの要請を拒んだ。もしシールがスミスに帰って来てほしくなかったならば、キンメルはスミスを得られるだろう。スミティーは大佐をにらみつけた。「もし目つきが処罰に値するならば、私は一〇年の刑を受けたでしょう」

ブレア大佐の事務所をでた後、キンメルはスミティーに言った。「すまない、スミス。君に我々の乗組員になって欲しかったのだが。多分、いつかはそうなるだろう」

「イエス、サー。多分いつかは」スミティーは敬礼をして、そして二人は別れた。誰にも分かるはずのないことだったが、一九四四年七月二六日、キンメルと他の五五人の乗組員が乗るラバロは、フィリピンの西のパラワン島の沖で機雷にぶつかって沈没した。何かよく分からないがしかし幸運な理由で、〝ジープ〟・ピーナはラバロが沈没する前に転属になっていた。四人が沈没する船からどうにかこうにか逃げ出して岸まで泳ぎ着き、日本の捕虜になった。その四人の運命は今日まで分からないままである。

ラバロの艦長マニング・マリウス・キンメル少佐

✽　✽　✽

シールがパールハーバーを去ってカリフォルニアに行くのを待っている間に、スミティーは交代乗組員用の宿舎の寝台から、潜水艦基地の主任魚雷士のディアソンに引っ張り出された。主任魚雷士は厄介な問題が起きたと言った。サーモン（訳注：鮭のこと）が係留している間に魚雷の一つが誤って発射され、発射管の途中に突っ込んで動かなくなったということだった。スミティーは大急ぎで服を着て、水泳パンツを摑んだ。

二人がドックに向かって走っている間に、ディアソンは詳しい話をした。魚雷士の一人が新米の乗組員に魚雷をどのようにして発射するかを教えるために後部魚雷室に行った。外側の扉が閉まっている時には魚雷を発射しないようにする連動装置が、なんらかの理由で作動しなかった。ディアソンはこう言った。「どうなっているのかはっきりとは分からない。しかし非常にまずいことになっている。魚雷は外側の扉にまっすぐに激突して、外側の扉と上部構造物（訳注一四）の扉の間にはまり込んでいる。本当に厄介な事態だ。幸いなことに、魚雷は安全装置が効いている」

「それは安心です」

「君のために艀（はしけ）を現場へ運んでいる。君はそれに乗って作業できる」

「どうして僕なんですか？」

「君はシールで資格試験に合格した（訳注：二三四ページ参照）。シールはサーモンの姉妹艦で、同じクラスの全く同じ船だから」

スミティーはディアソンの理屈に反論できなかった

「オーケー、しかし助けが必要になります」

「名前を挙げてみたまえ」

「フェリーとルイスはどうでしょうか？　二人も交代乗組員で魚雷士の資格を持っています」

「すぐに二人を連れて来る」　ディアソンはそう言って別れて、宿舎の方へ帰っていった。スミティーはそのままサーモンへと走り続けた。サーモンは艦尾が少し沈んでいた。投光器を備えた浮き台のような艀がサーモンへと急いでいた。大勢の水兵が現場の周りをうろうろしていた。

スミティーは状況を調べた。それから艦体を滑り降りて艀へ移った。防水加工した懐中電灯をベルトに挟んで、シャツと靴を脱いで水に入り、艦体の内殻と外側の上部構造物（訳注：一四）を形成している鋼板の間へと泳いでいった。息を止めて懐中電灯を点けて、水面下に潜った。そこで見たのはあまりいいものではなかった。大きい弾頭が重い真鍮から半分ほど突き出て、魚雷発射管の扉を一部開け、上部構造物に作り付けの扉に押し込まれていた。弾頭には二箇所のかなり大きいへこみがあった。爆発装置は安全なように見えた。しかし弾頭にさらに損傷が加えられたならどうなるか、スミティーには分からなかった。

スミティーは水面に出て、小さい艀に上がった。その時までにウォーレン・ルイスとジャック・フェリーが来ていた。スミティーは二人に見たことを伝え、問題を解決する最善の方法について皆の意見を求めた。非常に窮屈な場所で作業することになるが、爆薬に近づいて取り外せるように、初めに魚雷の向きを変えねばならなかった。それが出来たとしたら、次に空気室から二七〇キロの弾頭を離すために全てのボルトを外さなければならなかった。そして最後に弾頭をクレーンで引き揚げなければならなかった。

「オーケー、作業に取り掛かろうぜ」スミティーはそう言って、二人の助手と一緒に水に飛び込んで作業を始めた。三人は爆薬に近づけるように、どうにかこうにか一、四〇〇キロの重さの魚雷の向きを変えた。ディアソンは必要のない者たちをすでに現場から追い払っていた。弾頭が爆発する危険があるだけではなく、一インチ（二・五センチ）平方当たり九〇〇キロの高圧の空気がかかっている空気室も危険を及ぼすから。脳外科医のような細心の注意を払って爆薬を取り外す作業には一晩中かかった。

翌日、三人は外側の扉から曲がった蝶番とボルトを抜いて、扉を外した。蝶番の細長い釘だけで七キロ近い重さがあった。重い部品の一つが滑って、誰かの腕か脚を押し潰す危険が常にあった。

それで三人は作戦の時のような大急ぎの様相を見せることなく、最大限の注意を払って作業をした。サンドイッチを食べる時に休むだけで、七五時間ぶっ続けに働いた後、スミティー、フェリー、ルイスはやっと上部構造物の扉を取り外した。そしてクレーンからぶら下がっている鋼鉄のロープの先の大きいフックに扉を引っ掛けた。スミティーは扉を引っ張り揚げるように合図を送ったが、三六〇キロの重さの扉は不意に外側へ揺れて、それからスミティーの方へ向かって戻ってきた。スミティーが素早く反射的に動いたので、押しつぶされるのは避けられた。扉は耐圧艦体にドカンとぶつかって、深い溝状の傷を残した。

三人の水兵は遂に半分突き出ていた魚雷を発射管に戻し、やっと仕事は終わった。後は乾ドックで修理しなければならなかった。

その後スミティー、フェリー、ルイスがビアガーデンで自腹で数杯飲んでいる時に、三隻の潜水艦――ワフー（訳注：カマスサワラのこと）、S-44、ドラド（訳注：シイラのこと）の帰還が遅れているのを聞いた。「諸君、我々は確かに危険に満ちた任務に就いている」スミティーは行方不明の二一二人の者たちに敬礼してグラスを上げながら言った。

〔原注：ワフーは一九四三年一〇月一一日、日本の宗谷海峡で行方不明になった。S-44は千島列島の幌筵島沖で護衛艦に沈められた。大西洋で作戦行動していたドラドは、おそらくカリブ海で間違ってアメリカの航空機に沈められた〕（www,history.navy.mil/faqs/faq82-1）

病院船U・S・S・マーシーがタラワの激戦で負傷した何百人もの海兵隊員を乗せて、その日の夕方パールハーバーに到着したという話が伝わった。スミティーはマーシーが係留されているドックに行き、舷門を運び降ろされてゆく担架の果てしない列から窺える負傷者の莫大さに強い衝撃を受けた。「海軍の灰色のパッカード（訳注：アメリカの高級車）の救急車が目の見える限りに列をなしていた。一台の車に負傷者が乗せられるや否や、病院に向かって走り出し、次の車がすぐに来た」スミティーはこう言っている。

真夜中頃、一台のパッカードの黒いリムジンが病院船のすぐ側のドックに走って来て、痩せて憂いを帯びた顔の白髪の士官が下りて来た。太平洋艦隊司令長官チェスター・ニミッツ大将その人だった。スミティーはこう思い出している。「ニミッツ大将は各弦門を行ったり来たりして、担架で運び降ろされる負傷者に話しかけた。ある時には提督は僕のたった一～二メートル前にいたので、その眼がうるんでいるのが見えた。また負傷者が提督に抱く尊敬と賞賛の念も感じた。提督は真の人間だった」

次の日に海兵隊員でいっぱいの輸送船がクウェジャリンから帰って来て、パールハーバーに入港した。海兵隊員は戦地の土産と煙草を交換したがっているという話が伝わった。スミティーと友達のルイスは両手で抱えるくらいの何カートンもの煙草を買ってドックに行って、船上にいる海兵隊員にそれを投げ上げ始めた。スミティーはどんな土産もいらなかった。ただ〝よきサマリア人〟（訳注：聖書ルカの福音書に出て来る、半死半生で道端に倒れていた人間を介抱して助けたというたとえ話のサマリア人のこと）となって無料の煙草を送れば嬉しかった。しかし感謝した海兵隊員は、汚れて染みの付いた日本軍の丸めた旗のように見えるものを投げ下ろした。それはスミティーの足元にドサッと落ちた。

スミティーがその旗を広げると、湿った髪と血の塊が落ちた。嫌な臭いがどっと溢れた。スミティーはそれが日本人の血まみれの耳か、頭皮か、頭の一部なのか見たくもなかったので、そのぞっとする塊を港に蹴り落とした。

一体全体、我々はどうなるんだろう？　スミティーはむかつきを感じて歩きながら疑問に思った。

新しい潜水艦では改良があったけれど、沈黙の艦隊の乗組員の生活は楽にならなかったし、危険も減らなかった。そして勇敢な艦長と乗組員は、潜水艦に配置するために依然として必要とされていた。一九四四年の六月下旬から七月上旬、すなわちフィリピン海海戦（訳注：日本側呼称：マリアナ沖海戦）の直後、ロックウッド少将は多数の潜水艦から成る〝狼群〟を四つ編成して、標的がたくさんいるルソン海峡（訳注：台湾とフィリピンのルソン島の間の海峡）へ派遣した。〝狼群〟の一つは三隻の潜水艦で構成されていた。スレイド・カッターの指揮するシーホース（訳注：タツノオトシゴのこと）（SS－304）、アントン・R・ギャラハーのバン、そして修理の終わったグローラーだった。この艦の指揮官はトーマス・B・オークレー・ジュニアで、特に素晴らしい狩りが出来るのを喜んでいた。三隻は全部で六隻を沈め、さらに数隻に損傷を与えたと報告した。他の三つの〝狼群〟も同じ時期に一二隻を沈めるという見事な成果を挙げた。

〔原注：グローラーは一九四四年一一月八日、南支那海で敵の攻撃により行方不明になった〕

（www.history.navy.mol/faq 八二—一）

海軍士官学校の生徒だったスレイド・デヴィル・カッターは一九三四年の陸軍対海軍の試合で、彼のフィールドゴール（訳注：アメリカンフットボールでプレースキックまたはドロップキックによるゴールで三点になる）で陸軍を三—〇で破った時、大学スポーツでの最も厳しい戦いで勝利を得た。戦争が勃発すると、カッターは——ロックウッドはカッターは〝誇りと喜び〟であると述べているが——さらに厳しい勝利へと向かった。シーホースの指揮官に成った時、カッターは〝並外れた勇気ある行動〟によって、すでに三つの海軍勲功章を授けられていた。

そして現在、一九四四年七月、フィリピンの近くの敵が支配する海域で、厳しく特別な護衛警戒線を突破した後、カッターは一連の魚雷攻撃を掛けて、総計三七、〇〇〇トンに成る敵の船を沈め、さらに四、〇〇〇トンの船に損傷を与えた。カッターをあの世に送ろうとする敵の激しい爆雷攻撃をかわして、カッターはシーホースを無事に港に連れ帰した。この勇気ある哨戒行動によって、カッターは四つ目の海軍勲功章を受賞した。

一九四四年七月はアメリカ潜水艦隊にとって素晴らしい月になった。一八日にはガードフィッシュ（訳注：北米大陸に生息するダツ科の魚）がルソン海峡で非常に大きい船団の中に浮上した。これは艦長のノーベル・G・"バブ"・ワードが今まで見た中で一番大きい船団だった。ワードはデイヴ・ウェルチェルのスチールヘッド（訳注：ニジマスのこと）（SS－280）とレッド・ラメージのパーチ（訳注：ひれにとげのあるスズキ科の淡水魚の総称）（SS－384）に無線連絡をして、こっちにやって来てこの船団の殲滅を分け合うよう呼んだ。七月三〇日、日本の飛行機を巧みにかわして、スチールヘッドとパーチは船団殲滅のために移動した。スチールヘッドは装填していた魚雷を発射し、それから再装填のために退がった。パーチは暗闇に隠れて攻撃を掛けた。

シーホースの艦長スレイド・カッター

クレイ・ブレアはこう描写している。「次の四八分は潜水艦戦争の中で一番荒れ狂う時間となった。ラメージは自分以外の者を艦橋から下ろして、浮上したまま船団に真っ直ぐに突っ込んで、船と船の間を巧みに動き回って一九本の魚雷を発射した。日本の船はデッキ・ガン（訳注二）で撃ち返し、また体当たりしようとした。見事な操艦技術と砲火の下での冷静さを持って、ラメージは旋回して巧みにかわし、砲撃に対して魚雷をお返しに発射した。……レッド・ラメージが行なった船団への攻撃は潜水艦隊の伝説となっている。近距離からの激しい魚雷攻撃

パーチの艦長ローソン・P・"レッド"・ラメージ（1967年撮影）

に関していえば、ラメージの攻撃のようなものは決してなかった」

　発射管に再装塡したウェルチェルは、攻撃に加わるために戻って来た。そして敵の砲撃があまりにも激しくなったので、二隻の潜水艦は潜航して避退せざるを得なくなった。

　この交戦での勇敢な行動により、赤毛の〝レッド〟・ラメージは潜水艦隊としては三つ目の名誉勲章（訳注七）を得た。

第一四章――最高の潜水艦艦長

一九四二年を通じて内陸のコロラド州で、二二歳になるクレイトン・O・デッカーという名前の――友達には〝デック〟と呼ばれていた――結婚した大学生は個人的な危機に面していた。何週間にわたって人生で一番大きい決断に悩んでいた。学校をやめて妻のルシールと二歳の息子ハリーを残して軍隊に入るべきか？　一方では自分は徴兵委員会の長い手からは少なくとも今の所は安全だと分かっていた。軍隊はもっと若い独身の者だけを召集していたから。他方では自分の良心が、国が危機にあり戦争している時は義務を逃れるべきではないと囁(ささや)いていた。

フォートコリンズ（訳注：コロラド州の都市）のコロラド農業大学で勉強しようとして、学年の間中、面白くない教科書を見つめていたが、集中できなかった。友達の多くはすでに徴兵されるか志願して入隊していた。砲弾や爆弾が落ちて来る所から遥かに離れたこの〝象牙の塔〟で、俺は何をしているのだろうか？　なぜ仲間たちと一緒に前線にいないのか？　なぜ妻と子と祖国を守るために何もしないのか？　疑問がトーチランプのように燃え上がっていた。

一晩中行ったり来たりして悩んだ末、とうとう決心した。「俺は海軍に入る」と宣言した。「海軍はすべての軍隊の中で最高の食事を出す、ベッドも一人で使えると聞いている」そして潜水艦乗りは特別手当をもらえるから、デックは潜水艦勤務を志願した。ルーシーはすぐに理解してくれるだろう。

もちろんルシールは賛成しなかった。デックは妻と子供と一緒にいるべきである。もしいつか徴兵されたならば、それはやむを得ない。それに関しては何も出来ないだろう。しかし急いで戦争に行って、おそらく戦死するかもしれないことをして何になるのか。そうなったら自分はどうしたらいいのか？　一万ドルの政府の保険証書は多分一年か、あるいはさらに数ヶ月助けになるだけだろう。自分は未亡人になるし、小さいハリーは父親なしで大きくならなければならない。軍隊に入るという男らしい虚勢を示す価値が果たしてあるのか？

二人はずっと議論した。しかしクレイ・デッカーの決心は変わらなかった。一九四二年一二月、デッカーはその地の徴兵事務所に行き、書類にサインをして、身体検査に合格した。そして駅でルシールと赤ん坊のハリーと涙の別れをした後、新兵訓練所へと向かった。

ロン・スミスや他の海軍の新兵と同じように、デックは新兵訓練所はこの世の地獄だと知った。しかしデックは耐えた。そしてそこを卒業して、ヴァージニア州のノーフォークにある魚雷学校に行くよう指示された時、喜んだ。それからそこを離れて、コネティカット州のニューロンドンの潜水艦訓練所で三ヶ月過ごした。デックは他の多くの者と同じように、閉所恐怖症については何ら問題はないと分かっていた。暗く閉じた場所には慣れていたから。つまり過去二回の夏に、コロラド州の生まれた町パオニアの近くの鉱山で、石炭を掘ったことがあったからである。

潜水艦学校を卒業した翌月の九月に、デックは命令を受け取った。新しく建造されたU・S・S・タン（訳注：クロハギのこと、熱帯のサンゴ礁に住む）（SS－306）への配属だった。タンはメア島で進水したばかりだった。

デックはカリフォルニア州に着くと、ルシールとハリーのためにアパートを見つけた。彼の妻子はタンの乗組員ジョージ・ゾフシンの妻子とそのアパートを共有した。

メア島に停泊するタン

「カリフォルニアは僕の第二の故郷といってよかった」とデッカーは言っている。「僕が七つの時、両親はレッドウッド市のメンロパーク地区に移って来た。僕は第一学年から第八学年と、高校の最初の一年をそこで過ごした」

家族が住むための用意を終えると、デッカーはメア島の潜水艦用のドックに行ってタンの係留地を見つけ、ざっと眺めた。熱帯の魚にもとづいて名づけられたタンは、尖った艦首から丸い艦尾まで、灰色の塗装で美しく輝いていた。

水兵はいつも最初の船に特別な愛着を抱くものである。クレイ・デッカーもそうであった。タンは他のすべてのバラオ級の潜水艦と同じ外観だったけれど（ただ一つ異なっていたのは、司令塔に溶接された〝306〟という大きい一組の数字だった）、デッカーにとってタンは美しいものだった。長さ九五メートル、幅八・五メートル、甲板からキールまで五メートルで排水量は一、五〇〇トン以上あり、二四本の魚雷を搭載していた。艦隊型潜水艦の新しい厚い艦体を持ったバラオ級の一つとしてさらに改善され、タンは試験潜航では前代未聞の一三〇メートルまで潜航した。それは

クレイ・デッカー、1943年ハワイで撮影

日本の知られているどんな爆雷よりも深くて安全だった。

デッカーはメア島のタンの係留場所まで歩いて行き、ドックにいる武装した衛兵に命令書を見せ、金属製の狭い舷門を渡り、艦尾に翻（ひるがえ）っているアメリカ国旗に手早く敬礼をし、それから艦橋に敬礼をした。

「魚雷士クレイトン・デッカー、任務のため出頭しました」デッカーは艦上の衛兵にそう告げて、再度書類を見せた。

衛兵はデッカーをチーフ・オブ・ザ・ボート（訳注八）ビル・バリンジャーの許へ案内した。バリンジャーは以前タニー（訳注：マグロのこと）でもチーフ・オブ・ザ・ボートを勤めており、デッカーを温かく迎えた。

すぐにタンは航海に耐えられるか確かめるために、慣らし航海を開始した。クレイ・デッカーはその慣らし航海の一員となった。「艦艇を就役させる時はいつであっても、〝プランク・オーナー〟と告げられる。僕は就役乗組員になったので、タンで〝プランク（訳注：厚板）〟を所有した」

（訳注：プランク・オーナーはアメリカ海軍で使われる言葉で、船が建造され就役した時の乗組員を指す言葉で、主甲板の厚板の一つの持ち主となる権利を表わしていた。船が退役した時に、プランク・オーナーやその未亡人はアメリカ歴史センターに、甲板が木製ならば、甲板の一片を請求できた。

プランク・オーナーの水兵は、しばしば制服の帽子の後ろにこの称号を刺繍した。またプランク・オーナーの乗組員の名前を記した飾り額が船上に置かれた）

デッカーはバリンジャーに連れられて艦内を回り、スケルトン・クルー（慣らし航海をする少数の乗組員。残りの乗組員は艦が慣らし航海を無事終えた後に乗船することになっていた、最後のテストの時に悲劇的な間違いが起こっても、乗組員全員が命を失う危険を冒さないようにするため）に紹介され、新しい住処をざっと調べた。二人が艦内の端から端まで歩いていた時、デックはすべての計器とスィッチの真新しさ、新鮮な塗料とディーゼル油の匂い、乗組員の親切さに強い印象を受けた。最初の航海を終えた後、デックは艦長に会いに連れて行かれた。

リチャード・ヘザリントン・オケイン少佐は背が低く、二枚目で、精力的な士官で、すでに素晴らしい勤務記録を残していた。一九一一年二月二日に、ポーツマス海軍工廠からあまり遠くないニューハンプシャー州ドーヴァーで生まれた。オケインはニューハンプシャー大学の教授の息子で、海への大きな憧れを持つようになった。少年と青年の時は、家の近くの海であらゆる種類の船で航海をして夏を過ごし、海軍に入るのを夢見た。一九三〇年、アメリカ海軍士官学校への入学通知を受け取った時、その夢は実現し始めた。四年後に士官学校を卒業して、直ちに海上勤務を命じられ、最初の四年間を中尉として、ノーサンプトン級重巡洋艦チェスター（一九二九年進水）の艦上で過ごした。後に一九二〇年建造の古い駆逐艦プルーイットに移った。

オケインは潜水艦に興味を持つようになり、一九三八年、ニューロンドンの潜水艦学校へ通った。卒業した時にアーゴノート（訳注：ギリシャ神話のアルゴ船隊員のこと）勤務を命じられた。それから戦争が始まった時に大尉になり、一九四二年五月新造のワフー（訳注：カマスサワラ）の予備就役乗組員の一員になった。そしてワフーでピンキー・ケネディ艦長の下で副長として働いたが、ケネディに対してはほとんど反抗的だった。マッシュ・モートンがケネディに代わった時、オケインは後に彼を潜水艦隊での伝説にする、積極的でがむしゃらに進む士官へと成長した。

タンは一九四三年一〇月一五日に就役し、試験潜航と慣らし航海のためにサンディエゴ沖に出航した。こういう話が伝わっている。オケインはタンを一四〇メートル潜航させ、そこで水圧で数本の管とホースが吹き飛んだので、浮上するよう命じ、穴をジャガイモで塞ぎ、直ちに再度潜航させた。高張力鋼の艦体が耐えられるかを見るために、今度は一六〇メートルまで。そして予期したように、さらに幾つかの問題が起こった。問題の個所を直ちに修理をして、翌日タンは再び潜航した、今回はもっと深く。

「僕は艦長がタンを海底を通り抜けさせようとしていたと思う」今回の潜航をデッカーは回想している。オケインはタンを一八〇メートルまで潜水させた、そしてさらに深く。どれだけ深く潜ったか、誰も正確にわからなかった。深度計の釘は針が一八〇メートル以上動かないようにしていたから。新しい潜水艦は喘ぎ、うめき声をあげたが、無事だった。乗組員の多くは自殺願望者に引率されているのではないかと心配し始めた。

クレイ・デッカーはそんな疑いは持たなかった。彼はこう言っている。「ディック・オケインは疑いもなく全海軍で最高の潜水艦指揮官だった。本当に第一級の士官だった」部下を褒める指揮官よりも士気を高めるものはない。オケインが自分の受け持ち場所を入念に調べた時のことをデックは自慢している。「オケインがこう言わなかった時は決してなかった。〝よくやった、デッカー。君は素晴らしい仕事をしている〟」

ディック・オケインは使命感に燃えた人ともなった。オケインがマッシュ・モートンの指揮するワフーを去ってタンを指揮してから三ヶ月後、ワフーは失われた。一九四三年一〇月九日、ワフーが日本海で最後の狩りを行なった後、どこかでそれが起こった。モートンと乗組員の消息は二度と聞かれなかった。元海軍中佐エドワード・L・ビーチは、その著作『サブマリン！』の中でワフーへの賛辞を書いている。「多くの失われた潜水艦と同様に、ワフーも謎を永遠に封印したまま、喪失した艦のリンボ（訳注：キリスト教で、洗礼を受けなかった幼児やキリスト降誕以前に死んだ善人の霊魂が死後に住み所とされている、地獄と天国の間にある場所）へと消えた。これはいつも慰めとなる考えだった。水兵が死んだのであり、そこは名誉ある墓だったから。私はワフーがいつものように敵に攻撃を掛けていたと考えたい、激しく、巧みに、栄光に満ちて、最後の破滅の瞬間まで。何か不運な出来事によって、我々には分からない何かの理由で、ワフーに世界の終わりがやって来たのだった」（訳注：木俣滋郎著『敵潜水艦攻撃』（朝日ソノラマ）によると、ワフーは宗谷海峡で航空機と駆潜艇の攻撃により沈められたということである）

もしディック・オケインが自分の友達と良き指導者マッシュ・モートンが失われる前に日本人への憎しみを心中にくすぶらせていたならば、今はもっと盛んにそれを燃やしていた。日本人とその船を出来るだけ多く地球の表面から一掃することを、オケインは自分個人の聖戦にしていた。この目標を達成するために、オケインはタンと乗組員を危険な道に深く連れて行き、沈黙の艦隊や他の兵種ではほとんど見られなかった激しさで戦わなければならなかった。もし二四本以上の魚雷をタンに詰め込む方法があったならば、オケインは間違いなくそうしたであろう。哨戒に出るたびに基地に帰って再搭載しなければ、敵に二四本以上の魚雷を撃てないのを、彼は嫌がっていたから。

オケインは危険をまったく意に介さない人間だった。そして部下の将校と水兵に同じことを期待した。副長兼航海長として、オケインはマレー・B・フレイジー・ジュニアを選んだ。五年間彼の部下で、紛れもなく獰猛な勇者だったから。フレイジーはグレイバック（訳注：コククジラ、エールワイフ〈北米大西洋岸産のニシン科の魚〉など背中が灰色で腹が白色の魚や動物の総称）ですでに七回の哨戒に出ており、タフで積極果敢な将校だという評判を得ていた。他の士官も老練の船乗りと、戦いで名声を上げようとしている威勢の良い若者の集まりだった。その内訳は機関兼潜航担当士官のウィリアム・ウォルシュ大尉、魚雷発射担当のフランク・スプリンガー大尉、甲板と補助エンジンの整備の責任者のブルース・〝スコッティー〟・アンダーソン大尉、かつては下士官だったが昇進をして、他の船で七回の哨戒に出た歴戦の強者で、今はタンの魚雷の管理をするヘンリー・〝ハンク〟・フラナガン少尉、潜水艦での初めての勤務に熱心なピンク色の頬をしたフレッド・M・〝メル〟・エノス少尉などだった。

オーケストラの指揮者が自分の個性を楽団員に刻みつけ、サッカーのコーチが選手に同じことをするのとちょうど同じように、すべての艦と潜水艦の士官と水兵はすぐに指揮官の個人的な特性を受け入れていった、そうでなければ長くは勤務できなかった。タンでも同じだった。八六人の士官と水兵はすぐに乗組員同士で、そしてディック・オケインと一体となっていった。

オケインはタンをアメリカ海軍で最高の成績を上げる潜水艦にしようと決意して、日夜絶え間なく乗組員に訓練を行なった。艦橋から退去して潜航する時間を何十秒でも短くするために、浮上中の戦闘配置と潜航中の戦闘配置で果てしない訓練が続いた。「とうとうそれを成し遂げた。もし必要ならば、目隠しをしても出来るようになった」とデッカーは言った。

タンが立派に仕上げられ、航海に出られると分かり、食料、燃料、魚雷が積み込まれ、勇ましい水兵が乗り組むや、一九四四年の元日にパールハーバーに向かってメア島を出港し、一週間後にハワイに到着した。

普通は新たに到着した潜水艦は海に出られるかどうかを見るために、少なくとも三週間の追加の訓練をパールハーバーで行なったが、オケインは早く戦いに戻りたくてたまらなかった。それでタンは作戦テストをやり過ごし、新記録となる八日で出航の準備をした。そして一月二一日、ハワイの九六〇キロ西にある、敵が占領しているウェーキ島に向かった。そこで〝ライフガード〟任務

──日本軍の基地を攻撃している時に撃ち落とされた飛行士を助け上げるために待機すること──を割り当てられた。そんなつまらない任務はオケインを怒らせた。オケインは魚雷を敵の船に叩き込みたかったのだが、命令は命令だった。

九日に及ぶ長く退屈な昼夜の間、タンはウェーキ島の沖に止まり、海岸線を偵察し、撃ち落とされた飛行士を助けるために待機した。しかし一人も撃ち落とされなかった。やっとタンはその任を解かれ、狩りに行くのを許可された。そしてトラック島の北方の八、〇〇〇キロ四方の海域を担当するために向かった。そこに到着して辺りを捜索しても、大海には敵の船の行き来が見えないようだった。タンは水上に止まり、ソナー手の鋭い耳はスクリューの微かな音を求め、見張り員は双眼鏡で果てしなく続く水平線に、石炭を燃やすエンジンから出る黒い煙を示す僅かな印がないか捜索した。しかし何もなかった。

一〇日間実りのない捜索が続いた。さらに一五日、二〇日と。やっとタンの運が変わった。パールハーバーからスケート（訳注：ガンギエイのこと）（SS－305）とサンフィッシュ（訳注：マンボウのこと）（SS－281）へ、翌朝グレイフェザーバンク（訳注：トラック島の西のカロリン諸島の近くにある大きいバンク〈海底の隆起した所〉）を護送船団が通ることを知らせる暗号無線を傍受して、二月一七日、オケインはその受持ち区域に侵入することを決意した。他の潜水艦よりも先に正確な襲撃地点に到着するために、タンに拍車をかけた。二時三〇分、タンは水上を走っている所を敵の駆逐艦に見つかった。しかし一五〇メートルまで急潜航した。潜水艦が敵のソナーをかわせると期待できる温度変化層の充分下だった。そして船団を守る駆逐艦の警戒陣の中に滑り込むために、全速力で水面下を進んだ。

そしてオケインは一、三〇〇メートル前方に幽霊のように現われた、六、八七四トンの貨物船暁天丸を見つけ、四本の魚雷を発射した。三本の魚雷が爆発し、貨物船はコンクリートの塊のように沈没した。残りの一本の魚雷も五、一八四トンのタンカー国栄丸に命中したみたいだった。大日本帝国海軍の報告書によれば、同じ日に同じ場所で国栄丸が失われているから。護衛の駆逐艦はその辺りを動き回って、ソナーでピンという音を猛烈に出して侵入者を見つけようとしたが、タンは敵の捜索から静かに逃れ去った。（訳注：これは間違いである。国栄丸はヒ四〇船団に加わっており、二月一九日ベトナムの東方沖五〇〇キロでアメリカの潜水艦ジャック《アジ科の数種の魚の総称》に沈められた）

翌日オケインはサイパンに行って、他の四隻の潜水艦と共に配置につくように命じられた。再び獲物を捜し求めようとして、タンは一八ノットで配置場所へ向かった。

最初に到着すると、すぐに五隻の船団を見つけた。オケインは夜間の水上攻撃をすると決めた。四本の魚雷が三、五八一トンの補助艦福山丸を水上から吹き飛ばした。任務が一部果たされたのに満足せずに、オケインは前部発射管を再装塡して、六、七七七トンの山霜丸を追いかけ、海から垂直にも持ち上げた。オケインは報告書にこう書いている。「スプーンを直立させたように、船尾を下げて突っ込ませ、大きな炎に包まれながら沈めた」

山霜丸が爆発した時に所在が暴露したため、タンは次に起こる爆雷攻撃を避けようとして、深く――一八〇メートル以下――に潜った。そして再び浮上しなかった。前部魚雷室で深刻な浸水が生じているのに気づいたが、一四時間に及ぶ巧みな操艦とビルジポンプを酷使することで、タンはやっと船影のない海に浮上した。潜水士が第五発射管の扉の外側のパッキングを修理した。すぐに全てが正常に戻った。

二四日の夜、タンは別の船団を捕えた。オケインは二、四二四トンの越前丸が慌てて逃げ去る前に三本の魚雷を叩き込んだ。翌朝、小さい貨物船とその護衛艦を一晩中追いかけ回した後、疲れ切った艦長と乗組員はやっと一、七九〇トンの長光丸を海底に送った。（訳注：越前丸も長光丸もサイ

潜水艦が燃えている日本の貨物船に接近した時に、艦橋から撮影した劇的な写真

パンにいたが、敵機動部隊接近の報を受け、日本本土へ避退中だった)

初めての戦闘哨戒に出た慎重な潜水艦艦長なら基地へ帰るだろうが、オケインはそうせずに、まだ数本の魚雷が残っていたので、狩りを再開した。

マリアナ諸島パガン島の近くで、オケインは残りの魚雷を別の船団に使ったが、命中弾はなかった。魚雷がなくなり、また五隻(もしかすると六隻)を沈めた手柄に満足して、タンはミッドウェーへ針路をとった。

クレイ・デッカーは楽しくなかった。最初の哨戒の成果にではなく、掌帆長のビル・〝ボート〟・レイボールドのせいである。デックはこう言っている。「ボートはすべての〝腹心の部下の等級付け〟の責任者だった。そして魚雷士の僕の等級付けも〝腹心の部下の等級付け〟の対象だった。何かの原因でボートと僕は初めから折り合いが悪かった。ボートは本当に鞭を鳴らし、杓子定規に行動した。僕は奴がヒトラーと似ていると思った!そんなわけで初めての哨戒の後、奴は僕を二等水兵に降格し、〝ブラックギャング(訳注:機関員の

パンパニトの艦橋、前の潜望鏡の上のほうきに注目、戦闘哨戒が成功して"海から敵を掃き清めて"帰って来た時、港に入るに際して潜望鏡にほうきを結ぶ付ける

こと）〃に送り、機関室で精一杯働かせた。後に我々は仲良くなったが、奴に我慢ならない時がしばらく続いた」

タンは一九四四年三月三日、補給のためにミッドウェーに入港した。しかし乗組員には充分な休暇は与えられなかった。オケインが早く戦いに戻りたかったので、艦の補給を大急ぎでしたかったからである。しかし、オケインは完全に規則外の〃クローズネスト（訳注：カラスの巣、つまり見張り台）〃を潜望鏡シアーズ（訳注四）の頂上に取り付ける時間をとった。これにより見張り員はそこに上がって配置につき、敵の潜水艦を見つける特別の目的を持って、周囲の海を見渡せる視界を得られるのだった。

一一日タンの補給は終わり、艦に乗り込んだばかりの新しい乗組員を鍛えるための訓練航海に出かけた。三月一五日、タンはミッドウェーを出航した、戦闘三角旗にさらに数個の〃ミートボール（訳注：日章旗のこと）〃を加えようとするオケインの熱意と共に。しかしながらそう急ぐ必要はなかった。次の四八日間、タンは太平洋をあちこち動き回ったが、攻撃するに値するものは何も見つからなかった。「我々は日本は戦争から逃げ出したのではないかと思った」とデッカーは言った。

日本は戦争から逃げ出したのではないことはたしかだった。しかしアメリカの戦力が急激に増大していくに連れて、日本の戦力は衰えていった。アメリカの太平洋の〝蛙飛び〟作戦はアメリカ兵をさらに日本本土に近づけていった。〝蛙飛び〟作戦という用語は、実態とはまったくかけ離れた気楽な軽薄さを表わすが。日本軍から島々を奪い返すのは、汚く命にかかわる仕事であり、お互いに値段の高い〝肉屋の請求書〟を支払わなければならなかった。

ジョン・スコットのタニー（訳注：マグロのこと）が六五、〇〇〇トン（満載排水量は約七〇、〇〇〇トン）の巨大戦艦武蔵を攻撃したということ程、かつての〝太平洋の支配者〟としての日本の地位の低下を象徴するものはおそらくないであろう。一九四四年三月二九日、武蔵がパラオの近くにいた時に、タニーはこの巨大戦艦の左舷の錨のすぐ下に魚雷を命中させた。浸水した区画は速やかに封鎖され、傾くのを防ぐために反対側に注水された。強大な武蔵はそれから何事もなく修理のために呉にゆっくりと戻った。

一方、ロン・スミスはシールでカリフォルニアに帰る途中だった。シールはメア島で新しいエンジンに変え、徹底的な整備をすることになっていた。ゴールデンゲート・ブリッジの下を通過するのは楽しい経験であり、艦内にいる必要のない者は全員艦上に出て、下にいる自分たちに手を振ってくれる、遙か上の可愛い少女たちに手を振った。髭の生えた頬を涙が流れた。

シールがサンフランシスコ湾に入った時、スミティーは故郷から離れて過ごした時を思い返した。その中には決して生き生きと思い出せないものもあった。そして次からの哨戒から無事に帰ってくるという保証もなかった。

一九四四年三月三日、シールがメア島に係留され、任務のない者は皆上陸してよいと告げられるや、「シールを降りる者たちの様子は、沈む船から逃げ出す鼠の群れを連想させた」とスミティーは言っている。彼には割り当てられた兵舎がなかった。それで街で最高のホテル、カサ・デ・ヴァレーホにチェックインして、熱いシャワーを一時間楽しんだ。それから最高級の制服を着て、エレベーターに乗って、バーがあるロビーへ降りていった。その夜スミティーはバーでたまたま一人の女性と知り合いになった。二人は欲情した水兵と淋しい人妻が戦時中に行なうことを行なった。ロマンスは一晩中続いた。

数日後、一九四四年のイースター（訳注：キリストの復活を祝う祭り。春分後の最初の満月の次の日曜日）の日曜日、スミティーは別の若い女性と出会った。黒い髪のマリリンという名前の女性で、女友達と一緒に礼拝を終えて教会から出てきたところだった。初め彼女の台詞に少したためらった後、（「立派な女は水兵と話をしないし、そのうえ私は婚約しているの」とマリリンはスミティーに言った）二人は話を始めた。スミティーはマリリンをランチに誘った。彼女は基地管理ビルでファイル整理係として働いており、ヴァレーホの家で両親と一緒に住んでいると分かった。スミティーはマリリンの若く溌剌とした美しさに魅せられ、見とれずにはいられなかった。自分がまるで真新しい光る銅貨を見つけたばかりの、小さな薄汚い街の子供のように感じた。

二人はデートを始めた。そして心ならずも、スミティーは彼女と狂ったように恋に落ちた。スミティーは自分を責めたが、どうしようもなかった。マリリンも明らかに同じだった。スミティーが二人の将来のことをどう考えているのかを知ることもなく、他の水兵との婚約を破棄したから。スミティーにとって結婚や子供といった普通の生活は可能ではなかった。少なくとも今は。彼は海軍に入っており、戦争は続いていた。スミティーはマリリンを愛していたが、将来はどうなるか分か

れなかった。

ことではなかった、ビル・パートンがしたように。しかしスミティーはマリリンに会わずにはいらなかった。この戦争を無事に生き延びられそうもなかった。ある女性を未亡人にするのは正しいことではなかった、ビル・パートンがしたように。

スミティーとマリリン、1944年撮影

一方マリリンは家庭で問題を抱えていた、といっても深刻なものではなく、母親と十代後半の気の強い娘の間で時々起こる、一種のストレスと緊張に過ぎなかったが。ある夜マリリンはスミティーに、家を離れてプエブロ(訳注：コロラド州中南部の地名)の南コロラド市にいる叔母のメアリーの所へ移りたいと言った。この話はスミティーに激しい衝撃を与えた。もしマリリンが行ってしまえば、もう二度と会えなくなるだろう。しかしスミティーは冷静に振る舞い、三〇日の休暇を取ってハモンドの父親を訪ねるので、プエブロまで列車で彼女をエスコートすると申し出た。驚いたことにマリリンはその計画に賛成した。

荒野を横断する列車の旅で、二人は初めて愛を交わした――そして二度、三度……マリリンはスミティーにプロポーズしてほしいと願っているのを彼は感じていた。しかしそれをはっきり言えなかった。もし自分の身に何かが起こったなら、それは彼女にとって不都合なことだろうと考え続けた、二〇歳で父親のいない息子を抱え、未亡人になったメアリー・パートンを思い起こしながら。

一九四四年四月、フィリピンを解放すべき時が来た。最初のステップはマリアナ諸島から敵を追い払うことだった。そのためにマッカーサーの兵士たちは、スプルーアンス大将指揮の第五艦隊所属のマーク・ミッチャー中将率いる高速空母から成る第五八任務部隊の支援の下、ニューギニアの北岸中央部のホーランディアに侵攻する準備をした。第五八任務部隊は五隻のエセックス級の大型空母に加えて、二隻の戦争前の空母――エンタープライズとサラトガーと、八隻のインデペンス級の軽空母から成っていた。護衛の艦艇も加えたこの大艦隊は海軍史家のサミュエル・モリソンをしてこう書かせた。「蒸気の時代は太平洋艦隊の高速空母部隊の集結に比べられるほどの、海上の壮観な光景をもたらさなかった。今や水兵の目は大きい平らな上甲板に慣れてきており、海を支配するために出来るのは何かを学んできたので、平らな上甲板はラッパズボンの先祖と同じくらい、水兵にとって素晴らしいものになった。空母と優美なシアー（訳注：主甲板の舷側の前後方向の反り）と沸き返る航跡を立てる新鋭の戦艦は詩的な喩（たと）えを呼び起こした」

六隻の潜水艦――タン、アーチャーフィッシュ（訳注：テッポウウオのこと）、バシャ（訳注：ナマズのことか?）、ブラックフィシュ（訳注：ニシンのこと）、チュリビー（訳注：サケ科に近いコクチマス科の魚）、そしてタニー（訳注：マグロのこと）――は、この作戦で小さいが重要な役目を果たすために配置についた。敵の増援部隊を乗せた船がこの辺りに近づかないようにし、また着水せざるを得なかった空母の飛行士を救い上げることである。後の任務に関して、タンは名声を得ることになるのだった。

列車はプエブロに到着したが、マリリンは叔母の家に移ることについて考え直した。代わりにマリリンとスミティーはシカゴ行きの次の列車に乗った。そしてシカゴでハモンドへ行くサウス・ショア鉄道に乗った。二人が手をつないでタクシーから降りて、ジャクソン・ストリートの家を見た時、様々な感情がスミティーの中で溢れ出てきて、全身を包み込んだ。ここは自分が生まれた家であり、そしてほんの六年前に母親が死んだ所でもある、ずいぶん前のことのようだ。ここは戦争に行くために去った場所であり、もう再び見られないのではないかと心配した所でもある。そこにいる、全てが始まった所に帰って来た、自分の妻となりたいと望んでいる美しい女性と手をつなぎながら。

小さいレックスが網戸をバタンと閉めて、階段を飛ぶように降りて来て叫んだ。「ロニーだ！　ロニーだ！　ロニーが帰って来た！　ロニーが帰って来た！」

休暇は長過ぎるようでもあり、短か過ぎるようでもあった。スミティーが海軍に入る二～三年前に父親が結婚した、そしてスミティーが依然としてあまり馴染めないと感じている継母のドロシーとのいつ終わるともしれない、気詰まりな時間があった。そこには父親とドロシーの二人の娘、五歳のジュディーと赤ん坊のキャロルがいたが、二人とも小さな見知らぬ人間みたいだった。

昔の学校の仲間とも、縁が切れたみたいだった。高校時代に友達だった女の子の多くは結婚するか、町を離れて大学に行っていた。男友達の多くは兵役に就いていた。まだ町にいたのは4－F――身体的、精神的な理由で兵役に不適格であるとされた者――で、ともかく軍服を着られないという汚名を着せられていた。何人かがスミティーに潜水艦に乗って戦いに行くのはどういうものに似ているのかと尋ねたが、スミティーは話すのを断わった。彼らには分からないだろうから。

スミティーの叔母と叔父と従妹さえ、太平洋で起きていることについて知らなかった。そして厳しい戦時配給制度のおかげで、肉とバターと靴用の革とタイヤとガソリンのような物資がどれだけ不足しているのか不平をこぼした。スミティーは自分と海軍がどんなものにも不足していないことに少し後ろめたさを覚えた。そしてそれは銃後の犠牲のおかげだと悟った。

ジャクソン・ストリートにある家の半分近くは表の窓に、青い星のついた赤の縁取りの小さいペナントを掲げていた。それは家族の一人が軍役に就いているのを示していた。数個の旗には金の星があった。それは家族の一人が国に奉仕する間に死んだことを表わしていた。スミティーは戦死者に沈黙の祈りを捧げた。

父親のアーニーは尊大な態度で息子に、三人の幼い子供がいる家には〝セックスする場所〟はないと言った。マリリンはジュディーの部屋で眠り、スミティーは火を吹く石炭の炉の隣の地下の昔の部屋で寝た。二人が愛を交わしたのはアーニーの一九三八年製のポンティアック（訳注：ゼネラルモーター社の自動車のこと）の後部座席に限られた。

ハモンドで二週間過ごした後、マリリンはスミティーに悪い知らせを伝えた、周期がおかしくなったので、妊娠していると思うと。素晴らしい、まったく素晴らしい、スミティーはそう思った。

「僕たちは結婚した方がいいと思う」一九四四年に立派な男が立派な女と〝厄介なことを〟起こした時にすべきことを知っていて、マリリンに言った。

「ええ、私もそう思うわ」マリリンは幸せそうに答えた。

一九四四年四月二七日、タンはトラック島の東の海上にいた。アメリカのB－二四〝リベレーター〟の編隊がその頭上を飛んで日本軍の陣地に爆弾を投下した。ジャングルには炎と煙と土埃が舞い上がった。空爆は三日間続いた。四月三〇日、敵の砲手が運よく爆撃機を一機撃墜した。タンの乗組員は海から三人の感謝している飛行士を引っ張り上げ、体を暖めるために酒と毛布を渡し、艦内で彼らのためのスペースを見つけた。

夜になると共に、体の濡れた飛行士がさらに救助された。別の救難の呼び出しを受け取ったが、タンは島からの砲撃を受け、また敵の潜水艦が辺りをうろついているとの警報があったので、救命ゴムボートを見つけられなかった。次の日タンは救助員としての役目を続け、ゴムボートに乗った幾つかのグループを助けた。この救助作業にはタンと乗組員に常に危険が伴なった。しかしオケインと全ての水兵は、自分たちの任務を英雄的な沈着冷静さでこなした。弱って脱水状態になった操縦士が環礁の珊瑚の上で見つかった。オケインはその操縦士を助けるために、タンの艦体をこすらせて岸に上がった——近くの掩蓋陣地から砲火を浴びる危険があるにもかかわらず。さらに九人の飛行士が飛べなくなった一機のキングフィッシャー（訳注：フロートつきの二人乗りの偵察機、救助した飛行士を乗せていたと思われる）から引き揚げられた。夜間戦闘機が暗闇の中で他のゴムボートを発見した。乗っていた者はタンに乗り移った。

リチャード・オケインとタンが救助した22人の飛行士

タンは二二人の歓迎

するが、招かれざる客で天井までぎっしりいっぱいになったので、クレイ・デッカーは潜水艦の普通でも窮屈な居住区がさらに窮屈になったと感じた。「八七人の乗組員がいるのに、突然さらに二二人増えた。まさに横になる場所もないとはこのことだ！　しかし我々は彼らに食事を与え、丁重にもてなした、もし状況が逆になったならば、彼らが我々にしてくれるだろうように。ハルゼー大将は出来るだけ早くこの飛行士たちを軍務に復帰させたいと望んでいた」

タンはさらに数日間、哨戒任務に就き、それからパールハーバーに戻った。結局、一隻の船も沈めなかった。

タンは一九四四年五月一五日、船いっぱいの飛行士たちと共にハワイに着いた。それまでに水兵たちと飛行士たちはすぐに仲良くなっていた。ニミッツ大将とロックウッド少将やその他の高級将校がドックにいて、タンとその人間の荷物をたくさんのファンファーレで出迎えた。

通常は潜水艦乗りが戦時記章に星を加えるためには、戦闘哨戒の間に少なくとも敵の船を一隻は沈めなければならなかった。タンは一隻の船も沈めなかったとはいえ、ロックウッド少将は規則を曲げて、全ての乗組員が二回目の哨戒に対して星を与えられると保証した。また乗組員は別のものも受け取った。クレイ・デッカーはこう言っている。「後にハルゼーはタンの乗組員全員に海軍航空勲章を与えた。潜水艦乗りの集会で僕が航空勲章を付けて出た時、どんな意見とおかしな注目を浴びたか想像できるかい！」

タンが飛行士の積荷と一緒にパールハーバーへ帰り着いたのと同じ日に、別の潜水艦U・S・S・タラビー（訳注：サケ科に近いコクチマス科の魚）（SS－284）が期限を過ぎても帰還せず、おそらく失われただろうと報告された。ただ一人の生存者、砲手のC・K・クーケンダールは戦後、タラビーの身震いするような話を語った。後にタンにも似たようなことが起こった話を。

一九四四年三月五日にチャールズ・F・ブリンデュプケ中佐は、タラビーをパールハーバーから出港させ、四回目の戦闘哨戒に出掛けた。途中でミッドウェーに寄って、燃料タンクを満タンにした。目的地はパラオの北の海で、そこでその地域への空母部隊の攻撃を支援することになっていた。クーケンダールは三月二五日に、タラビーは配置場所に到着したと言った。そして次の夜スコールが降っている間に、レーダーが日本の七隻の船団を捕らえた。ブリンデュプケは船団に近づいて、最初の目標に大きい輸送船を選んだが、その船を充分に視野に捕らえられるまで発射を控えた。

一方、敵の護衛艦はタラビーの存在に気づき攻撃に向かい、爆雷を投下した。タラビーはそれに妨げられることなくその辺りに止まり、遂に輸送船に向かって二本の魚雷を発射した。最初の魚雷はちゃんと輸送船に命中し沈めた。一方、二本目の魚雷は常軌を逸した動きをして、円を描いてぐるりと回ってタラビーに命中した。見張りとして艦橋にいたクーケンダールは海に吹き飛ばされ、タラビーの唯一の生き残りとなった。彼は日本の船に拾い上げられ、名前と階級、認識番号以外は漏らすのを拒否したために殴られた。そして日本の横浜近くにある大船海軍尋問収容所に連れていかれ、九月三〇日までそこにいた。それから足尾銅山に送られて、戦時中奴隷のように働かされた。

タンに乗った時、クレイ・デッカーの階級は三等魚雷士だったが、後にモーター機関兵曹に変わった。乗組員が他の職種での訓練を行なった時に、副長のフレーザーがデッカーにはボウ・プレインズマンとしての才能があると見抜き、ブラックギャング（訳注：機関室で働く乗組員）から助け出したのだった。

デッカーはこう回想している。「マレー・フレージーは潜航した時は、いつでも僕を常任のボウ・プレインズマンに選んだ。マレーは僕を選んだのは〝泡を捕える才能〟があるからだと言った。それは中に泡の入ったガラス管で、艦体が水平か水平でないかを示すもので、大工の使う水準器と似ていた。僕は発令所のベンチで、大きい操舵輪に似た大きい輪の前に座っていた。潜航を開始した時、僕の仕事はボウ・プレインズ——艦体の横から突き出ている、大きい象の耳のように見えるもの——を準備することだった。ボウ・プレインズは魚のひれや飛行機の昇降舵と同じような働きをした、つまり潜水艦を潜航させるか、浮上させるかしたのだった」

デッカーの背中は司令塔に上がる梯子にもたれていた。クレイ・デッカーは知らなかったが、その窮屈な場所に押し込まれたことがまもなく彼の命を救う結果になるのだった。

一九四四年五月二〇日、インディアナ州の北西部のカルメット（訳注：平和のパイプ。飾りつきの長いキセルで、インディアンが儀式の時、特に和解の印として使った）地域として知られている所で、美しい春の日にスミティーとマリリンは、ハイドパーク・メソジスト教会の前の芝生の上で、少人数の人々の前で誓いの言葉を述べた（マリリンは妊娠していないのが分かった、少なくとも未だ）。スミティーの叔母と叔父を訪ねて、イリノイ州の真ん中への短い新婚旅行をした後、新婚の二人はハモンドへ帰り、それからカリフォルニアへ戻る準備をした。しかしその前に中古車販売をしている叔父が、結婚プレゼントして一九四〇年製の赤いシボレー（訳注：ゼネラルモーター社の乗用車）のコンバーチブル（訳注：折りたたみ式幌つきの自動車）をくれた。またハモンドで配給委員をしている別の叔父が、二人が西海岸に帰るのを援助するために、〝内密に〟ガソリンの配給切符をたくさんくれた。

カリフォルニアへ帰る旅の途中で、スミティーとマリリンは彼女の生まれた町である、コロラド州のサリダに立ち寄った。スミティーの休暇の間に、マリリンの母親と継父、二人の兄弟はヴァレーホからサリダに戻っていたのだった。彼女の家族と数日過ごした後、また車での旅を続けた。

六月の初めにもう一度メア島に戻ると、スミティーと花嫁はアパートを見つけた。そしてスミティーは潜水艦基地に出頭し、シールのオーバーホールを点検した。シールは巡洋艦でも充分入る大きさの乾ドックの大きい木製の台の上に乗っており、まるで大きい空っぽのバスタブの中の小さなおもちゃの船のように見えた。幅の狭い通路がシールと乾ドックの壁を繋いでいた。スミティーはシールに幾つかの変更がされているのに気づいた。前部喫煙甲板にあった二〇ミリ砲はまだそのままだったが、後部甲板の三インチ砲は二門の五インチ砲に取り換えられていた。一つは司令塔の前に、一つは司令塔の後ろに置かれていた。後部喫煙甲板の二〇ミリ砲は四〇ミリ砲に換装されていた。シールは潜水艦というよりも小さい流線形の駆逐艦のように見え始めていると、新たな兵装を全て調べながらスミティーは思った。そして提督たちは潜水艦を水上での戦闘に使おうと考えているのかとも思った。

それからスミティーは下に降りて艦内に入り、据えつけられている四基のフェアバンクス・モース製ディーゼルエンジンを満足げに眺めた。それらのエンジンは美しいと言ってよかった。全てバルブリフター（訳注：エンジンのバルブを開閉させるために、回転するカムシャフトとバルブタペットの間で作動する部品）の上のヘッドカバーで閉められ、スミティーが見慣れた古いH・O・Rエンジンみたいに、銅線と鉄線がスパゲッティーのようにそこら辺り中を走り回っていなかった。スミティーは色んな道具やエンジンの部品、使用説明書をまたいで、依然として一緒になって機関室を元に戻そうとしている一二人の労働者、機械工、技師の邪魔にならないようにしなければならなかったが、またシールの変わりぶりには驚いた。シールは非常に強靭な潜水艦になりつつあった。これは君のためのものだ、ビル。スミティーは声に出さずに死んだ友へ誓った。今や我々は本当にあのろくでなしどもをやっつけようとしているのだ

ウェイスト主任が隔壁のハッチを通って現われた。「よう、スミティー！　お前は戻って来たんだな！　噂ではお前は結婚したそうだな」

「そうです、主任」スミティーはそう言って、左手を上げたので、主任は金の結婚指輪を目にすることができた。

「そうか、おめでとう!」

「ありがとうございます。それはそうと、シールはかなり素晴らしくなったように見えますね」

「そうだよ、素晴らしくなったよ。七月には戦いに戻ることになっている。そして新しい艦長を迎えるんだ。名前はターナー、ジョン・ターナーだよ。ドッジ艦長は新しく建造された船に行くんだ、ブリル(訳注:ヒラメ科の魚)という名の船に」

「うわー、本当ですか? 色々変わったんだな。ところで主任、僕は何をする必要があるんですか?」

「労働者の中に入って、船体を磨くのを手伝え」

伝統によって、士官を除く乗組員は皆ボースンチェア(訳注:吊り腰掛け、板をロープで水平に吊した座席)に乗って舷側にぶら下がり、艦体から古いペンキと防水剤をこすり落とさなければならなかった。最悪の仕事の一つだった、たとえ潜水艦が乾ドックに入っている時に、最悪の仕事ではないとしても。「あー、主任。あれをやらなければならないんですか」

「スミティー、お前と議論している時間はないんだ。お前は一ヶ月間、新婚旅行でさぼっていたんだ。そして仕事に戻る時が来たんだ。それに加えて健康によいカリフォルニアの日光の下で働くことは、寝室にずっといたお前の不健康な青白さを取り除いてくれるよ」ウェイストは訳知り顔でニヤニヤ笑った。

スミティーはぶつぶつ不平をこぼしたが、使い古したダンガリー(訳注三)に着替えた。仕事で汗まみれになり、汚れるのが間違いなかったから。乾ドックのコンクリートの床の一二メートル上でぶら下がり、シールの艦側と艦底から黒いタールのようなどろりとしたものをこすり落とす、暑い汚れる作業だった。三日後、誰もがシールは内部から思うよりは、外観がかなり大きいと分かった。

スミティーと他の魚雷員は〝発射管の照準合わせ〟をしなければならないのを口実にして、すぐに船体磨き作業から逃げ出した。それは潜望鏡の十字線が各発射管の真ん中と完全に一直線に揃っているかを確認する、簡単だが絶対必要な処置だった。魚雷室の乗組員は出来るだけ長くその処置を引き伸ばしたので、船体磨き作業に戻る必要はなくなった。

一九四四年五月下旬、別の潜水艦がフリーマントルの港を出港して歴史に残る航海に出発しようとしていた。南大西洋のボラ科の魚の名をつけたU・S・S・ハーダー（SS－25）で、サム・ディーリーが指揮していて、積極果敢で戦う潜水艦という評判を得ていた。そもそも海軍の指揮官で部下に愛される者がいたならば、それはサム・ディーリーだった。一九〇六年テキサスで生まれ、一九三〇年にアナポリス海軍士官学校を卒業した。もし悪魔が地獄に船を持っていて、ディーリーがそれを攻撃すると決めたなら、乗組員は疑いもなくついて行くだろうと言われていた。

クリーブランド出身のハーダーの機関士マイク・ジェレトカは、ディーリーの大勢のファンの一人だった。「ディーリー艦長はとても素晴らしい士官で、且つプリンスだと思う。上品で裕福な一族の出身だった。我々は艦長を尊敬しており、全員が艦長を好きだった。艦長は船を注意深く調べ、皆に話しかけた。乗組員全員を名前で知っていた。船がどこにいるのか、海図台で我々に示す時間を常にとろうとした。そしてどんな命令を受けたのか、何をしようとしているのかを教えてくれた。戦闘の後にはいつも攻撃について説明し、我々が何をしたかを話した」

「ディーリー艦長は聡明であり、また優秀な士官集団を持っていた。モーアー大尉、フランク・リンチ大尉、サミュエル・ローガンである。彼らは充分に訓練を受けていた、乗組員全部もそうだが。

艦長は我々を徹底的にしごいた。我々には何の問題もなかったし、どんなトラブルも起こしたことはなかった。そしてそれはよい結果を生んだ。士官たちは乗組員とうまくいっていた。実際哨戒から帰って来る度にいつも、二～三日間お互いにあけすけに話をして、自由奔放に振る舞った。最初の三回の哨戒の後、我々はパール・ハーバーへ立ち寄り、〝ピンクレディー〟——ロイヤルハワイアン・ホテルに滞在した。そして一日か二日一緒にいて、野球なんかをした。二度目の哨戒の後では大きなボールを使ったゲームをした。そしてビール、ステーキ、その他なんでも。結局のところ誰も酔っ払わなかった」

「おやじは士官学校の時からボクシングをやっていた。バンタム級かそこらだった。ある日、保養慰労休暇でロイヤルハワイアンにいる時に、おやじは俺の体を掴んで言った。『さあ、ジェレトカ、グラブをはめろよ』」

「俺はおやじを見て言った。艦長、私はあなたが好きですが、私はボクサーじゃありません。そしてあなたがボクサーなのは知っています」しかしおやじはさらにさそった。それで俺は言った。「艦長、もしあなたがどうしてもやりたいのならば、手心を加えて下さいよ」それで我々はグラブをはめ、スパーリングを始めた。次に分かったのは、おやじが俺の顔にまともにパンチを当てたことだった。全然手心を加えてなかった。パンチが当たって俺は二メートル弱吹っ飛んで、しりもちをついて倒れた。鼻をぬぐったが、少し血が出ていた。それで言った。「畜生、艦長あまりにも強く打ち過ぎですよ！　手心を加えてくれと言いましたよ！」おやじは俺を助け起こしてくれた。俺はグラブを外し、おやじに投げつけた。大いに不満を言い、毒づいた。そしておやじの側を通る時に、向こう脛を蹴った。

「次の日の朝、我々はまだホテルにいた。朝食をとるために下に降りていくと、下士官が俺に言った。『おやじがお前に会いたいそうだ』それでおやじの所へ行くと、おやじは俺に謝った。それで俺は言った。『艦長、あれは忘れて下さい。あんな些細なことは気にしませんよ』」 数年過ぎるまでおやじが俺の鼻の骨を折ったのに気がつかなかった。

サム・ディーリーはハーダーの艦上でも手心を加えなかった。また潜水艦は、普通駆逐艦を回避するのだが、敵の駆逐艦を追い求めることを恐れなかった。ボブ・ベニョンはこう書いている。「日本海軍の自慢は先駆けを勤める駆逐艦だった。戦争の初期にはアメリカの潜水艦は、このタイプの戦闘艦は敵の一番危険な兵器だと見なしていた。戦いの目標としての駆逐艦の価値はそんなに高くないと考えていた。日本軍にとっての価値は潜水艦の攻撃を防止することだった。日本の駆逐艦は強力な火力を持ち、荷物を積んだ貨物船と、さらに貴重な石油とガソリンを搭載したタンカーを、アメリカの潜水艦が攻撃に来るのを寄せつけないように使った」

ハーダーの艦長サム・ディーリー、死後名誉勲章（訳注七）を受賞

オーサー・エドワード・L・ビーチもこう記している。「駆逐艦や護衛艦艇は潜水艦にとって破滅のもとだった。魚雷を命中させるには小さすぎるし、その回りをうろつくのは危険すぎると普通は考えられていた。それに加えて通常駆逐艦を沈めるのは、例えばタンカーを沈めるのと同じくらいの打撃を敵には与えなかった。……普通は駆逐艦と渡り合うのは避けるべきだった。

しかし鰐と格闘することで満足を得る人間のように、サム・ディーリーは駆逐艦に挑戦するのを歓迎した。日本が危機的なほどに駆逐艦が不足しており、そして現有している駆逐艦がシーレーンを行き来する貴重な貨物船、輸送船、タンカーを護衛するために行動して消耗しているのを知って、ディーリーはわざわざブリキ缶を標的にすると決めた。

一九四四年五月二六日、ハーダーはフリーマントルを出港して五回目の哨戒に出かけ、セレベス海と、ボルネオ近くのフィリピンの一番南の島のタウィタウィに向かって航海した。そこにはアメリカのサイパン侵攻部隊に対する攻撃のために、敵の大きな艦隊が集結しているとの報告があった。ハーダーの役目は単にそれを偵察するだけだったが、事態はまったく違った方向に展開した。スールー列島のタウィタウィ島にある敵艦隊の作戦基地にハーダーを近づけながら、ディーリーは敵の駆逐艦を戦いに引っ張り込みたいと望んでいた。マイク・ジェレトカはこう回想している。

「我々は偵察のためだけにそこに派遣された。そして日本艦隊が動き出した時、無線封止を破った」

一九四四年六月四日のことだった。潜水艦乗りはすぐに知るのだが、世界の反対側ではローマが進軍する連合軍に陥落する枢軸国の最初の首都になった。二日後、アメリカ軍、イギリス軍、カナダ軍はノルマンディーの海岸に猛攻撃を加え、一一ヶ月後にドイツの心臓部に達するまで停止することのない侵攻を開始したのだった。

その日一九四四年六月六日、ヴァレーホのスミティーのアパートのラジオはこの歴史的なニュースを告げた。「海軍部隊と空軍部隊に支援された連合国の地上部隊は、今朝フランス北部の海岸に上陸した」

〝D-DAY〟だった。ヨーロッパでナチスの終わりの始まりとなる日だった。スミティーは大急ぎでシールへ走っていった。シールはすでに改装を終えており、海上での試運転の準備が出来ていた。ひょっとすると、このニュースでもって日本は降伏するのを検討するかもしれないなとスミティーは思った。

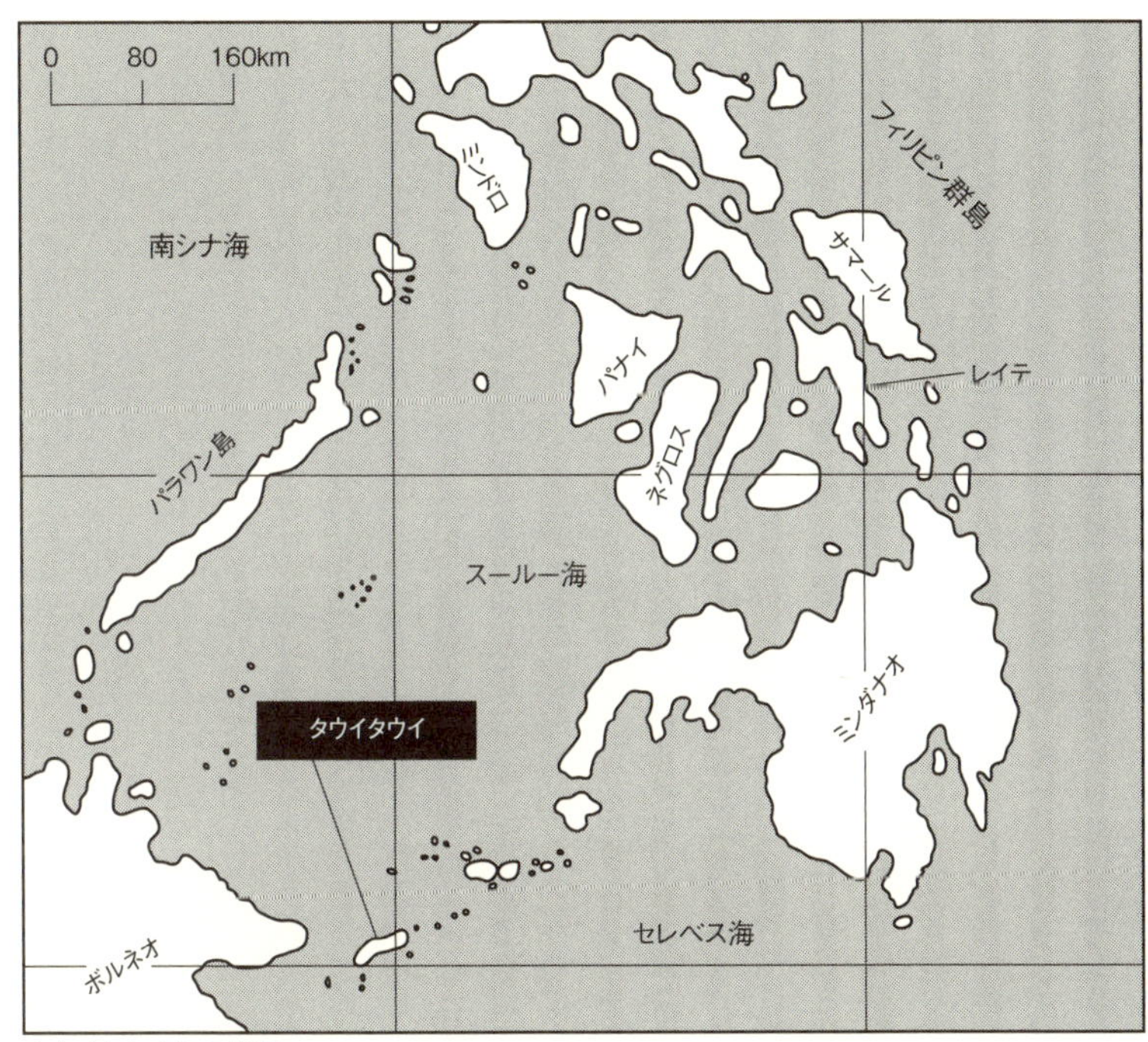

タウイタウイ島の位置

六月六日にはタンはパールハーバーの停泊地に舫い、魚雷、糧食を積み込み、三回目の哨戒への準備をしていた。クレイ・デッカーは、タンの乗組員はD－DAYを幸福だが抑え気味なやり方で祝ったのを覚えている。「この侵攻により、ヨーロッパでの戦いはともかく終わるだろうと思えた。しかし我々は日本へはどんな影響を与えるのだろうかと計り兼ねた。日本は降伏するのだろうか、それとも一層激しく戦うのだろうか？」

ディック・オケインもノルマンディー上陸作戦について、しばらくの間熟考していた。彼は後にこう書くことになる。「私は連合軍がヨーロッパ大陸に帰る時は、意気揚々となる瞬間だろうと期待していた。しかし他の者と同様に、喝采と祈りを同時には出来ないと分かった。もし神業で地球を半周できるならば、タンは八〇人の仲間の戦士を上陸させるのを手伝っただろう」

第一五章——大日本帝国の運命

一九四四年六月六日、夜間に船団を追跡している間に、ハーダーのサム・ディーリーは一隻の駆逐艦が攻撃しようとして、艦尾の方から高速でやって来るのに気づいた。潜望鏡深度まで潜航し左舷側へ急転舵して、ディーリーは突進して来るブリキ缶が艦尾発射管に対して直角になるまで待って魚雷を発射し、標的——水無月——を吹き飛ばしあの世に送った。それからディーリーは再び船団を追いかけようとしたが、すぐに別の駆逐艦に見つかった。この駆逐艦の艦長は前の艦長とは違って用心深く、同僚の運命を避けるためにジグザグで進んできた。距離と方角を絶えず変え、駆逐艦に狙いをつけるのを困難にした。

やっとディーリーは発射の命令を出し、魚雷は駆逐艦を迎えるために飛び出した。敵の艦長は自分の方に突き進んでくる魚雷の航跡を見て、回避行動を取り、同時に爆雷を投下するためにハーダーの位置を見つけようとした。カチィ……ドカーン！　ハーダーが急潜航した時、最初の爆雷が爆発した。続いてカチィ……ドカーン！　カチィ……ドカーン！　カチィ……ドカーン！　ハーダーと乗組員はガタガタ揺さぶられたが、損傷はなかった。

しかし間違いが起こった。新たに任務に就いたスターン・プレインズマン（訳注：艦尾の横舵を操作する者）が大変な間違いをした。大きい輪を間違った方向に回したので、ハーダーは下を向き急角度で潜航した。潜航士官がパニック状態になったプレインズマンを席から押し出して、全力で輪を引っ張ったが、一フィート（訳注：三〇センチ）毎に下方向への圧力が増大する状況の中で、死の潜航をしている一、五〇〇トンの潜水艦を停めるのは簡単ではなかった。深度計の目盛りは五〇メートル、七五メートル、一〇〇メートルと増えていったが、それでもまだ沈み続けた。艦体がギシギシと大きな音を立て、圧潰する恐れが出て来た。

ディーリーは艦内通話装置で叫んだ。「全員後部へ行け、大急ぎで！」艦内の重心の移動が艦首を下げた姿勢を戻すかもしれないと期待してのことだった。直ちに艦内は艦尾に向かって走る水兵たちでいっぱいになった。発令所にいる者はその場に止まった。このやり方はどうにか効果を上げた。ハーダーの潜航は遅くなりはじめ、それから水平になった。ディーリーは深度計を眺めた。一二〇メートルだった。

それから艦体は上を向いたので、潜航を停めようとして艦尾に走った四〇人は、傾きがあまりにも急すぎると分かったので、バランスを取るために艦の中央部へゆっくりと戻り始めた。緊張した時間は終わり、暴走した海の馬のようだったハーダーは操艦できる状態に戻った。

海上の駆逐艦は去ったわけではなかった。その船がピンピンという音を出しているのは、ハーダーが浮上してゆけば敵は爆雷の準備をして待っていることを示していた。ハーダーが海面に近づいた時、絶え間ない爆雷攻撃が再び始まった。ディーリーとハーダーは奇跡的に爆発をどうにか避けてこっそり逃げ去った。

翌日ハーダーの乗組員が危機一髪から逃れて休んでいる時に、もう一度戦闘配置につく呼び出しがあった。別の駆逐艦がハーダーの潜望鏡に向かって非常な高速で突き進んで来るのが見えた。そしてソナーは第二のブリキ缶が別の方向から全速でやって来るのを捕らえた。ディーリーは今や艦首から僅か七〇〇メートル足らずの所に来た最初の駆逐艦——早波——を処理すると決めた。二本の魚雷を冒険的な〝ダウン・ザ・スロート（訳注：艦首に向かって真正面から撃つこと）〟で発射した。そしてディーリーはちょうど魚雷が狙い通りに命中して目標が消え去った時に、右舷への急転舵を命じた。目標はほとんど瞬時に沈没した。

ボルチモア出身のハリー・〝バッド（訳注：蕾の意味）〟・ダンはハーダーの非常に若い魚雷員だった。ダンは一六歳の時に、他人の出生証明書を変造して海軍に入った。そしてこの哨戒を〝非常に興奮〟させるものだったと述べた。

ダンは言った。「この一本の魚雷は〝ダウン・ザ・スロート〟で発射された。そして駆逐艦の弾薬庫を吹き飛ばし、破片がハーダーの上に降り注いで来た」ダンは爆発がハーダーをガタガタ揺さぶり、前部魚雷室の重い甲板の鉄板を跳ね上げるのをびっくりして見つめた。

「もちろん、それらの鉄板はきちんと元の場所に戻らなかった。全部ゆがんだから。発射管と発射管の間はあまり広くはなかったので、僕は両肩を発射管にぶつけて肩全体に青黒いあざを作った」

「決して忘れられない三等ガナーズメイト（志願兵のうちで武器の操作に優れたものに与えられる等級）の男がいた。その男は頭の上から落ちて来た鎖の塊が斜め横からぶつかり、頭に二〇針以上縫わなければならない怪我を負った。確か副長はサリヴァン中佐だったと思う。そのガナーズメイトは副長に、この負傷に対して自分はパープルハート勲章（訳注：戦闘中または敵の直接の攻撃の結果として受けた名誉の負傷に対して授けられる勲章）をもらえると思いますかと尋ねた。副長は答えた。『駄目だろうね、坊や。賞状を読む限り、負傷は敵の直接の攻撃の結果生じたものでなければならないんだ』それでガナーズメイトは言った。『それじゃ一体全体、上に誰がいると思いますか？』」

ハーダーは今は別の潜水艦ハンターに向かっていた。敵との角度は良くなく、潜望鏡を通してディーリーは艦尾にいる日本の乗組員が爆雷を投下する準備をしているのが見えた。爆雷がハーダーの上に波飛沫をかけ始めたちょうどその時、ディーリーは再びハーダーを深く潜航させた。カチィ……ドカーン！　カチィ……ドカーン！　カチィ……ドカーン！

雷のような交響曲が四時間もの間続き、ディーリーは追跡をまき、再び追跡者へと立場を変えるために考えられるあらゆる術策を使った。

とうとう敵を振り切ってから、ハーダーはその水域から離れて浮上したが、一隻ではなく六隻の敵の駆逐艦が真っ直ぐに向かってくる所の驚くほど近くだった！　ディーリーの反射的な反応は攻撃であり、敵の船を沈めることだったが、分別が剛勇を抑えた。ディーリーはあきらめて潜航し、ハーダーは逃れ去った。

それからハーダーは太平洋潜水艦隊司令部の命令で、ボルネオ島の北東へ向かい、日本の捕虜となる恐れのあった六人のオーストラリアの沿岸監視員を拾い上げた。戦争中ずっと沿岸監視員は敵の艦船や船団の動きを見張り、見たものを連合国司令部に報告するという英雄的な任務を遂行した。沿岸監視員は暗号解読係につぐ、二番目に貴重な連合国の情報源だった。アメリカ、イギリス、オーストラリアが失うことが許されない情報源だった。

沿岸監視員を無事に艦内に収容してから、ディーリーは敵の駆逐艦狩りを続け、六月九日ブリキ缶谷風を海底に送った。翌日他の駆逐艦に魚雷を命中させ損傷させた。それから獲物が乏しくなったので、ハーダーはフリーマントルの基地の代わりに、オーストラリアの北岸のダーウィンへ行くよう命じられた。

「どうして俺たちがダーウィンへ行くよう命じられたのか分からなかった」とマイク・ジェレトカは言った。「しかしすぐにその理由が分かった。ダーウィンに近づいた時、操舵手の一人が潜望鏡で見張っていて、歓声を上げた。『こいつは驚いた。たくさんの金モールを付けた人間が上にいるぞ。あれはクリスティー提督だと思う！』そして提督はハーダーに乗艦した。提督は俺たちと一緒に戦闘哨戒に行きたかったんだ。そうすれば戦闘バッジが手に入るから」

提督は間もなく〝悩みの種 クリスティー〟として知られるようになった。ジェレトカはこう言った。「我々はニッケルを運んでいる船を沈めるために、ボルネオとニューギニアの間に送られた。そして哨戒を行なった。一五分ごとに潜望鏡を上げて周囲を見回し、それから下げた。一隻の船を見つけたが、私が知る限りでは、あまりにも遠すぎたと思う。そして提督は悩みの種だった。彼は司令塔に上がって来たんだが、誰もそこに来てほしいとは思っていなかった。ある哨戒の時、当直将校が水上に美しい帆船を見つけた。帆をいっぱいに張ったスクーナーか何かだった。提督はおやじに水上戦闘をして、その船を砲撃するよう望んだ。しかしおやじはノーと言った。我々はあまりにも海岸の近くにいる、だから水上戦闘は出来ないと」

「提督は砲戦を望んだ。彼は潜水艦の戦闘バッジを手に入れたかったから。提督とおやじは議論を続けたが、少し熱くなった。おやじはいらいらした。おやじは言った。『提督、私は特別室であなたと話したいのですが』二人はしばらくしてから帰って来たが、我々は水上戦闘はしなかった。我々全員は言った。『やれやれ』と」

ハーダーは水上を航行して敵の海域に入った。そこで日本の航空機に見つかった。潜航警報が鳴り響き、上にいた者は梯子へと大急ぎで走り始めた。誰も知らなかったのだが、クリスティー提督は喫煙甲板にいて煙草を吸っていた。最初の者が司令塔から発令所へと梯子を下りて来た時に、提督は一回に一つずつ梯子の横桟を踏みながらゆっくりと降りて来た。

ジェレトカは言った。「艦橋にいた者が提督の上に落ちて来て、危うく殺しそうになった」

バッド・ダンは提督の上に飛び落ちた人間の一人だった。「私がハッチを通って降りた時、ちょうど提督の肩の上に降りた。提督は言った。『君を非難しないよ、坊や。上に取り残されるのもいやだからね』」

ディーリー艦長は発令所に走って来て、提督を助け起こした。艦長が当直の下級将校にこう言ったとジェレトカは伝えている。『君は提督が上にいたのを知っていたか?』当直の下級将校は答えた。『いいえ、知りませんでした』それで艦長は提督に率直に言った。『クリスティー提督、はっきり言いますが、艦橋に上がる時は当直将校の許可を得て下さい。当直将校は艦橋にいる者全てに責任があるのです。彼は人数を数えなければならないんです』提督は二度と上に上がらなかった」

上にいた乗組員はすぐには下甲板には降りられなかった。ハーダーが潜航した時、爆雷の嵐が落ち始めたからである。永遠に続くかのように爆発が艦体を揺さぶり、電球を破裂させ、計器のガラスを粉々にし、ケーブルを折り、全員神経がすっかり参ってしまった。そしてやっと乱打は終わり、ハーダーはもう一度逃げ出し、任務を続けた。

二日後、敵の船のいない穏やかな海で、ハーダーは日本の飛行機に突然攻撃された。素早い潜航によって爆弾が命中するのを避けられた。その夜、戦いたくてうずうずしていたサム・ディーリーはタウィタウィ島に戻った。間もなく船団が現われた。ディーリーが潜望鏡越しに現われた大きい軍艦を見つめていると、その軍艦は突然、煙と炎に包まれて沈んだ。近くにいた他の潜水艦が攻撃したのだった! そしてディーリーは、一隻の駆逐艦が全速力で自分の方へ向かって来るのを見つけた。距離が短くなった時、ブリキ缶の艦首に確かな狙いを定めた。

ハーダーは鉄道線路に駐車した車みたいだった。列車が次第に近づいて来るのを、線路の占有者は恐怖で身をすくませながらじっと注視していた。音響探知員は別の駆逐艦がこの場にやって来るのに気づいた。しかしディーリーは、最初の獲物を処理すると決めていた。最初の駆逐艦が一、五〇〇メートル以内に近づいた時、魚雷発射の命令が出た。続いて二本目の魚雷が発射され、それからさらに三本目が発射された。最後の瞬間、ディーリーは潜航を命じた。

最初の魚雷を発射してから一分後、駆逐艦がハーダーの上で爆発した時、激しい衝撃波がハーダーを揺さぶった。第一の駆逐艦はその場所に到着すると、爆雷で海を泡立て始めた。さらに二隻の敵艦が爆雷を投下する飛行機と一緒に現われた。二時間もの間、容赦ない爆雷投下が続いた。水面下にいる者はバランスと正気を保つために、掴まれるものには何でも掴まった。

カチィ……ドカーン！　カチィ……ドカーン！　カチィ……ドカーン！　爆発の数を数えられなくなった。何時間も衝撃が続き、どの爆発にもわめき声が伴っていた。死ね！　死ね！　死ね！　死ね！

マイク・ジェレトカは、この爆雷攻撃の間の下甲板の張りつめた緊張感を覚えている。「二人の少年兵が引っ込んだ所にいた。一人はカトリック教徒で、ロザリオ（訳注：カトリック教会の数珠。この珠を数えながら、主の祈り一五回、アヴェ・マリア一五〇回、栄唱一五回を唱えて祈る）を持っており、それで祈っていた。俺はその子と一緒に祈っていた。その子の隣にもう一人の少年兵がいた。その子がプロテスタントかユダヤ教徒かは知らない。その子はカトリック教徒の少年兵をじっと見て、何をしているのかと尋ねた。それでカトリックの子は、ロザリオについて詳しい説明を始めた。それでもう一人の子が言った。『もうその話はいいから、半分だけ俺にくれ』そして我々三人は同じロザリオで祈りをした。それが効いたに違いない。俺はまだ生きているんだから」

陽が沈んでから乱打された勇敢なハーダーはやっと浮上した。敵はすでにタウィタウィ島の安全な停泊地へと去っていた。

ハーダーがオーストラリアに帰るや、乗組員は盛大な歓迎式典でもてなされた。それは一度の哨戒で敵の五隻の駆逐艦を沈めた潜水艦のために用意された式典だった。アメリカ潜水艦隊の歴史の中で、正確な魚雷攻撃で最も目覚ましい成果を上げたものの一つだった。ディーリーは哨戒報告の中で、船の建造者に控えめに賞賛を与えている。「船があのような恐ろしい強打に耐えて、少しの損傷で揺さぶられるだけですんだのは驚くべきことである。我々はあんな素晴らしい船を造ってくれたエレクトリック・ボート・カンパニーに熱い感謝を捧げる」

　五回目の哨戒に対して、ディーリーは名誉勲章（訳注七）を受賞した。そして全ての乗組員は海軍勲功章を授けられた。マッカーサー将軍さえ潜水艦艦長に陸軍殊勲十字章を授けた。

　ジェレトカはこう言っている。「マッカーサーはクリスティー提督にもあの哨戒に対して銀星章（訳注：名誉勲章もしくは殊勲十字章につぐ勲章）を送っている、座って何もしなかっただけなのに。乗組員はそれを喜ばなかった、分かるだろう。あの哨戒で彼がなぜ銀星章を得たのか何年も経ってから真相が分かった。彼はあの哨戒で当直将校補佐を勤めたと主張したからだった、全くのたわごとさ」


　海上の試運転は新たに別の問題を露わにする。そのためシールが戦いに戻るのが遅れた。最終的にシールは厳重に手直しされ、安全航行が可能と宣言された。海軍士官学校一九三六年卒のジョン・H・ターナー少佐が乗組員に、自分がドッジの後任だと告げた。スミティーはターナーが聡明で有能だと感じたが、全ての潜水艦乗りと同様に、新しい艦長が砲火の下でどう振る舞うか見るまで判断を保留した。

　食料、燃料、弾薬、魚雷、トイレットペーパーと他の必要な物資がシールに積み込まれた。出発する前にしなければならないことはただ一つ、全士官と水兵が身体検査を受けることだった。

「スミス、君に悪い知らせを伝えなければならない」基地の病院で医者がスミティーに言った。

「えっ？」微かな不安感がスミティーの胃に生じた。

「君は微熱を出しているようだ。テストではっきりしなかった。それで君に数日間ここにいてもらって、さらに数回テストを受けてもらい、原因が何か突き止める必要がある」

「しかし先生、僕の船は明日出航するんです」

「だけど、どうしようもないよ。出航して大海原の真ん中でもっと悪くなったら治療しようがないだろう？　今なら我々が治療できるだろう？」

「ええ、先生、そう思いますが」　スミティーは医者になぜ哨戒に出かけなければならないのか、なぜ日本人をもっと殺して、ビル・パートンの死の復讐をしなければならないのか説明したかったが、うまく言葉が出て来なかった。

「スミス、戦闘任務から逃れるために、どんな代償も払う水兵もいるよ」

スミティーは返事も出来ず、ただ〝はい〟と頷くだけだった。スミティーは呆然としながらシールの入っているドックへ歩いて行った。一九四四年八月八日、出航の日だった。新鮮な果物を入れた最後の箱が船に運び込まれ、船全体が出航間際の作業でごった返しているようだった。スミティーは主任を見つけ、知らせを伝えた。

「そいつは困ったことになったな」とウェイストはスミティーの肩を軽く撫でながら言った。「交代乗組員の中から魚雷員を見つけなければならないな。お前がいなくなって残念だよ、スミティー。しかしすぐに直せよ、そうすれば次の哨戒ではまた一緒になれるからな」

「そうですね、主任」

スミティーはその日シール並びに全ての仲間と別れた、喜びと残念さが入り混じった奇妙な気持で振り返りながら。

「まあ、あなた。それは素晴らしい」　スミティーがその夜マリリンに話を伝えると、マリリンはそう言い、泣き始めた。スミティーはマリリンがなぜ泣くのか分かった。少なくとも一ヶ月か二ヶ月、彼女が未亡人になる可能性がゼロになったからだった。

スミティーはマリリンを腕に抱き、泣くに任せた。

一九四四年六月八日の午後、日本が降伏しようとする兆しがない中、タンはパールハーバーを出港した。そしてこれが初めての哨戒となるエリ・T・ライヒのシーライオンII（訳注：アシカのこと）（SS－315）と一緒にミッドウェー島への針路をとった。そこで三隻目の仲間、ドン・ワイズのティノサ（訳注：アジ科の大型種ブラックジャック《和名カッポレ》のこと）（SS－283）と合流した。それから狼群（訳注：集団で攻撃をかける潜水艦群）として、獲物の豊富な狩場の東シナ海――中国の東、朝鮮の南、日本の南西の海――へ向かった。

そこはアメリカの潜水艦が半年間哨戒をしていなかった所であり、一九四四年二月の下旬か三月の上旬にマックス・シュミットのスコーピオン（訳注：背びれに有害なトゲがあるカサゴ科の魚の総称）（SS－278）が失われた場所だった。スコーピオンの喪失に、誰かが対価を払わなければならなかった。

〔原注：スコーピオンはガトー級の潜水艦で、六〇人の士官と水兵が乗っていた。東シナ海――黄海での四回目の戦闘哨戒の間に行方不明になった。多分機雷にぶつかったためだろう。スコーピオンは初めの三回の哨戒で合計二四、一〇〇トンになる一〇隻の船を沈め、さらに二隻の船に損傷を与えたと認められた。皮肉なことに、一九六八年スコーピオンの名前を引き継いだ原子力潜水艦（SSN－589）もまたアゾレス諸島（訳注：ポルトガル西方の大西洋の島）の南西六六五〇キロの深度三、〇〇〇メートルの海で失われた。九九人の水兵がこの悲劇で死んだ〕（www.txoilgas.com;www.lostsubs.com/ssn-五八九）

六月一三日、三隻の潜水艦が指定された場所へ向かっている時に、フォレイジャー（訳注：略奪者）作戦が始まった。アメリカ軍のサイパン侵攻で、大規模なフィリピン海海戦（訳注：日本側呼称：マリアナ沖海戦）を引き起こす序曲となる作戦だった。

一九四四年六月のフィリピン海海戦は、第二次大戦の最後の大規模な空母の戦いとして記録されている。マーク・ミッチャー中将の高速空母の第五八機動部隊は四つの任務群に分かれ、八九六機の航空機を擁しており、サイパンとテニアンで戦闘を開始したが、敵に対して空で優位に立っていた。アメリカの戦艦隊も島に近づいてその巨砲で日本の防御陣地を砲撃した。その後一五日に七一、〇〇〇人のアメリカ軍兵士がサイパン島に上陸した。

上陸した部隊を掃討し、支援のアメリカ艦隊を殲滅しようとして、日本は大艦隊を送った。八隻の空母と世界最大の二隻の戦艦――大和と武蔵が含まれており、サイパンに向かって進んでいた。艦隊の指揮官小沢治三郎中将に対し、連合艦隊司令部は次のようなメッセージを送った。「皇国の興廃この一戦にあり。各員一層奮励努力せよ」

アメリカの潜水艦は敵の行動の監視を続け、第五艦隊の指揮官レイモンド・スプルーアンス大将に情報を送り続けた。日本艦隊がサイパンに向かっているのが明らかとなり、スプルーアンスは彼の艦隊を再編成し、戦艦七隻、重巡四隻、駆逐艦一三隻から成る部隊を作った。その第一の任務は小沢の艦隊をアメリカの空母に近づけないことだった。その代わりに空母の搭載機はその部隊に航空援護を与えた。

一九四四年六月一五日、継ぎ接ぎだらけの〝手負いの熊〟――大型空母翔鶴はシンガポール近くのリンガ錨地を出発し、マリアナ諸島へのアメリカ軍の攻撃に対して反撃を加えるために、機動部隊の一員としてフィリピン海海戦として知られることになる戦いへと向かった。

六月一八日、最初の哨戒に出ていた潜水艦カヴァラ（訳注：サバ科サワラ属の魚のこと）（SS－240）はサイパンの一、二〇〇キロ西で、波を蹴立てて東へと進む敵艦隊を発見した。カヴァラの艦長ハーマン・J・コセラーは、攻撃が差し迫っていることを第五艦隊の司令部に知らせ、敵の行動を混乱させる位置へと動いた。そして翌日一一時二三分にカヴァラは翔鶴目がけて三本の魚雷を発射した。一五時一〇分、翔鶴の弾薬庫は爆発し、この大型空母は一、二七二人の乗組員と共に沈んだ。日本の四隻の巡洋艦が艦長と五七〇人の乗組員を救助した。これは太平洋戦争でアメリカの潜水艦が挙げた大きな成果の一つだった。

同じ日、サイパンの西でカヴァラ、バン、フィンバック（訳注：ナガスクジラのこと）、スティングレイ（訳注：アカエイのこと）、パイプフィッシュ（訳注：楊枝魚のこと）と共に配置に就いていたジェームズ・W・ブランチャードのアルバコア（訳注：ビンナガマグロのこと）は、二九、三〇〇トンの空母大鳳に重大な損害を与え、戦闘力を失わせた。

〔原注：一九四四年一二月、この時点ではヒュー・R・リマーが指揮していたアルバコアは予定を過ぎても帰らず、失われたと看做（みな）された。おそらく日本本土の海域で機雷に衝突したためであろう〕（www.csp.navy.mil/ww2boats/albacore）

フィリピン海海戦はすぐに〝マリアナ沖の大七面鳥撃ち〟と呼ばれる戦いへと展開した。今や旧式となったゼロ戦と、珊瑚海海戦とミッドウェー海戦での惨敗の後、大急ぎで訓練を受けた未熟な日本空母の操縦士は、優秀なアメリカの操縦士とグラマンF六Fヘルキャット戦闘機に敵わなかった。第一次攻撃では日本の六九機の飛行機のうち、四二機が錐揉みしながら海に落ちた。第二次攻撃も同様だった。母艦を飛び立った一二八機のうち、三〇機だけが帰投できた。別の攻撃では八七機のうち、六八機を失う結果になった。合計すると三七三機のうち、一三〇機だけが帰還できた。それに比べるとアメリカは二二機の損失で済んだ。日本の巨大な戦艦は戦いでは大きな役割を果たさなかった。

アメリカにとっては圧倒的な勝利だった。日本にとっては恐ろしい決定的な敗北だった。もし〝皇国の興廃〟がこの一戦にかかっていたのならば、大日本帝国は滅亡へと運命づけられた。次の大規模な海戦――一〇月のレイテ湾海戦が運命を決定するだろう。

島が次々とアメリカ軍の手に落ちたので、日本の輸送船団は狭い範囲に集まっていった。かつては大日本帝国海軍が太平洋の主であり、大勢で様々なルートで無事にあちこち動いたので、アメリカの潜水艦は輸送船団を発見するのが困難だった。しかしその時期は過ぎ去った。今や敵は押し込まれ、そのルートは知られたので、アメリカの潜水艦は目標を選べた。

フィリピン海海戦が終わった時、太平洋潜水艦隊司令部から至急の通信がタン、ティノサ、シーライオンIIに届いた。損傷した敵の戦艦が神戸か佐世保の修理施設に向かうため、間もなくその途中の海域を通るだろうというものだった。タンは損傷した戦艦を待ち構えるために、六月二四日の真夜中頃、長崎のすぐ南の甑島（こしきじま）の近くで配置についた（訳注：甑島は長崎の南というよりは、鹿児島県の西の沖というべきである）。それから間もなくタンのレーダースコープに多数の緑の輝点が光った。日本のかなり大きい船団を示すものだった。潜航警報が全員を大急ぎで戦闘配置場所へ追いやった。時間が遅く、夜で真っ暗なのにもかかわらず、艦橋にいたオケインと見張り員は船団が大規模なもので、数隻の大きい軍艦、おそらく戦艦か重巡洋艦を一二隻の護衛艦が取り囲んでいると分かった。

オケインは大胆な行動を試みた。護衛の艦と護衛されている艦の間に半分潜航しながら忍び込むというものだった。そうすれば敵に気づかれて駆逐艦が追い回す前に、大きなやつの一つに魚雷を一本か二本お見舞い出来るだろうか？

近づいてよくみると、大きい目標は巡洋艦でも戦艦でもなく、大きいタンカーか貨物船のようだった。オケインは書いている。「両方とも荷を満載して重たそうにやって来た。そして多分ディーゼルで動いているようだった、煙が少しも出ていなかったから」

「魚雷発射用意」 艦長は命令を下し、乗組員はそれに従った。オケインはタンの姿勢を少し調整し、それから発射を命じた。オケインは先頭の船に三本の魚雷を発射させ、魚雷が走っている間に二番目の目標に向かってタンを再調整した。もう一度三本の魚雷が扇型に発射された。オケインは冷静に魚雷の走りを、そして敵の反応を見るために艦を水上に留めた。「命中して、それから数分して反撃が始まるのを待ってから避退した。避けがたい混乱が起こる中を、その海域から逃れるルートを見つけた」 オケインは自信たっぷりに言った。

司令塔でストップウォッチを持っている者が、最初の魚雷が命中するまでの秒数を計った。「魚雷は一分四八秒走る。一分経った、……三〇秒」

それから予定通りに正しくードカーン！

オケインは壮大な見世物を描写している。「命中、閃光、そして途方もなく大きく重々しい音が貨物船の船尾から起こった。それから船の中央、そして船全体が引き裂かれたように見えた。二つの更なる爆発で圧倒されたが、カウントダウンが再び始まった。二番目の船の船尾は大きな炎に包まれ、後部の上部構造物は第二の命中でぼろぼろに崩れた。さらに大きい爆発が起こり、それに伴う火災が続いて発生した。我々の魚雷が時間を調節したわけではなかったが。そして数分間で護衛艦が惨事の場を通って急行して来て、それぞれ辺り一帯に爆雷を投下した。タンもまた一番近くの深い所に急行した」

野球のボールで近所の怒りっぽい人間の窓を割った少年のように、オケインは電動モーターが出せる最大限の速さでその場から逃げ去った。怒った駆逐艦から無事に遠ざかるや、オケインはシーライオンⅡとティノサに通信を送って、タンがなしたことを伝えた。二隻の船を仕留めたとの賞賛を受けたが、オケインは戦後になって初めて知ったのだが、二本の魚雷は本来の目標を外れて、その向こうの別の二隻を沈めたのだった！ そしてそもそもタンをその海域に送らせた損傷した戦艦は発見できなかった。

「我々はあの三回目の哨戒については、本当に満足を感じた」クレイ・デッカーは言った。「特に二回目の哨戒では一隻も沈めていなかったから。もちろんそうとは知らなかったが、三回目の哨戒はまだ始まったばかりだった」

二隻を沈めた翌日、タンは九州の沖、坊津岬の島の近くで護衛のない一隻の貨物船を発見し、追跡した。オケインは什留めるために近づいて、二本の魚雷を発射したが、二本とも目標に向かう間に水面に浮上し、貨物船の船長に視認し回避する機会を与えた。魚雷は外れ、タンはその海域から離れた。

次の日、タン、ティノサ、シーライオンⅡは太平洋潜水艦隊司令部から新たな警報を受け取り、中国沖の敵の輸送ルートで狩りを始めるために船を向けた。オケインは獲物が豊富だろうと考える場所を選び、待機した。間もなくタザン丸級（訳注：不明）の五、四六四トンの武装商船が潜望鏡の視野に入って来た。タンの照準を定めたが、短時間の追跡をしてから（魚雷があまりにも深いと〝キールで大きくなっているフジツボをびっくりさせるだけで〟目標を外れるとオケインは考えたから）魚雷を船体の中央にぶち込み、キールを折った。オケインは敵の勇気に戦士の賞賛を送っている。「敵の砲員には肝っ玉があった。傾いた船首から良く照準された砲弾が六発も飛んで来たのだから。傾いた砲座から砲を向け狙いをつけて来たことは、長い間驚きとして残った。そして沈没するまで砲撃を続けた献身は、どの国にとっても誇りの問題であろう」タンは残骸が浮かぶ辺りを捜索したが、生存者は見つからなかった。

翌日七月一日、更なる成功がタンにやって来た。二列の黒い煙が水平線に見えたので、タンは水面下に滑り込み、煙に向かって進んだ。その煙は長さ八二メートルの武装貨物船第二大運丸と長さ一一〇メートルの貨物船鷹取丸が出していたものだった。珍しいことに駆逐艦が護衛していなかった。タンは両船に魚雷を扇型に発射し、小さい方の貨物船の船尾を空中に放り上げ、同時に炎が吹き上がり、水兵と残骸が飛び出した。内部の爆薬が――おそらくどこかの島の部隊に届けられる予定の弾薬を積んでいたのだろう――その仕事を終えた。分断された船尾が波の下に消えてから二分と二〇秒後、上を向いた船首がそれに続いた。

鷹取丸は僚船に起こったことを見て、タンを激しく追いかけた。オケインは数時間敵のデッキガン（訳注二）の射程外に留まり、それからインディアンが鹿の足跡を追うやり方で鷹取丸を追跡した。陽が沈み、タンは水面に浮上し、そして航海する船としての貨物船の最後の瞬間が間近に迫っていた。タンの艦首から二本の魚雷が飛び出して敵の船に命中し、派生的な爆発を誘発して船を沈めた。タンの目覚ましい三回目の哨戒はまだ終わっていなかった。

二日間、船影のない黄海をむなしくうろつき回り、士官用食堂兼談話室でハリウッド製の同じ西部劇を何度も見た後、タンはシーライオンⅡと映画とニュースを交換するために落ち合った。エリ・ライヒ艦長は、会同地点に来る途中でシーライオンⅡは初めて標的を沈めたと言った。そして上海周辺での哨戒に向かう途中だとも言った。

シーライオンⅡが出発したのに続いて、タンも朝鮮へと向かった。そこで乗組員は七月四日の独立記念日を花火で締めくくるという、典型的なアメリカ風のスタイルで祝う機会を得られるだろう。夜明けに大きい船が水平線上に姿を現わした。「私は見たものの各部分が気に入った」オケインは言った。「大きい船首、幅の広い上部構造物と艦橋、大きく重いマスト。多分我々は大きい船がどう見えるかについて忘れていたのだった。しかし全てが補助軍艦であるのを示していた。我々が識別できる前に、その船は見えている角度が大きくなり、もっと詳細が明らかになって来た」ONU－14、即ち軍艦識別手引き書を素早く調べると、目標が何であるかについて色んな異なる意見が出て来た。何人かの士官は黒潮丸だと言ったが、オケインはそうは思えなかった。その船は水上機母艦に改造されたものか、おそらくは航空機輸送船のようだった。

攻撃の好機がすぐにやって来た。タンの電池は一時間くらいの力しか残っておらず、水深は浅かった、キールの下約四ファゾム（訳注一五）、即ち七・三メートルで、だんだん浅くなっていった。もし船が武装していれば――ほとんど全ての日本の商船はそうだったが――、タンは無傷で逃れるのは困難であろう。

しかしオケインは誰にもまして勇敢だった。もっと近寄って見るために前進し、その貨物船の名前が何であろうとも、何を運んでいようとも、仕留めると決心した。六時直前に距離二、三〇〇メートルで魚雷を発射し、魚雷は暗い海面下を四六ノットで走った。

「高速で、真っ直ぐに、異常なし」魚雷が浅瀬の泥に突っ込むのではないかという心配を打ち消して、音響探知員が大声で叫んだ。

今は待つことだけが仕事だった。全員が艦のクロノメーター（訳注一三）で滑らかに円を描く秒針の着実な動きを注視していた。いつ潜水艦乗りのお気に入りの響き――船の断末魔の音――を聞けるのだろうか、あるいは聞けるのかどうかと思い巡らしながら。

ドッカーン！　オケインは潜望鏡を通して、自分が行なった破壊行為を見つめた。「船首、船尾、マストだけが海面から突き出ている」オケインは致命的な損傷を受けた船について言った。「我々は三四人の漁師が取り囲む中に浮上した。漁師たちは明らかに畏怖していた。しかしすぐに我に帰った。数隻のサンパン（訳注六）に乗っている者は我々に拳を突き出した。一方、頭の上で手を組んでボクサーの挨拶をする者もいた。我々は前者は日本人、後者は朝鮮人だろうと思った」沈んだ船の数名の生存者がすでに救命ボートに這い上がっていた。タンが沈めた船は六、八八六トンの輸送船飛鳥山丸だった。しかしその日は始まったばかりだった。タンはその場を去り、朝鮮半島をさらに北上し、さらに何隻の標的が得られるかを知るために、朝鮮と満州の境へと向かった。

「独立記念日を祝うやり方は素晴らしかった」クレイ・デッカーは言った。

数時間浮上していて電池を充電した後、南へと進み、幾つかの小さな島と朝鮮半島の海岸の間の狭い通路を通り抜ける貨物船に出会った。その貨物船は幸運だった。オケインはそこに入り込むのは困難だと判断し、追跡を打ち切った。

そんなに幸運ではない船もあった。満州の後ろに太陽が沈む時に、タンの艦橋にいた見張員が西からやって来る輸送船の煙を見つけた。オケインは新たな目標と交差するように針路を取った。有難いことに今はキールの下は深かった。魚雷は四本残っていた。オケインはこの船に対しては精々二本しか使いたくなかった。電池についても考えなければならなかった。まだ目一杯充電していなかったから。あまり役に立たないかもしれなかった。オケインは潜航を命じた。良く調教されたサーカスの動物のように、タンはためらうことなく応じた。

目標までの距離が七、〇〇〇メートルに近づいた。船が方向転換してタンに側面を見せた時、艦艇識別班は艦影帳を素早くめくったが、対応するものは見つけられなかった。後になって分かったことだが、その船は七、五〇〇トンの山岡丸で、七、〇〇〇トンの鉄鉱石を積んで、天津から神戸に向かう途中だった。

距離は今や三、〇〇〇メートルまで縮まった、さらに二、二〇〇メートルに。山岡丸は再び針路を変え、タンには絶好の大きさの目標となった。最初の魚雷を発射したが、それは僅か三〇秒走っただけだった。

「爆発の余波がタンを揺さぶった」オケインは語った。「しかし二本の大きい三脚マストは互いに相手の方に向かって傾いた。敵の船の後部は切断された。ジョーンズはそれを見て、一秒後に叫んだ。『あの船が沈む、ああ、全部が！』のたうち回り、軋り、ばらばらになるような音が強烈さを増して、海峡と艦体全体に響き渡った。それはぞっとして厳粛な気持にさせる音で、全ての見張員を次の何週間も油断なくさせるものだった」

浮上して海面に漂っている残骸の中をうろついていた時に、タンはおびえてはいるが無傷の非常に若い水兵の生存者を見つけ、艦上に引っ張り上げた。乗組員は独立記念日の祝いとして、その捕虜に〝爆竹〟というあだ名をつけた。

タンには今や魚雷は二本しか残っていなかった。消極的な艦長ならば幸運の星に感謝して、残っている魚雷を防衛の目的のためだけに使う方を選んで、回れ右をして基地に向かうだろう。しかしオケインはそうはしなかった。箙（えびら）に矢が一本でも残っている限り、狩りのために留まろうとした。

朝鮮の西海岸に沿って、チョッペキ岬（訳注：鴨緑江の河口近くの岬）と呼ばれる岩の突き出た所へ向かって北上した。そこで水深のある程度深い所を見つけ、沈座した。タンは長い時間をつぶす必要はなかった。二二時頃、レーダースクリーンに輝点が現われた。チョッペキ岬からやって来て、西の方、おそらく中国に向かう途中の貨物船か輸送船みたいだった。オケインはタンを目標の前方に位置させたかった。そうすればその船の側面に回り、夜明け前に攻撃位置につけるからである。そのためには全速力で数時間水上航行しなければならなかった。幸いなことにその海域には対潜部隊はいなかった。

とうとうオケインは待ち伏せ地点に着いて潜航し、輸送船を待ち受けた。四、〇〇〇トンの同利号と識別された船は射程距離に入って来た。最後の二本の魚雷を発射し、狙った所に命中させ、側面を吹き飛ばした。数分以内に敵の船はいなくなった。生存者もいなかった。魚雷がなくなり、駆逐艦が何が起こったかを調べるためにやって来たので、タンは東へ約四、〇〇〇キロ離れたミッドウェーへ向かった。小さい哨戒艇の攻撃から逃げたのを除けば、帰りの航海は平穏だった。

捕虜の〝爆竹〟の本名はミシュイタニ・カ（訳注：不明）で、タンに居ついてしまい、すぐに微笑みと身振り手振りで、彼を保護している乗組員と親しく交わるようになった。コックはわざわざ米を彼の好みに合わせて炊いた。オケインはコックにカは捕虜でクルーズ船のお客ではないと思い起こさせるのを抑えた。カは手錠を掛けて士官用食堂兼談話室に連れて行かれ、そこで毎晩乗組員と一緒に西部劇映画を見た。オケインはカは〝捕虜というよりは、むしろ乗組員のマスコットになった〟と気づいた。しかしタンがミッドウェーに着くと、〝爆竹〟は目隠しされ、手錠をかけられて、四人の大きい海兵隊員に連れ去られた。オケイン艦長はカが手錠を掛けられて連れ去られるのを見て、多くの水兵は悲しみに打ちひしがれた、まるで〝ペットを失くしたばかりの子供のようだった〟と言った。

乗組員の大半は休暇を与えられ、女性がいない島で若い男が出来ることは何でもするために出かけた。酔っ払い、グーニーバード・ホテルのロビーでギャンブルをして給料を散在した。

接岸するやオケインは、タンが一回の哨戒で八隻の撃沈（後に一〇隻に増えた）を記録したのに驚いたミッドウェーの高級士官たちから祝福を受けた。この時点までマッシュ・モートンの不運なワフーだけが一回の哨戒で八隻の船を沈めていた。ディック・オケインは友達の死への復讐をかなり果たしたのだった。しかし彼の任務はまだ終わっていなかった。

休養、疲労の回復、補給のためにミッドウェーにいる間に、オケインは他の任務につく者たちに別れを告げ、新しく乗艦してきた乗組員に通常の訓練計画を施した。また潜航するのにかかる時間を減らすためのテスト潜航も行なった。アメリカの軍艦に対して模擬攻撃も行なった。アメリカの駆逐艦が安全な距離で爆雷を投下し、新しく乗艦した者にそれがどう響き、どう感じるのかに慣れさせる訓練も行なった。オケインはまた下級士官に舵を取らせるのにかなりの時間を使った。その士官たちがタンから転任して、自分の船を指揮する日が来るだろうと分かっていたから。

ミッドウェーにいる間に、タンの乗組員は戦争のニュースも摑んだ。一九四四年七月二〇日ヒットラーの何人かの参謀将校が、東プロシャのラステンブルクの前方司令部で爆弾を使ってヒトラーを殺そうとしたことを知った。総統は爆発で生き残ったけれども、この行動は将校たちがヒトラーのリーダーシップの幻想から覚め、交渉による解決によって戦争を終わらせる望みを抱いて、総統を取り除くために命を捨てる危険を犯そうとしても構わないということの現われだった。

もっと良い知らせもあった。一九四四年七月二一日、アメリカ陸軍の兵士と海兵隊員はフィリピンの約二、〇〇〇キロ東にあるグアム島に上陸し、塹壕にこもって激しい抵抗をする敵を打ち負かした。グアムは連なったマリアナ諸島の一番南端にあり、一九四一年一二月一〇日、日本軍に占領され、最も戦略的な航空・海軍基地となった。ほとんどの島民が無慈悲に取り扱われたので、アメリカ軍が来たのを喜んで歓迎した。歴史家マーティン・ギルバートはこう記している。「一九四一年一二月の日本軍によるグアムの占領に際しては、一人の日本兵も死ななかった。この二二日の戦闘では一八、五〇〇人の日本の守備兵が戦死し、一方アメリカ側では二、一二四名の命の代償を払った」

次に陥落したのはテニアン島だった。この島は〝超空の要塞〟B－二九爆撃機の作戦基地として必要だった。アメリカの海兵隊は六、〇〇〇の敵兵から奪い返した。ナパームを使った厳しい身の毛のよだつような戦いだった。ナパームはゼリー状のガソリンで、爆弾に詰め込んで投下したり、手で持てる火炎放射器で空中に放ったり、特に戦車に装備できた。太平洋戦争で初めて使用されたのだった。劇的効果があった。燃える死体の悪臭はテニアンの甘美な南海の空気の中に充満した。

〔原注：ナパームは一九四二年から一九四三年にかけて、ハーバード大学の化学者チームが開発したもので、爆弾と火炎放射器で使用するために考案された。化学者はガソリンをゆっくりとだが高熱で燃える粘着性のシロップに変えた〕(www.napalm.net)

日本の兵士たちは捕虜になる不名誉で家族に重荷を負わせるよりは、むしろ自分を手榴弾で吹き飛ばしたり、テニアンの高くごつごつした断崖から下の岩に身を投げる方を選んだ。

〔原注：何人かの日本兵は捕虜になるのを避けようとして、テニアンの高温多湿のジャングルに逃げ込んだ。最後の兵士は一九六〇年まで姿を現わさなかった〕

無情にもかつては無敵と見えた大日本帝国は、ゆっくりと崩壊へと進んでいたのだった。今では本土、台湾、フィリピン、それに加えてパラオ、沖縄、硫黄島のような前哨地にまで後退して、日本軍は縮小した防衛線を守っていた。一方ではこれはアメリカにとっては有難いことだった。兵員と火力を狭い地域に集中出来るからである。他方では防備地域の縮小は大きい問題をもたらした。アメリカ軍が本土に接近するにつれて、日本軍がさらに粘り強く戦うだろうからである。

当時は一般的には知られていなかったことだが、天皇裕仁は東篠将軍の戦争指導能力への信頼をすでに失くしていた。不興を買って、一九四四年七月九日、東篠英機は辞任を申し出た。しかし認められず、一八日になって受任され、東篠は多くの肩書と任務から解放された、総理大臣、軍需大臣、文部大臣、参謀総長等である。参謀総長の後任には梅津美治郎が就いた。一九日内閣は退陣し、天皇裕仁は小磯国昭に新しい内閣を組織するよう命じた。しかしながら戦争は続いた。

一九四四年七月三〇日、タンの数人の士官と水兵が高等司令部から勲章と賞状を受賞した。オケインはトラックで飛行士を救助したことで勲功章を、以前のワフーでの勤務に対して銀星章を受章した。

翌日の午後、燃料を満タンにし、食料と魚雷を搭載して、タンは纜（ともづな）を解き四回目の哨戒へと出航した。今回の哨戒場所は日本本土の本州沖だった。オケインは出航前にロックウッド少将から個人的な短い手紙を手渡された。そこにはこう書いてあった

「親愛なるディック

私は君とタンを一休みもなしに、何ゆえ大日本帝国の真後ろに派遣するのかを話しておきたい。この地区に二度の下手な哨戒を行ない、そして現在も実りのない哨戒を行なっている。派遣した潜水艦は船の行き来は少ないと報告している。

しかし情報部の報告では商船の往来は盛んに違いないと言っている。私はタンならばそれを見つけられると信じている。

敬具、そして幸運を祈る。

C・A・ロックウッド」

オケインは太平洋潜水艦隊司令官が、自分と乗組員の仕事ぶりに置く信頼を知って嬉しかった。「この手紙は我々の船への賛辞であり、我々全員に能力を発揮する機会を与えていると皆が知った」オケインは書いている。

タンは日本へと進んだ。オケインによれば、「ヨット遊びを楽しむ天候が続き、飛び魚が艦首をかすめて飛んでいった」乗組員はやがて来る任務について考え始めた。幸運の女神が自分たちに微笑み続けてくれるだろうか？　それとも水平線の彼方には災厄が潜んでいるのだろうか？

第一六章――〝地獄船〟

全ての戦域のあらゆる兵種でのたくさんの死傷者に苦しみながら、一九四四年八月の戦いは連合国にとって順調に進んだ。六月にフランスのノルマンディーに上陸したアメリカ、イギリス、カナダ、ポーランド、自由フランスの連合軍部隊は、〝コブラ〟と名づけられた作戦で橋頭堡から飛び出し、南へと進出した。まもなく東へと向きを変え、その月が終わる前にパリを解放しようとした。一五日にアメリカ第七軍はドラグーン（訳注：竜騎兵のこと）作戦でフランスのリヴィエラに上陸し、アルザス・ロレーヌと要塞化されたドイツとの国境に向かって、北への長い行軍を始めた。かつてはヒトラーの枢軸の仲間だったイタリアを占領したドイツ軍は、ゆっくりとローマの北の山脈へと押し上げられていた。

太平洋ではアメリカ軍もまた日本へと近づいていった。フィンバック（訳注：ナガスクジラのこと）に乗艦していたフィラデルフィア出身の一等電気士カール・ボズニアックはこう回想している。一九四四年九月一日、フィンバックは硫黄島の一三キロ沖で救助活動の任務に就いていた。ボズニアックは不満を持っていた。

「僕は主電源担当の電気士だったので、いつも下甲板にいたため、実際の戦いを見る機会が全然なかった。ほんの少しだけでも見たかったので、ある日、僕の代わりに仲間に操縦盤の側に待機してもらって、僕は見張所へ上がっていった。一機の飛行機が島の上空にやって来て、爆弾を投下した。島には家と塔のついたビルが集まっていた所があったが、二分後に無くなってしまった。これが僕の初めて見た戦闘だった。一五分間見ることが出来た」

突然フィンバックは、空母フランクリンの操縦士が硫黄島から約一・五キロ離れた海に不時着水したとの連絡を受けた。「我々は救助活動任務に当たる時は」とボズニアックは言った。「味方の飛行機が攻撃しないように、大きいアメリカ国旗を甲板に広げていた。その操縦士を救助しに出かけた。水上を走って進んだ。島に非常に接近したので、ジャップは狂った様に砲撃を始めた。奴らは我々を射程距離で捕らえていたが、我々の速さについていけなかった。我々は潜航し、操縦士を見つけた。操縦士も我々に気づいた。操縦士はゴムボートに乗っており、潜望鏡にロープを巻きつけ、さらに自分の腕に巻きつけたが、三回も滑り落ちた。我々は向きを変え、再び戻らなければならなかった。やっと島から約一〇キロ離れた所まで操縦士を連れて行き、浮上して艦内に収容した。今は感謝している操縦士が艦内にいた」

翌日九月二日、VF－五一飛行中隊の四機のグラマンTBF〝アヴェンジャー〟が、パラオの北東二、〇〇〇キロで改造空母のサンジャシントの飛行甲板から飛び立った。その任務は東京の六〇〇キロ南、硫黄島の二四〇キロ北にある小笠原諸島の父島にある通信施設を攻撃することだった。アヴェンジャーの操縦士の一人はジョージ・ハーバート・ウォーカー・ブッシュという名前の二〇歳の中尉で、これが五〇回目の飛行任務だった。

サンジャシントの海軍のグラマンF6F〝ヘルキャット〟の操縦士のナット・アダムスは、アヴェンジャーの護衛を命じられていた。そしてブッシュの飛行機が四つの五〇〇ポンド（訳注：二三〇キロ）爆弾を投下する直前に、対空砲火の直撃を受けたのを見たことを憶（おぼ）えている。アダムスはこう言っている。「ブッシュは時速三二〇キロで目標への急降下を続け、一斉に爆弾を投下した。

私は彼のエンジンが燃え、それから翼内の燃料タンクに炎が広がるのが見えた。ブッシュが水平飛行に移り、目標地域を片づけた時、上空からついて行った。彼の飛行機は黒い煙を吐き続けた。明らかに砲弾の破片が燃料パイプに穴を開けていた。"脱出しろ" と私は思った。"吹き飛ばされる前に"」

ブッシュ中尉は二人の搭乗員、ウィリアム・"テッド"・ホワイト中尉とジョン・デラニー二等無線士に、燃えているアヴェンジャーから脱出するよう命じた。二人は脱出したが、生き残れなかった。次はブッシュの番だった。キャノピー（訳注：操縦室の上の透明な覆い）を後ろに押しやり、翼の上に降りるのに十分な時間が得られるように、傷ついた機体をやっとのことで水平に保った。

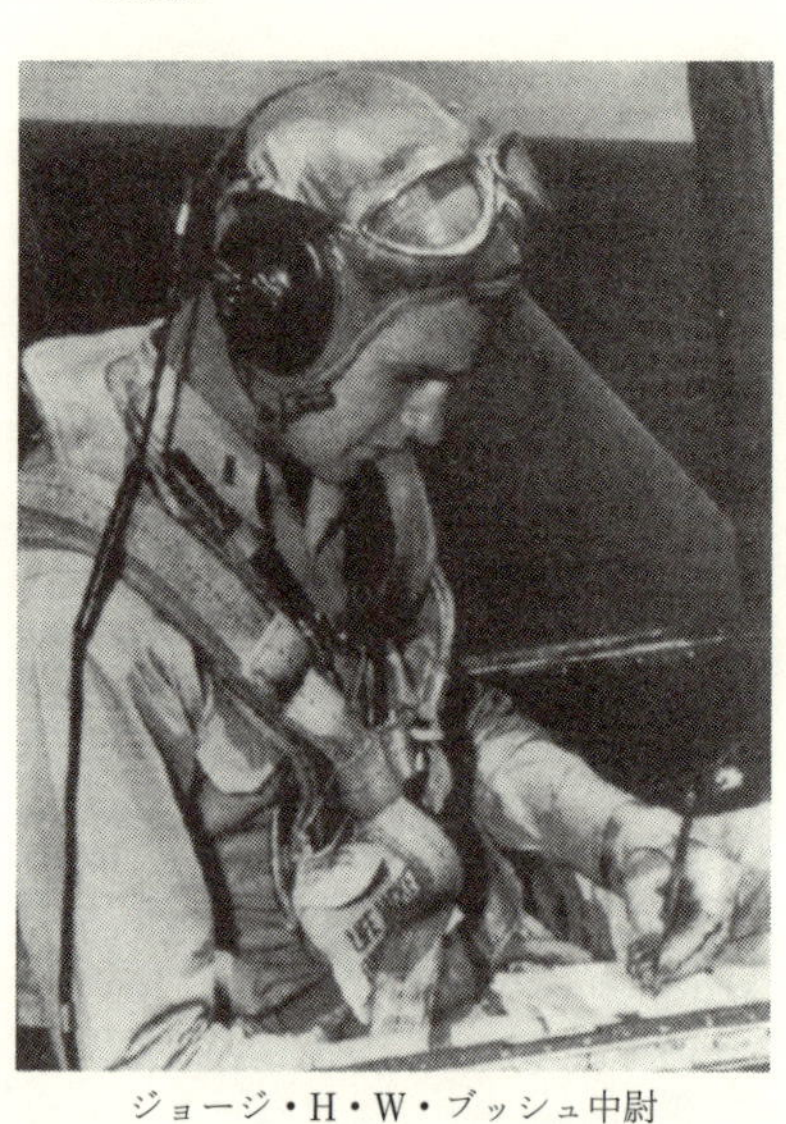

ジョージ・H・W・ブッシュ中尉

アダムスはこう言っている。「私はジョージが脱出する前に、機体が爆発するのではないかと思った。しかし最後の瞬間に翼に移ることが出来た。彼はパラシュートを開くための綱をあまりにも早く引いたように見えた。一部開いたパラシュートを機体の尾翼の先端で切ってしまった。後に打撲で目の上に深い切り傷を負ったと分かった。……パラシュートの損傷のため、ブッシュは非常な速さで損傷した機体から離れて、六〇〇メートル下の海に落ちた。彼が水面に落ちる直前に、今はかなり離れたアヴェンジャーは火達磨になって爆発した」

ブッシュはどうにか救命胴衣と、座席のクッションとして使っていた小さい黄色のゴムボートを膨らませた。傷口から血を流しながら、ゴムボートに這うように入った。しかし厄介なことはまだ終わっていなかった。風と潮の流れはボートを敵が支配する硫黄島の海岸の方へ押しやり、そして日本の数隻の小型の船がブッシュを捕虜にしようと向かってきた。しかしアダムスと他のヘルキャットの操縦士は急降下して機銃掃射を加え、それらの船を追い払った。

未来の最高司令官にとって、九死に一生だった。硫黄島の日本軍は特に無慈悲だった。島で捕らえられたアメリカの飛行士が首を切られた例が数件報告されている。

ちょうどその時、フィンバックが硫黄島から到着して、ブッシュの近くに浮上した。負傷した操縦士は櫂（かい）を漕いで船に近づいた。ブッシュはフィンバックの艦上に引き上げられ、傷の手当を受け、乾いた衣類、寝台、温かい食事を与えられた。もちろん、その時は彼が後にアメリカの第四一代大統領になろうとは、誰も知らなかった（訳注：なおブッシュが潜水艦に救助される様子を撮影したフィルムが残っている）。

「ブッシュは僕と同じ鼻垂れ小僧だった」カール・ボズニアックは回想している。「軍隊に入った時は一八歳で、アメリカ海軍の歴史の中で一番若い操縦士だった。僕たちは父島の周囲で全部で五人の飛行士を救助した。そのうち三人は士官で、二人は下士官兵だった。そしてブッシュはあの哨戒で救助した最初の操縦士だった。我々は寝台を救助した飛行士と共有した。フィンバックの士官は操縦士と寝台を交互に使った。フィンバックは捕虜も救助した。全員が哨戒の終わりまで我々と一緒に艦内で過ごした」

フィンバックが一〇回目の戦闘哨戒を続けている二ヶ月間、ブッシュは艦内にいて、内部から潜水艦の生活を体験した。フィンバックはさらに二隻の船を沈めた。日本の五三六トンの軍事貨物船八祥丸と、八六六トンの商船第二博運丸である（訳注：日本側の記録では八祥丸は空襲で沈められたとなっている）。フィンバックも哨戒中に爆雷攻撃を受けた。この神経をまいらせる経験を、後にブッシュはこう語っている。「飛行機が爆撃のため進入するよりも、遙かに恐ろしかった。飛行機では少なくともある程度、自分の運命をコントロールできる。しかし水の中では出来ることは、敵が自分の真上に爆発物を落とさないように必死に祈るだけである」

操縦士たちは結局、フィンバックの哨戒の最後まで付き合い、ミッドウェーに連れていかれ、そして休養と健康の回復のためにパールハーバーへと飛び帰った。

一九四四年の夏の三ヶ月間、メア島の病院はスミティーに、腰椎穿刺（脊髄液の採取や薬剤注入などのために腰椎部に針を刺すこと）を含む健康診断上のほぼ全てのテストを行なったが、肉体上の問題点は何も見つけられなかった。毎日スミティーは専門家のチームによって押され、突き刺され、体の内側と外を検査された。さらに頭の中も調べられた。「夢を見るか、それとも悪夢を見るか?」とある日、専門家の一人が心理学病棟で尋ねた。

「はい、先生。僕は仲間のことをずっと心に思い描いています、ビル、ビル・パートンという名前の。彼はスカルピンと共に海底に行きました。彼は結婚して、子供もいました。時々、彼のことを夢に見た後、真夜中に汗をかきながら目を覚まします。だがスカルピンで沈んでいくのはビルではなくて僕なんです」

医者たちは議論した。この情報が鍵になっているように思えた。翌日か二日後、精神医学科長がスミティーと面接した。「スミス、問題は何か分かったと思う。〝戦争神経症〟だと思う。第一次大戦では〝砲弾恐怖症〟と呼ばれていたものだ」

スミティーは腹を立てた。「先生は僕が臆病者だと思うんですか?　僕が気違いだと言うんですか?」

「落ち着きたまえ、スミス。まったくそうではない。多くの非常に勇敢な者が、長期間戦闘の緊張と重圧に晒（さら）された時、時々うまく対処できず、精神的にトラブルを抱えるのだよ。君が臆病だとか、気が狂っているとかという意味ではまったくない。精神的な重圧が体に現われ始めているということだよ。我々はそういう例をここでたくさん見たよ」

「それではどうすれば直りますか、先生。薬を飲んだらいいんですか？　注射してもらったらいいんですか？」

「そんな簡単なことではないよ、スミス。治療法はよく分からないんだ。短い期間に、あるいは人生の休養期間に、君は悪夢、寝汗、いら立ち、低熱など色んな症状を経験しているようだ。知る方法がないんだ。今我々が出来る一番大事なことは、君を海上勤務から外すことなんだ」

スミティーはアメリカンフットボールのチームから蹴り出されたように感じ、胃が痛くなった。もう海上勤務が出来ないのか？　どのようにしたらジャップにビル・パートンの仕返しが出来るのか？　どんな風にして仲間に顔を合わせられるのか？　人は嘲（あざけ）って僕を指さして、臆病者と呼ぶだろうか？　スミティーの顔は赤くなった。「先生、お願いです、僕に一度だけチャンスを下さい」

「すまないが、スミス。もし君に海に戻るのを許したなら、君は自分自身と船の仲間を危険に曝（さら）すだろう」

スミティーはしばらく考えた。「ということは、先生は僕を海軍からやめさせるつもりなんですか？」　ハモンドへ帰って4－Fたち（訳注：身体的、精神的、道徳的に不適格であるとして兵役を免除された者）と付き合うと考えるとぞっとした。

「いいや、違うよ。君は陸上勤務を割り当てられるだろう。ここメア島で整備士として働くのを希望してもいいし、事務の仕事を選んでもいいし、事によると教官になるのもいいかもしれない」

「教官？　え、どこで？」

「それは君が選べるよ。新しく出来たばかりの学校ならどこでも、君を転任させられると思うよ」

「じゃ、五大湖地方はどうですか？　僕の故郷のインディアナ州のハモンドの近くです」

「そうだな、多分そう手配できるだろう。少し時間をくれ。一週間くらい過ぎたら人事局に出頭したまえ」

スミティーはタクシーに乗って、ヴァレーホの自分とマリアンのアパートへ帰った、容易には信じられない状況について何度も考えながら。教官、五大湖地方。そうだ、それがまったく正しいだろう。自分の手でジャップを殺せなくとも、少なくとも他の者にジャップの殺し方を教えられるのだ。


翌週、スミティーは人事局の事務所に問い合わせた。するとそこには五大湖海軍訓練センターの魚雷教官になる命令が待っていた。


修理と補給を終えた後、サム・ディーリーのハーダーは一九四四年八月五日、フリーマントルを出港した。ジョン・C・ブローチのヘイク（訳注：メルルーサのこと）とチェスター・W・ニミッツ・ジュニアのハッド（訳注：コダラのこと）と共に、ルソン島の東の南シナ海で狼群の一員として哨戒に当たるためだった。そこではブルックス・J・ハラルのレイ（訳注：エイのこと）（SS－271）とエンリキョ・D・ハスキンスのギターロ（訳注：サカタザメのこと、エイの一種、上から見た姿がギターに似ている）（SS－363）が三隻に加わる予定だった。

特別な哨戒のためにハーダーでは技術者が超過したために、マイク・ジェレトカは交代乗組員としてオーストラリアに残るよう命じられた。ジェレトカは哨戒から外されたことに失望したが、後にその命令は彼の命を救う結果になったと分かった。

八月二〇日の午後、南シナ海で哨戒していたレイは、ミンドロ島の北西にあるパラワン湾へ入る大きい護送船団を追い掛けた。ディーリーとハラルは湾のすぐ外側で、それぞれの艦橋からメガホンで話をした。ディーリーの計画は狼群を集めて、夜明けに船団を攻撃するというものだった。ハーダーは八月二一日一時三〇分にハッドに横付けした。そしてディーリーはニミッツ・ジュニアに少なくとも一六隻の敵の船が湾に隠れていると話した。船団が夜明けに出口に来た時（船団が通常するように）、レイとギターロは北西から、ハッドは西から、ハーダーは南西から近づいた。

攻撃は全くうまくいった。敵の船四隻（計二二、〇〇〇トン）が沈んだ。ハーダーがそのうちの一隻を沈めたと信じられている。翌日、ハッドとハーダーはバターン半島沖で三隻の船に協同攻撃を掛け、三隻とも沈めた。さらにハーダーはマニラの約八〇キロ南西で二隻の海防艦、松輪と日振を沈めた。（訳注：ハッドも海防艦佐渡を沈めた）

八月二三日の朝、ハッドは駆逐艦（訳注：朝風と思われる）の護衛を伴ったタンカーを発見した。そして正面からの攻撃で駆逐艦の艦首を吹き飛ばし、炎上させ、停止させた。ハッドはこの攻撃で最後の魚雷を使ったので、援助を求める緊急無線を送り、それに応えてヘイクとハーダーがやって来た。魚雷が無くなったので、ハッドはディーリーの許可を得て狼群を離れ、オーストラリアへ行くために南へと向かった。ディーリーとブローチは損傷した駆逐艦に止めを刺し、それから次の獲物を求めて去った。

翌朝四時五三分、ヘイクはルソン島の西海岸近く、カイマン岬からあまり遠くない所で南四、〇〇〇メートルに見えるハーダーと一緒に潜航した。ブローチは南へ進む反射音を聞いたが、まもなく二隻の船を視認した。三本煙突の軽巡洋艦と駆逐艦だった。さらに入念に調べると、それは三本煙突の駆逐艦と一、〇〇〇トン足らずの掃海艇だと識別できた。駆逐艦がジグザグに針路を取ってダソル湾（訳注：ルソン島中部の西海岸にある湾）に入ったので、ヘイクは攻撃を中止して北へと向かった。掃海艇は湾の外に留まっていた。

六時四七分、ヘイクの約六〇〇から七〇〇メートル前方で、ハーダーの潜望鏡が波を切っているのが見えた。ヘイクの聴音手も、その方向に微かなスクリュー音を捉えた。ブローチは南へと方向を変えた。この時点で掃海艇はピーンという強い金属音を三つ出していた。それでヘイクは掃海艇が二、〇〇〇メートルほど離れた所にいると分かった。明らかに二隻の潜水艦に向かって作戦行動を取っていた。ブローチは深く潜った。敵は音響探知を続けたが、二隻の潜水艦の位置を正確に捕らえたようだった。七時二八分、ヘイクは一五個の爆雷の爆発音を聞き、衝撃波を感じたが、全てかなり離れていた。九時五五分、まったく静かになった。

ハーダーの消息はその後まったく分からなくなった。日本側の記録がそれを明らかにしている。ハーダーの最後の報告のあった場所で同じ日に、タイの駆逐艦プラ・ルアングが一五個の爆雷で潜水艦への攻撃を行なった。敵の記録はこう言っている。「辺りにたくさんの油、木片、コルクが浮んでいた」思うにハーダーはこの攻撃で沈んだのだろう。ハーダー、サム・ディーリー、そして七八人の乗組員は——全員勇敢だったが——最後の戦いをしたのだった。

罪のない者がしばしば戦争で殺されたり、不具になったりするのは悲劇的な事実である。たまたま悪い時間に悪い場所にいた民間人がそうなることもある。爆弾に当たったり、砲弾の一斉射撃に曝されたり、十字砲火の真ん中にいたりして。また病院が偶然にもしくは意図的に敵に狙われた負傷兵の場合もある。

捕虜となり戦闘能力のない兵士が故意でなく、たまたま命を失うのも本当に悲劇的である。日本が或る捕虜収容所から別の捕虜収容所へ船で移そうとした連合国の五〇、〇〇〇人の捕虜のうち、標示をつけていない輸送船が何も知らないアメリカの潜水艦に沈められて、一一、〇〇〇人くらいが死んだと推定されている。

勇敢で不運なハーダーの乗組員

ロバート・バール・スミスはこう書いている。「これらの船は〝地獄船〟と呼ばれていた。そう呼ばれるもっともな理由があった。捕虜と強制労働者は悪臭の漂う船倉に詰め込まれた。その船倉は前の航海から残っている、石炭の粉と固まった砂糖のシロップと馬の糞で汚れていた。水はないか、もしくはほとんどなく、健康を損ね、病気になっても放置され、捕虜たちは鋼鉄の監獄の中で想像できない熱さに焙られた。

日本は偶然なのか意図したのか、この〝地獄船〟の外側にジュネーブ条約で必要とされた目に見える印を付けなかった。それゆえアメリカとイギリスの潜水艦は自分が沈めた多くの船の中に、捕虜が人間貨物として乗っているのを知る方法がなかった。その結果、連合国の何千という部隊が〝同士討ち〟で死んだ。

一九四四年九月は捕虜にとって特に悲劇的な月だった。一二日、エリ・ライヒのシーライオンⅡは海南島の近くで輸送船楽洋丸を見つけ攻撃した。何年もジャングルの鉄道工事で奴隷のように働かされ、弱っていた一、一五九人のオーストラリアの捕虜が船内にいるとはまったく知らずに。三本の魚雷を発射し、二本が狙い通りに命中し、船体を揺さぶり、パニックを引き起こした。捕虜たちは船倉から上がって、救命ボートと救命筏の方へ行こうとしたが、日本の乗組員は捕虜たちを棍棒、木材、銃の台尻で殴って押し戻した。

ディガーズ（第一次大戦の時に付けられたオーストラリアの兵士の愛称）は、下に閉じ込められまいとした。監視兵を打ち負かして、船の外に飛び出て漂流物にしがみつき、救命ボートをひっくり返した。そして何千キロも離れたオーストラリアへ漕いで行こうとした者もいた。しかしそうする前に日本の船が数隻やって来て、生き乗った者を船上に引き上げた。捕虜たちは結果的に唐崎捕虜収容所に投獄された。

同じ九月一二日に、同じ海域で、パンパニト（訳注：コバンアジのこと）が連合国捕虜を乗せた勝鬨丸をそれとは知らずに雷撃したため、約四〇〇人の捕虜が死亡した。パンパニトとシーライオンIIの艦長は自分たちがしたことが分かると、引き返し九二人のオーストラリア人の捕虜と六〇人のイギリス人の捕虜を海から救助した。そして捕虜を連れ帰っただけでなく、ビルマとタイを繋ぐ鉄道建設の間に犯した日本の残虐行為――有名な〝クワイ川に懸ける橋〟――についての情報も初めてもたらした。

六日後、別の〝地獄船〟が審判を受けた。イギリスが建造した古い貨物船順陽丸は、アメリカ、オランダ、イギリス、オーストラリア、インドネシアの約二、三〇〇人の捕虜と、四、二〇〇人のジャワ人の強制労働者を満載して、スマトラ島の西海岸のパダングに向かっていた。

ロバート・バール・スミスは、順陽丸の艦上の様子をこう書いている。「十分な水がなく、上甲板の船外に吊り下げられた数個の箱以外には便所もなかった。あまりにも衰弱していて、この原始

1944年9月15日、イギリスとオーストラリアの捕虜たちが海上でシーライオンⅡに救助されている所。捕虜たちは日本の輸送船に乗せられてシンガポールから日本へ向かう途中で、乗っていた“地獄船”がシーライオンⅡ、グロウラー、パンパニトに沈められたのだった。

的な屋外便所まで行けない捕虜もいた。それで排泄物を船倉に溜め、船倉の昇降口の蓋から流し出した。上甲板にずっといて、夜には風と肌寒い雨に、日中には熱帯の容赦ない太陽に曝される捕虜もいた。他の捕虜は下の鉄のオーブンの中で焼かれた。捕虜たちは貨物の積降ろしに使うクレーンと船倉の昇降口の蓋に座ったが、空気を取り入れるために、蓋からは座っている場所以外のすべての厚板が取り外されていた。船が出航する前から、人の体と排泄物の悪臭は強烈だった。大勢の捕虜がマラリアか赤痢、あるいはその両方で苦しんでいた。死んだ者や錯乱した者もいた。病人と衰弱した者はだんだんと死へと向かって行った」

イギリスの潜水艦トレードウインド（訳注：貿易風のこと）は順陽丸を見つけ、沈めるために近づいていった。約一、五〇〇人の西洋人とインドネシア人捕虜が命を失い、一方、四、〇〇〇近くのジャワ人が死んだ。生き残った者は日本の船に救助され、結局スマトラ島の鉄道建設のために働かされた。ほんの少数の者だけが戦争の終わりまで生き延びた。

九月二一日、日本の貨物船豊福丸がフィリピンのスービック湾（訳注：ルソン島の中西部、マニラ湾の北一〇〇キロにある湾）の北で、アメリカ海軍の飛行機によって沈められた。一、二八七名のイギリス人とオランダ人の捕虜が船と共に沈んだ。六三人が助かったが、その命も長くはなかった。六三人は鴨緑丸に乗り移ったが、その船も一二月にバターン半島の沖でアメリカの飛行機に沈められた。一、六〇〇人以上乗っていた者のうち、一、三四〇人が助かり、次に江の浦丸に乗ったが、その船も航空機に沈められ死んだ。さらにPS－三とPS－四として知られる二隻の〝地獄船〟が連合国軍に沈められた。前者はマニラ湾で爆撃によって、後者は香港と台湾の間で雷撃によって。約二、七〇〇人の捕虜が死んだ。

輸送船真洋丸に乗っていた人々の悲劇的な出来事もまた記録に残っている。一九四四年九月七日、バイロン・H・ノウェルが指揮するアメリカの潜水艦パドル（訳注：櫂もしくは鰭〔ひれ〕のこと）（SS－263）は、ミンダナオ島のダヴァオから同島のシンダンガン岬の北の海へ向かう日本の船団を見つけた。多数の目標から一隻の輸送船を選んで、ノエルは攻撃した。パドルの乗組員は誰も、真洋丸に七五〇人のアメリカ人捕虜が乗っているとは考えもしなかった。そして真洋丸は魚雷で沈んだ。

パドルの魚雷士ハリー・アルヴィーはこう言っている。「我々がその捕虜輸送船を沈め、そして艦長がそれを知った後、精神的に落ち込んだ。それでジョセフ・P・フィッツパトリック大佐が指揮を引き継いだ。我々はその船は単なる貨物船だと思ったのだ。日本人は船体に何の標示も付けていなかった。よく言うように〝戦争は地獄だ〟。君ならどうしただろうか？」

テキサスのオニー・クレムは海兵隊の軍曹で、一九四二年の初めにバターンで捕虜になり、そして真洋丸の船倉にいた七五〇人の中にいた。その時は海に出て一九日になっていた。クレムは自分の悲惨な体験をこう記している。「午後遅く……日本人は船倉の出入り口の蓋を開けて中へ手榴弾を投げ落とし、それから船倉の中へ機関銃を向けた。そう、奴らがこのことを始めようとしたちょうどその時、あの爆発が起こった。魚雷が船に命中したのだった。俺個人として覚えているのは、閃光を見、そして、すべてがオレンジがかった赤色に変わったことだけだった。何も覚えていなかった。すべてが一様な色に変わった。最初に手榴弾が爆発したのかも分からなかった。ほぼ同時だったから。……次に覚えているのは俺の体が回りながら、少し宙を飛んでいたことだった。周囲には煙がもうもうと立ち込めていた。柔らかいものが押し寄せてくることしか分からなかった。自分は死んだと思った」

「そして目を開けた。現実感が戻った。俺は船倉の水に浸かっていた。柔らかいものは他の兵士の体だった。死んだ者もいたし、生きていて、そこから逃げようとしていた者もいた。船には水が満ち溢れていた。もうすでに船は沈んでいて、中に閉じ込められたと思い、死ぬだろうと思った。それで一番早い死に方は、進んで溺れ死ぬことだと考えた。それで口を開けて水を飲んだ」

「俺は頭が水から出ているのに気づいた。そして空気を吸い込んでいた。上を見た。開いた船倉の出入り口から光が差しているのが見えた。それで〝ここから出られるぞ〟と思った。そうしている間にも水はその出入り口へどんどん上がっていた。船は沈もうとしていた。俺は隅に押しやられ、出入り口からはずっと離れていた。……誰もが自分自身で生き延びるための最善の行動を取ろうとした。誰もが出入り口まで行こうとして銘々、必死になって手探りしていた。少しでも出入り口に近づくためには、誰かを殺していたかもしれない。俺はやっと出入り口に着いた。そして他の二人と一緒に同時に体を出した」

「艦橋では機関銃を出入り口に向けて撃っていた。機関銃の連続射撃が俺たち三人を捕らえ、船倉に押し戻された。俺たちは皆、撃たれた。俺は頭に命中弾を被った。別の弾が顎を切った。それにもかかわらず俺は甲板へと戻った。そして外へ出た時に、艦橋をじっと見た。機関銃はまだそこにあったが、射手は甲板に横たわっていた。明らかに誰かがそこに上がって、射手を殺したのだった。この時、俺たちは海岸から三キロか四キロ離れた海にいると分かった。俺が身に着けていたのは腰布だけだった」

クレムは弱って負傷しており、その上猛烈に咽喉が乾いていた。「自分がかなりひどい姿をしているのは分かっていたが、海岸まで行って何かを飲みたかった」クレムは舷側を越えて海に飛び込んだ。海面に浮かんだ時、沈没しつつある船は船団の一員だと知った。「他の船は日本人を救助するために、救命ボートを降ろしたが、アメリカ人は全て銃で撃っていた。他にサーベルで頭を強打された士官もいた。俺の回りはジャップばかりだった」

クレムは耳が聞こえなくなっているのに気づいた。魚雷の爆発の衝撃で両耳の鼓膜に穴が開いていたのだった。遠くに見える陸地の点に向かって泳ごうとした。「俺たちは泳ぎ、また泳いだ。右腕はとうとう動かなくなり、頭の上まで上げられず、泳げなくなった。右腕はしびれ、役に立たなくなった。後で気づいたのだが、泳いでいる間に二回撃たれた。一回は腕に、もう一回は肩に」

クレムと生き残った他の二人はどうにかこうにか砂浜に辿り着いた。三人は砂浜を縁取る葉の中に這って入ったが、後に友好的なフィリピン人に見つかった。「そのフィリピン人は膝までのダンガリー（訳注三）を着ていた。そしてそれを脱いで俺にくれた。それからココナッツの木に登って、一房のココナッツを取って来て、俺たちのために切ってくれた。俺たちは一キロ以上奥地へと歩き、数人のフィリピン人が周りに立っている小屋へとやって来た。そのフィリピン人たちは俺たちに水をくれた、俺が全然飲めなかった水を。それから俺たちを多分八キロか九キロ離れた村へ連れて行ってくれた。それからそのフィリピン人たちは他のアメリカ人をその村に連れて来だした。あの船には七五〇人の仲間が乗っていたが、そのうち八三人だけが海岸へ辿り着いた」

生き残った者たちは、ジャングルの奥深くにある野営地に連れて行かれた。そこでマクジーという名前のアメリカ人大佐が指揮するゲリラ隊の保護下に置かれた。衛生兵がクレムの腕から弾を取り出したが、背中から弾を取り出すのは、あまりにも脊髄に近すぎるからと断わった。ゲリラの野営地はオーストラリアと無線連絡を取っていたので、当局に生存者がいることを知らせた。「ゲリラは俺たちに、次に潜水艦が運んで来た補給物資を取りに行く時に、負傷者を連れて行くと約束した」とクレムは言った。元捕虜だった者たちは約一ヶ月間、ゲリラと一緒にいた後、ゲリラに護衛されて砂浜へ向かった。一〇月二九日、丸木船のカヌーに乗ったフィリピン人が真洋丸の生き残りのうち、一人を除いた全員を、ジャック・タイタスの潜水艦ナーワル（訳注：一角のこと、北極海に住む小型の鯨）へ運んだ。その一人とはジョセフ・P・コウ・ジュニアで、ここに残りミンダナオ島で、ウエンダル・ファーティグ准将が指揮する別のゲリラグループのために、無線手となるのを選んだのだった。

別の生存者クリータス・オヴァートンは、ナーワルの救助の様子を思い出している。「あの月光の輝く夜九時頃、海岸からある程度離れた場所に、潜水艦が突然浮上した。俺は興奮しながら、二人の乗組員がゴムボートで海岸にやって来るのをじっと見ていた。ボートが砂浜に滑り上がった時、乗組員の一人が歩み出て、人数は何人かと尋ねた。マクジー大佐が答えた。その乗組員は潜水艦に光を点滅させて信号を送った。すぐに信号が送り返され、その乗組員は向き直って言った。「お前たち全員を収容する！」もう一人の乗組員は……砂にアメリカ国旗をつけた棒を差し込んだ！新しい旗に違いなかった。そよ風と月光の中で輝いているみたいだった。アメリカ国旗、自由と解放の象徴！　なんという栄光に満ちた光景！　俺たち全員が神の恩寵によって、野蛮で残酷な行為に対する戦いで、とうとうジャップに打ち勝ったのだった。

「俺たちは原住民の漕ぐ船で運んでもらって潜水艦に乗り組み、すべての収容可能なスペースをいっぱいにした。五日後、ニューギニアの軍事基地に着いた。そこで靴と衣類と洗面用具を支給された。あの素晴らしく、温かく、石鹸のあふれた風呂、剃刀、散髪は絶対忘れられない。そして豪華な食事を食べ、きれいなベッドで寝た。翌日、魚雷艇で別の島にある空軍基地に移動した。それからオーストラリアのブリスベーンに飛び、第四二総合病院に世話を任された」生存者は船でサンフランシスコに送り帰され、それから海軍情報部の専門家による質問を受けるためにワシントン・D・Cへ列車で向かった。

オヴァートンはこう語っている。「ワシントンへ行った俺たちはジャップから受けた扱いと、捕虜として生きていた状況、特に奴らが俺たちに加えた残虐行為について、些細な点まで質問を受けた。ワシントンに四日か五日いた後、九〇日の自宅休暇をもらった」

数百人の連合国捕虜が〝地獄の船〟の沈没から生き残った一方で、何千人もが死んだ。その死は戦争の悲しく悲劇的なエピソードの一つとなっている。

第一七章――フィリピンへの帰還

一九四四年の秋までに、アメリカが広大な青い海原を進撃して、敵の手から島と環礁を奪い取るにつれて、日本の早い時期の占領は遠い思い出にしか過ぎなくなった。マッカーサー将軍はかつてフィリピンに帰ると約束していたが、今やその約束を果たす時が近づいていた。

フィリピンへの侵攻と解放の準備として、一九四四年九月一四日、マッカーサーの部隊はニューギニアの北西にあるモロタイ島を攻撃した。一方、マーク・ミッチャーの第五八機動部隊はハルゼー大将の第三艦隊と第三八機動部隊と合流して、パラオ諸島、特にアンガウル島とペリリュー島に対する強力な打撃部隊を作った。

ペリリュー作戦は不必要だったと非難されている。不必要なほどアメリカ兵の命を無駄にしたと。第二次大戦全てを通じて、アメリカの水陸両用の強襲上陸作戦の中で最悪の大出血となったからである。一一日に及ぶ戦いの結果、第一、第五、第七海兵師団の九、一七一人が戦死した。一三、六〇〇人の日本兵も死んだ。戦略家はペリリューは単に迂回して、そこの守備隊は立ち枯れさせておけばよかったと議論してきた。

アメリカ軍部隊が島々で敵の抵抗を掃討し、ルーズベルトとチャーチルがニューヨークのハイドパークで会って、最高機密の原子爆弾開発計画――暗号名〝マンハッタン計画〟――の進行状況について討議している間、マッカーサーの兵士とハルゼーの艦隊は海上からレイテ島を急襲するために集結していた。この目的を達成するために、アメリカは初めにフィリピン群島の周囲の制海権を得る必要があった。〝キング・ツー〟と呼ばれる大規模な作戦で、レイテ湾海戦（訳注：日本側呼称はフィリピン沖海戦或はレイテ沖海戦）へと展開したのだった。

一〇月二〇日、一〇〇、〇〇〇人のアメリカ軍の兵士が、レイテ島の東岸にあるタクロバンの近くの二つの離れた地点へ上陸した。一九四四年一〇月二三日から二六日にかけて行なわれたレイテ湾海戦は、実際は四つの離れた場所での戦いから構成されていた。シブヤン海海戦、スリガオ海峡海戦、サマール島沖海戦、エンガノ岬海戦である。この四つの離れた場所での海戦は全時代を通じての最大規模の海戦だった。

アメリカ軍へ反撃するための捨て身の戦いとして、日本軍は土壇場の死に物狂いの戦闘に艦隊の大半を投入した。捷一号として知られる複雑な作戦を定め、日本軍はアメリカの空母部隊を誘い出してレイテ島から引き離し、それから援護のなくなった部隊、第七、第二七、第七七、第九七歩兵師団と第一騎兵師団を浜辺で粉砕しようとした。六隻の空母（訳注：正しくは四隻）を擁する小沢治三郎中将の北方部隊が釣り上げる餌になった。

日本軍が期待するように、一度（ひとたび）ハルゼーの艦隊が餌を追いかければ、栗田健男中将の率いる中央部隊が、二隻の世界最大の戦艦大和と武蔵と共にサンベルナルジノ海峡を突破して、アメリカの上陸部隊を攻撃することになるだろう。この攻撃は戦艦、巡洋艦と駆逐艦から成る、西村祥治中将と志摩清英中将の二つの補助的な機動部隊によって増強されるはずだった。「この作戦は日本海軍の残っているほぼ全ての戦力を危険にさらすものだった」とジョン・ウコヴィッツは書いている。「もし失敗したならば、増大するアメリカ海軍の戦力を止める力は無くなるだろう」

前もってアメリカの航空隊はフィリピンと台湾の日本の戦闘機と爆撃機の基地を攻撃し、空から

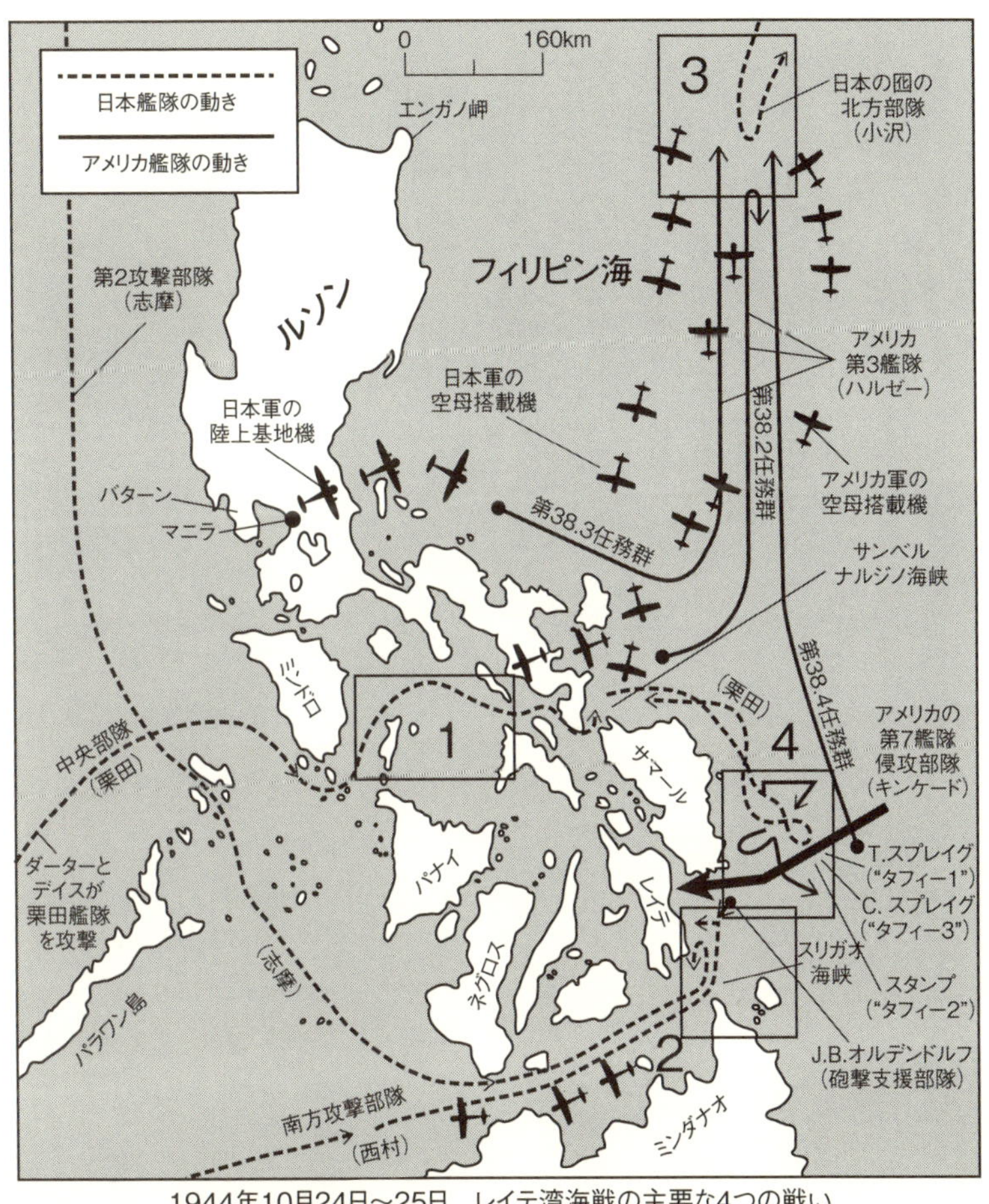

1944年10月24日～25日　レイテ湾海戦の主要な4つの戦い
1. シブヤン海海戦
2. スリガオ海峡海戦
3. エンガノ岬海戦
4. サマール島沖海戦

1944年10月22日、フィリピンに必ず帰って来るとの約束を果たして、ダグラス・マッカーサー将軍が参謀たちと共に水中を歩いてリンガエン湾に上陸した

の攻撃から艦隊を守る大日本帝国の能力を奪った。三日間に及ぶアメリカの航空機の急襲は日本軍の五〇〇機と四〇隻の軍艦を破壊したが、一方アメリカ側は八九機を失っただけだった。小沢の六隻の空母はその差を埋め合わせできなかった。小沢部隊は僅か一一六機しか持たない犠牲の子羊だったから。

このハンディキャップと、陸上基地の航空艦隊壊滅にもかかわらず——片方の手を背中に回して縛られながら、リングに向かうボクサー同然だったが——日本軍は一〇月一八日、捷一号作戦を発動した。栗田の無敵艦隊はリンガ泊地を出て、パラワン水道を経てフィリピンへ向かうために北へ進んだ。

二日後、アメリカ軍部隊がレイテ島の東の海岸を攻撃している時に、小沢の囮の空母部隊は本州の基地の呉を出て、レイテ目指して南へと向かった。一〇月二二日、この日マッカーサーはカメラマンに撮らせるために水中を歩いて上陸した。また西村部隊は攻撃の第四の鉤爪となるためにシンガポールを出港した。

一方、数週間フィリピンの西を配置場所としていた二隻のアメリカの潜水艦――デイヴィッド・H・マクリントックのダーター（訳注：矢魚、米北東部産のスズキ科の小さい淡水魚の総称、砂の中や岩の間から矢のように飛び出るのでこの名がある）（SS－227）と、ブレイデン・D・クラゲッツのデイス（訳注：ウグイのこと）（SS－247）は食料と燃料が少なくなって来たので、オーストラリアの基地へ帰る準備をしていた。日本艦隊がフィリピンへ近づいているのを知らなかったので、デイスに乗っていた士官のラファエル・C・ベニテズはこう言っている。「我々は戦争よりも、オーストラリアに帰ること、新鮮な食べ物のこと、家からの手紙のこと、そして二週間の上陸休暇のことばかり考えていた」

一〇月二三日の真夜中の直後に、見張員がパラワン水道の南の入り口へ向かう栗田の中央部隊の先頭艦を発見した時に、そういう楽しい考えから現実の戦いへと引き戻された。多数の浅瀬と珊瑚礁によって生じる危険をものともせずに、デイスとダーターは近くにいたフランクリン・G・ヘスのアングラー（訳注：大西洋産のアンコウのこと）（SS－240）、ハスキンスのギターロ（訳注：サカタ鮫のこと、上から見た姿がギターに似ているから）、そしてレフォード・″ムーン″・チャペルのブリーム（訳注：コイ科アブラミス属の淡水魚の総称）と共に栗田部隊の船を狩るために向かった。潜水艦の艦長たちにとってはうれしい驚きだったが、艦隊を厄介な駆逐艦の警戒線でぐるりと取り囲む代わりに、栗田の坐乗する巡洋艦隊が先頭に飛び出していた。

三時二四分、ブリームは巡洋艦青葉に対して六本の魚雷を発射し、二本を命中させ、かなりの打撃を与えた。パラワン水道の北の端の近くにいたデイスとダーターは栗田の進撃する主力部隊を見つけ、待ち伏せ攻撃の準備をした。そして二隻の潜水艦は畏敬させる損害を与えた。重巡洋艦摩耶と栗田の旗艦愛宕を沈め、巡洋艦高雄に重傷を負わせた。デイスの潜望鏡からこの有様を見ていたクラゲットは感嘆の声を上げた。「それはまるで七月四日（訳注：アメリカの独立記念日）のようだった！　一隻が炎上していた。ジャップは当てもなくうろつき回り、そこら中を撃っていた。なんという見物（みもの）だったろうか！」

愛宕と乗艦していた三六〇人の人員の喪失は、機動部隊の指揮に関して混乱を起こしたと言っても言い過ぎではないだろう。栗田は助かるために舷側を越えて飛び降りざるを得ず、そして駆逐艦岸波に救助された。栗田の不在の間、大和に乗っていた宇垣纏（まとめ）少将が一時的に指揮を執った。アメリカがフィリピンに帰って来るのを防ごうとする日本の総力を挙げての努力は不運なスタートを切った。

翌朝、真夜中を過ぎてすぐ、損傷した高雄がブルネイへ帰ろうとしているのを追いかけていたダーターは、ボンベイ・ショール（訳注：浅瀬のこと）の珊瑚礁に乗り上げて、離礁できなくなった。デイスが救助にやって来て、ダーターの乗組員を収容した。

しかし座礁したダーターをそこにそのまま放置は出来なかった。日本軍が使えるものを捜して、適当だと思うものを使うだろうから。それでダーターを沈める決定が下された。暗号表や他の機密の資料を燃やし、無線装置を叩き壊した。機関銃や大砲を使えなくしてから、艦体を使えなくするために爆薬をセットした。

乗組員のジム・クレッパーは日本軍が何かを持ち去らないように、ダーター全体に爆薬をセットした。後部魚雷室から始めて、前へと作業を進め、重要な場所すべてに火薬の塊を置いた。クレッパーが調理室に入った時、奇妙な光景を見た。コックが焼いたばかりのパンの入った数個の平らな鍋に小便を掛けていたのだった。クレッパーが何をしているのかと尋ねると、コックは「いまいましいジャップが俺の焼いたばかりのパンを食べないようにするためさ」と答えた。

その後すぐにダーターの乗組員はデイスに乗り移った。そして爆薬を爆発させたが、きちんと爆発しなかった。デイスは残っていた魚雷をダーターに発射したが、珊瑚礁にぶつかって爆発した。デイスのデッキガン（訳注二）で砲撃したが、たいした損害は与えられなかった。近くにいた潜水艦ロック（訳注：ギンダラの事）（ＳＳ－２７４）がやって来て手を貸したが、その魚雷もダーターに損傷を与える前に、珊瑚礁に衝突した。

〔原注：一〇月三一日、ノーティラスは座礁したダーターの破壊を手伝うよう命じられた。ノーティラスの六インチ・デッキガンから発射した五五発の砲弾がやっと仕事を果たした。ダーターの艦長と全乗組員は皆一緒に、建造中のＵ・Ｓ・Ｓ・メンヘイデン（訳注：ニシン科の魚）への勤務を命じられた〕（www.subnet.com/fleet/ss227）

ダーターは一〇月二四日に失われた唯一の潜水艦ではなかった。エドワード・Ｎ・ブレイクリーの指揮するシャーク（訳注：鮫のこと）Ⅱ（ＳＳ－３１４）も同じ日に香港の近くの敵の海域で、八七名の乗組員と共に沈んだ。

一九四四年一〇月二四日は、またレイテ湾海戦の主要な局面が始まった日として刻される。第三艦隊の空母の搭載機がまだ強力な戦力を残している栗田の中央部隊を見つけた。潜水艦の攻撃にもかかわらず、ゆっくりと進みシブヤン海へ入っていた。しかしながらアメリカ軍が攻撃部隊を発進させる前に、ルソン島の東で配置に就いていたテッド・シャーマン少将の第三八空母機動部隊第三群は、陸上基地の航空機の襲撃を受け、すぐに自分の身を守るために戦った。五〇機から六〇機の飛行機が何波にもわたって攻撃して来て、日本の飛行士は対空砲火の弾幕に立ち向かい、シャーマンの艦隊を無慈悲に叩いた。

レイテ湾海戦は沸騰点に達していた。巨大戦艦武蔵は三月二九日にタニー（訳注：クロマグロ、ビンナガ、メバチ、カツオを含むサバ科マグロ属の魚の総称）との遭遇で負わされた損傷をやっと修理して、戦いを求めてレイテ湾に唸りを上げて突入しようとしたが、蜂の群れに刺されて死んだ野獣のように、何百機ものアメリカ軍機に襲われただけだった。一九本の航空魚雷と一七個の爆弾が武蔵の甲板、六〇センチの厚さの装甲艦体、上部構造物、一八インチ砲の砲塔、対空砲座を破壊し、艦橋をバラバラに粉砕し、動力をなくした大砲に猛威をふるい、弾薬庫を吹き飛ばした。最初の命中弾を被ってから四時間後の一九時一五分、武蔵は転覆して一、三七六名の乗組員と共に沈み、一、〇二三名が生き残った。

武蔵の沈没はレイテ湾海戦の終わりを意味しなかった。しかし自分の命を守るために戦っていたちょうどその時に、巨大戦艦が繰り返し攻撃されるのを見た日本の水兵の心に恐怖と絶望を与えたに違いない。

軽空母プリンストンに乗っていたアメリカの水兵たちも、自分の命を守ろうと戦っていた。一機の横須賀D4Y〝彗星〟急降下爆撃機が乱戦の中にいたプリンストンを選び、二五〇キロ爆弾を投下した。爆弾は木製の飛行甲板を突き抜けて、飛行機に燃料を給油していたガソリンパイプの本管を引き裂き、雷撃機の翼の下の補助落下タンクに穴を開け、それから第二甲板の乗組員の調理室で爆発した。数秒以内にプリンストンは浮かぶ地獄と化した。

一方、同じ時に敵の飛行機を食い止めようとしていた、巡洋艦バーミンガムを含む数隻の艦船は、火災に水を浴びせようとして、方向を変えてプリンストンの側に寄って来た。しかし熱と炎はあまりにも激しすぎて、その努力は無駄だった。彗星の爆弾が命中してから四時間以上経って、突然大きな爆発が起こり、プリンストンの艦尾と飛行甲板は六〇メートルにわたって吹き飛んだ。プリンストンの側にいたバーミンガムも、もぎ取るような猛烈な爆風で破壊された。両艦とも沈没しなかったが、死傷者の数は甚大だった。プリンストンでは三四七人が死亡し、五五二人が負傷し、四人が行方不明になった。バーミンガムでは二三〇人が死に、四〇八人が負傷し、四人が行方不明になった。バーミンガムの乗組員ハリー・ポプハムは片脚を吹き飛ばされた。そして負傷して横たわっている時に見たのは「バラバラになった体がまき散らされ、血が流れている甲板だけだった」。

そうしている間にブル（訳注：猛牛のこと）・ハルゼー大将はそのあだ名にふさわしく、日本軍が望んだように赤いマント――小沢の囮の空母艦隊――に向かって突進していた。即ち六隻の全戦艦を含む三つの空母群を敵の空母を追いかけて北へ送ったのだった。この行動はレイテに留まって、トーマス・キンケイド中将の第七艦隊を守れと命じたニミッツ大将の最初の指示に違反していた。

ハルゼーの直情的な行為は致命的な間違いといってよかった。そのため水陸両用作戦の支援のため海岸沖にいた第七艦隊は援護もなく、むき出しで残されたのだった。キンケイドはハルゼーの第三艦隊がいなくなったことも、敵の大規模な艦隊がサンベルナルジノ海峡とスリガオ海峡を抜けて、挟み撃ちで自分に迫って来ていることも全く知らなかった。ニミッツもハルゼーが何をしているかを知らなかったので、通信を送った。「第三四機動部隊はどこにいるのだ？　世界が知らんと欲す」

第三四機動部隊が獲物を求めて去ったため、キンケイドの手元には護衛空母から成る弱体な戦力が残っただけだった。しかしキンケイドはスリガオ海峡に、敵が突入して来た場合に警報を鳴らし、魚雷で守る駆逐艦隊と四五隻の魚雷艇を擁していた。

一〇月二四日から二五日の夜にかけて、スリガオ海峡は突然多くの軍艦に満ち溢れた。西村の南方部隊が、次いで志摩の第二攻撃部隊がやって来たのだった。両部隊とも予期していなかった、キンケイドの駆逐艦隊の警戒陣にがむしゃらに突進した。しかし栗田の部隊と同様に、南方部隊は生意気なブリキ缶部隊を簡単に突破して唸りを上げて進み、無防備の第七艦隊に近づいていった。

（訳注：日本側の記録では、西村部隊はアメリカの魚雷艇群の攻撃では被害はなかったが、駆逐艦隊

の雷撃により、戦艦扶桑は沈没、山城も被雷し、駆逐艦山雲も轟沈、満潮・朝雲も被雷して航行不能という多大な損傷を被った。志摩部隊には被害はなかった）

南方部隊がスリガオ海峡のさらに沖深くに入った時、ジェシー・B・オルデンドルフ少将の砲撃支援部隊が待ち構えていた。ジェラルド・アスターはこう描写している。「サーチライト、照明弾の炸裂、砲口の閃光、赤、白、緑の曳光弾、そして激しい耳をつんざくような爆発が闇を切り裂いた。一〇月二五日の夜明け直前に始まった死闘は二時間続いた。その結果、南方部隊は粉砕され、退却した。中央部隊との共同攻撃がなかったので、西村部隊は二隻の戦艦と二隻の駆逐艦が沈み、他の艦船にも大きな損傷を出して退却したのだった。アメリカ艦隊は逃げる部隊を追いかけて、さらに数隻の船——特に巡洋艦最上——に打撃を与えた」

栗田の中央部隊も一〇月二四日から二五日の夜にかけて、サンベルナルジノ海峡に突入し、PTボートの警戒陣と遭遇した。魚雷の航跡で海面は沸き立ち、小さいベニヤ板製の戦闘部隊はほとんど役に立たなかった。何十本も発射した魚雷のうち、一本だけが命中した。この攻撃はかろうじて敵部隊の歩みを遅らせただけだった。一〇月二四日から二五日の夜にかけて、栗田部隊は小さいボート隊を軽くあしらい、大口径の砲と小口径の砲の両方を使って一掃した。

（訳注：栗田艦隊がサンベルナルジノ海峡でPTボート隊の攻撃を受けたという記録は日本側にはない。スリガオ海峡の戦闘との混同があるようである）

栗田の中央部隊がサンベルナルジノ海峡を抜けて突入して来たので、セントローとガムビアベイ等の小型の護衛空母を中心に構成され、クリフトン・スプレイグ少将が指揮する、〝タフィー三〟として知られる任務群が、中央部隊の進路の正面に位置していたので、今や最後の防衛線となった。一〇月二五日の日の出の直後、大和、長門、金剛、榛名を含む戦艦、巡洋艦、駆逐艦から成る二〇隻の栗田艦隊は、サマール島沖の靄と霧を抜けてやって来て、レイテ湾へ向かった。

〝タフィー三〟の艦艇は直ちに戦闘に入り、護衛空母は飛行機を発進させた。近くにいたフェリックス・スタンプの〝タフィー二〟と、南にかなり離れていたトーマス・スプレイグ少将の〝タフィー一〟も飛行機を発進させた。飛行士は勇敢に戦い、弾薬が尽きるまで日本艦隊を爆撃し、魚雷を発射し、機銃掃射を加えた。しかしながら空母を守ろうとする飛行士の必至の努力にもかかわらず、ガムビアベイは被弾し、火災が発生してひどく傾いた。遂に艦を放棄することになった。幸いなことに八〇〇人いた乗組員の大多数は救助された。

護衛空母セントローはそれほど幸運ではなかった。日本の一機の神風攻撃機が飛行甲板を突き抜けて自爆し、燃料タンクに火をつけ、さらに下の爆弾を爆発させ、八六〇人の乗組員のうち、一一四人を死なせ、この空母を沈めた。

しかし栗田の中央部隊は損害に耐えられずに、背を向けてサンベルナルジノ海峡を通って逃げ帰った。戦艦金剛は特に激しく撃たれたが、まだ浮いていた。

クリフトン・スプレイグ少将はこう言っている。「九時二五分、私の頭は魚雷をかわすことだけを考えていた。その時、艦橋の近くで一人の信号手が『奴らが逃げて行くぞ！』と叫ぶのが聞こえた。私は自分の目が信じられなかった。しかし日本艦隊が全て退却しているように見えた。上空を旋回している飛行機からの一連の報告がそれを確信させた。そしてまだその事実を戦闘で麻痺した頭に染み込ませられなかった。この時まではいくら良くても泳ぐことになるだろうと思っていたから」

アメリカの勝利に終わったけれど、レイテ湾海戦は新たな恐ろしい戦術を最初に大規模に採用した戦いだった。絶望感がますます増大してゆく日本軍は、若い兵士に自分の身を犠牲にして敵に多大な損害を与えるよう教え込んだ。五〇年後に中東で真似される戦術を。〝カミカゼ〟、即ち〝神の風〟（一二八一年モンゴル艦隊の侵略から奇跡的に日本を救った暴風のこと）として知られる多くの自爆

カミカゼの攻撃

操縦士は、その恐ろしい任務を果たすことなく撃ち落とされて海へ落ちた。

しかし一方では多くの〝カミカゼ〟が標的を見つけた。空母、戦艦、巡洋艦、駆逐艦、タンカー、補助艦を。そして破壊をもたらし、乗組員を死に至らせた。戦争が終わるまでに〝カミカゼ〟はアメリカの四〇〇の艦船と九、七二四人の水兵に被害を与えた。自分の側では五、〇〇〇人の犠牲を出した。ウィリアム・マンチェスターはこう記している。「火傷を負い、包帯にくるまれて苦痛に身をよじっているブルージャケット（訳注：水兵のこと）を見た者は誰でも、兵士が海岸を攻撃している間、船に留まっている水兵の悪口を二度と言わなかった」

もっと北の方ではレイテ湾海戦の第四の、そして最後の出来事が最高潮に達していた。ハルゼーの第三艦隊がエンガノ岬沖で敵の囮の空母部隊を捕らえ、六隻の空母全てを沈めた。

（訳注：日本の空母は瑞鶴、千歳、千代田、瑞鳳の四隻のみである。戦艦日向、伊勢は後甲板を飛行甲板にしていたので、空母と見誤ったのであろうか。しかし日向、伊勢は沈没していない）

レイテ湾海戦は終わった。アメリカにとっては厳しい戦いで得られた驚くような勝利であり、日本にとっては打ちのめされるような敗北だった。海軍の犠牲のおかげでレイテ島に上陸した兵士は島々を再び支配し、長く苦しんで来たフィリピンの人々を解放する戦いを始めることが出来た。

潜水艦部隊も顕著な役割を果たした。九月と一〇月に潜水艦の一一三回の戦闘哨戒が行なわれ、その結果、二〇五隻の船を沈めたと報告された。この二〇五隻の船は、もはや日本の軍事拠点に兵士と物資を運ぶのに使えなくなったのだった。そして栗田中将の旗艦を沈めたことで、レイテ湾で日本軍を待ち受けている無慈悲な打撃を予告したのだった。

フィリピンへの侵攻は日本への侵攻へのドアを開けた。日本はもはやそのドアを閉められなくなった。

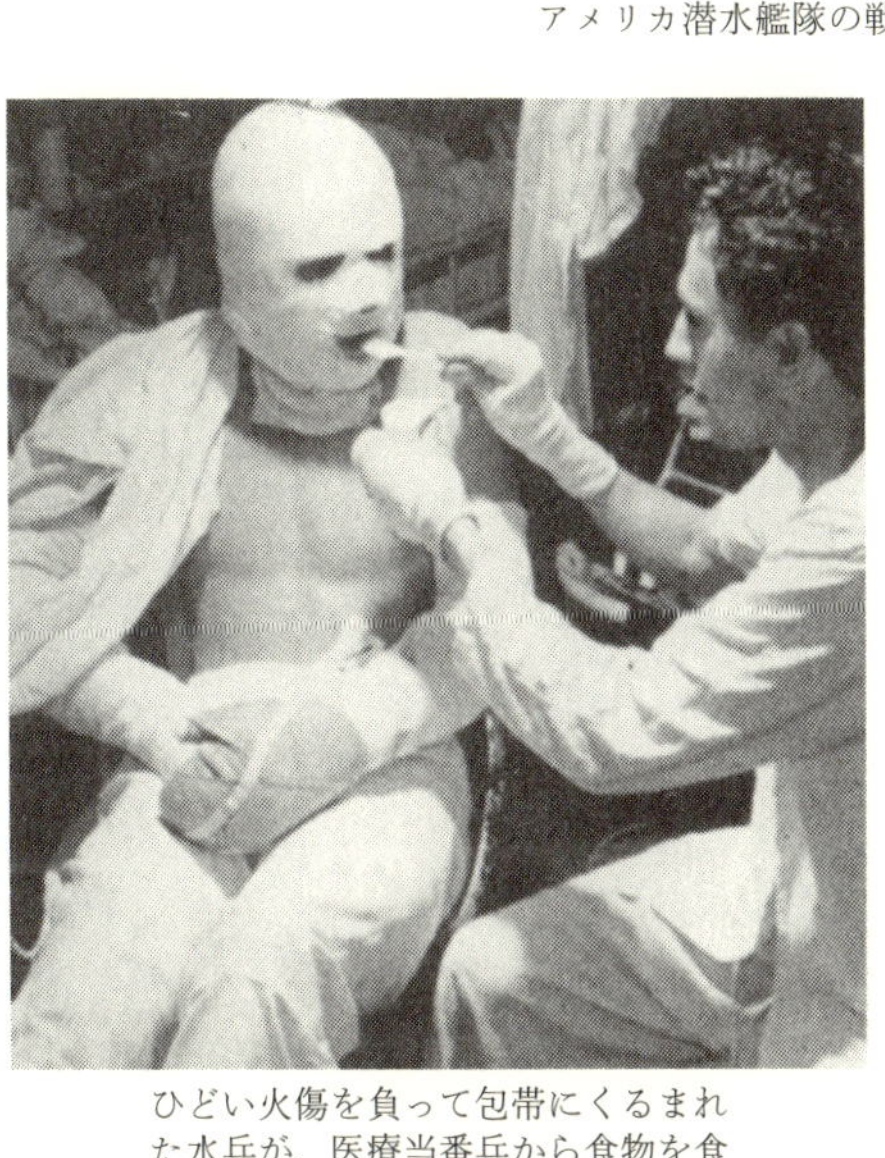
ひどい火傷を負って包帯にくるまれた水兵が、医療当番兵から食物を食べさせてもらっているところ

ロン・スミスはレイテ湾海戦には参加しなかった。一九四四年一〇月にはウィスコンシン州のケノシャに住んでいて、グレート・レイクス（訳注：五大湖のこと）艦隊魚雷学校で、向上心溢れる魚雷士に最新の魚雷について教えていたから。
一九四四年九月にスミスと妊娠していたマリリンはヴァレーホから、イリノイ州との境のすぐ北にあるケノシャに移って来た。そしてスミスは毎日カープール（訳注：近所の人々が燃料節約のため相乗りのグループを作り、通勤・通学に利用する取り決め）で通勤した。「そこにいる間は厳しい規律に関して、たくさんの問題を抱えていた」とスミスは告白している。「戦闘任務に就くため、自由に楽しむ場所から厳しく組織化された環境に移った多くの若者に起こることだったと思う。そこではいつも決まった時間に決まった場所にいる決まりになっており、士官には敬礼して〝サー〟と呼ばなければならなかった。基地のたくさんの小うるさい規則と法規に縛られていた。僕の〝限られた職務〟の地位のため、僕に出来ることはあまりなかった」

スミス一家は二ヶ月間、ケノシャにいた。それからマリリンはコロラド州のサリダに行き、母親と継父と一緒に住み、赤ん坊を生んだ。当時は普通のことだった。

スミティーとマリリンは思いがけない財政上の問題に遭遇した。スミティーはこう言っている。

「軍人の給料の中から本人の希望によって家族に渡される額に加えて、さらに余分の金を送っていた。一九四五年三月にサリダに行った時、マリリンはその金を自分の家族、母親と二人の兄弟を養うために使っていると分かった。継父がいなくなってしまい、家族が困窮して残されたのだった。僕に他に何が出来るのだろうか？」

しかし二人が抱えることになる問題はこれだけではなかった。

第一八章――タンの災難

レイテ湾海戦の間、ディック・オケインのタンはレイテの九五〇キロ北で配置に就いていた。タンにとっては五回目の哨戒で、今回は台湾と中国の福州の間の台湾海峡が配置場所だった。これが最後の哨戒になるとは、誰にも分かるはずはなかった。

「その場所があまりにも浅すぎたので、俺たちはそこで哨戒するのが嫌だった」クレイ・デッカーはこう言っている。「六〇メートルよりも浅い場所が数ヶ所あった。爆雷が艦体の上や横で爆発するのは恐れない。しかし下で爆発したならば、バラストタンクから水を吹き飛ばしてしまうだろう。そうなれば強い浮力が与えられ、艦体はコルク栓のように水面にポンと飛び出すだろう。そして射撃の絶好の的となってしまうだろう」

タンは台湾海峡でおよそ一週間半の間、配置に就いていた。一九四四年一〇月二五日火曜日二時に、電池に充電するために水上を走っていた時に、タンのレーダー画面に多数の輝点が映り、三五隻の船から成る大きな護送船団が海峡を通って近づいてくるのが分かった。レーダー係は自分の目が信じられず、再確認のために副長のフレイジーを呼んだ。

オケインは起こされて、発見したものを知らされた。オケインは興奮して、半ズボンの上にバスローブを着て、自分自身で確かめるために発令所へ向かった。正しかった。レーダースクリーンの輝点は、輝く緑色の逃走するウズラの大きい群れのように見えた。

ブ・ブ・ブ・ブ・ブー、オケインがタンを急速潜航させ、船団を邀撃する針路を取った時、全員が大急ぎで戦闘配置部署に走っていった。デッカーは思いだしている。「わが軍がレイテに上陸したので、この船団は物資と増援部隊を運ぶためにレイテに向かっていると推測した。艦長は最高速力を命じ、船団を追い越すために走り、その前に出た」

タンが邀撃地点に着いて潜航して、目標が射程距離にやって来るのを待っている間に、オケインは船団が通常のジグザグ運動をせずに、一列縦隊でやって来るのに気づいた。「俺たちにとってはまるで射的場みたいだった」と潜舵を操作していて、発令所での全ての行動を見聞き出来たデッカーは言った。

オケインはずっと潜望鏡に目を貼り当てていた。空が徐々に明るくなって来るにつれて、オケインは船団が煙突から黒い煙を吐き出しながら素早く動いているのが見えた。有り余るほどの獲物だった。目標が多過ぎて、最初にどれを撃つべきか決めるのが難しかった。

デッカーはこう言っている。「全部で三五隻の船の中に、兵員輸送船が一隻いた。またかなり多数の駆逐艦と駆潜艇がいた。爆雷を備えていたから、俺たちはそれらの船を嫌っていた」しかし全員が新たな戦いを予期して興奮していた。タンはこれまでの四回の哨戒で、すでに一八隻を沈めていた。今朝はそのスコアに、さらに何隻付け加えられるだろうか?

最初の大きい標的が射程距離内にやって来て、潜望鏡の真ん中に入った時、オケインは戦闘中の潜水艦艦長にお馴染みの連禱（訳注：司祭の一つ一つの祈祷語句に対して、会衆が同じ一連の祈願で答える祈禱形式）を行なった。その命令〝目標への方位〟は、副長のフレイジーが潜望鏡の根元で回っている真鍮の輪が示す方位角をチェックして答えていた。フレイジーは方位角を叫んだ。「ゼロ・ワン・ゼロ」

次にオケインは距離を求めた。レーダー係は目標までの距離を大声で叫んだ。「一、〇〇〇メートル、さらに近づいています」

「外側の扉を開けよ」と艦長は指示し、その命令は前部魚雷室に伝えられ、すぐに実行された。さらに二回距離と方位のチェックが行なわれてから、オケインが「発射」と叫んだ。

最初の魚雷が発射された。数秒が過ぎた。それからドーンという重い音がした。敵の船は巨大な菊の花のような炎と煙を噴き上げ、夜明け前の空に破片と水兵が飛び上がった。船団の番犬だった駆逐艦は大急ぎでやって来て、すぐに辺りをうろつき回り、丸い一〇〇キロの爆雷をまだ見えない敵に投下した。

「二本目発射！　三本目発射！　四本目発射！」オケインは潜望鏡のゴムの接眼レンズから目を離さずに命令した。その命令毎にタンは揺れた。間もなく魚雷が離れる衝撃と、魚雷が日本の船にぶつかって爆発して起こる衝撃波と、船のボイラーが爆発して起こる衝撃波との区別がつかなくなった。

戦闘配置部署で揺さぶられていたクレイ・デッカーは、上の光景を想像するしかなかった。波の下から滑り寄って来る魚雷で崩れ落ちる船、火災と爆発から逃れるために舷側を越えて飛び込む人間、海上では油が燃え、完全なパニックが起こり、死と破壊が憎むべき敵の上に降り注ぐ。タンの内部の雰囲気は厳粛な祝典のようだった。タンはパールハーバー、カヴィテ、バターン、その他の百ヶ所の戦場のお返しを日本にしたのだった。

輸送船が一隻また一隻と爆発して、タンが殆んど匹敵するものがない射撃の腕前を披露する中、駆逐艦は大混乱の中を駆けずり回ったが、タンを見つけられなかった。タンが沈めた一三隻目の船は、オケインが少なくとも五、〇〇〇人の部隊を乗せていると見積もったとデッカーが言った船だった。

デッカーは言っている。「射撃指揮チームが敵の艦船の識別帳で艦影を調べた時、艦種を識別し、どれくらいの喫水かを判断できた。もし目標のいわゆる喫水線に命中させたならば、そこに穴を開けるだけである。船は水密区画になっており、その区画を封鎖すれば沈まないだろう。しかしもしキールのすぐ上に命中させたならば、背骨を折り沈めるだろう。それで射撃指揮チームは、魚雷の深度をキールの三〇センチから六〇センチ上当たりにセットした」

「おれたちは二二本目の魚雷を一隻の輸送船の船尾に命中させ、停止させたが、その船は沈まなかった」デッカーは話を続けた。「残る二本の魚雷――前部魚雷室の発射管にある第二三と第二四魚雷――を持って、損傷した船に近づいた。俺は司令塔へ上がるハッチのすぐ下にある潜舵輪の前に座っていた。そこには射撃指揮チームがいた。また艦長も今はそこの艦橋に上がって来て、全ての命令を出していた。俺は内部通話装置でのやりとりを全て聞くことが出来た。まるでラジオでアメリカンフットボールの試合を聞いているようだった」

普通は魚雷を一、〇〇〇メートルから一、五〇〇メートルの距離で撃つとデッカーは言った。通常は一ノットか二ノットの速度なのだが、今は完全に停止した。

「だけど今回は七〇〇メートルまで目標に近づいた。艦長は『機関停止』と命令した。艦長がこの命令を出した理由は、タンは大きい獲物を狙うライフル銃であり、二発の弾しか残っておらず、大きい雄のヘラジカがそこにいたからである。輸送船は海上に停止しており、艦長は外したくなかったのである。それで俺たちは輸送船を狙い、最後の二本の魚雷を発射した。第二三魚雷は真っ直ぐに進んで、標的の真ん中に命中した」

念のため最後の二四本目の魚雷も発射した。前部魚雷室の三等魚雷士ピート・ナロワンスキーは発射ボタンを押して、こう叫んだのを憶えている。「やった、針路ゼロ・ナイン・ゼロ、ゴールデンゲートに向かっているぜ」

しかし何かひどい間違いが生じた。海面下を真っ直ぐに目標に向かって走る代わりに、第二四魚雷は走っている途中に海面に躍り出て、それから左へと回り始めた。

魚雷がタンの方へ戻って来るのを見て、艦橋にいたオケインは慌てて命令を叫んだ。「緊急前進、右に舵いっぱい」正しい針路から逸れた自分自身の飛び道具からタンを逃れさせようと、絶望的な努力をした。

しかしその命令は、タンを再び動かすにはあまりにも遅過ぎた。制御不能になった魚雷は四六ノットで唸りを上げながら、タンの左舷、後部魚雷室のすぐ前にぶつかった。二三〇キロ弾頭の爆発はすさまじく、すぐに三つの後部区画と第六・第七バラストタンクは浸水した。

オケインは二人の見張員、音響係のフロイド・キャバルリーと一等掌帆兵曹（訳注：下仕官で掌帆長を補佐する）ビル・レイボルドと一緒に艦橋から海に吹き飛ばされた。

後部機関室の二等機関兵曹ジェス・ダシルヴァは、水兵用の食堂でコーヒーを一杯飲むために、爆発の数分前に持ち場を離れていた。「僕は本当はコーヒーが好きではなかった」とダシルヴァは言っている。「しかしあの時コーヒーを飲むために一休みしたのが幸いした」調子の狂った魚雷が衝突した時、ダシルヴァは後部電池室と食堂の間にいた。彼はこう回想している。「他に二人の者が僕と一緒にいた。一人はヘッドフォンを付けていて、僕らにずっと状況を知らせ続けてくれていた」

最後の魚雷を発射した後、突然、命令が飛び込んで来た。「緊急前進！　右に舵いっぱい！」

ダシルヴァはこう言っている。「魚雷は後部魚雷室と操艦室の間に命中した。僕は体がほうり出されないように、梯子を引っ掴んだ。誰かが後部機関室と前部機関室の間の水密扉を閉めた。タンはすぐに艦尾から沈んでいった。乗組員の食堂と発令所を繋ぐ開いた扉から水がどっと入って来た。僕は『この扉を閉めよう！』と思った。我々二〜三人で扉を掴んで、非常な力を込めて扉を押して閉めて、水の流入を止めた」

爆発はクレイ・デッカーが今まで経験した中で、一番激しく揺さぶるものだった。発令所にいた者を部屋の向こう側に投げ飛ばし、計器、スイッチ、テーブルに叩きつけて粉々に壊し、骨を折り、頭の骨を割り、歯を折った。デッカーはコンクリート・ミキサーの中の子猫のように放り回されるのはどうにか免れた。

「俺が座っていた区画で立っていた奴は向こう側まで投げ飛ばされ、隔壁にぶつかった」とデッカーは言っている。「ひどい有様だった。爆発で明かりは皆消え、すぐに艦尾から沈み始めた。俺の上のハッチは開いていたので、水が勢いよく流れ込んで来た。司令塔にいた奴が発令所に落ちて来た、二・五メートルから三メートルの高さを落ちた。落ちて鋼鉄の甲板にぶつかる音が聞こえた」

全ての優れた潜水艦乗りと同様に、デッカーは非常灯のスイッチがどこにあるか正確に知っていたので、そこまで手探りで行き、スイッチを入れた。ぞっとする光景が見えた。「梯子の根元には、背骨を折った者が一人、首の骨を折った者が一人、腕を骨折したのが二人、足を折ったのが一人いた。血を流し、うめき声を上げながら、そこに折り重なっていた」

「最後に司令塔からハッチを通って降りて来た者は片腕を折っていた。しかし無事な方の腕でハッチに結びつけられた引綱を摑んだ。引綱の端には木片が結びつけられていた。木片を利用してバネ仕掛けのハッチを閉めるようになっていた。さてその男は下へ降りて来た。水が降り注いでいた。それで引綱を引っ張って閉めようとした。しかし木片は弾き飛んで、ハッチの開口部の周りのゴムのパッキングに挟まってしまった。その男はハッチを閉めたが、隙間があいた。それで梯子の根元の周りに折り重なって倒れていた負傷者全員の上に水が注ぎ続けた」

「発令所のある甲板の下にはビルジ（訳注：汚水や淦などを溜めておく所）、貯蔵庫、武器庫、一対のエアーコンプレッサー、数個の大きな空気タンクがあった。それで水が下の甲板に達するまでには、時間があると分かっていた。しかし船は四五度の角度で傾いていた。艦首が水面から突き出ているのも分かっていた。波が艦体に当たってピチャピチャという音がしていて、俺たちの体が前後に揺れていたから。しばらくしたらジャップがこの艦への砲撃を始めるだろう。脱出装置のある前部魚雷室に行くためには、タンを水平にしなければならなかった。

タンを水平にするには別の話があった。チーフ・オブ・ザ・ボート（訳注八）のビル・バリンジャーは爆発に際して負傷した。デッカーはこう言っている。「バリンジャーは〝クリスマスツリー（訳注九）〟の側で見張りをしていた。魚雷がぶつかった時、投げ出された。隅に横たわり、額から血を流していた。それで俺は助けるために近づいて行った。バリンジャーは大きく深い切り傷を負っていたが、意識はあり、こう言った。『デック、もし艦を水平にしなければ、前部へは行けなくなるだろう』それこそ俺が必要としていた命令だった」

艦首を下げて船を水平にするためには、前部のバラストタンクに注水しなければならないのをデッカーは知っていた。「水圧のコントロールもすべて手動でしなければならなかった。前部バラストタンクの弁を開ける手動のレバーは、発令所の海図の机の真上にあった。しかしそのレバーを動かすには非常な力が必要だった。それで俺は傾いた机の上に這って上がり、ピンを引っ張り、脚でレバーを強く動かした。

パンパニトの戦歴の著述家ピート・サザーランドが、クレイ・デッカーがタンを水平にするために使ったのと同じタイプの緊急レバーを示している所

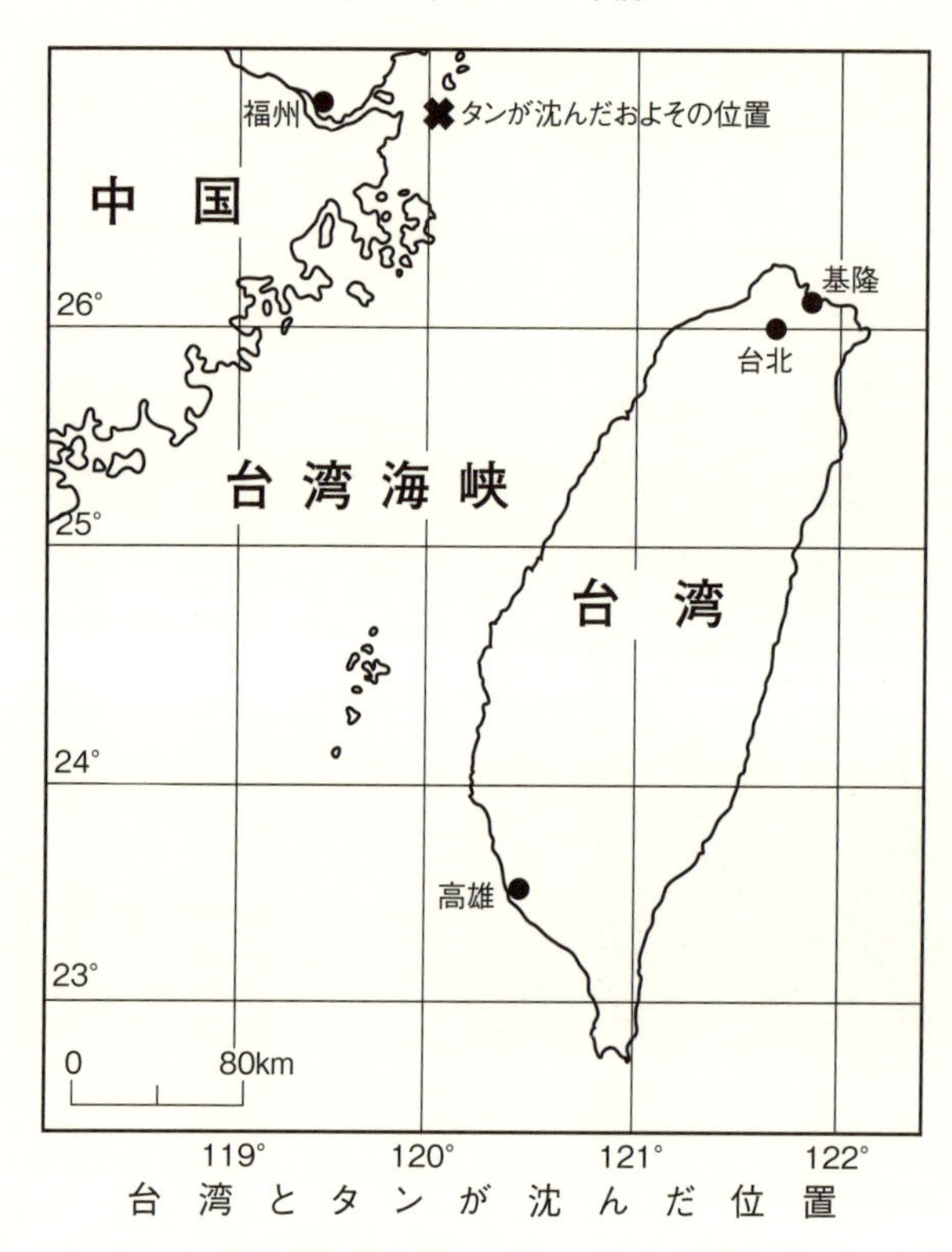

台湾とタンが沈んだ位置

やっとレバーは回った。弁が開き、タンはすぐに水平になり、海底に着座した」

その時にはデッカーは知らなかったのだが、オケイン艦長、キャバルリー、レイボルドはすでに艦橋から吹き飛ばされていた。機関科士官のラリー・サヴァドキン大尉は魚雷のデータを操作する、司令塔の囲まれた区画にいた。タンが沈んだ時、サヴァドキンは司令塔の一番上に空気の泡があるのを見つけた。ハッチから海面まで九メートルから一〇メートルしかなかった。それで海面まで泳いで行くと決めた。ズボンを救命具にするやり方を知っていたので、ズボンを脱ぎ、脚の部分を結び、ズボンに息を吹き込み、上はベルトで閉じた。それから深呼吸をしてハッチを開け、海面へ上がった。そこでオケインや他の二人の生存者と一緒になった。

四人は取り乱したり、また茫然としたりしながら、どうにか海面に浮いていた。その間、敵の駆逐艦が押し寄せて来て、大砲を撃ったり、爆雷を投下したりした。オケインは自分の船が沈む瞬間を覚えている。「タンの艦首が急角度で水面に突き出ていて、航路のブイと同じように潮流に乗って動き回っていた。私は励ましの言葉をかけ、衝動的にタンへ向かって泳ぎ出した。潮流に逆らって泳ぐように見えた。タンは負傷した巨大な海の怪獣――全くその通りだが――があがいているようで、苦しいほどゆっくりで、また爆雷のためしばらくの間停められた。そして前部の方に近づくと、タンの艦首は突然、海底の墓場へと突っ込んで沈んだ。何もない淋しい海は、私の深い悲しみを分かち合っているようだった。……私は関心を下に沈んだ者から海に浮かんでいる若い者たちに向けた」とオケインは回想録に書いている。

まもなくオケインやその他の者たちは日本軍に救助された。しかし日本兵は、自分たちの一三隻もの船を沈めた潜水艦の乗組員にはしきりに仕返しをしたがっていた。

一方損傷して沈んだタンの中では、デッカーとバリンジャーが〝負傷しているが歩ける者〟を集め、艦首に導いていった。「発令所より後ろにいた者は明らかに皆死んでいる」とデッカーは判断した。

通路を通る途中で二人は艦長室にいるメル・エノス少尉を見つけた。エノスはくずかごの中で暗号表を燃やそうとしていた。デッカーは少尉の手から暗号表をもぎ取った。「俺は言った。『少尉、そんなことをしてはいけません！　少しの空気でも必要なんです！　火を起こしてはいけません！　電池がすぐ下にあるんです。その近くでどんな種類の火花でも出してはいけません』

「しかし暗号表は破棄しなければならないぞ」エノスは答えた。

「電池の中にそいつを突っ込め」 負傷していたバリンジャーが命じた。デッカーは甲板のハッチを開けて、腹這いで電池室に降りて、巨大な電池の一つの蓋を取り外した。そして硫酸の中に暗号表を落として、それから這い出てハッチを閉めた。

前部魚雷室は生き残った者でいっぱいになっていた。血を流している者がいたし、火傷を負った者もいたし、心理的に治療しなければならない障害を負った者もいた。クレイ・デッカーはそれを見て、自分自身だけでなく、他の者にも落ち着きを浸透させるために勇敢に振る舞おうと決心した。

その窮屈な部屋の中には明らかに恐怖が溢れていたが、仲間たちの間にパニックがないのを見て、デッカーは満足した。どの乗組員も志願兵で、自分が選んだ兵種の危険性は承知していた。二人の士官、メル・エノスとハンク・フラナガンが監督していた。深度計は五五メートルを示していた。乗組員は貯蔵庫から最新の〝モムセン・ラング（訳注：肺のこと）〟を引っ張り出して、セロハンの袋から取り出した。

「〝モムセン・ラング〟は戦争前に海軍士官〝スイード（訳注：スウェーデン人のこと）〟・モムセンが発明した」とデッカーは説明している。「沈没した潜水艦から乗組員が脱出するのを助けるために作られた。一〇〇個以上を艦内に備えていた。

〝モムセン・ラング〟は巧妙な装置だった。それは黒いゴムの空気袋で、胸に紐で結びつけて使用した。ホースがついており、その端には吹き口があり、それを口に咥えるのだった。水中で呼吸をしないようにするために、鼻全体を覆う鼻覆いがあった。袋には自転車のタイヤのように小さい弁がついていて、使用する前に酸素を詰めるようになっていた。ラングにはソーダ石灰のフィルターもついていて、吐き出した息の中の二酸化炭素がこのソーダ石灰を通れば、遊離炭素を吸収して遊離酸素を作り出した。また小さく平たいゴム片、安全弁が吸い口のすぐ下についていた。その弁は空気を外に出すが、水が中にいれないようになっていた。一度水面に上がるや、その安全弁を閉じて、モムセン・ラングを救命ジャケットとして使えた」

〔原注：チャールズ・"スイード"・モムセン――デンマーク・ドイツ系の名前――は一八九六年ニューヨークの生まれ、一九一九年、海軍士官学校を卒業した。潜水艦乗りとしてモムセンは、比較的浅い水中に閉じ込められた者を助ける水面下の呼吸装置実験を始めた。一九三九年モムセンは、沈没したスカラスの中にいる三三人の水兵の救助作業の指揮をした。深さは七四メートルあり、モムセン・ラングを使うには深すぎたが、代わりにマッキャン・レスキュー・チェンバー（訳注：潜水球の一種、救助船から吊り下げ、沈没した潜水艦の脱出用ブースのハッチに接続し、乗組員を乗り移らせて吊り上げるもの）――これもモムセンが性能の向上に寄与した）が使われ成功した〕（www.onr.onr.navy.mil/blowballast/momsen）

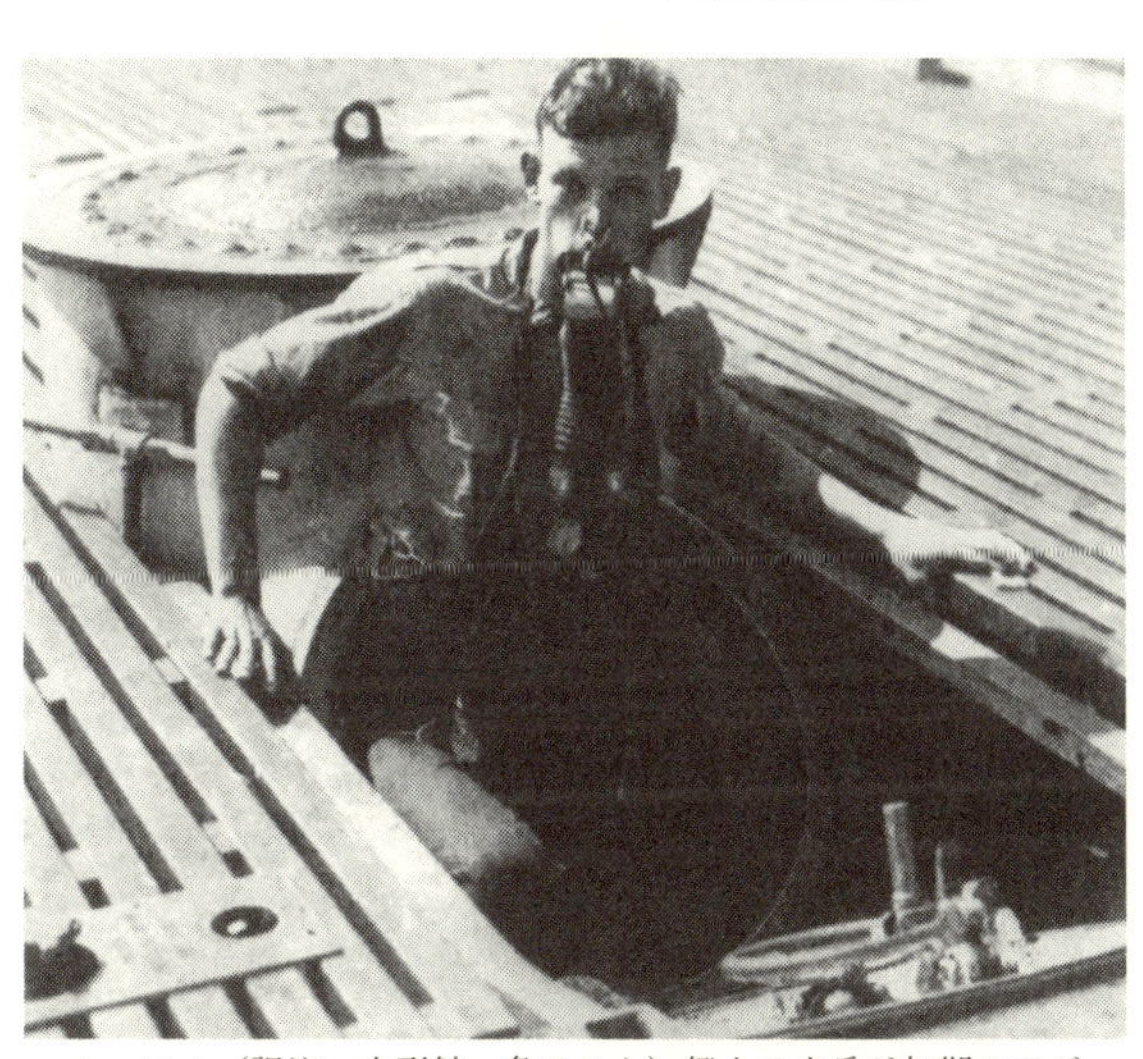

ナーワル（訳注：小形鯨一角のこと）艦上の水兵が初期のモデルの"モンセン・ラング"実演している所、1930年7月撮影

ジョージ・ゾフシンは妻子が、サンフランシスコに戻ったデッカーの妻と男の子と一緒に住んでいたが、デッカーがモムセン・ラングを着けるのを手伝った。デッカーはお返しをした。

ジェス・ダシルヴァはこう回想している。「日本軍はこちらへやって来て、しばらく爆雷を投下し続けた。今や二〇人くらいが食堂と乗組員の区画にいた。塩素ガスが発生していたので、そこにはいられないと分かっていた。また脱出するチャンスは前部魚雷室に行くことだと分かっていた。しかしそこに行くためには発令所を通らなければならなかった。これは発令所の扉を開けることを意味していた。そこは浸水していると俺たち全員が分かっていた。しかし危険を冒さなければならなかった」

「誰かが扉を割った。水が勢いよく流れ出て来て、脚の辺りまで上がった。それから徐々に引いていった。発令所は部分的にしか浸水していないと分かった。そして一人ずつ膝の深さの水の中を前へと進んだ。一列になって発令所に入り、秘密の装置を壊した。この時、深度計が五五メートルを示しているのに気づいた。それでももし前部魚雷室の脱出用ハッチに辿り着いたならば、脱出するチャンスはまだあると自分に言い聞かせた。士官居住区を通り抜け、前部魚雷室に入った」

ダシルヴァはその部屋にはすでに二十数人がいるのに気づいた。「俺たちがやって来たので、その数は四五になった。負傷している者もいたし、空気は汚れていて、呼吸するのが難しかった。全員にモムセン・ラングが与えられた。すでに何人かが脱出を試みており、今や残りの者が次の脱出をしようとしていた」

クレイ・デッカーは言っている。「前部魚雷室にいる者の数を考えると、四時間か五時間分くらいしか空気は残っていないと判断した。その時間内でやらなければならなかった。そうでなければ俺たちは死ぬだろう」

無傷か軽傷の水兵は、負傷した仲間を出来るだけ楽にしようとし始めた。前部魚雷室の吊り寝台を本来の場所に置いて、重傷者をそこにゆっくりと寝かした。ファーマシスト・メイト（訳注一一）は裂傷に包帯を巻き、折れた骨に添え木を当てた。首の骨が折れた者は毛布と枕で間に合わせに作ったクッションで、出来るだけ動かないようにした。

「彼らは脱出しようとしても無駄だった」デッカーは重傷者について述べている。「彼らは絶対脱出できそうもなかった。負傷してなくとも、かなり難しかったから」

デッカーは言っている。タンに「一組のほら吹き、一組の知ったかぶりをする人間がいたのを。このほら吹きの一人と主任魚雷士は、残りの俺達が準備できる前に、脱出用ブースに這って上がった。二人はモムセン・ラングも救命ジャケットも着けていなかった。二人は脱出用ブースに水を満たし、ハッチを開け、二人だけで出て行った。その後再び彼らを見ることはなかった。その後フラナガン大尉が指揮を執った。大尉は言った。『四人ずつのグループになって行く』

バリンジャーが叫んだ。「私は最初のグループに入って行く。誰か私と行くか?」クレイ・デッカーの手が上がった。そしてデッカーはジョージ・ゾフシンの方を向いた。

「さあ、ジョージ、ビルと一緒に行こうぜ」

しかしゾフシンはためらった。「俺は行けない、デック」と言った。

「一体全体どうしてだ、ジョージ、なぜ行かない?」

「白状するんだが、俺は泳げないんだ」

これは本当だった。デッカーは突然、思いだした。二人でワイキキビーチでぶらぶらして過ごしていた時、ジョージは決して水に入らなかったのを。今やタンでは刻一刻絶望的な状況になっている中で、デッカーはさらに数秒間さそったが、ゾフシンはあたかも死ぬのを待っているかのように、寝台で腹這いになっていた。

「さあ、行こうぜ、デック」バリンジャーはデッカーの腕を摑んで言った。

デッカーはジョージに最後の一瞥(いちべつ)を投げてから梯子を上がって、新しくタンに乗艦した他の二人と一緒に、電話ボックスくらいの大きさの、薄暗い脱出用ブースに入った。それがデッカーがジョ

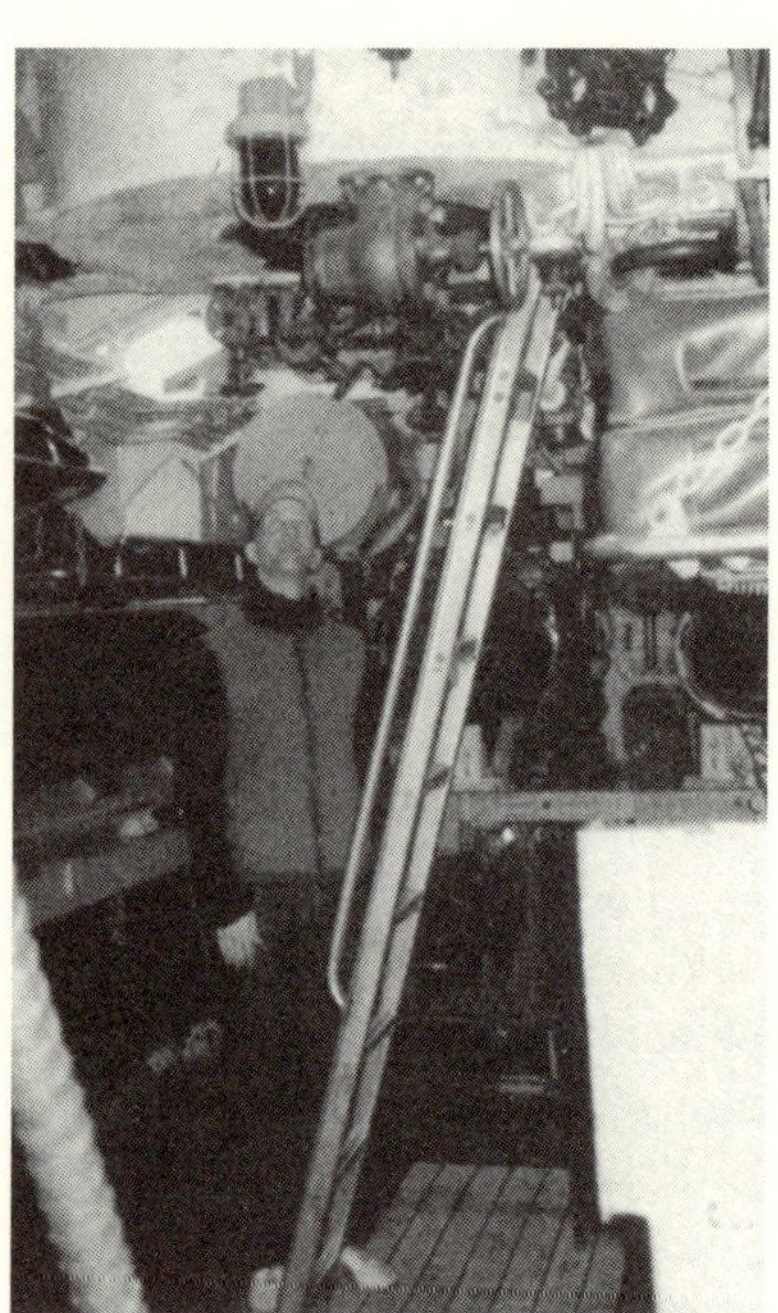

ピート・サザーランドが後部魚雷室の脱出用ハッチへ通じる梯子を見上げている所

ージ・ゾフシンを見た最後だった。

脱出用ブースの中には三つの主要な計器があった。「一つは深度何メートルかを示すファゾメーター（訳注：商標）」とデッカーは説明している。「一つはブース内の空気圧を示す計器。三番目のは外の水圧を示していた。俺たちがしなければならないのは、前部魚雷室へ通じる床のハッチを閉めて、それから海水を顎の高さまで入れることだった。それから別の弁を開けて空気圧を上げ、二キロ分だけ水圧を上回るエアポケットを作った。そうすれば部屋のドアを開けるのと同じくらい簡単に、海に出るハッチを開けられるのだった。さもなければそのハッチは絶対開けられないだろう。

ハッチが開いたならば、次にサッカーボールくらいの大きさの木のブイを外に出す。このブイにはその回りに針金で留めた索と摑める手がかりがついていた。ブイは脱出用ブースのスプール（訳注：ものを巻き付ける円筒状のもの）のロープとしっかりと結ばれていた。ロープには各ファゾム（訳注一五）ごとに結び目が付けられていた。脱出用ハッチのすぐ上には上部構造物（訳注一四）の約一メートル四方の開口部があった。ブイとロープはこの開口部を通って上に上がり、俺たちはこのロープに摑まり、結び目の数を数えながら上がった。そうすれば後どれくらい上がらなければならないか分かるからである。深度五五メートルでは結び目は三〇あった。出た所は真っ暗である。

それでどこにいるかに関して目に見えるものは何もない。上も下も分からない。大事なのはロープを離さないことである。さもなければ耐圧殻と上部構造物の間のスペースにはまって、出口を見つけられなくなるだろう。またあまりにも早く上がろうとしてはならない、さもないと潜水病（訳注：気圧の高い所にいた者が急に通常の気圧の所に出た時、血液に溶け込んでいた窒素が気泡となって血管を塞ぐ病気）になってしまうだろう」

ブースで空気ホースからモムセン・ラングに酸素を満たした後、四人はハッチを開けてブイを外に出した。デッカーは最初に外に出た。ロープに脚を巻きつけ、結び目を数えながら手で手繰って登り、潜水病にならないように結び目ごとに停まって息を吸って吐いた。

冷たい水中に永遠にいるかのように思えた後、デッカーは水面に辿り着いた。ちょうど明るくなって朝になろうとしていた。周りの海は大混乱していた。駆逐艦はあちこち動き回り、時々危険なほどデッカーに近づいて来た。周りには残骸と死んだ日本の兵士と水兵の死体が漂い、水平線では船が何隻も激しく燃えていた。

著者のフリント・ホィットロックがパンパニトの脱出用ハッチから上半身を出している所

デッカーはこう言っている。「俺は水面に辿り着いた時、鼻覆いを外そうとした。そして鼻と頬から出血しているのに気がついた。おそらく本来あるべき速さよりももっと早く上がって来たので、鼻血が出て、頬の毛細血管が破れたのだろうと思った。その血が鮫を引き寄せないだろうかと少し心配した。福州沖の海には鮫が出没していたから。そういう場合に備えて、俺たちは四五口径の拳銃とナイフを持っていた」デッカーのモムセン・ラングは水でいっぱいになっていて、救命ジャケットとしては使えなくなっていた。それでデッカーは重いナイフと拳銃と共にそれを捨てた。

デッカーはブイに掴まって、グループのビル・バリンジャーと他の二人が水面にやって来るのを待っていた。突然一メートルほど離れた所にバリンジャーが、息を切らし咳込み、腕を激しく振りながらひょいと現われた。その目は恐怖に満ち溢れていた。

デッカーはこう言っている。「バリンジャーは溺れかけていた。彼は悲鳴を上げ、嘔吐し、そして自分を支えてもらおうとして手を俺の方に差し出して来た。何かが俺にささやいた。『そういう人間に手を伸ばして触れるな！　絶対にそういうことをするな！』溺れかけている人間は馬をも水中に引っ張り込むという事実はよく知られている。もし溺れかけている人間が俺に抱きついたならば、俺も一緒に沈むだろう。俺に出来たのは潮流がバリンジャーをずっと向こう、海の彼方へと連れ去るのを見つめるだけだった。バリンジャーがずっと離れた所で叫んでいるのが聞こえた」

「後に何が起こったのか推測したことだが、モムセン・ラングの安全弁が折りたたまれていて、その回りにクリップが付いていたのだろう、すべての新しいモムセン・ラングがそうであるように。バリンジャーはおそらくそのクリップを外し、モムセン・ラングを膨らませるのを忘れたのだろう。それで水面へ上がる途中で息を吐き出す術がなかったのだろう」

さらに数分間が過ぎた。グループの他の二人は現われなかった。そしてブイがひょいと動いて、二番目のグループのハンク・フラナガン大尉が浮き上がってきた。大尉は二番目のグループでただ一人、無事に水面に達した。

タンの中ではジェス・ダシルヴァが次に上がるグループにいて、準備をしていた。ダシルヴァはこう言っている。「俺は脱出用ブースに入る梯子の最下部にいた。誰かが『次の者来い』と言うのが聞こえた。それで素早く上がってブースに入った。俺は三番めだった」 四番目の者が梯子に脚をかけて登って来て中に入り、ハッチが閉められた。

「昔パールハーバーでの脱出用タンクで教えられた通りに、全てが進行した。ブースに水を入れ、モムセン・ラングを酸素でいっぱいにした。そしてモムセン・ラングが機能しているのかどうか試してみた。水がブース内で上昇した時、水圧が増大したので、呼吸は困難になった。水が外へ出る扉の上まで達した時、その扉を開けた。前の脱出の時から結び付けてあるロープの付いたブイを誰かがすでに外に出していた。そしてロープに摑まって水面にいく順番が来た」

ダシルヴァは三番目に外へ出た。ゆっくりと一度に一つのファゾムを上がっていき、一〇個の結び目毎に停まって数を数えた。「三分の一ほど上がった所で、呼吸するのが困難になった。しかし間もなく問題はなくなり、水が明るくなり、突然水面に達した。先に脱出した者が近くでブイに摑まっていた」

ダシルヴァはブイでデッカーとフラナガンと合流した。三人はさらに多くの仲間が間もなく合流することを祈った。しかし三人の水兵だけが水面に達した、二等魚雷兵曹のヘイズ・O・トラック、三等魚雷兵曹のピート・ナロワンスキー、そして主任ファーマシスト・メイト（訳注一一）のポール・ラーセンである。ラーセンは大量の水を飲んで苦しんでいた。

四番目の男が水面へ上がって来た。黒人の厨房員の一人で、ラルフ・F・アダムスか、H・M・ウォーカーのどちらかだった。しかしブイからずっと離れた所だったので、ダシルヴァはその男を助けようとした。「その男は俺たちから離れた所に上がって来た、そして泳げないようだった。俺がその男の許へ着いた時、その男は消えてしまった。それで向きを変えて元の所へ泳いでいったの分かった」
だが、そんなに遠くへ流されていってしまったとは思わなかった。元の所へ戻るためには大変な努力を要した。潮流は外海へ流れているので、離れた所に見えている中国本土には辿り着けないだろうと分かった」

脱出用ブースから抜け出てブイに縋りついたのは六人だけだった。下で何かとんでもない過ちが起こったに違いなかった。デッカーはこう言っている。「俺の推測では他の者はロープを摑んで上へあがろうとしたが、耐圧殻と上部構造物（訳注一四）の間のスペースで体が動かなくなったのだろう」

ブイに摑まって数時間経った頃、六人のアメリカ人、フラナガン、デッカー、ダシルヴァ、ラーセン、トラック、そしてナロワンスキーは疲れ果てていた。ラーセンはずっと咳込み、嘔吐し、泣き続けた。六人の周りを回り続けていた駆潜艇がやっと近づいて来た。

ダシルヴァは言っている。「その船は何回も俺たちの周囲を回り、それから少し離れて停止して、機関銃を俺たちに向けた。俺は思った。『いよいよ来るべき時が来た。奴らは俺たちを撃つつもりだ』しかし撃つ代わりに、小さいボートを降ろしてこっちへやって来て、俺たちを救い上げた」

怒った日本の水兵はライフル銃を櫂として使って（訳注：本当であろうか？）小さいボートを漕いで、六人のいる所へ来た。敵の水兵はタンの乗組員を摑んで、マグロのように手荒くボートに引っ張り込み始めた。

日本の水兵はボートを漕いで駆潜艇P－三四に戻り、六人は縄梯子を登って甲板に上がった。そこにはタンの艦橋と司令塔にいて助かったオケインと他の三人が、後ろ手に縛られて一塊になって座っていた。デッカーは最後に縄梯子を上がって来たのだが、振り返ると、日本の水兵が苦しい呼吸をしていたファーマシスト・メイト（訳注一一）のラーセンを舷側を越えて投げ落とすのを見た。ラーセンは沈んで見えなくなった。今やタンの生き残りは全部で九人になった。

駆潜艇はタンが雷撃して沈めた船の生存者も救助していた。彼らも甲板にいて、アメリカ人を憎悪に満ちた目で見つめていた。「彼らは下の機関室にいて、ボイラーが爆発した時、火傷していた。それで茹でた海老のように赤かった」とデッカーは述べている。「彼らは俺たちをじっと見ていた。何を考えているかは大体分かった。『こいつらが俺たちをこんな目に合わせたんだ』それから俺たちは最悪の扱いを受けた、つまり二四時間中四人となった。あの日本人の生存者が俺たちの方へ来て、髪の毛を摑み、鼻に火のついた煙草を押しつけた。それから奴らは平手打ちを食らわせ、蹴り、ぐうの音も出ないほどぶちのめした」

オケインは幾らかの同情心をもって書いている。「我々を棍棒で殴ったり、蹴ったりしているのは、我々自身が行なったことのために火傷を負い、負傷した者たちだと思い知ると、憎しみも減ってそれを受け入れられた」

ダシルヴァはこう言っている。「日本人は俺たちを一人ずつ離れた所へ連れて行って尋問した。俺の順番になった時、船の別の場所へ連れて行って、奴ら三人の間に座らせた。奴らはおにぎりをくれたが、俺はそれを食べられなかった。三人のうち一人が電気の装置を持っていて、それを俺の肋骨に押し当てた。俺はびくっとして飛び上がった。奴らは皆それを面白がっていた。英語を話せる奴が野球のバットくらいの大きさの棍棒を持って来ていた。そいつは俺に質問をして、答えが気に入らなければ、その棒で俺の頭を殴った。しばらくしてから俺が何も話さないだろうと分かると、奴らは俺を他の者の許へ連れて帰った。

少ししてから俺たちは小さな部屋に連れて行かれ、そこに閉じ込められた。非常に小さい部屋だったので、二人か三人しか横になれず、残りの者は立っていなければならなかった。その部屋は非常に暑く、換気のためには小さい舷窓が一つしかなかったが、奴らはそれを開けさせてくれなかった。とうとう見張りに外に出してくれるように頼み、甲板の新鮮な空気の中で座るのを許された。

しかしこれは良くもあり悪くもあった。なぜなら、デッカーが物語っているように「俺たちが身に着けているのは半ズボンだけだった。まだサンダルを履いている者もいた。俺たち潜水艦乗りは太陽の下で多くの時間を過ごすことはなかったので、肌は白かった。奴らは照りつける太陽の下の熱い鋼鉄の甲板の上に、俺たちを五日間いさせ続けたので、最後には俺たちは全員火膨れを起こした。俺たちは水も食べ物も手に入らなかった。これで終わりだと思った」

第一九章——人船捕虜収容所

タンの生き残りの八人を乗せていた駆潜艇は、一一月の最初の週にやっと台湾の高雄に着いた。それから捕虜たちは列車で首都の台北に連れて行かれた。そして後ろ手に縛られ、目隠しをされて、台北の通りを行進させられた。クレイ・デッカーはこう言っている。「奴らは俺たちに〝ここに劣った人種の見本がある〟というようなことを書いてある掲示板を運ばさせた。小さな子供たちと婆さんたちが棒切れで俺たちを叩いた」

ジェス・ダシルヴァは自分たちがトラックに乗せられ、役所のような所に運ばれるのに気づいた。「俺たちは数人の役人の前に立たされ、目隠しが外された。相手は言葉を幾つか掛けた。それから再び目隠しをされ、トラックに連れ戻され、古い建物に運ばれた。俺たちはバラバラにされ、俺は床がなく、ごみと砂利のある小さい部屋に入れられた。ここにいて何も言うなと言われた。奴らは食べるものを何か持って来たが、何であれ食べられなかった」

ダシルヴァはよく寝られなかったと言っている。「夜の間に二人か三人の日本人が何回もやって来て、俺の顔を懐中電灯で照らし、尋問を始めた。欲しがっていた答えが得られないと、頬を平手打ちした。朝になると、俺たち全員を並ばせ、また目隠しをしてからトラックに乗せて、駅へ連れて行った。列車に乗ると目隠しは外された。普通の客車で、ブラインドは降ろされていた。駅を出る時、ブラインドを上げるのが許された。外の光景はまるで一〇〇年も昔に戻ったようだった。見えるのは牛に引かせた鋤で畑を耕している人間だけだった。一日中、列車に乗って、やっと島の反対側の端にある目的地に着いた」（訳注：以下の記述と矛盾する。基隆（キールン）の方に輸送されたのであろう）

デッカーによると、一行は台北の郊外の陸軍基地に連れて行かれた。「奴らは俺たちを一晩中ジャガイモの地下貯蔵庫に放り込んだ。俺たちは洗うとかそういうことはしないで、汚れたままの生のジャガイモを食べた」タンの乗組員が生のジャガイモをむさぼり食っている間、血に飢えた蚊が人間の血をごちそうになった。

次の日、捕虜たちは基隆の港に移され、そこで一晩、中世風の牢獄に入れられた。そして暖かいご飯と竹の皮にくるんだ魚の食べ物を与えられ、毛布をもらい、船が沈んでから初めて丸々一晩中眠るのを許された。

翌朝早く捕虜たちはベッドから引っ張り出され、港に連れて行かれた。そして日本へ向かう駆逐艦に乗せられた。オケインはその階級の将校に相応（ふさわ）しい待遇を与えられ、艦長室の使用も許された。オケインはそこの舷窓から船の訓練と動きを観察できた。そしてそれに対してプロの軍人として賞賛の念を抱いた。「砲手は非常に優秀だった。その素早さは戦争の初期に我々が敗北した理由を物語っていた」とオケインは書いている。

駆逐艦の艦長は、英語を自由に駆使できる洗練された人物だった。会話の途中である時、オケインに尋ねた。「君は日本語を話せないが、私の英語は分かるようなのはどうしてか？　君は我々の言葉の一語さえ学ぼうとする気のないのに、我々はどうしてお互いの問題を理解するのを期待できるのか？」

艦長は本棚からマーガレット・ミッチェルの南北戦争に関する古典「風と共に去りぬ」を引っ張り出して、オケインの前でそれを手に持った。オケインはこう言っている。「艦長はもし影響力の大きい人物たちがこの本を読んでいたならば、我が国は問題の解決策を見つけて、この戦争は避けられただろうという意見を述べた。私はその意見に不賛成ではなかった」

駆逐艦は大阪湾に入り、神戸に停泊した。そこで捕虜たちは冷たい雨の中を海軍訓練基地へと歩かされた。それから列車に乗せられて、奥地の横浜へ向かった。オケインは列車の窓から日本の軍需工場がフル操業していて、空襲がほとんど被害を与えていないのを見て落胆した。「ここに来て私は中国へのルートは完全に守られており、日本は侵攻によってしか打ち負かせられないと分かった」オケインはそう結論を出した。

横浜で捕虜たちは列車を降り、バスに乗せられた。そのバスで曲がりくねった山道を走って、最後に大船にある海軍の小さい秘密の情報部刑務所で降ろされた。その部署の名前は「海軍横須賀警備部隊植木分遣所」といい、大船の南にあった。非公式には「拷問所」と呼ばれていた。

ジェス・ダシルヴァはこう言っている。「俺たちが大船の尋問収容所に着いた時は雨が降っていた。俺がタンから脱出した時、身に付けていたのはズボンだけだった。それで歩いている時はずっと濡れて寒かった。その収容所に着いた時、俺の足は痛く、寒さでしびれていた」

大船でオケインと哀れな生き残りの乗組員ークレイ・デッカー、ジェス・ダシルヴァ、ハンク・フラナガン、ラリー・サヴァドキン、ビル・レイボルド、フロイド・キャバルリー、ピート・ナロワンスキー、そしてヘイズ・トラックは食べ物、寝具類、着るものを与えられた。

次の数ヶ月、彼らは日本語を教えられた、そして日本人の残酷さも教えられた。

第二次大戦でドイツ軍に捕らわれた連合国の軍人は大体自分は幸運だと思った。幾つかの注目すべき例外はあるが、ドイツは立派にとまでは言わないが、少なくともジュネーブ協定で定められたルールに従って捕虜を扱った(もちろんロシア人はドイツの捕獲者に丁重に扱われることは決してなかった)。ドイツにあった英米人捕虜収容所の多くはきちんと運営され、食べ物と薬の量は豊富とはいえないが、まあまあだった。そして捕虜たちは収容所の本、映画、芝居、そして運動のような娯楽も許された。

しかしながら日本の捕虜収容所では、拘禁者たちはこのような娯楽を享受できなかった。何百とある日本の捕虜収容所のほとんどは、肉体的、精神的に残酷で無慈悲な扱いをする所だった。捕虜はいつも罵られ、殴られ、飢え、痛めつけられた。そして怪我や病気、その他の体の障害にかかわらず、重労働に送り出された。作業現場まで歩き続けられないか、作業現場で働き続けられない捕虜は即座に殺された。

悪意のある扱いは武士道という戦士の規律の悪用のせいである。日本の兵士、水兵、飛行士の大多数は真の戦士は決して降伏したり、捕らわれたりしないと堅く信じていた。生きていて戦う力がある限りは、戦わなければならない。降伏するのは最大の不名誉である。それゆえ多くの日本人は自発的に降伏したり捕虜になった連合国の軍人は(ついでに言えば女性兵士も)、虐待したり殺したりしても構わないという気持ちがあった。なぜならそういう捕虜は生きるのに値しない見下げ果てた臆病者でしかないからだった。

タンの九人の生き残りは、今や大船の捕虜収容所で何百人もの他の捕虜と一緒になった。その収容所は木の柵で囲まれた絶え間ない苦痛に満ちた所だった。

ジェス・ダシルヴァはこう回想している。「収容所はUの字の形をしており、日本人の居住区を真ん中にして、その両側に捕虜の宿舎があった。これら三つはフェンスによって分断されていた。俺のような新しく来た捕虜は一方の宿舎に入れられ、古くからの捕虜は反対側の宿舎にいた。最初、俺たちはお互いに話をするのも許されなかったが、後には話を出来るようになった。しかし古くからの捕虜とは話を出来なかった」

またこうも言っている。日本人は「俺たちをある部屋に連れて行った。そこで俺たち一人一人に乾いたシャツとズボンとテニスシューズをくれたが、そのシューズはサイズが三つも小さかった。これが捕虜だった時にもらった衣服のすべてだった。奴らは三枚の毛布と丼いっぱいの米と幾つかの石鹸もくれた。そして俺たちを宿舎に連れていったが、そこはおよそ縦二メートル、横三メートルの独房から成っており、格子の付いた窓があった。床があり、一方の端には縦一メートル、横二メートルくらいの草のマット（訳注：畳のこと）が敷いてあった。三枚の毛布と草のマットが次の六ヶ月間、俺のベッドだった」

「季節は冬で、奴らは俺たちを外に出して、広場で運動させてくれた。俺たちの衣類は今着ているものしかなかったので、奴らは俺たちに毛布を身に付けさせた。そこで俺たちは皆、頭から毛布を被って円を描いて歩き回った。まるでオールドマザー・ハバード（訳注：マザーグースの登場人物の老婆、飼い犬のために色々買い物に出かける。また肩で合わせて留める、裾の長いだぶだぶの婦人用ガウンも言う。その老婆が着ていたのだろうか）の集団のようだった。この冬の間に地面に少なくとも六〇センチの雪が積もるのを経験した。独房は寒く、つまり壁の裂け目のせいだとすぐ分かった。それで看守に数人を一つの独房に入れるように頼んだ。こうして体温で少しは温かくなった。俺たちは輪になって座って、食べ物のことばかり話した。支給される食べ物がだんだん少なくなっていったから」

タンの生存者が大船に着いて僅か二～三日しか立たない間に、日本人はアメリカ人の捕虜に、脳裏に焼きついて忘れられないようにするための見せしめを与えた。ダシルヴァはこう言っている。「日本人は二つの居住区を隔てていた門を開け、古くからの捕虜たちを看守に向き合って整列させた。そして数人の捕虜を或る不法行為のために選び出し、倒れるまで尻を棒でぶん殴った。この光景を見た後、もし俺たちが言われたことをやらなければどうなるかよく分かった」

オケインはこのことをもっと詳しく述べている。看守たちは「海軍の落ちこぼれだった。大船での二日目の翌朝、我々九人だけが隔てられた宿舎の西側にいたのだが、門を通って反対側に行かされた。そこには失われた潜水艦グレナディアの艦長J・A・フィッツジェラルド少佐と他に二人の人間がいた。三人とも骨と皮ばかりに痩せていて、他の捕虜の列から呼び出された。我々は一番大きな看守たちが、殴打が続けられるように他の看守たちが抑えている間に、順番に一回に三度この三人を意識不明になるまで棍棒で殴るのをじっと見つめた。キャバルリーは非常にタフで、かってはプロボクサーだったが、この光景を見て嘔吐した」

オケインはまた以下のことにも気づいた。夜の間に「看守の一団が廊下を歩き回って、〝特別待遇〟のために選んだ捕虜と、単に嫌いだからという捕虜を殴打するのを」

大船に着いてからすぐに、タンの生き残りは一人ずつ離れた場所へ連れて行かれて尋問された。ダシルヴァの番になり、机と二つの椅子しか家具のない小さい部屋に連れ込まれた。「日本人の士官は俺の向かいに座った。士官は礼儀正しく、非常に流暢に英語を話した。俺に煙草を差し出し、様子はどうかと尋ねた。そして自分はアメリカで教育を受けたと言った。それから俺に何度も何度も同じ質問をし、俺は同じ返事を繰り返した。そうして士官は俺を帰らせた。こういうことが何回かあった。俺の推測するに、士官は俺が何も知らないと思ったのだろう」

一九四四年の終わりに近づくと、撃ち落とされたB-二九の若い搭乗員が大船に連れて来られた。「その男はひどい負傷をしていて、医療設備が無いも同然だったので、まもなく死亡した」埋葬任務に就けば報酬として茹(ゆ)でたジャガイモがもらえると知っていたので、ダシルヴァは自分から申し出た。「俺たちは深い雪の中、その男を収容所からある程度離れた、木の茂った丘陵地帯へ運び、それから穴を掘って埋めた」

「雪と寒さのためほぼ四ヶ月間、俺は足の感覚をなくしていたと思う。俺たちは血行を出来るだけ良くしようとして、力を込めて足を踏みしめて歩いた。初めは週に一度風呂に入れた。最初に小さい水桶と石鹸を使って体を洗い、それから熱いお湯の入った大きいバスタブに入って浸かった。本当にあの風呂は良かった。この時だけが脚に感覚を取り戻す唯一の機会だった。しかしそれから奴らは俺たちを風呂に入れてくれなくなった」

おそらく絶望して腹をすかした人間は、尋問されると軍事情報を漏らしがちであることを考えると、日本側は捕虜たちを飢餓状態に置いたのだろう。朝飯と夕飯には小さい椀に入った麦だけ、昼飯には薄いスープだけ。全部で一日に付きほぼ三〇〇カロリーしかなかった。「幸運なことに、我々は我が軍の戦闘計画に関して何も知らなかった」とオケインは言っている。

捕虜たちが大船で戦争の成り行きを気にしている間にも、海の戦いは激しく続いていた。海上を行き来する敵の船の数が劇的に減ったにもかかわらず、アメリカ潜水艦隊の伝説は未だ誕生していた。

潜水艦レッドフィッシュ（訳注：ベニマス）は一九四四年七月、最初の戦闘哨戒の間に攻撃され損傷した。数ヶ月の修理の後、一〇月に二回目の哨戒に出る準備ができた。電気士のビル・トリマーは、この哨戒は「俺も忘れられないし、日本側も忘れられないだろう」と言っている。

一一月二〇日になってようやく、レッドフィッシュの艦長ルイス・D・"サンディー（訳注：砂色の髪の）"・マグレガー・ジュニアは二回目の哨戒で最初の標的を見つけた。台湾の北東沖で小さい哨戒艇を。魚雷を使うはどの価値はなかったので、レッドフィッシュは浮上して攻撃した。トリマーは言っている。「俺たちは五インチのデッキガン（訳注二）でそいつを沈めた。次の日、別の哨戒艇にも同じことをした。こちら側にも負傷者が出た。俺の三等電気士仲間の一人で、頭のてっぺんを弾が掠(かす)ったのだった。艦長はそいつを当直勤務から外した。三日後、俺はそいつが水兵用の食堂でカードをやっているのを見た。俺はそいつを当直に戻した。そいつは艦長に抗議したが無駄だった」

数日後、レッドフィッシュはバン(訳注：爆発、一撃の意味)と、もう一隻の潜水艦と狼群を組んだ。そして間もなく七隻の護送船団を発見した。攻撃中にもう一隻の潜水艦は前部魚雷発射管の一つに魚雷が詰まったので、艦首から起動済の魚雷を牙のように突き出したまま、サイパンに引き返さざるを得なくなった。駆逐艦が二隻になった狼群を追いかけ回したので、レッドフィッシュは一八〇メートルの潜航を余儀なくされた。しかし間もなく上がって来て攻撃を再開した。トリマーは言っている。「その夜、俺たちは二隻の貨物船と船種不明の一隻を沈めた。バンがその夜損傷の大部分を与えた。あの船団は目的地に辿り着けなかった」

食料や魚雷が少なくなって来たので、レッドフィッシュは補給のためにサイパンに向かった。そして北シナ海(訳注：以下の記述から見ると東シナ海のようである)での哨戒を再開した。「俺たちは太平洋からコロネット海峡(訳注：不明)を取って北シナ海に入らなければならなかった」とトリマーは言っている。「他のすべての通り道には機雷がびっしり撒(ま)かれていたから。北シナ海は浅く、平均一〇〇メートルくらいだった。多くの船にとっては良かっただろうが、潜水艦にとっては良くなかった。俺たちははるばると中国の海岸まで行き、上海の明かりまで見ることが出来た。しかしこの海では標的は見つからなかった。一二月八日、俺たちの区域で行動していた他の潜水艦から通信を受け取った。大きい空母隼鷹、戦艦、そして三隻の駆逐艦から成る機動部隊がいるということだった」

一二月九日二時頃、レッドフィッシュは真っ直ぐこちらに向かってくるその艦隊を発見した。「護衛の駆逐艦はこちらを発見できず、それで俺たちは艦隊の背後に回り、空母に魚雷を命中させた」とトリマーは言っている。「その空母はすでに別の魚雷の命中弾を被っていた。空母の速度は二ノットまで落ちていた。俺たちは全速で円を描いて走り、魚雷を発射するのに十分な距離になった時に速度を落とした。俺たちはもう一発魚雷を命中させたが、その空母は非常にタフな古強者で、そのまま走り続けた」（訳注：隼鷹が被雷したのは長崎県南西方洋上）

一〇日後、レッドフィッシュは別の空母に出くわした。最近就役したばかりの一七、三〇〇トンの小型空母雲龍で、三隻の駆逐艦の護衛が付き、一二月一七日に呉を出港してマニラを目指していた。カミカゼの操縦士と飛行機、魚雷、自殺攻撃ボート（訳注：特攻艇震洋のことと思われる）、三〇のロケット飛行爆弾（訳注：特攻グライダー桜花のことと思われる）を搭載していた。航海の間に台風がシナ海を襲い、この小さい機動部隊はおもちゃの船のように翻弄された。

（訳注：木俣滋郎『日本空母戦史』によると、雲龍にはこの時搭載機はなく、フィリピンへの輸送任務に就いていたとのことである。レイテ島奪回のための陸軍グライダー部隊のグライダーと兵士を搭載しており、カミカゼの操縦士と飛行機はこのグライダー部隊のことと思われる。なお震洋は搭載していなかったそうである）

〔原注：一九四四年一二月の台風は記録に残る太平洋の最も激しい嵐の一つだった。ハルゼーの第三艦隊は特に激しい直撃を受けた。三隻の駆逐艦が転覆して、全乗組員が失われた。そして一隻の軽巡洋艦、三隻の軽空母、二隻の護衛空母、三隻の駆逐艦が手ひどい損傷を被った。他に何十隻もの軍艦が小破から中程度の損傷を受けた。嵐の最中に七九〇人のアメリカ軍人が死亡し、一四六機の飛行機が空母の甲板から海に落ちた〕（Tuohy,96-97）

海が荒れていたにもかかわらず、マグレガー艦長は空母を狙って皆に告げた。「こいつは大きい獲物だ」　そして一、三五〇メートルの距離から六本の魚雷を扇形に発射した。空母の艦長は自艦に向かって突き進んで来る魚雷の航跡を見つけて、緊急回避行動を試みたが、あまりにも遅すぎた。一本の魚雷が艦橋のすぐ下の艦体に命中し、大きい損傷を与えた。蒸気と電気系統がやられて、雲龍は停止し、俗に言う〝座りこんだアヒル〟、つまり誂え向きの標的になった。マグレガーは潜望鏡深度に留まって、駆逐艦が総力を挙げて捜索している危険をものともせずに、次の斉射を行なった。そのうちの一本が艦内のロケット飛行爆弾と航空燃料用ガソリンを爆発させ、艦首を吹き飛ばし、まるでボール紙で出来ているかのように雲龍をバラバラに引き裂いた。雲龍は右舷へ激しく傾き、巨大な灰色の松明の如く燃え始めた。

激しい爆発が起こってから、一二分以内に雲龍は沈み始めた。艦長は艦の放棄を命じたが、何百人もの水兵は損傷した船を去るのを拒み、残っている最後の時間でレッドフィッシュの潜望鏡を対空砲で撃つ方を選んだ。ほとんどすぐに雲龍は右舷から転覆し、それまでいた所に大きな空白を残しながら、艦首から海へ突っ込んでいった。そして艦長を含む一、二〇〇人以上の士官と水兵を海底に連れていった。護衛の駆逐艦は僅か一四六人を救助しただけだった。

怒り狂った駆逐艦は努力を倍にして、レッドフィッシュを見つけ撃沈しようとした。そしてほとんど成功しそうになった。ビル・トリマーは、レッドフィッシュは出来るだけ早く潜航したと言っている。「一七時一〇分のことだった。水面下四五メートルを進んでいた時、うまく狙った爆雷が数発、右舷艦首のすぐ下で爆発した。俺達は七五メートル下の海底にぶつかって、そこで横たわっていた」

まもなく状況は絶望的になった。操艦室にいたトリマーはこう回想している。「明かりが全て消えたので、俺達は戦闘用カンテラを捜した。そしてそいつを持って、各区画で二つの二五ワットの明るさの水密照明を点ける非常用照明のスイッチを見つけた。しかし非常用照明は半分しか点かなかった。艦内のすべての動力装置がやられてしまったので、動力がまったく使えなくなってしまった。音響パワー電話だけが使えた。それに話しかけた時、自分で動力を発生させたから。全ての区画にその電話があり、連絡を取れるのはそれだけだった。

電話の話し手は報告をくれたが、いいものではなかった。全ての水圧の動力は失われた。舵は激しく左を向き、艦首と艦尾の潜舵と横舵は上を向いたまま、動かなかった。そして前部電池で塩素ガスが発生したという噂が流れた。それで全動力を後部電池に切り替えた」

さらに問題に輪をかけたのは前部魚雷室の火災と浸水だった。後部魚雷室では一本の魚雷が第八発射管で作動状態だった。ジャイロコンパス（訳注：こまの原理を応用して真方位を決定する計器）は壊れていた。そして敵の駆逐艦はレッドフィッシュの上を縦横に動いて、その名前に答えるためにベストを尽くしていた。

マグレガーはトリマーに発令所に報告に行き、ジャイロコンパスを修理するよう命じた。修理は細心の注意を要する二時間がかりの仕事だった。その間もレッドフィッシュは駆逐艦に乱打され揺さぶられた。「俺はラッキーだった。やることがあり、ただ座って待つだけではなかったから」と電気士トリマーは言っている。それから照明システムの修理をするよう命じられた。トリマーは前部電池容器の中に這って行き、電池の酸の有毒ガスを吸わないように息を止めながら、問題点を見つけ素早く直した。非常用照明の残りの半分が点灯した。そして操艦室に戻る途中、ファーマシスト・メイト（訳注一二）に傷口を縫ってもらっている者を見かけた。爆雷による激しい振動で、重い水密ドアがその男の頭に荒っぽくぶつかり、危うく耳を切り落とすところだったのだ。

一九時頃緊急修理を終えた後、レッドフィッシュは浮上する準備をした。「バラストタンク、水を排除」の命令が発せられた。トリマーは水圧計をじっと見つめていたが、それは動かなかった。「レッドフィッシュは泥の中に真空を作ったのだ。それで海底に押し込まれたのだった。二、五〇〇キロ以内に助けてくれる者はいなかった。『安全タンク排除』の命令を聞いたが、水圧計にはまた何の変化もなかった」

艦体を揺さぶってから数分後、レッドフィッシュはやっと泥の吸引を脱して、ゆっくりと上昇し始めた。そして潜望鏡深度に達したので、マグレガーは周囲を見回した。暗くなっており、視認できたただ一隻の駆逐艦は八〇〇メートル離れた所にいて、雲龍の生存者を捜すために海上をずっとサーチライトで照らしていた。トリマーは言っている。「俺たちは浮上した。あの大きい一、六〇〇馬力のフェアバンクス・モース・エンジンが動き始めるのを聞くのは、美しい音楽を聞くようだった。一九時四〇分にレッドフィッシュは最高速度でその場を離れ、急速に距離を広げた。夜間に浮上している潜水艦を見つけるのは非常に難しかった」

翌日、乗組員は損傷箇所を出来るだけ修理して、昼間は敵の飛行機や哨戒艇を回避しながら、何とかミッドウェーに帰ろうとした。不安な航海を一〇日間送った後、レッドフィッシュはやっとミッドウェーに着いた。そこでは軍楽隊と手紙の袋が待っていた。そして簡単な検査をして、食料と燃料を積んだ後、三日かかるパールハーバーへと出港した。パールハーバーの施設では修理は手に負えなかったので、レッドフィッシュはさらにカリフォルニアのハンターズ・ポイントへと航海を続けた。ハンターズ・ポイントでさえも、レッドフィッシュを再び戦闘できる状態に出来なかったので、大規模な分解修理のために遥々とニューハンプシャー州のポーツマスに戻るよう命じられた。修理が終わるには一九四五年七月二三日まで要した。その時までに戦争はほぼ終わっていた。

しかし一九四四年一二月には、まだ多くの戦いが残っていた。

レッドフィッシュが危うく沈没しそうになった哨戒を始めたのとほぼ同じ頃、別の潜水艦エリィ・リーヒのシーライオン（訳注：アシカ）IIが、まるで以前に捕虜の乗った船を沈めた贖罪（しょくざい）としてのように、日本の戦艦を沈めたアメリカの最初で唯一の潜水艦となった。

シーライオンⅡは三度目の戦闘哨戒のためにパールハーバーを出航した。今回は日本とフィリピンの間、台湾の北の海域へ向かった。そして重巡洋艦と三隻の戦艦、大和、金剛、長門から成る機動部隊を発見した。いずれもレイテ湾海戦で損傷していた。その他に多数の護衛艦が付いており、シーライオンⅡは安全な距離を置きながら追跡し、攻撃するのに最適な瞬間を待っていた。一九四四年一一月二一日火曜日の朝早く、嵐が海をかき乱し始めた時、シーライオンⅡは行動を起こした。金剛の左舷に位置して、一塊になった目標に扇型に魚雷を発射し、数回の爆発音を聞いた。金剛は損傷を被り、駆逐艦浦風は沈没し、一四人の士官と二九三人の水兵が失われた。艦隊はシーライオンⅡの追跡を受けながら進み続けた。

三時三〇分のリーヒの哨戒報告書にはこう書いてある。「次の追跡で発見した時点では、残念なことに敵艦隊は依然として一六ノットで針路〇六〇へ進んでいた。もし駆逐艦が主要な目標と重なるならば、駆逐艦に命中させるために、魚雷を深度二・五メートルにセットしたので、間違いをしでかしたと思っていた。戦艦の装甲帯にへこみを付けただけのように見えたから」

しかし敵の護衛艦が潜水艦を捜し出して沈めようとしていたにもかかわらず、リーヒは敵艦隊につきまとっていた。五時二〇分にシーライオンⅡのレーダー係が、金剛は完全に停止しているようだと報告した。四分後、リーヒは視認した。「途方もなく大きい爆発が真っ直ぐ前方で起こった。空はきらめいて照らし出され、真夜中の夕映えのように見えた。レーダーは戦艦の輝点がだんだん小さくなっていると報告した。そしてそれは消滅した、駆逐艦の小さい二つの輝点だけを残して。駆逐艦は目標の周辺をぐるぐる回っているようだった。戦艦は沈んだ、太陽は沈んだ」

何年もの間、金剛の爆発と沈没の原因は謎のままだった。しかし戦史家アンソニー・タリーが答えを見つけたようである。リーヒの最初の魚雷が金剛の艦首に大きな損傷を与えたので、艦体の割れ目を塞ぐために、縦に揺れているうねりの中、潜水夫が舷側を越えて行くために金剛の艦長は艦を停止せざるを得なかった。ダメージ・コントロールは艦内に流れ込んで来る、とてつもなく多い量の水を止められなかった。そして金剛は左舷に傾いていた。その傾斜は分刻みで増大していった。
五時二二分頃、金剛は六〇度まで傾き、艦長は艦放棄の命令を下した。乗組員は冷たい水に飛び込み始めた。二分後、金剛の前部弾薬庫が不意に爆発し、艦体をばらばらに引き裂き、戦艦は海底に沈んだ。タリーは書いている。「残ったのは金剛の一機の水上機だけだった……それが海上で燃えていた。全部で一三人の士官と二二四人の下士官・水兵だけが破滅的な沈没から助かった。約一、二五〇人が死んだ」爆発の原因は分からない。しかし、おそらく砲弾の落下か火花のせいであろう。（訳注：豊田穣氏の『四本の火柱』によると、一番砲塔の火薬庫内で砲弾が横倒しになり、信管が壁に衝突して爆発したのであろうかと言っている）
日本の戦艦の一隻の沈没をもたらした戦闘活動により、リーヒは三つ目の海軍勲功章を授けられた。

一方、捕虜生活を生き抜こうとしていたジェス・ダシルヴァはこう回想している。一九四四年のクリスマスの直前、捕虜たちは赤十字からの小包を幾つか受け取った。彼はこう言っている。「これは確かに嬉しい驚きだった。箱の中にはあらゆる種類のもの、石鹸、煙草、ガム、棒状のチョコレート、粉ミルク、干したプルーンやブドウ、魚と肉の缶詰、小さい塊のチーズ、バターの缶詰、そして缶切りが入っていた。さっそく交換が始まった。或る者は棒状のチョコレートを欲しがり、また他の者は煙草を欲しがった。俺は一切交換しないで、従って支給されたものは全て自分で消費した。俺たちは捕虜の全期間を通じて小包を三つ受け取った。日本側はもっと多くの小包を受け取ったのだが、全てを俺たちに渡さなかったのだろう。奴らは自分用にその品物が欲しかったのだろう」

数ヶ月後、〝新しい〟捕虜は〝古い〟捕虜になり、鉄条網の反対側に移された。その〝古い〟収容所の一つにはすでに伝説となっていた人物がいた。海兵隊の一匹狼の少佐グレッグ・〝パピー（訳注：親父の意味）〟・ボイントンである。ボイントンは〝黒い羊中隊〟として有名だった飛行中隊VMF－214の指揮官であり、一九四四年一月三日、ラバウル上空で撃ち落とされ捕虜になったのだった。ボイントンは一人で二八機の敵機を撃墜し、撃ち落とされて戦死したと推測されると報告された後、名誉勲章（訳注七）を授与された、死後の表彰として。

しかしながら〝パピー〟・ボイントンはぴんぴんして生きていた。けれどもパラシュートで飛び降りた時に負傷しており、現在はその回復中だった。ボイントンは自伝で、大船は日本海軍が七〇人から九〇人くらいの〝特別〟の捕虜――潜水艦の生存者、操縦士や様々な種類の技術者――を留置しておく秘密の収容所だったと言っている。収容所での生活が非常に悲惨だったので、日本側は捕虜の精神が壊れて、特権的に得た情報を漏らすのではないかと期待していた。日本側はまたどんな捕虜がそこにいるのか、赤十字やその他の誰にも知らせなかったので、故郷の親類は彼らが生きているのか死んでいるのか全く分からなかった。

ボイントンは、仲間の捕虜の精神を鼓舞するために出来ることは何でもした。ダシルヴァはこう言っている。「ボイントンは炊事班を割り当てられていたので、ある特権を得られたので、出来る全てのやり方で俺たちを助けてくれた」

海兵隊のエース、グレッグ・“パピー”・ボイントン

例えば可能な時はいつでも、看守の食料品置き

場から食べ物を盗んで、捕虜の食料の中に滑り込ませた。一度は極端なことをした。看守の高タンパク質の味噌を大量に盗んで、捕虜の薄いスープの中に密かに入れたので、皆下痢をしてしまった。「誰も私を処罰しなかったので、気づかれてなかったと思う。しかしその原因を突き止められなかったので、収容所にはどえらい騒ぎが起こった」とポイントンは言っている。

戦争は捕虜に危険なほど近づいていた。ディック・オケインは思い出している。一九四五年二月に「私たちはそれまでで一番壮大なショーを目撃した。（横浜への）大規模な空母からの攻撃である。それは我々にフィリピンは安全であることを示していた。そうでなければ我が軍の空母がこんなに遙か北に来られないからである。前と同じように空を眺めると看守から殴打を受けたが、数キロ離れた所に雷撃機を見るのはそれだけの価値があった」

大船にいる間に、捕虜は一九四五年三月九日の東京大空襲を見た。遠くからで、はっきりとはしなかったが。三三四機のB－二九の大規模な編隊が東京の上空に現われ、焼夷弾を雨あられと降らせ、二五キロ平方メートル内の百万もの建物を破壊し、八四、〇〇〇人近い人間を殺し、一五〇万人の家を奪った。戦争の全期間中で最も恐ろしい空襲の一つだった。

一九四四年一二月、アスプロ（訳注：ツバサハゼのこと）の六度目の哨戒の時に、コック兼パン焼きのディック・モールは、その哨戒活動が危うく自身が引き起こした惨事で終わりそうになったのを回想している。「ある夜レーダーに接触があった。三隻の船と一隻の護衛艦だった。数時間の間その針路を計算した。そして前方に走って行き、潜航して、船団が艦首の前を横切るのを待ち構えた。艦長のビル・スティーヴンソンは各船に二本、計六本の魚雷を発射しようとした。そして六本の発射を命じた。一本は射出されたが、他の五本は発射管の中を走って動かなくなった。

〔原注：魚雷を発射する時、へその緒のような針金が発射時にプチッと切れる。それによって

魚雷の先端部の作動を起こす羽根が回り始める。魚雷はおよそ一〇〇メートル走るまで爆発しない」

「俺はサウンドヘッド（訳注一〇）の上の前部魚雷室に上がっていた。怯えている若い少年兵がいた。艦長が突き刺さった魚雷に関して報告を受けた後、俺たちはくるりと向きを変えて歩いて行った。艦長はやって来て俺の隣の寝台に座って言った。『モール、発令所に私は前部魚雷室におり、何が起こったか分かったと言ってくれ』もし艦長がここにやって来て俺の隣に座るならば、俺もかなり勇敢になるべきだと思った。魚雷員は原因を見つけた。それで全てを取り除いた、一本の魚雷を除いて。その魚雷のため外側の扉を閉められなかった。魚雷の一部が突き出ていたからである。俺の魚雷に関する知識では、一度中の小さな輪が回転を行なえば、作動するということだった。アスプロは一日中潜航して三ノットで進んだ。俺は出来るだけ長く後部魚雷室でぶらぶらしていた、あの魚雷から出来るだけ遠く離れていたかったから。

夜間に浮上した時、艦長は先に艦尾を上げると決めていた。そしてその魚雷は艦首の発射管から転がり出た！　その魚雷が海底にぶつかった時、大きな爆発が起こった。その魚雷は作動していたのだ！　潜水艦部隊に暢気な時はなかった！」

第二〇章――機関車の爆破

サミュエル・モリソンは書いている。「一九四五年一月までに南シナ海における日本の海上輸送は非常に減少して、ほんの小さな流れにしか過ぎなくなった」

商船の輸送が減少した理由の一つは、アメリカの潜水艦とその魚雷が戦争の前半よりも遥かに手際がよくなり、効果を上げるようになったことだった。もう一つの理由は、太平洋でのアメリカの途切れることのない勝利の連続により、日本は増援部隊と補給物資を送る必要のある前哨陣地がますます減ったことである。

大日本帝国は一九四五年の初めの三ヶ月間に、自らの前途に唸りを上げて押し寄せる、津波のような敗北と破壊を無視できなくなった。しかしながら溺れる者が浮遊物にしがみつく如く、ひょっとして戦争の潮流を逆転させる奇跡が起きるのではないかという希望を依然として抱いていた。その希望は全てカミカゼ操縦士の航空隊に託されていた。

一月の一週間の間ハルゼー大将の第三艦隊と第三八機動部隊は、予定された侵攻、コーズウェイ作戦（訳注：土手道の意味で、台湾侵攻作戦のこと）のために抵抗を弱める目的で、台湾の目標を強襲した。日本軍は恐ろしいカミカゼ攻撃で反撃し、空母ラングレーとタイコンデローガと駆逐艦マドックスに大きな損傷を与え、大勢の死傷者をもたらした。

しかしカミカゼは、ウォルター・クルーガー中将のアメリカ第六軍の戦車と歩兵師団を阻止できなかった。第六軍は一月の終わりに、フィリピンの中心の島であるルソン島のリンガエン湾を取り囲む砂浜に上陸した。フィリピンの首都には二月三日に入ったが、確保を宣言するにはさらに一ヶ月を要した。

今や残敵掃討が始まっていた。コレヒドールの日本の大砲陣地は猛烈な爆撃で沈黙させられた。またバターン半島を占領していた敵の部隊は山へと押しやられ、そこで何の脅威にもならなくなった。ルソン島が全て〝安全〟とみなされるには六月の終わりまでかかった。

海上の標的がだんだん少なくなっていったけれど、アメリカの潜水艦部隊は一九四五年の一月と二月の間はずっと忙しいままだった。一月六日、トーマス・L・ワガンのベスゴ（訳注：大西洋のタイ科の魚、糸撚鯛の仲間）（SS－321）と、以前にシールの副長だったフランク・グリーナップの指揮するハードヘッド（訳注：コイ科の淡水魚）は、シンガポール近くのマレー半島の海岸沿いを哨戒していた。その時二隻は三隻の護衛艦を伴った一隻の大きいタンカーと出会った。ベスゴは完璧な発射を行なってタンカーを海底に送った。護衛艦が何が自分たちを攻撃したかを知る前に、二隻はその場から密かに逃れた。

一月二四日、ウィリアム・L・キッチが指揮するブラックフィン（訳注：五大湖産のサケ科の食用魚）（SS－322）は、一隻のタンカーを護衛する別の船団に出くわした。魚雷を扇状に発射した後、ブラックフィンは一隻の駆逐艦を沈め、タンカーに損傷を与えたと断言した。三一日、別の潜水艦ロイス・L・グロスのボアフィッシュ（訳注：口先の突き出た魚の総称。特にヨーロッパ産ヒシダイ科の魚）はベトナム沖で一隻の貨物船を沈め、もう一隻に損傷を与えた。その船は翌日、空爆で沈められた。二月六日、ポール・E・サマーズのパンパニト（訳注：アジ科コバンアジ属の魚）はマレー沖で七、〇〇〇トンの貨物船を沈めた。八日にはパンパニトは戦闘旗にさらに三、五二〇トンの貨客船を付け加えた。

ジョン・K・ファイフィの指揮するバットフィッシュ(訳注:アカグツのこと)は、潜水艦対潜水艦の戦いでもっとも目覚ましい成果を上げた。二月九日、バットフィッシュは、ルソン海峡(訳注:台湾とルソン島の間の海峡)で六回目の戦闘哨戒をしていたが、その時日本の潜水艦呂-五五に遭遇した。それで近距離で三本の魚雷を発射し、一本が命中して呂-五五は沈没した。翌日の夜、別の潜水艦呂-一一二が射程距離内にやって来たので、爆発消失させた。しかしバットフィッシュの戦果はいまだ終わりではなかった。二月一二日、呂-一一五がルソン海峡を通ってやって来た時、バットフィッシュが発射した魚雷のうちの一本が命中した。敵の三隻目の潜水艦を沈めたのである。

二月一九日、大型駆逐艦野風はベトナムの海岸沖で、パーゴ(訳注:大西洋産の鯛科の魚、フエダイの仲間)(SS-264)のデイヴィッド・B・ベル少佐と乗組員の優れた射撃により、華々しい形で爆発した。ベルはこう書いている。「それを表現できる一番近いものは、一二月七日にパールハーバーで吹き飛んだアメリカの駆逐艦ショーの写真だった。それで我々はこれを非公式に〝ショーの復讐!〟と記録した」

別の成功した哨戒で――これは二月二三日にフランク・M・スミスのハンマーヘッド(訳注:シュモクザメのこと)(SS-364)によるものだが――ベトナムのカムラン湾の近くで九〇〇トンの駆逐艦YAKU(訳注:不明、松、竹、梅等の一字名前の駆逐艦があるので、そのどれかの名前を間違えたのであろうか)を沈めた。二月二六日、ビル・ハザードが指揮するブレニイ(訳注:イソギンボ科の魚の総称)が、サイゴン川の河口の外で一〇、〇〇〇トンのタンカー天戸丸を沈めた。一月と二月はアメリカの潜水艦隊にとって非常に良い月だった。

しかし良い知らせばかりではなかった。二月四日、バーベル(訳注:コイ科のニゴイ類の総称)(S

S－316）の艦長コンデ・L・ラジュットは、自艦が日本の航空機の攻撃を受けていると報告した。

そして通信はなくなり、バーベルはパラワン水道（訳注：ボルネオ島の北側のパラワン島の西側の水道）の近くの海に八一名の乗組員と共に沈んだ。

もっと小さい悲劇的な事故が二月一三日起こった。マイルズ・P・リフォが指揮するホー（訳注：鋤のことで、鼻先の形を鋤に見立ててアブラツノザメのことをいう）（SS－258）がジェームズ・E・スティーヴンズのフラウンダー（訳注：ヌマガレイのこと）とベトナムの海岸沖で衝突した。「ゆっくりと回る二個のビリヤードの球のように、両艦はぶつかって跳ね返り、軽い損傷を被った」とサミュエル・モリソンは記している。ホーはそのまま哨戒を続け、二月二五日、一隻のタンカーと二隻の護衛艦を見つけて、そのうちの護衛艦一隻（訳注：海防艦昭南）を沈めた。

遙か東に離れた所では二月の中頃に、スプルーアンス大将の率いる巨大な艦隊が嫌な硫黄の臭いを放つ硫黄島を攻撃するために集結していた。ウィリアム・マンチェスターの表現を借りれば、「荒れ模様の海にうずくまっている、冷えた溶岩の醜く悪臭のする塊」だった。硫黄島はB－二九のための基地として必要だった。海兵隊は九日間の予備の艦砲射撃を要請したが、海軍は歩兵隊に三日間だけの支援を与えただけだった。

二月一九日の朝、アメリカ軍の上陸用舟艇は第三・第四・第五海兵師団の三〇、〇〇〇人以上の若い兵士を、不気味な摺鉢山の下の黒い火山製の砂の上に降ろした。そこで海兵隊員は深い塹壕に潜む栗林忠道中将の一四、〇〇〇人の兵士と、市丸利之助少将の七、〇〇〇人の狂信的な海軍陸戦隊員に出迎えられた（訳注：市丸少将は第二七航空戦隊の指揮官だったが、航空機は僅か数機しかなかったので、航空隊員も歩兵として戦ったのであろう。少将はルーズベルト大統領に宛てた「ルーズベルトニ与フル書」を遺書として残したことで有名)。それから三ヶ月近くの間、海兵隊員と日本軍兵士は互いに、それまでになかった最も激しい血まみれで凄惨な白兵戦を繰り広げた。

硫黄島作戦の間、アメリカ艦隊の乗組員も死と破壊から免れなかった。カミカゼの操縦士がガソリンと爆弾を搭載した機械を艦隊に叩きつけて、空から死をもたらした。護衛空母ビスマルク・シーはカミカゼのため沈没し、二一八人が死亡した。他の艦艇も、生きるよりも死を選んだカミカゼの鋭い一撃を受けた。その結果、カミカゼの操縦士と何百人ものアメリカ兵が死んだ。

硫黄島の日本の最後の陣地がやっと掃討された時、日本兵の死体は二〇、〇〇〇にも達した。戦闘中の海兵隊員の死傷者の合計は、二六、〇三八というびっくりするような数に膨れ上がった。そのうちの戦死者は六、八二一人だった。敵の本土から遠く離れた、一三キロ四方の不毛の島を占領するためにこれだけの兵士が命を落とした。海兵隊の長い歴史の中で、どの戦闘よりも一番高い死傷率を出したのだった。

硫黄島が制圧された後、一九四四年秋に、台湾侵攻のコーズウェイ作戦が放棄され、代わりに沖縄に攻撃を集中することが決定した。沖縄は台湾と九州を繋ぐ、緩やかな半円形をなす琉球列島の一番大きく中心の島だった。沖縄は一八七九年以来、日本に所属しているので、アメリカ軍の作戦立案者は日本軍は沖縄とその周辺の島を最後まで守るだろうと推測した。この推測は正しいと証明されることになった。

一九四五年四月一日に――イースター・サンデー(訳注:復活祭、キリストの復活を祝う祭り、春分後の最初の満月の次の日曜日に行なう)であり、エイプリル・フールでもある――海兵隊と陸軍の七個師団、併せて約一五四、〇〇〇人、即ちノルマンディー海岸へ突撃した部隊とほぼ同じくらいの兵士が、アイスバーグ(訳注:氷山のこと)作戦に従って沖縄の中央西海岸に上陸を開始した。

この作戦は太平洋戦争で最も大規模な上陸作戦になると定められていた。彼らを待ち受けるのは牛島満中将指揮下の一五〇、〇〇〇人以上の日本の防衛部隊で、全員が最後まで戦うと決心していた。

沖縄の戦いは三ヶ月続き、一一〇、〇〇〇人の日本人と一二、五二〇人のアメリカ人が死亡し、他に三六、六三一人のアメリカ人兵士が負傷する結果になった。沖縄はまるで死体安置所みたいになったので、ウィリアム・マチェスターはこう書いた。「周りに死が溢れていたので、生きているのが異常なように見えた」

攻撃中にアメリカの三六隻の艦船が沈んだ。大半がカミカゼのためだった。別に三六八隻が損傷を負った。しかし最後に煙が晴れた時、島はアメリカ軍の手中に帰した。そこにあった飛行場はアメリカの爆撃機が日本本土の目標を攻撃するために使用した。

沖縄の戦いはアメリカ軍が日本本土へ上陸しようとしたならば、どんな恐ろしい目に会うかを予告するものでもあった。

沖縄戦でのアメリカ潜水艦部隊の主要な役割は、それまでの島嶼での戦役と同じように、守備隊を救援しようとやって来る敵の船団の阻止だった。

ジャングル・ハット

アメリカの潜水艦隊と水上艦隊が日本艦隊を沈めたために、目標が非常に少なくなった上に、さらに目標は非常に小さくなっていった。一九四五年六月にアスプロ（訳注：フランスのローヌ川の上流に豊富にいる、淡水産のスズキに似た魚）が七度目の戦闘哨戒で雷撃するに値するものとして見つけたのは、ジャンク（訳注五）、サンパン（訳注六）、漁船、哨戒艇だけだった。アスプロのパン焼き人ディック・モールはこう言っている。「四月の前の哨戒で艦長の〝ジャングル・ジム〟・アシュレー——いつもジャングルハット（訳注：ブーニーハットより深く被れ

ティランテの艦長で名誉勲章の受章者ジョージ・L・ストリート三世

てつばも広いミリタリーハット、写真参照）をかぶっていたので、俺たちはそう呼んでいた――は一本の魚雷で小さい船を沈めた。皆はその目標は遠洋航海用のタグボートくらいの大きさだと言った。その船は真っ二つになって沈んだ。

ところで、潜水艦隊ではパン焼き人が艦長のために〝勝利のケーキ〟を作るのが慣習となっていた。この船は非常に小さかったので、冗談をやってみようと決め、艦長のために通常のケーキのほかにカップケーキ！（訳注：カップの型にいれて焼いたケーキ）を作った。そしてそれを持って行って、艦長に差し出して言った。「艦長、あれは小さい船だと認めるべきです」艦長はそのカップケーキを見て、それから俺を見て言った。「オーケー、モール。お前は面白いことをするな。じゃあ、俺にその大きいケーキをくれ」それで俺はそうした。

＊　＊　＊

勇敢さはティランテ（訳注：キューバ沖にいる銀色の長い剣のような魚）（SS－420）の艦内にも満ちていた。ティランテの艦長ジョージ・L・ストリート三世は、すでに最初の戦闘哨戒で五隻の船を沈めていた。そして一九四五年四月一四日早朝の暗がりの中、朝鮮の済州島の港にいた。港は浅く、至る所に機雷が設置され、厳重に警備されていたが、ストリートと乗組員は全ての危険をものともせずに、浮上して敵の停泊地に潜入して、出来るだけ混乱を引き起こすと決心した。弾薬輸送船に向けて放たれた二本の魚雷がその目的を果たした。その船はベスビオス火山のような巨大な噴火を上げ、ドックと近くにいた数隻の船を破壊した。ティランテは港の外で敵の二隻の駆潜艇に追いかけられたが、艦尾の発射管から二本の魚雷を発射して潜水艦ハンターを水上から吹き飛ばし、無事に逃れた。この大胆不敵な行動により、ストリートは名誉勲章（訳注七）を授けられた。

　ストリートだけが戦争後半の唯一の勇気ある潜水艦艦長ではなかった。一九四五年一月八日に話が戻るが、バーブ（訳注：コイ科のバーバス属の魚）（SS－220）の一一回目の戦闘哨戒を指揮していたユージーン・B・フラッキーは、中国の東海岸沿いで大きい弾薬輸送船辰洋丸を沈める位置に着こうとして、船団の護衛艦と二時間に及ぶ夜間の戦闘を展開した。とうとうフラッキーは機会を見つけ、最大限に活用した。弾薬輸送船はローマ花火（訳注：円筒の中に火薬を詰めたもので、吹き出る火花の中から次々と火の球が飛び出る）工場のように吹き飛んだ。フラッキーは言っている。「標的は今や奇怪で巨大なリン爆弾に似ていた。噴火のような光景は畏怖の念を起こさせた。破片が我々の周りに降り注いで来た」他に数隻の船が損害を被った。

バーブの艦長で名誉勲章の受章者ユージーン・B・フラッキー

　多くの指揮官はそのような花火のショーに満足して本国へ向

からだろう。しかしフラッキーは違った。まだ数本の魚雷を残していたので、それを全部使おうとした。フラッキーとバーブはタンが沈んだ場所の近くの福州沖で哨戒していた時に、一一隻の輸送船団がナムカン湾（訳注：中国南部、ベトナム国境近くの湾）の停泊地に隠れているのを知った。危険を感じない多数の目標を見つけるのに、敵が支配する港の中よりももっといい場所があるだろうか？ そうなれば動物園で狩りをするようなものだった。

一月二二日、フラッキーがバーブを操艦してナムカン湾に入った時、潜望鏡で見渡すと、日本の様々な種類の三〇隻の船が並ぶ光景に出迎えられた。その船の列は三キロの長さにも及んでいた。フラッキーが表現しているように、「戦争中で一番素晴らしい目標だった」しかしこの浅く海図のない海域での攻撃は危険がいっぱいだった。岩と機雷が計画した攻撃と退避ルートを邪魔するだけでなく、船団自身も重武装していた。

しかし危険を顧みずにフラッキーは命令した。「戦闘配置、潜航」そして水中を船団へと近づいた。駆潜艇の警戒網を突破して、前部発射管から四本の魚雷を発射し、それからぐるりと回って後部発射管からさらに四本の魚雷を発射した。全部で八本の魚雷が狙った所へ命中し、別の弾薬船を含む六つの標的が総天然色の壮観なショーを見せて吹き飛んだ。敵の護衛艦がすぐ後ろに迫ってくる中を、バーブはその場から一時間以上、ディーゼルの排気ガスを吐き、砲弾をかわしながら水上を走って逃げ、水深の深い海域へ向かった。クレイ・ブレアはこの襲撃を「戦争全体を通じて最も大胆不敵な攻撃」と呼んでいる。

やっと追跡者から逃げおおせて、バーブは無事にパールハーバーへ戻ったが、その前に中国の海域から離れる途中で、他にもう一隻日本の船を沈めている。艦長が〝ラッキー・フラッキー〟として知られるようになったのには理由がなかったわけではない。

良い知らせも千里を走る。一九四五年二月一五日、バーブがパールハーバーの停泊地に到着した時、フラッキーと乗組員は最も名高い人々に出迎えられた。ニミッツ大将、ダグラス・マッカーサー将軍、そしてフランクリン・D・ルーズベルト大統領である。一ヶ月後、フラッキーの「義務感を越えて、命の危険を冒して行なった、際立つ雄々しさと勇猛果敢さ」に対して、海軍長官ジェームズ・フォレスタルから名誉勲章（訳注七）が授けられた。

メア島で点検を行なった後、フラッキーとバーブは再び一二回目の哨戒に出発した。一一回目の哨戒の後で戦闘に戻ったのは誘い込むような運命だったのか、それともフラッキーは本当にラッキーだったのか？

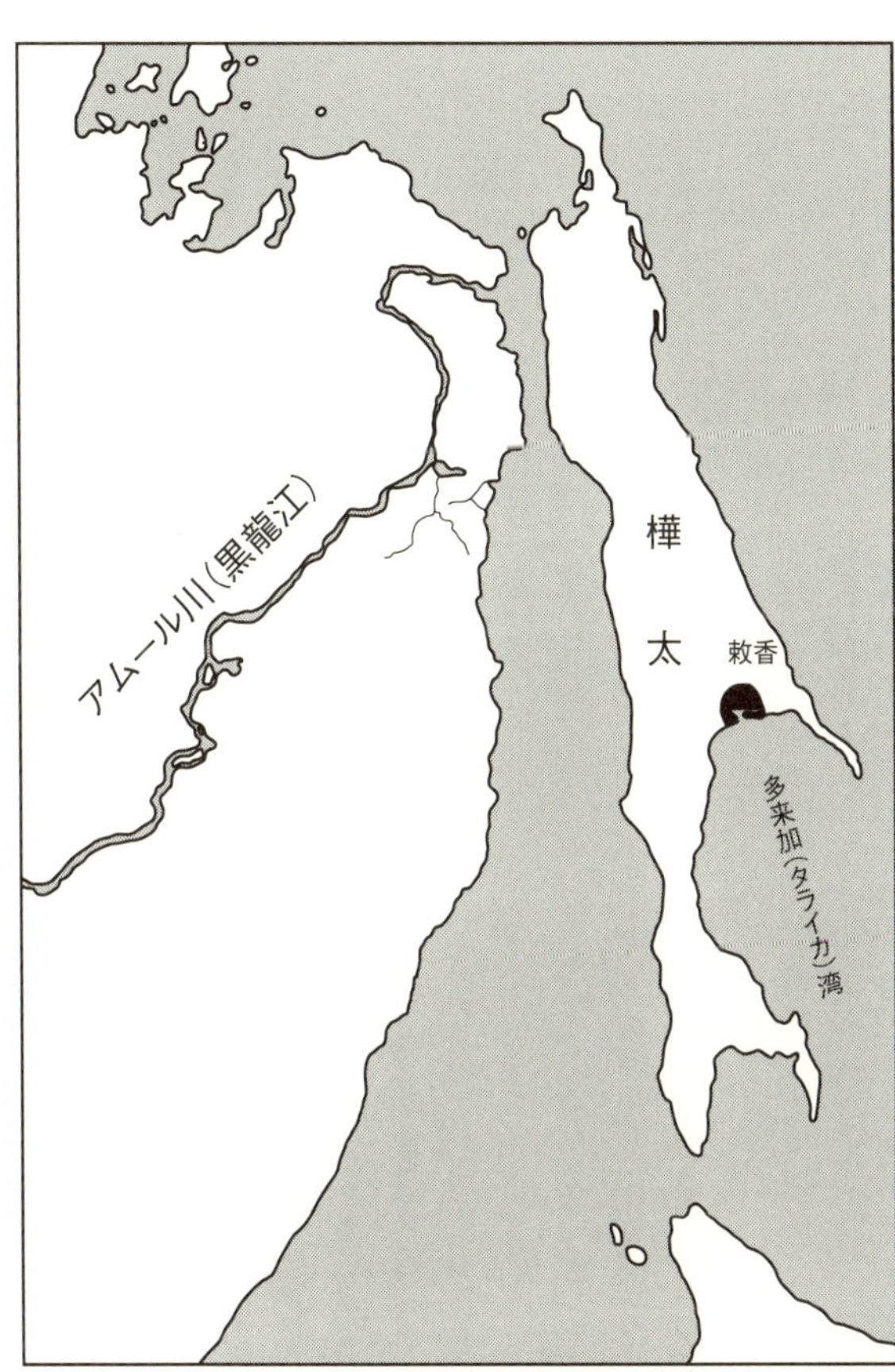

アムール川下流域・樺太

一九四五年七月三日、北海道沖で浮上して、ペイシェンス湾（訳注：樺太の南東にある多来加（タライカ）湾のこと）の敷香（訳注：読み方はしきか、しすか、しくか等がある）という海岸の町へ一ダースものロケット弾を発射した。潜水艦を空飛ぶ爆弾の発射台に使うのは初めてだった。二日後、バーブは北海道沖で貨物船札幌丸を沈めた。その時、誰かが日本本土に急襲部隊を上陸させて、列車を吹っ飛ばすという素晴らしい考え！を思いついた。それに相応しい鉄道線路がペイシェンス湾沿いに走っていた。

通過する列車の重みが引き金となる起爆装置を付けた二五キロのTNT火薬の爆弾を作って、志願した八人の破壊工作チームが七月二二日から二三日にかけての夜にハッチから這い出て、ゴムボートを漕いで海岸に向かった。そして線路の下に爆弾を置いた。〝フラッキーの奇襲隊〟が櫂を漕いでバーブに戻ったちょうどその時、灯火管制をした列車が近づいて来た。七月二三日一時四七分、その列車は空高く吹き飛んだ。

「ドーン！　ドカーン！　何という興奮だろう」半ば潜水したバーブの艦橋から見つめていたフラッキーは書いている。「爆発の閃光は大きくなってゆくボールのような炎に変わった。エンジンのボイラーは吹き飛んだ。エンジンの破片が舞い上がり、舞い上がり、今や白く、あるいは黒くなったキノコのような煙よりも上に、およそ六〇メートルの高さまで舞い上がった。車両は前方の破片の壁に突っ込み、突き抜け、ゴルジアン・ノット（訳注：ゴルジア王のきわめて複雑な結び目、これを解く者はアジアの王になると言われていたが、アレクサンダー大王はこれを剣で両断した）のようにのたうち、ねじ曲がりながら線路から転がり落ちた」

後に分かったことだが、バーブは日本兵でいっぱいの一六両編成の列車を〝沈め〟たのだった。そして機関車の絵がバーブの戦闘旗に付け加えられた。戦争の全期間を通じてアメリカ軍部隊が日本本土で地上の戦闘を行なった唯一の例だった。

ロックウッド少将はフラッキーに賞賛の手紙を書き送った。「貴官の砲撃と駆潜艇への攻撃は極めて勇敢で、破壊行為を伴う遠征はあまりにも危険に満ちていた。しかしながら幸運が勇敢さに味方して、貴官は素晴らしい成功を収めた」

しかしこれら全てはまだ将来のことだった。一九四五年四月、霧雨の降る朝、大船のアメリカ人捕虜は朝食後宿舎の前に並ばされ、宿舎の一つに鍵掛けて保管されていた赤十字の食べ物のパックを幾つか盗んだ件で、怒った所長から責められていた。監視人は罪のある者は前へ進み出て、盗みを白状するよう強く要求した。

デッカーは言っている。「当然、誰も罪を認めなかった。それで日本人は犯人が罪を認めるまで、雨の降る中、俺達を外で気をつけの姿勢のまま立たせた。もし誰かが白状したならば、そいつは連れて行かれて、殴られるか銃殺されるだろうと分かっていた。俺たちがやれる唯一のことは一致協力して何も言わないことだった」

ダシルヴァも捕虜の一団が一日中宿舎の前で、昼食抜きで気をつけの姿勢まま立っていたのを覚えている。「夕食の時間になったが、依然として何も起こらなかった。それで連中は俺たちに腕立て伏せの姿勢を取らせた。そして動いた者がいたならば、見張り人は俺たちの尻を棒で殴った。これも効き目はなかったので、連中は俺たちを宿舎の中に戻し、真ん中に並ばせて、誰が犯人かとまた尋いた。いぜんとして返事はなかった。それで見張り人は交替で一人が数回、俺たちの尻をひっぱたいた。依然として返事はなかった。とうとう連中は諦めて夕食をくれた」

次の日、一五人の捕虜――タンの生き残りの九人のうちの六人と、ボイントン、それに八人の飛行士――は別の収容所に移された。リチャード・オケイン、ラリー・サヴァドキン、ハンク・フラナガンはこの中に入っていなかったが、六月には続いて移動させられた。この一団は厳重な監視の下で電車に乗せられ、ボイントンの見積もりによると、四〇キロくらい東京の方に運ばれ、それからさらに八キロ歩かされた。

新しい大森収容所は東京湾の西岸の人工の島にあり、本土とは狭い土手で繋がっていた。ボイントンは自分たち捕虜は小さな部屋に閉じ込められたと書いている。「戦争が終わるまで、そこが自分たちが眠る所だった」

上位の士官でしかも日本語を話せる唯一のアメリカ人として（ボイントンは戦争前に東洋に駐在していた時に、日本語を学んだ）、ボイントンは捕虜たちからその小さな集団の指揮官に選ばれた。ダシルヴァは言っている。「俺たちは皆一つの建物に押し込まれ、収容所の他の捕虜と会うのも話すのも許されなかった。そこにいる間ずっとこのように〝特別な捕虜〟として扱われた」

クレイ・デッカーはダシルヴァの回想を敷衍（ふえん）している。「俺たちは正式には戦争捕虜に分類されなかった。〝大日本帝国の特別な囚人〟だった。連中は俺たちが日本の船を沈めた時、それに乗っていた者の九〇パーセントは民間人だったと主張した。俺たちは民間人に戦争を仕掛けたと非難されており、それで戦争捕虜としての扱いはされないと。その結果、普通の食料配給の半分しか得られず、また俺たちがいたどこの収容所でも、他の捕虜と混じったり、付き合ったり出来なかった」

大森にいた時アメリカ人捕虜が閉じ込められていた建物は、真ん中に汚い床があり、両側に木の台があり、捕虜はそこで寝た。ダシルヴァはこう言っている。「俺たちは皆下痢をした。俺は脚気にもなった。二つの病気のせいで、体形は悪くなった。今や食べ物は一日三回、バケツ一つの米で、それを俺たちの間で平等に分け、結果各自カップ半分となった。それに小さい椀のスープ（訳注：多分味噌汁のことであろう）が付いていた。俺が米と言うのは、大麦、コーリャン、米の混ざったもののことである」 たまにだが監視人は薄いスープに、切った干し魚を数切れ付け加えることもあった。しかし捕虜たちはチキン、牛肉やその他の肉を与えられることは決してなかった。すでに痩せていた捕虜たちは、びっくりするような早さで体重を失い始めた。

捕虜たちは乏しい糧食を補うために、野菜園を作るのを許可された。「俺は食べ物をもっと得る

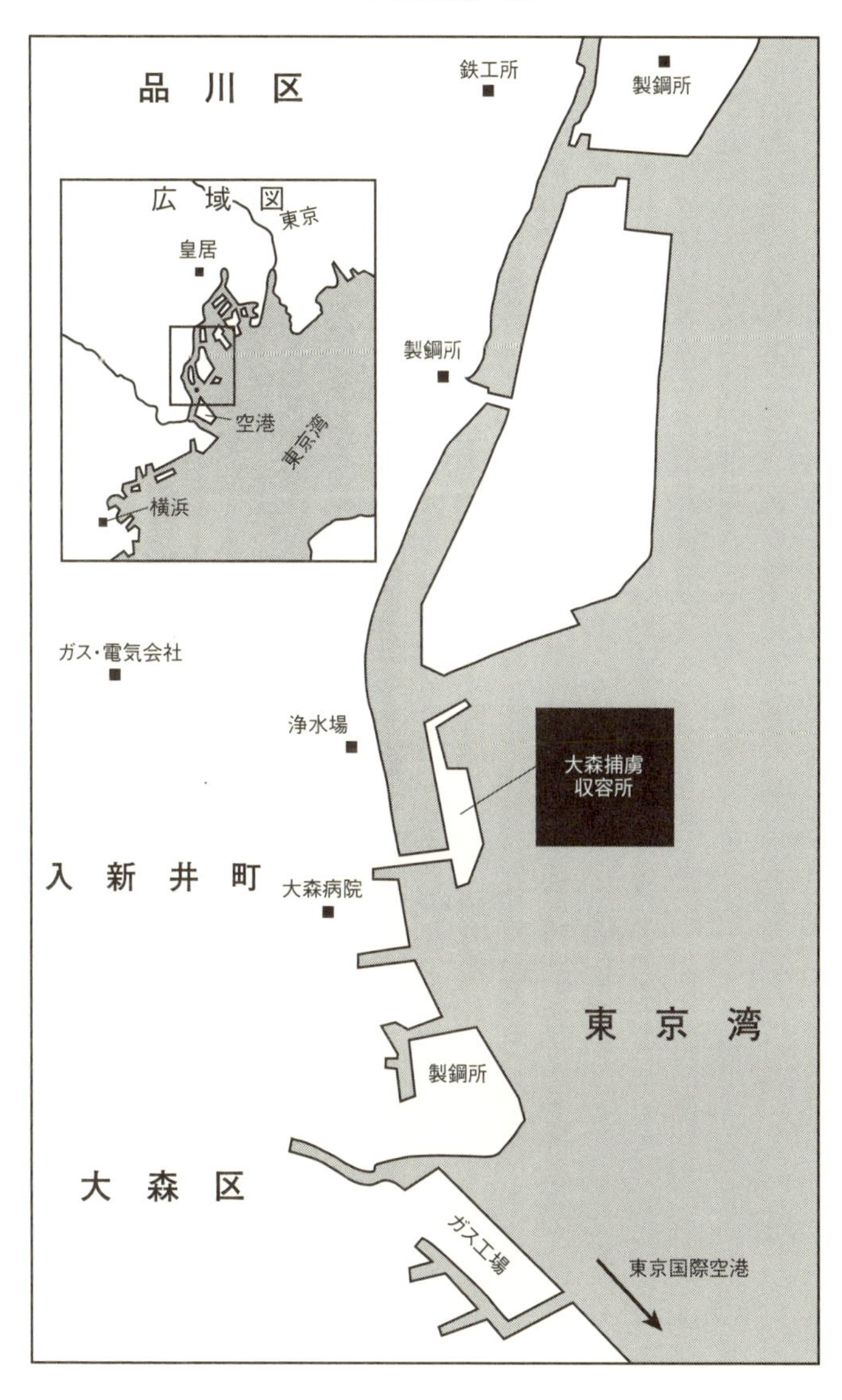
品川区
鉄工所
製鋼所
広域図
東京
皇居
空港
東京湾
横浜
製鋼所
ガス・電気会社
浄水場
大森捕虜
収容所
入新井町
大森病院
東京湾
製鋼所
大森区
ガス工場
東京国際空港

ために何でもした」とダシルヴァは告白している。「それで庭の野菜が食べられるようになった時、俺は監視員が見ていない間に野菜を取って生のまま食べた。飢えた時には通常の米とスープ以外なら何でもおいしい味がする」

捕虜たちは大森収容所でほぼ一ヶ月間何もしないでいたが、小さな部屋で腐っているよりも何かしたいと決めた。それでポイントンは収容所の所長に、自分たちを外の仕事へ送り出してくれと話した。

仕事には毎朝早く東京と横浜の町外れに出かけて、アメリカ軍の毎日の空襲で出た残骸を拾い集めることも含まれていた。捕虜たちはコンクリートと鉄の重い塊を拾い上げて、通りに沿ってきちんと積み上げるよう命令された。また木と屑も燃やした。ポイントンは言っている。「本当にきつい仕事だった。……しかし大方のどんな仕事であれ、何もしないで小さな部屋に座らされているよりはましだった」

空地を生産する庭に変えるという仕事は特に不愉快だった。ポイントンはこう書いている。捕虜たちは破壊された家の便所から糞尿をバケツにすくい上げ、野菜園に運んで行って、そこで肥料として撒いた。捕虜たちは時々、奉仕の報酬として野菜を少し持って行くのを許されたが、僅かな量では空腹を満たすのにはほとんど役に立たなかった。

捕虜たちは休息時間中に飲むお茶を作るために、二〇リットルの水を缶にいれて運んだ。多くの場合ダシルヴァは自分からお茶を作る責任者になるのを申し出た。「ある時、俺たちは魚市場の近くにいた」とダシルヴァは回想している。「俺たちの一人がどうにか忍び出て、魚を数匹持って来た。おれはその魚をお茶を作るための鍋の湯で煮た。それを収容所に持って帰って、夕食で食べるつもりだった。不運なことに、帰った時に収容所の門で魚が見つかり、取り上げられた。もちろん俺たちのリーダーは罰を受けた」

一度作業チームがお茶の休憩中に輪になって座っている時に、年とった野良犬が現われた。ダシルヴァはこう言っている。「もし誰かがこの犬を殺す図太さを持っているならば、この犬を食べられるのだがと話をした。もちろん誰もそんなことをしなかった」

東京では空襲が益々ひどくなって来た。ダシルヴァは書いている。「空襲が始まったら、日本兵は宿舎の窓をすべて板で囲ってから、防空壕に入って行った。その間、俺たちは爆撃の危険に曝されながら残された。爆弾が周り一帯に落ちて来た時は怖かった。破片が幾つか収容所に飛んで来た」

ボイントンは空襲は眺めていると恐ろしく、また同時に素晴らしい光景だったと言っている。銀色の大きく美しいB－二九の空の無敵艦隊が、ほとんど太陽を覆い隠さんばかりに飛んでいた。捕虜たちは空の戦いをこっそり眺めて、日本の戦闘機が炎に包まれて地上に落ちてゆく光景を見て元気づけられた。また爆弾が川の流れのように落下するのを見詰め、爆発が大地を揺るがし、収容所の窓をガタガタさせるのを喜んだ、たとえ爆弾が大森の近くで爆発したとしても。

クレイ・デッカーはこう付け加えている。「それは世界の終わりが来たように俺たちには見えた。夜ごとに炎と不気味なオレンジ色の輝きを伴って、火災は何日も燃え続けた。

燃えている建物の灰が黒い雪みたいに我々の収容所に降り注いで来た。監視員は我が軍の飛行士がしたことを喜ばなかったので、次の二〜三週間の間、俺たちに特につらく当たった。俺は連中を責められないと思う。連中の多くは東京に、あの火災でひどい目にあった親戚がいると思うから」

捕虜たちは、敵の首都が計画的に燃えかすになるのを見て喜ぶのを一生懸命抑えようとした。監視員が感情をあまりにも表わす者は誰でも、すぐに打ち据えたから。ボイントンは言っている。空襲中に捕虜がにこにこしているのを見た時はいつでも、監視員は小銃の台尻で殴るか、頬を平手打ちした。「そして時々、我々は拳骨で殴られた、感情が少し高まったためである」と言っている。

東京の徹底的な焼亡は日本の終わりの始まりを意味していた。何百万人ものアメリカ軍の兵士が海岸に上陸して、最後の清算を始める日が間近に迫っているのを。マーティン・ギルバートは書いている。「次の三ヶ月で名古屋、大阪、神戸、横浜、川崎の街が同じように攻撃され、粉々になった。二五万人以上の市民が死んだが、一方アメリカの飛行士は二四三人が失われただけだった」

大森の捕虜たちは不潔なためシラミと腫物で覆われ、赤痢、マラリア、脚気、壊血病やその他の病気に苦しみ、日ごとに痩せて弱っていき、果たして解放の日を迎えるまで生きられるだろうかと不安になった。

第二一章――耐え難きを耐え

一九四五年四月三〇日、アメリカ軍が鷹のように日本の周囲に迫り、アメリカ、イギリス、ソヴィエトの部隊が第三帝国を死に押しやっている時に、ベルリンの地下壕深くにいたアドルフ・ヒトラーは、青酸カリのカプセルを噛み切ると同時に、頭を拳銃で吹き飛ばした。

ヒトラーの死と共に、ナチス・ドイツの時代は余命幾ばくもなくなった。空からの攻撃は止むことなく、地上では東西の両方から陣地を突破されて、ドイツは守る範囲が縮小してゆき、たちの悪い傲慢さはゆっくりと消えていった。ソヴィエト軍は瓦礫が散らばり燃えている首都の残っている所に激しく押し寄せ、ヒトラーが最後に隠れていた場所、破壊された帝国官邸の下にある総統地下壕に近づいていた。総統が自殺したという知らせを聞いた時、降伏を拒否する信条を曲げない幾つかの集団を除いて、第三帝国はもはや存在しなかった。ヨーロッパの戦いはやっと終わった。しかし太平洋の戦いはまだ続いていた。

しかしロン・スミスの戦争は終わっていた。スミスの息子ロナルド・リンは一九四五年五月一七日に、マリリンの故郷コロラド州サリダで生まれた。その間にスミティーは五大湖からインディアナ州のバーンズ市の近く、ブルーミントンの約五五キロ南西のクレーン海軍弾薬貯蔵所に転任になっていた。そして、そこでびっくりするような手紙を受け取った。スミティーはこう言っている。「マリリンと赤ん坊がやって来て、一緒に暮らしたいということだった。しかしクレーンにいた時にマリリンから〝離縁状〟を受け取っていた。それでマリリンはもはや僕と結婚を続ける気はないと思っていた。その手紙はちょっと驚きだったが、それほど強く僕の心を揺さぶらなかった。僕は若く、その当時は愛からセックスを分けられなかった。十分な数の〝ガールフレンド〟がいたので、そっちに関しては心配する必要はなかった。どうにか僕は安心した。家族の責任を負わなくてもよかったから」

フランク・ツーンは未だ太平洋にいて戦っていた。一九四五年五月二五日、フリーマントルを基地とする彼の船ブレニー（訳注：ギンポのこと）は三度目の戦闘哨戒で南シナ海にいた。ツーンはこう回想している。「砲員にとって哨戒中はずっと目が回るほど忙しかった。俺は前部の五インチ砲の〝調教師〟で、射撃する機会はたくさんあった。確か三〇日間で六三隻の小さい標的を沈めた。これらの小さい標的の多くは五インチ砲の一回の砲撃で沈んだ。もちろん弾がずっと不足していたので、基地へ向かう時は余った弾を持っている潜水艦を常に探していた。そしてその弾をブリーチズ・ブイ（訳注：半ズボン付き救命浮輪、怪我人等を船から船へ移すのに使う）でブレニーの艦上へ移した。ハザード艦長が下で〝五インチ砲弾をお見舞いしろ〟と叫ぶのを聞くのはいつも楽しかった。途方もなく大きい弾を！」

ツーンは今にして思えば滑稽な事故を覚えている。艦長がハッチから吹き飛ばされた時を。ツーンはこう言っている。「俺たちは一日中船底にいて、左舷のスクリューの軸の問題点を修理していた。浮上した時は、俺は〝当直操舵手〟だった。そして艦内の空気圧は強くなっていた。俺はハッチを開けて、艦長が真っ先に上がって来られるように跳び下がった。艦長が登り始めたちょうどその時、下のハッチが空気圧で開いて、艦長はハッチを通って〝発射され〟頭をぶつけた。〝ドク〟・テイラーは、自分の縫合を練習するチャンスを得た！　もしあの下のハッチが一秒か二秒早く吹き開いていたら、ハッチから吹き飛ばされていたのは俺だっただろう」

一九四五年七月一六日、ニューメキシコ州のアラモゴード――アルバカーキ（訳注：ニューメキシコ州中部の観光・保養地）の一八〇キロ南にある――周囲の夜明け前の空は、突然一、〇〇〇個もの太陽の輝きで照らし出された。

最高機密のマンハッタン計画の産物である最初の原子爆弾がテストされ、成功したのだった。レスリー・R・グローブズ少将と、バークレーのカリフォルニア大学の理論物理学教授ロバート・オッペンハイマー博士率いる科学者のチームの指揮下で、何十億ドルもの金を掛けたプロジェクトがこの時点までほぼ四年間進められていた。

一九三二年に中性子か発見されてから、充分な金と科学的な知能と核分裂性物質があれば、超兵器を作るのは可能だと分かった。唯一の問題は誰が最初にそれを作るかということだった。ドイツか、日本か、それともアメリカか？　一九四〇年代初期の米英政府の最上層部の恐れは、ドイツと日本の両者が同じようなプロジェクトを行ない、そしてどちらかが、――あるいは両者が――チャンスを得たなら、すぐに連合国に対してその兵器を使うのではないかということだった。それでアメリカとイギリスはドイツと日本に原子力のパンチを喰らわすと決めた。しかし一九四五年五月のドイツの崩壊によって、その兵器は唯一戦っている敵国日本に戦争を終わらすために使うと決められた。

マンハッタン計画は極度な極秘プロジェクトだったので、ルーズベルトが一九四五年四月一二日に激しい脳溢血で突然死んだ時、大統領職を継いだ副大統領のハリー・トルーマンさえもその存在を知らなかった。トルーマンは直ちに必要な情報を与えられた。

討議が密かに行なわれた。原子爆弾は——もし実際に作動したならば——何十万もの無辜の市民を無差別に殺すだろうから、道徳的に非難されるべきものであると感じる者もいたが、大多数はそのような結果は、六年間にわたって激しく続いている戦争を——その間に五千万の人間がすでに死んでいた——数ヶ月、あるいはさらに数年間引き伸ばして、さらに多数の死傷者、不幸、荒廃を引き起こすのを許すのに比べれば、遙かに道徳的に正しいと賛成した。

日本侵攻計画は今や最終段階に来ていた。戦闘で疲弊したヨーロッパの何十もの師団が、極東への展開のために待機していた。一九四五年六月一八日、トルーマン大統領はホワイトハウスで、ドワイト・D・アイゼンハワー将軍、統合参謀本部議長ジョージ・C・マーシャル将軍、スティムソン陸軍長官、ジェームズ・フォレスタル海軍長官、そしてその他の地位の高い一握りの助言者と会って、この問題を議論し結論を出した。

誰もが過酷な事実を痛切に知っていた。日本の戦士はたとえ救援部隊が来るか、勝利する望みが全くなく、孤立した太平洋の島に閉じ込められても、武士道の掟に堅く縛られて決して降伏しなかった。そしてほぼ常に死ぬまで戦った、時々は死んだ後まで。アメリカの兵士と海兵隊員が生きているか、戦争の土産がないかを調べるために死体を動かした時に吹き飛ばす罠を仕掛けるために、しばしば死んだ仲間の体を使った。

もし日本への侵攻が行なわれたならば、日本の全ての男、女、子供までもが侵攻者に最大限の損傷を負わせるために、ゲリラとして戦うだろうことは確かな理由でもって推察できた。またその侵攻の際の日本人の死傷者は百万人に近いか、あるいはそれを上回るだろうと見積もられた。アメリカ人の死傷者もほぼ同じくらいになるだろうとも。柴崎少将の「百万人のアメリカ兵が百年かかってもこの島を攻略できないだろう」という豪語は、タラワよりもむしろ日本本土に当てはまるだろう。ウィリアム・マンチェスターは書いている。「日本本土の九州と本州へ侵攻しなければならないだろう。そしてマッカーサーが——その損害の予想は並外れて正確だったが——最後の戦役の第一段階で、〝アメリカの部隊だけで百万人の死傷者が出るだろう〟とワシントンに伝えていたのを知っても驚くべきことではない」

このようにして究極の疑問が生じた。この恐ろしい戦争を瞬時に、ろうそくを吹き消すように終わらせることが出来る兵器を使うのは望ましいことではないのか、あるいはまさに慈悲深いのではないのか？

その時は選択は簡単なように見えた。もし想像を越えた力を持つ超兵器が、第二次大戦がもたらした全ての苦難と流血の惨事の突然の中止を呼ぶならばどうであろうか？　一九四一年一二月七日にアメリカを世界戦争へと押しやったのは日本だった。そしてその背信行為に究極の代価を払わなければならないのは日本だった。たとえそれが無辜の市民が大勢いる都市が一つか二つ吹き飛ぶという、不運で悲劇的な犠牲を意味したとしていても。

会議の出席者でアメリカは想像を絶する破壊力を有する兵器を持っているので、日本の国全部を完全に破壊できると日本政府に伝えてはどうかと唱える者がいた。別の出席者は警告のビラを撒くか、デモンストレーションとして原子爆弾の一つを——核分裂性物質は三個の爆弾を作る量しかなかった——日本の近くのどこかの人口のまばらな島で爆発させ、日本の指導者を招いてそれを目撃させてはどうかと提案した。この意見はアラモゴードの爆弾は固定された塔に載せられて、科学的に管理された状況下で爆発したためにうまく作動したのだと指摘した者に反対された。もしこの複雑でデリケートな道具を航空機から投下して、全くの役立たずだと分かったならばどうなるだろう？　日本人にアメリカはこけおどしをしているだけだと確信させ、単に日本人の決意を強めるだけではないだろうか？　要点を突いていた。出席者は賛成した。

統計の数には大きな幅があった。すでに四〇万人以上のアメリカの男女の兵士が戦争で殺され（六〇万人の負傷者もいた）、他に三六万人のイギリスの兵士（植民地兵も含む）、二〇万人のフランス兵、一四〇万人の中国兵、一、〇〇〇万人のソヴィエト兵、二〇〇万人を越えるドイツ兵、二〇万人のイタリア兵、そして二〇〇万人以上の日本兵、ほんの少数の例を挙げればこうなる。このリストには、戦争のために死んだ世界中のほぼ五、五三〇万の民間人は含んでいない。

全員が遂に賛成した。戦争が、そして世界中の苦しみが終わる時が来たのだ、途方もなく大きい爆発で。

もしトルーマンがそのような巨大で恐ろしい兵器の使用が引き起こす道徳的なジレンマを考えて躊躇するか、自分の決定に煩悶したとしても、その躊躇は一瞬にしか過ぎなかった。トルーマンは命令を下した。

一九四五年七月二四日、陸軍参謀総長代理のトーマス・T・ハーディ将軍は、陸軍戦略航空軍司令官カール・スパーツ将軍に公式声明を送った。

第二〇航空軍第五〇八混成航空群は一九四五年八月三日頃以後、天候が目視爆撃を許すや直ちに最初の特種爆弾を目標の広島、小倉、新潟、長崎の一つに投下すべし……

この命令は中継してテニアン島に伝えられ、そこではポール・ティベッツ大佐とその乗機、彼の母エノラ・ゲイの名前を機首に描いたB－二九〝超空の要塞〟が待機していた。

降伏する最後のチャンスを日本に与えると決定された。さもなければ宣言しなかった結果に悩むから。七月二六日、日本は中国、イギリス、アメリカの代表が署名した、ポツダム宣言として知られる最後通牒を受け取った。それは日本に直ちに降伏せよ、さもなければ殲滅（せんめつ）されるだろうと要求していた。日本の総理大臣は、戦争で疲れ切ったこの文書の署名者たちはこけおどしをしていると間違って決めてかかって、にべもなく拒否した。

一九四五年八月六日、日本時間八時一五分、広島の大部分が突然消えてしまった。〝エノラ・ゲイ〟のティベッツ大佐と乗組員が投下した一個のウラン爆弾が、街の中心部の上空の晴れた空で爆発した。一瞬の閃光で七万八千人が死亡し、三万七千人が負傷した。他に一万三千人が行方不明になった。街の六〇パーセントが何もなくなって平らになり、黒焦げのほとんど見分けのつかない風景に変わった。

依然として日本政府は敗北を認めなかった。おそらくアメリカは原子爆弾を一つしか持っていないと思ったのだろう。またおそらく未だ混乱して動揺していて、広島で起こったことをはっきりと摑んでいなかったのかもしれない。どちらにしても二回目の降伏要求も拒否した。

八月八日ソ連は外交上、死者を鞭打つのと等しいやり方で、日本に宣戦布告をした。

翌日〝ボックスカー〟(訳注：有蓋貨車、大型貨物輸送機の意味)という名前を機首に描き、チャールズW・スウィーニー少佐が操縦する一機のB－二九が、長崎の街の上空八、八〇〇メートルを飛行し、次の原子爆弾を投下した。この爆弾にはプルトニウムが詰まっていた。焼け焦がすような爆発と、続いて起こったファイヤーストーム(訳注：核爆弾による大火で起こる大気現象、上昇気流がしばしば雨を伴う強風を引き起こす)で、約一〇万人が死亡するか負傷した。ランシング・ラモントが「デイ・オブ・トリニティー(訳注：三位一体の神のこと)」の中で書いているように、「長崎はその惨状によって日本人に、広島は偶然や一回だけの出来事ではなかったと伝えた。それは事実上こう言っていた。ここに原子爆弾が出来ることの二つ目の例がある。そしてさらにもっと爆弾があると」

長崎の壊滅さえ戦闘の即時の停止をもたらさなかった。八月一〇日、中国では共産党軍が侵略者に最後の攻撃を掛けた。次の日、ソ連の軍艦が南樺太の日本の軍事施設を砲撃した。八月一二日、ソ連の歩兵と装甲部隊が、満州の要塞に立て籠もる日本の守備隊を殲滅するための攻撃を開始した。一四日には八〇〇機以上のB－二九が、通常の高性能爆弾で本州中の敵の軍事施設を猛爆した。

更なる原子爆弾への恐怖と、通常爆弾を防ぐ手立てがないというぞっとする思いが遂にしみ込んでいった。都市が焼き払われ、陸軍と海軍が崩壊して、敵がハゲタカのように周りを取り囲んでいる状況では、日本は降伏するしかなかった。八月一四日、最高軍事会議と内閣との会議で、天皇裕仁は日本はポツダム宣言を受け入れ、〝耐え難きを耐え〟なければならないと言明した。

天皇が降伏を命じるだろうという噂を聞いて、強硬派の一、〇〇〇人の兵士が降伏を阻止しようとして宮城に乱入したが、近衛部隊によって流血の衝突の末に撃退された。

翌日、天皇の録音されたメッセージが、ラジオで全国に放送された。その放送で自分のつらい決断を国民に知らせた。一六日、天皇が全日本軍に直ちに戦闘を停止せよと指示したという確かな知らせが、無線でマッカーサーの司令部に伝えられた。日本は無条件降伏した。長く続いた第二次大戦は終わった。

潜水艦ブレニー（訳注：ギンポのこと）に乗っていたフランク・ツーンはこう回想している。「俺たちは潜水母艦から発光信号で知らせを受け取ったばかりだった。戦争は終わった！　フィリピンのスービック湾で走っていた時、花火が一斉に始まった。お祝いに参加するために撃ったあの全ての砲弾と閃光を未だに覚えている。母艦に戻る途中で湾を回る前に、煙の発生器を作動させた。その煙幕は確かに色々な物を包みこんだ！　皆喜んでいた！　戦争は遂に終わったのだ！」

「病院では誰もラジオを持っていなかったし、新聞も手に入らなかった。原子爆弾についてのニュースは他の者から聞いた」とロン・スミスは言っている。スミスはさらにテストと診断を受けるために、五大湖の病院に戻っていたのだった。戦争の終わりをもたらした秘密兵器という言葉が病院中を駆け巡った時、びっくり仰天した。

スミティーは言っている。「僕はその時は原子爆弾とはどんなものなのか知らなかった。しかし我々は新しい〝超兵器〟を手にしたのだと大喜びした。ジャップに対しては哀れみなんて全然感じなかった。全日本民族を滅ぼすことも出来るだろう、それについては僕は少しも気にならなかった。日本が降伏した時、戦争はやっと終わったのだと有難く思った。病院では大きな祝典はなく、ただ安心感があるだけだった。数年の間、僕を絶えず悩ませた不安からの大いなる解放感が。僕はただどこかへ行って安らかに眠りたいだけだった。

皮肉なことに、病院側は僕たち患者を皆病院に縛りつけた。しかし新兵訓練所から来た者たちを全てシカゴの祝典に行かせた。一方、戦闘経験豊富な者たちは〝拘束〟し続けられた。戦争が終わった時、兵役の期間は六ヶ月しか残っていなかったので、除隊を勧められた。僕は受け入れた」

大森でアメリカの捕虜たちは原子爆弾の噂を聞いた。そして噂が本当であり、そんな恐ろしい兵器が間もなく自分たちを解放するだろうと希望に満ち溢れた。

ジェス・ダシルヴァは言っている。「俺たちは戦争が終わりに近づいていると分かっていた。断片的な情報が収容所中に漏れ出したので、ずっと何が起きているのか知っていた。原子爆弾がいつ投下されたかは知っていたが、その結果は信じられなかった」

しかしクレイ・デッカーは、捕虜たちは大きな心配を抱えていたと記している。「八月には大勢の看守が泣いていた、ほとんど感情を抑えられないように。多分、広島と長崎に友達と親戚がいたからだろう。奴らが俺たちに仕返しをして、全員を殺すのではないかと心配した。結局、奴らは戦争に負けた。それならば他に失うものがあるだろうか？　奴らが俺たちを殺して、それから自殺するのではないかと思った」

ジェス・ダシルヴァは言っている。「ある朝起きると非常に静かだった。収容所全体に看守が一人しかいないと分かった。その看守は戦争は終わったと言った。それで俺たちが代わって収容所を支配した」

大森捕虜収容所の屋根の上の標示

数人の捕虜が倉庫で刷毛と白のペンキを見つけたので、建物の屋根に這って登り、東京湾上空を飛行するアメリカの飛行士が見て、助けに来てくれるのを願って、P.W.とPAPPY BOYINGTON HEREという大きい標示を描いた。

それは効果があった。ダシルヴァは飛行機が収容所上空に飛んで来て、何トンもの食料と衣服を投下したと言っている。「しかしその投下はまずく、荷物が建物を壊してしまった。それで収容所の外に投下してくれという標示を書かねばならなかった」

クレイ・デッカーは言っている。「アメリカの飛行士はたくさんの食料と薬を投下してくれた。食べ物が豊富に手に入ったので、何人かががつがつ食べ過ぎて具合が悪くなった。それで食べ過ぎないように、どれくらい食べたらいいのか気をつけなければならなかった」

原子爆弾だけが日本を屈服させた兵器ではない。アメリカ潜水艦隊はそれに大いに貢献した。ミシェル・ポワレの一九九九年の研究によれば、戦争中に日本の商船隊は八一〇万トンもの船を失った。アメリカの潜水艦はそのうちの四九〇万トン、即ち六〇パーセントを沈めたのだった。

潜水艦隊は日本の戦時産業がどうしても必要としていた原材料が、それを戦車、艦船、航空機、大砲、爆弾、砲弾、制服、その他戦争に必要なものに変える工場に届くのを妨げるのに貢献した。一六種類の重要な原材料の日本への輸入は、一九四一年の二、〇〇〇万トンから一九四四年には一、〇〇〇万トンに落ち込み、一九四五年の前半には僅か二七〇万トンまで落ち込んだ。アルミニウムの製造に欠かせないボーキサイトの輸入は一九四四年の夏と秋の間に八八パーセント減少した。翌年は銑鉄（訳注：高炉や電気炉などで鉄鉱石を還元して取り出した最初の鉄）になる鉄鉱石の輸入は八九パーセント落ち込み、原綿、原毛は九〇パーセント以上減少し、挽材（訳注：機械でひき割り、使用に便利な形にした材木）は九八パーセント減少した等々である。一九四五年の初めの半年の間は、僅かの砂糖や生ゴムも日本に届かなかった。

潜水艦のために、日本の何百万発の弾丸、何万もの爆弾と砲弾がアメリカ人を殺すための最前線に決して届かなかった。日本の戦車、トラック、艦船、航空機のために送られた何百万リットルの石油とガソリンもまた、その行き先に決して届かなかった。石油の輸入は一九四三年の八月から一九四四年の七月までの間に、ひと月一七五万バレルから僅か三六万バレルに落ち込んだ。ポイリアが言っているように、「一九四三年九月以後、石油が無事に日本に船で届く割合は決して二八パーセントを超えることはなかった。そして戦争の最後の一五ヶ月の間はその割合は平均九パーセントだった。日本海軍だけで月に一六〇〇万バレル必要としていたのを考えると、この損失は特に強い印象を与える」

戦争の最後の一年間までに日本は必死で物資の不足に対処しようとした。燃料の不足のため、飛行学校は新しい操縦士を、空で熟練するのに必要な充分な訓練時間もなしに、部隊に――そして悲運に――送り出した。石油の深刻な不足のために、新型の飛行機エンジンをテストできる時間は非常に減少した。そして高品質のアルミニウムの不足のため、飛行機に使う木製の部品がどんどん増えていった。同じように島々の戦場に輸送された何千もの部隊は目的地へたどり着けなかった。孤立した守備隊が健康で生きていくのに必要な食料と薬も、同じように届かなかった。

日本の船舶建造量は戦争初めの頃と同じくらいの少ない量へと落ち込んだ。鉄鉱石の輸入がほぼすべて切断されたため、日本の造船工業の能力は、一九四四年の秋以後の甚だしい損失のために非常に損なわれた。ポイリアは書いている。「護衛艦と海軍の輸送船（商船の損失を補うためである）建造の要求は、もっと強力な戦闘艦建造の可能性を奪った。

その結果、大日本帝国海軍は一九四一年には護衛艦と輸送船に建造予算の一四パーセントを使っていたが、一九四四年には五四・三パーセントに跳ね上がった。もっと驚いたことには、護衛艦と商船建造の必要性が大きくなったため、一九四三年以降、日本海軍は駆逐艦よりも大きい船の建造は始めなかった」

輸送船、商船、タンカーだけが沈められたのではなかった。戦時中にアメリカの潜水艦は七〇万トンの日本の軍艦を沈めた。その中には一隻の戦艦、一一隻の巡洋艦、八隻の空母、何十隻もの小型艦を含んでいた。

本土では食料も不足していた。都市生活者の平均的なカロリー摂取量は、毎日必要な最低量を一二パーセント下回るようになった。

疑いもなくアメリカの潜水艦は、日本の戦争継続能力に大きい打撃を与えたのだった。アメリカの潜水艦は、日本をゆっくりと窒息死させる縄の輪だった。

しかしながら勝利の代償は高くついた。一九四一年から一九四五年の間に二八八隻のアメリカの潜水艦で勤務したおよそ一五、〇〇〇人のうち、三七四人の士官と三、一三一人の志願兵、そして全体の二二パーセントに当たる五二隻の潜水艦が失われた。

一九四五年八月二九日ハルゼー大将が指揮するアメリカ艦隊が、焼失した首都の残っている部分を占領する準備のために東京湾に入った。艦隊は戦艦ミズーリ、アイオワ、サウスダコタ、軽巡洋艦サンジュアン、そして病院船ベネヴァランス（訳注：慈悲心の意味）から成っていた。同じ日、サンジュアン、ベネヴァランス、二隻の護衛駆逐艦U・S・S・リーヴスとゴスリンが大森に近づいた。三人の海軍士官、ロジャー・シンプソン、ジョエル・ブーン、ハロルド・スタッセンは——スタッセンはミネソタ州の前知事で、一九四三年に辞職して海軍に入った——上陸して、内部の状況を調べるために収容所の門に近寄っていった。

三人と一緒に収容所の中へ入った別の士官はこう書いている。「捕虜たちが何が起こっているか知った時、同情すべき名状しがたい熱狂感と興奮が湧き起こった。中には水に飛び込んで船に向かって泳ぎ始める者さえもいた……三人は野蛮さと悲惨な取り扱いのあらゆる証拠を見て、収容所の有様が言いようのないほど悪いのが分かった。そこで見たものは現在の日本人の愛想のいい態度とは好対照であろう」

「シンプソン、スタッセン、ブーンは素晴らしい働きをした。身の安全を顧みず状況に精力的に取り組み、収容所の日本の看守を威嚇（いかく）して完全に追い払った。ジョエル・ブーンは五キロほど離れた

解放されて大喜びする大森捕虜収容所のアメリカ・イギリス・オランダの捕虜たち。クレイ・デッカー（円内）が最前列にいる

日本の病院まで進み、独力で状況を引き継ぎ、日本人に彼らのやり方なんか少しも気にしないと言った……。

仕事は一晩中続けられ、約七〇〇〇人の捕虜はベネヴァランスで検査を受け、重病人は入院になり、歩ける場合は護衛駆逐艦のリーヴスとゴスリンに移った（訳注：両艦は解放された捕虜たちの宿舎となった）。翌日も仕事は続けられ、三〇日の夕方までにほぼ一、〇〇〇人の捕虜が解放された」

ジェス・ダシルヴァは言っている。「俺は病院船ベネヴァランスに連れて行かれてベッドに寝かされ、血と薬を与えられた。またベーコンと卵の食事も与えられた。捕虜になった時、俺の体重は七七キロだった。今は四五キロくらいまで減っており、飛行機で国へ帰れる状態ではなかった。後に病院船レスキュー（訳注：救助の意味）に移され、それでアメリカに帰った。二一日掛かったが、全然苦にならなかった、国へ向かっているのだと分かっていたから！　一九四三年一〇月二五日に国を出てからちょうど二年後、そして俺たちの潜水艦が沈められた一九四四年一〇月二五日の一年後に国に帰って来たのだった」

クレイ・デッカーは当然のことだが、解放されたのを大喜びした。「最初に思ったのはとうとう家に帰って、ルシールと幼いハリーに会えるということだった」

「パピー・ボイントンと他の一九人の士官は輸送機で最初にアメリカに帰った。どうにか俺はその中に入れてもらった。二〇人の士官と一人の志願兵となった。俺はパピーに尋いた。『あなたがこのフライトに俺を入れてくれたんですか？』ボイントンは言った。『おー、デック、俺はそんなことはしていないよ』しかしパピーは微笑しながら言ったので、彼がそうしてくれたとよく分かった」

二日間、海の上ばかりを飛行し、燃料補給のためウェーキ、ミッドウェー、ハワイに短時間立ち寄った後、輸送機はとうとうカリフォルニア海岸に近づいた。飛行機に乗っていた者は皆、顔を小さい窓に押しつけた。デッカーは言っている。「ゴールデンゲート・ブリッジが下に見えた。なんて素晴らしい光景だろう！　そしてサンフランシスコ湾の周りの丘には小さい家と建物と道路があった。世界で一番美しい一つながりの模型の配置のようだった。それが現実とは信じられなかった。俺は現実に国に帰ってきたのだった」

しかしデッカーが期待していたような幸福な帰国ではなかった。デッカーは最後のショックを受けることになった。

人は戦争の終わりは政府のトップの戦勝者に、大喜びで歓声を挙げる満足感を溢れさせたであろうと思うであろう。しかし実際は逆だった。喜んだり満足したりするには、戦争はあまりにも長く、あまりにも血を流して続き、あまりにも高価についたのだった。二つの原子爆弾と日本とドイツの都市への絨毯（じゅうたん）爆撃によってもたらされた、畏怖の念を起こさせる破壊と死の犠牲は、どんな厳粛な形式で祝うにしてもあまりにもひどかった。勝利の月桂樹を被って休む時間はなかった。破壊された古い世界の灰の上に新しい世界を築く必要があった。

戦後すぐに陸軍長官のヘンリー・L・スティムソンは、極度な真剣さでもって言った。「第二次世界大戦のこの最後の大きい行為で、我々は戦争は死であるとの最終の証明を与えられた。二〇世紀の戦争は全ての局面で残虐さ、破壊、品性の低下を着実に増していった。今や原子力の解放により、人間が自分自身を破壊する能力をほぼ完璧に備えるに至った。広島、長崎に投下された爆弾は戦争を終わらせた。それはまた我々は次の戦争を起こしてはならないことも完全に明らかにした。これは人々と指導者がどこででも学ばなければならない教訓である。人々と指導者がこの教訓を学んだ時、永続する平和に辿り着くだろうと信じる。他の選択はないのである」

六〇年以上過ぎてからも、世界は依然として学んだ教訓を待っている。

結び——戦後の歴史の速さ

一九四五年九月二日止式な降伏儀式が、東京湾に停泊しているハルゼーの旗艦戦艦ミズーリで行なわれた。東久邇宮稔彦王（一九四五年八月一七日に総理大臣になったばかりだった）（訳注：これは間違いで、東久邇宮は降伏文書調印式には出席していない）と外務大臣重光葵が先導する、燕尾服を着て厳粛な顔をした一五人の日本の外交官の代表団がミズーリに到着し、案内されて乗艦した。代表団を待っていたのは同じように厳粛な顔をしたマッカーサー将軍、ニミッツ大将、ハルゼー大将、ロックウッド少将、最近解放されたばかりのやせ細ったジョナサン・ウェインライト将軍（フィリピンが陥落して以来日本の捕虜収容所に捕らわれていた）、そして何百人ものアメリカの士官と志願兵だった。

東京湾にはアメリカの一二隻の潜水艦がいた。アーチャーフィッシュ（訳注：テッポウオウのこと）、カヴァラ（訳注：サバ科サワラ科の魚）、ガトー（訳注：ワニ）、ハッド（訳注：コダラ、北大西洋産タラ科の食用魚）、ヘイク（訳注：メルルーサのこと）、マスカランジ（訳注：アメリカカワカマスのこと）、パイロットフィシュ（訳注：ブリモドキ、アジ科の小魚、サメ類などに付き添って泳ぎ、食物の多い所に案内するという）、レザーバック（訳注：ナガスクジラのこと）、ランナーII（訳注：アジ科カイワリ属の食用魚）、シーヤャット（訳注：オオカミウオやスズキ目の小型の魚など様々な魚の呼び名）、

1945年9月2日、ミズーリ艦上でダグラス・マッカーサー将軍（左側）とウィリアムハルゼー大将（左から二番目）が見守る中、降伏文書に署名するチェスター・ニミッツ大将

セガンド（訳注：不明）、そしてティグロン（訳注：イタチザメのこと）である。日本軍に対して最初の攻撃を掛けた部隊の代表が、降伏の時に〝名誉の賓客〟として出席するのはふさわしかった。

短い儀式では笑顔も握手も交わされることなく、日本の代表団は降伏文書に義務的に署名し、アメリカ側が続いて署名した。それからマッカーサーが「今手続きは終わったと宣言する」と言った。

潜水艦の交代乗組員で、間もなく俳優のトニー・カーティスとして知られることになる上等水兵のバーナード・シュワルツは、近くにいた潜水母艦U・S・S・プロテウスから双眼鏡で儀式を見ていたのを覚えている。「私の人生で一番意義深い瞬間の一つだった」とカーティスは言っている。「一八歳というよりもほぼ一九歳だったが、信号艦橋に立ってあの文書に調印するのを見つめていた。その時に軍隊の一員であるのを非常に誇らしく感じた」

アメリカと他の西洋諸国は迅速に兵士の復員を開始した。戦争の道具はもう不要だと考えられた。第一次世界大戦は〝全ての戦争を終わらせる戦争〟であると言われた。しかしながら次の世界大戦を生み出す種子となった。大勢の者が確信したように、今回は死と破壊は凄まじく、また広範囲に広がったので、第二次大戦を〝全ての戦争を終わらせる戦争〟、あるいは少なくとも〝全ての世界大戦を終わらせる戦争〟にしなければならなかった。

それゆえ何百万もの小銃、大砲、航空機、艦船、備蓄された大量の爆弾と砲弾は放棄され、処分され、ばらばらにされ、壊された。アメリカが戦争前と戦争中に建造した潜水艦の大半は、最初の原子力潜水艦U・S・S・ノーティラス（SSN－571、一九五四年就役）の出現と共に時代遅れになった。戦争で生き残った潜水艦は様々な運命に直面した。何隻かは〝モスボールド（予備役）〟、即ち将来必要になる場合に備えて保存された。一方他の艦はスクラップされたり、標的として使われたり、海の生物の海底の住処として沈められたり、あるいは他国へ売られたりした。

何百万もの人間もまた平和の到来と軍事的価値の無用によって、〝余剰軍需品〟となった。彼らは除隊し、少額の〝除隊〟報酬を与えられ、働きに対して勲章をもらい、故郷に送られた。そこで再び元通りの生活を続けるのを望んだ。連合国の勝利で重要な役割を演じた将校の多くは、軍隊で際立った経歴を続けるか、政府の機関で働くか、私企業に入った。

ダグラス・マッカーサー将軍は、アメリカの憎い敵の戦後の復興を手助けした。将軍は連合国の占領軍の指揮官として日本にずっといて、在任中、日本の再建と新生を監督した。日本の社会、政治、経済システムの大規模な変革を導き、日本の民主的な憲法の設計者となった。決して征服者ではなく、むしろ情け深いというべきである。

しかし西側はヨセフ・スターリンのソヴィエトと仲違いしたために、戦争の火はほとんど消えなかった。さらに恐怖を煽ったのは、赤い中国の毛沢東が蔣介石の国民党を打ち負かしたことだった。

国民党は台湾に逃げ込み、そこで反共の独立政権を樹立した。共産主義が新たな敵となった、ファシズムよりもさらにもっと広範囲に広がり増大していく脅威。その上オッペンハイマーの原子爆弾調査機関にいたスパイが、ソヴィエトに最高機密を漏らしていた。そしてスターリンは自国で核兵器工場を作り始めた。中国は遙か後ろに遅れていた。

チャーチルが使った言葉〝鉄のカーテン〟はベルリンを真ん中で引き裂き、ヨーロッパを横切って降りていた。それはあたかも共産主義と自由世界が戦争に向かうように見えた。共産主義は続いて小さな規模であるが、同じことを朝鮮で行なった。一九五〇年六月、共産主義の北朝鮮による南朝鮮への侵攻である。トルーマン大統領はマッカーサーに国連軍を率いて、共産軍を追い返すよう指示した。マッカーサーはそれに成功した。一九五三年七月以来、朝鮮では危なっかしい休戦が続いている。

チェスター・W・ニミッツは太平洋艦隊司令長官として勤めた後、一九四五年一二月、アメリカ艦隊司令長官に任命された。そしてその地位に二年間いた。それから海軍を退役して国連の移動大使に加えて、カリフォルニア大学の理事になった。またトルーマン大統領直属の国内の安全保障と個人の権利管理委員会の議長も勤めた。

戦後ニミッツは書いている。「第二次大戦の初めの暗黒の数ヶ月の間、大日本帝国の攻撃を食い止め、我が艦隊の損失を補い、損傷したものを修理するのを可能にしたのは、弱体なアメリカ潜水艦隊だけだった。潜水艦艦隊の魂と勇気は決して忘れられることはないだろう」

愛された提督は一九六六年二月に亡くなり、カリフォルニア州サンブルーノ（訳注：サンフランシスコの南にある都市）のゴールデンゲート国立墓地に葬られた。一九六八年、原子力空母U・S・S・ニミッツ（CVN－68）のキールが据えられた。空母は一九七五年に就役した。

日本が降伏した三ヶ月後、ウィリアム・F・〝ブル（訳注：猛牛の意）〟・ハルゼーは海軍元帥に昇進した。そして一九四七年三月に海軍を退役し、私企業に入り、ITT（国際電話電信会社）の二つの子会社の重役となった。ハルゼーは一九五九年八月にカリフォルニア州のパサデナ（訳注：ロサンゼルス北東にある都市）で亡くなり、ワシントン・D・Cのアーリントン国立墓地に葬られた。誘導ミサイルフリゲート（後に巡洋艦になった）U・S・S・ハルゼー（CG－23）と現代の駆逐艦（DDG－97）である。ハルゼーへの敬意として二隻の船にその名が付けられた。

一九四五年一二月一八日、太平洋潜水艦隊長官のチャールズ・A・ロックウッド・ジュニア少将は、海軍省内の監察官の任務に就くためにワシントン・D・Cに戻るよう命令された。そして一九四七年九月に中将として退役し、回顧録〝Sink 'Em All and Down To the Sea in Subs（訳注：潜水艦で海に潜って奴らをすべて沈めろ）〟を書くために故郷のカリフォルニア州のロスガトス（訳注：シリコンヴァレーの外れにある町）に帰った。ロックウッドはまた共同で〝Battles of the Philippine Sea（訳注：フィリピン海海戦）〟、〝Hell Cats of the Sea（訳注：海のヘルキャット：性悪女・魔女の意味、またアメリカ海軍の戦闘機の名前）〟、〝Hell at 50 Fathoms（訳注：五〇ファゾム《訳注一五》下の地獄）〟を含む数冊の潜水艦と戦史の本を執筆した。一九五七年のロナルド・レーガンとナンシー・デービスのハリウッド映画〝Hellcats of the Navy（訳注：海軍のヘルキャット）〟はロックウッドの本を元にしている。

司令官〝チャーリー伯父さん〟よりも、潜水艦乗りのことをもっと知っているか愛し者はいたであろうか。ロックウッドは潜水艦乗りについて、スーパーマンでも特別な英雄でもない、戦争の最高の道具を与えられ、充分な訓練を積んだアメリカ人にしか過ぎないと書いている。

またこうも言っている。「第三次世界大戦が起こらないことを望む。しかしもし大戦が起こり、我々が知っている兵器か想像するしかなかった兵器で戦うとしても、潜水艦と潜水艦乗りは戦闘の一番激しい所で優れた技量と強い意志とずば抜けた勇敢さで、自分たちと祖国アメリカのために戦うであろう」

ロックウッドは一九六七年六月六日に亡くなった。そしてニミッツと同じようにカリフォルニア州サンブルーノのゴールデンゲート国立墓地に葬られた。

グレッグ・〝パピー〟・ボイントン少佐は、大森収容所から解放された直後に中佐に昇進した。一九四五年一〇月五日にホワイトハウスでの特別なセレモニーで、トルーマン大統領から名誉勲章（訳注：七）を授与された。その勲章は一九四四年三月にルーズベルト大統領によって授けられ、ボイントンが生きている場合に備えて議会が預かっていたのだった。勲章の授与式に続いて、ボイントン中佐は勝利公債を売るためにアメリカ中を回った。一九四七年八月に海兵隊を退役したが、それから不運な目にあい、完全には立ち直れなかった。ボイントンの戦後の経歴では酒の飲み過ぎの問題が目立っている。そのため何回も結婚が破綻し、仕事にも失敗した。ビール、債権、宝石を売る仕事に就いたり、プロレスのレフェリーにもなった。しかし一番気に入っていたのは、健康が悪化した後でさえも、公衆と会い、航空ショーでサインすることだった。

一九五八年に自叙伝〝Baa Baa Black sheep（訳注：メーメー黒い羊さん、イギリスの伝承歌謡）〟を出版した。一九七六年、ユニバーサル・スタジオ（訳注：ハリウッドの映画会社）がボイントンの生涯をテレビシリーズにした。Black Sheep Squadron（訳注：黒い羊の編隊）という題で、主演はロバート・コンラッドだった。このシリーズは二年間続き、未だ独立のテレビ局に販売されている。

ボイントンは一九八八年一月、肺がんのため亡くなり、アーリントン国立墓地に葬られた。

タンの艦長リチャード・オケイン少佐は色々な病気に苦しみ、大森収容所から解放された時は体重は四〇キロしかなかった。その後つらい体験から回復し、海軍での素晴らしい経歴を続け、一九五七年少将として退役した。オケインは一九九四年二月一六日死亡したが、その名前は消えなかった。アメリカの駆逐艦は伝統的に著名な海軍軍人の名前を付けることになっている。この伝統を守って、長さ一五三メートルのイージス級U・S・S・オケイン（DDG－77）が一九九八年三月三〇日、メイン州バスのバス製鉄所でケネベック川へ進水した。政府代表のトム・アレンは進水式でこう話した。「今日進水した駆逐艦は、リチャード・オケインの名誉を称えるものである。英雄的行為が本当に意味を持っていた時代の本物の英雄だ」

他の者も野蛮で堅い決意の敵を打ち負かすために、アメリカに要求された勇敢さ、不屈の精神、自己犠牲の美徳について話している間、門の外では四〇人くらいのグループがアメリカの軍需産業に反対するデモをしていた。グループは太鼓を鳴らし、国旗を持ち、そのうちの一人はこう叫んだ。「アメリカ、大量破壊兵器の最大の製造者」

多くの退役軍人と同様にビル・トリマーは、ベトナム戦争中と戦後に国中に広まった反軍感情の高まりを見て愕然とした。トリマーは言った。「俺は寛大な人間である。しかし徴兵カードを引き裂き、国旗を燃やし、国のために戦うのを拒否する者を許すのは難しい。俺はかつて国のために戦った、もし必要ならば再びそうするだろう」

フランク・ツーンは言っている。「俺はブレニー（訳注：ギンポのこと）の仲間だけでなく、他の船の水兵とも集まって話をした。実際全ての潜水艦乗りは〝兄弟のような間柄〟みたいである、いつどこで勤務していたかには関係なく。他の者とは共有できない、普通ではない共通点を持ってい

クレイ・デッカー、2003年撮影

る。

戦争について思い返す時、主として考えるのは死んでしまって人生を続けられず、生き残った俺たちのように家族を作れなかった若者たちのことである。具体的な船としては、いつも第二次大戦で最後に沈んだ潜水艦ブルヘッド（訳注：アメリカナマズのこと）（ＳＳ－３３２）のことを考える。ブルヘッドは一九四五年八月六日に失われた、戦争が終わる僅か一週間前に」

クレイ・デッカーがカリフォルニア州オークランドの海軍航空基地に着陸したあと最初にしたのは、電話ボックスを見つけて、ルシールに自分が生きて国に帰って来たのを知らせることだった。

しかし捕虜だった男は人生で最大の衝撃を受けた、タンを最後の哨戒で襲ったものよりも大きい衝撃を。「俺の電話を聞いてルシールがショックを受けたという言い方は、控え目すぎるだろう」とデッカーは言っている。「タンが沈んだ後、海軍はルシールに、俺が戦闘中行方不明になり戦死したと推定されると伝えた。ジャップは赤十字や他のどこかと連絡を取って、俺たちが生きていて捕虜収容所にいると知らせようとは決してしなかった。それでルシールは当然、俺が死んだと思い再婚したのだった。そのことで彼女を非難できないと思う。しかしはっきり言っておくが、あの時は非常に打ちのめされた。信じられないほどのショックだった」

デッカーは置かれた状況をよくよく考えないように努めた。そしてデンヴァー（訳注：コロラド州の州都）に移り、アン・レイネッカーと出会い、一九四七年に再婚した。そして残りの人生をどう生きるべきか考えた。石油業が有望なように見えたので、一五年間スケリー石油の地区監督人を勤め、その後自分の廃物運送会社、〝デッカー・ディスポーザル〟を立ち上げた。その会社を売って一九八六年に引退した。しかし退役軍人会、特に潜水艦の退役軍人会の仕事には積極的だった。数年後、健康上の問題に苦しみ、二〇〇三年メモリアル・デー（訳注：戦没将兵追悼記念日、五月の最終月曜日）の週末に死亡した。八二歳だった。

ロン、レックス、ボブ・スミス（潜水艦ブルーフィン《訳注：マグロのこと》に乗艦）、戦後インディアナ州ハモンドの家で撮影

除隊し離婚した後、ロン・スミスはハモンドに帰り、イリノイ州カルメット市のジョージアナ・トレムブジンスキーに出会い、一九四六年一一月に結婚した。二〇〇七年は二人が結婚してから六一年になる。

スミティーはこう言っている。「一九四六年から一九四八年にかけて仕事を転々と変わった。タクシーの運転手、学校の備品のセールスマン、配達トラックの運転手、事務用品と備品のセールスマン、少し挙げればこれくらいかな」

一九四八年にスミティーは自動車業の長い職歴を開始した。太平洋で戦った多くの軍人と同じように、日本製品を買わないことを誓ったけれど、一九六九年トヨタ自動車に就職した。そして一九七〇年にトヨタの〝その年の地区管理人〟の名称を得た。それからオースティン（訳注：テキサス州の州都）の販売代理店の株を買い、後にそれを共同経営者に売った。それからオースティンの近くのエルジンのフォードの販売代理店を買い、四年間持っていたが、販売代理店のコングロマリットのための賃貸会社を経営するためにそこを去った。そして一九八四年に引退して、現在はオースティンに住んでいる。

スミティーが海軍での勤務について考えない日はない。潜水艦の退役軍人に関する事柄に使っている。そこで自由な時間の多くを、潜水艦の退役軍人に関する事柄に使っている。「私が知っている、潜水艦隊で戦死した人間のことをしばしば思い出す。私にとって彼らは大理石の記念碑に刻まれた名前ではない。彼らは私が一緒に働き遊び兄弟の如く愛した、生きて笑い、国に献身した人間なのだ。政治的な、あるいは哲学的な思想に関してじっくり考える時はいつでも、〝彼らならどう考えるだろうか〟と思い巡らす」

「戦後の技術の進歩を見て来た。小児麻痺や他の病気の治療、何ヶ月も潜航できる潜水艦、テレビ、スーパーハイウェー（訳注：両側とも二車線以上で、安全地帯で分離され、出入り用のクローバー形立体交差路を持つもの）、宇宙旅行、無線電話、コンピューター、そしてもちろんインターネット。これらは確かに驚くべきものであり、ありがたいものである。技術の進歩には感謝するが、我々の社会に起こった社会的政治的変化は嫌いである。断言するが、この偉大な国のために若くして死んだ私の友人は、この社会的政治的変化はよく思わないだろう」

スミティーの潜水艦シール（訳注：アザラシのこと）はさらに二回の戦闘哨戒を行ない、四隻の貨物船を沈て、戦争を生き抜いた。三隻に損傷を与え、〝ダウン・ザ・スロート（訳注：艦首に向かって真正面から魚雷を撃つこと〟で一隻の駆逐艦を沈めて、戦争を生き抜いた。勇敢な古い船は疲れ切り、一九四四年一一月二九日、パールハーバーで戦闘任務を終えた。それから一九四五年六月までハワイで訓練艦を勤め、さらに戦争が終わるまでニューロンドンの潜水艦学校で浮かぶ教室となった。一九四五年一一月一四日、シールは退役し、現役艦としての役目を終えた。一九五七年五月六日、シールはすべての登録から削除され、スクラップとして売られ、バラバラに解体された。

太平洋（訳注：英語のパシフィックには和解・平和愛好の意味がある）という名前は、日本とアメリカを隔てる水域として再び適切なようである。かつて太平洋の海の上と下で戦った巨大な艦隊はとっくになくなってしまった。島々と環礁のための激戦を生き抜いた男たちは、今は消えていく種族となった。戦いに疲れた誇り高き潜水艦もまた、ほんの少しを除いてどこかへ行ってしまった。遙か離れた海岸で、また波の上と下で命を捧げた者たちへの追憶は、時の流れ、無為の生活、いたずら書きによっておぼろげになり消えて行く。もっと悪いことには〝不滅の功績〟はゆっくりと歴史のがらくたの寄せ集めへ追いやられて行く。

幸いなことに、二つの国の間の敵意と憎しみは六〇年の間に消えてしまった。今日寿司を食べ、日本の車に乗り、日本のテレビで番組を見て、日本のカメラで写真を撮る若いアメリカ人は、一体何を騒ぐのだろうと不思議に思うのだった。

もちろん騒ぎはまさに世界の成り行きについてである、悲しくもこの半世紀の間忘れ去られ、日本とアメリカの学校で無視されて来た事実に関して。太平洋の両側の生徒は歴史の重要な授業を学ばなかった。その当時有名だった大きな戦い、少し例を挙げれば、ガダルカナル、珊瑚海、ミッドウェー、硫黄島、グアム、沖縄、そしてレイテ湾の戦いは今日ほとんど一般に広く知られていない。大連合国の苦しい勝利をもたらした美徳もまた消えてゆく危険に曝されていると信じる者がいる。

変な仕事、肉体的・精神的タフさ、そしてより大きく価値のあるもののために自分自身を犠牲にするのも厭わない意志である。

相対主義の世界では歴史はゆがめられて来て、古い価値は捨てられた。広島と長崎への原爆投下は、かつてなかった最も畏怖すべき戦争の終わりをもたらすのに必要だったが、アメリカの戦争犯罪と見なす者もいる。一方、日本の兵士が関わった南京虐殺や他の多くの残虐な行為は都合よく忘れ去られている。アメリカは長い間、自由と民主主義の擁護者として歓迎されて来たが、戦闘的なイスラムとその血まみれの副産物、テロリズムの拡散を防ぐための世界中での戦いでは、ほぼ孤立しているとしてけなす者がいる。

作家のウィリアム・マンチェスターは状況をほぼ要約している、苦々しくではあるが。「太平洋で戦った我々は記憶され、学童は我々の犠牲と大きな戦いを教えられるだろうと信じていた。しかし戦後の歴史の速さを予期していなかった。重要な出来事が次々と素早く続いて起こるとは思わなかった。一種の加速度的な速さで、ついこの間の過去を扇情主義の果てしない洪水に浸すように」

訳注

訳注一：車掌車、乗務員室。通常貨物列車の最後部に連結される。ここでは後部魚雷室を指す。
訳注二：防盾を持たない単装の平射砲
訳注三：青デニム製の労働服
訳注四：潜望鏡を収容し支える筒状のもの
訳注五：中国の伝統的な海船、帯板のある角型の帆を持ち、船尾は高く、平底
訳注六：中国、東南アジアで用いられる小型で木造の平底船。船尾の一本櫓で漕ぎ、屋根には蓆が掛けてある
訳注七：戦闘員としての犠牲的勲功に対して、議会の名において大統領が親授する最高の勲章
訳注八：潜水艦で乗組員の規律と秩序を保つのを手伝い、徴募された水兵の士気と訓練に責任を持つ最年長の水兵。艦長と副長への助言役も務める
訳注九：赤、青、黄など様々な色のランプがついた制御盤。一三四ページ参照
訳注一〇：音響発生装置の先端部
訳注一一：看護兵のこと、陸軍でいう衛生兵
訳注一二：魚雷方位盤
訳注一三：海上等で経度の測定に使う極めて精密な時計
訳注一四：潜水艦の構造は内殻部と外殻部に分かれている。外殻部はメインバラストタンクを含む各種タンクと上部構造物に分かれており、上部構造物は甲板・格納庫等から成る（次ページに図解）
訳注一五：海で用いる長さの単位で一・八三メートル。日本で言えば尋

【訳注一四の図解】

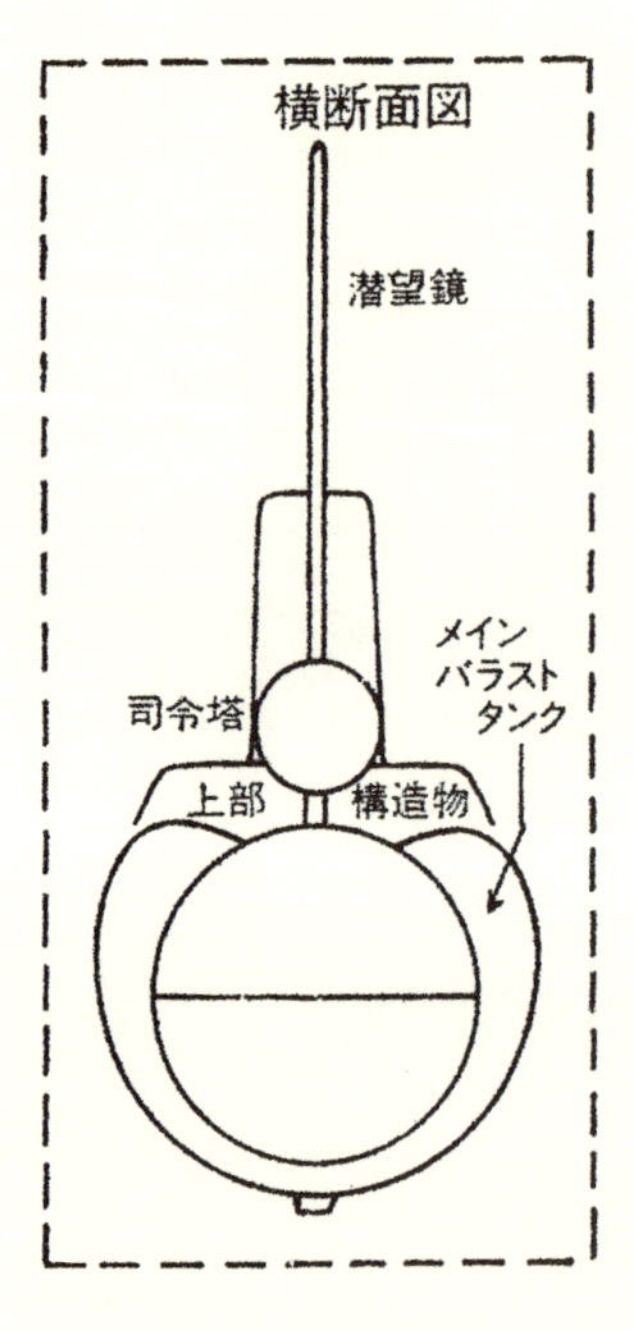
横断面図
潜望鏡
メイン
バラスト
タンク
司令塔
上部
構造物

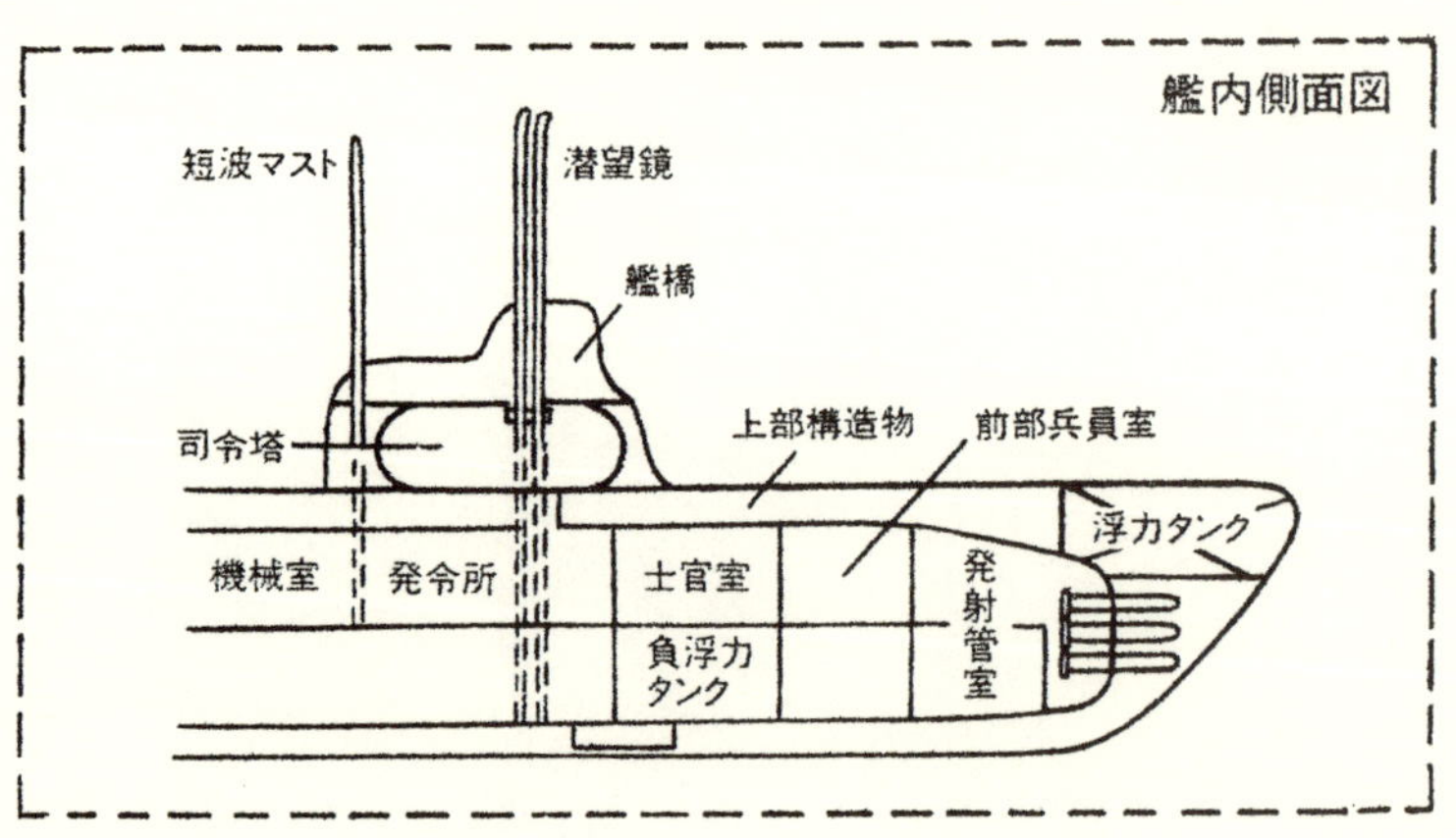
艦内側面図
短波マスト
潜望鏡
艦橋
司令塔
上部構造物
前部兵員室
浮力タンク
機械室
発令所
士官室
発射管室
負浮力タンク

謝辞

この本が生まれたことに対して、多くの人たちに謝辞を捧げる。真っ先に、そして最も重要なのは潜水艦乗りである、生きている者と死んだ者の両方共に。彼らは我々にその話を語ってくれた。潜水艦乗りとその勇敢な犠牲がなければ、語るべき話はなかったであろう。

多くの歴史家と作家もまた進んでこの試みに大いに貢献してくれたことに対して感謝し、謝辞を送る。その中にはクレイ・ブレア・ジュニア、セオドラ・ロスコー、リチャード・H・オケイン、チャールズ・ロックウッド、ウィリアム・マンチェスター、ノーマン・ポルマー、エドワード・C・ホイットマン、そしてウェブサイトでアメリカ海軍の軍人たちの勇気に心からの敬意を表してくれた無名の著者たちすべてが含まれている。

また「第二次大戦アメリカ潜水艦隊退役軍人会（訳注：第二次大戦で戦死した潜水艦の乗組員が忘れられないように、退役した潜水艦の乗組員が作った議会公認の団体）」、サンフランシスコの国立海事博物館にあるU・S・S・パンパニトの歴史を書いたピート・サザーランド、調査を助けてくれたワシントン・D・Cのロバート・〝デックス〟・アームストロング、ワシントン海軍工廠の海軍歴史センターと、メリーランド州のカレッジ・パークの国立公文書館の職員たち、そしてグアムのマンジラオにある、グアム大学の歴史とミクロネシア研究の教授であるダーク・バレンドルフ博士にも感謝しなければならない。

また我々のエージェントのジョディ・レイン、バークレイ／カリバー社の編集者ナタリー・ローゼンスタインとその助手ミッシェル・ヴェガの貢献に感謝をしたい。そして我々を助けてくれた妻たちに深甚の感謝を送る。

著者紹介

フリント・ホィットロック（右側）はベトナム戦争で士官として従軍した。そして幾つかの全国放送のラジオとテレビ番組に出演した。その中には「The History Channel」と「Fox's War Stories with Oliver North」がある。また著作として「Given Up for Dead」「American GIs in the Nazi Concentration at Berga」「The Fighting First」「The Untold Story of the Big Red One on D-Day」がある。ホィットロックはコロラド州のデンヴァーに住んでいる。

ロン・スミス（左側）は一九四二年一七歳で海軍に志願して入隊した。そしてU・S・S・シールに乗艦して五回の戦闘哨戒を行なった。潜水艦戦闘記章、パープルハート勲章（訳注：戦闘中または敵の攻撃の直接の結果として受けた名誉の負傷に対して与えられるハート形の勲章）、他の多くの賞状をもらった。「第二次大戦アメリカ潜水艦隊退役軍人会」と「アメリカ潜水艦隊退役軍人会（訳注：潜水艦就役の初めから将来の乗組員全てに門戸を広げた組織で、死んだ仲間の事が忘れられないようにするのが目的）」の熱心なメンバーである。また「海軍組合（訳注：一八九〇年に設立、海上勤務した事のある軍人のための組織。主な仕事は海軍と海事に関する調査と著述)」と「アメリカ海軍協会(訳注：アメリカ市民に海事に関して関心と教育を広めるのが仕事)」にも所属しており、コネティカット州グロトンにある潜水艦隊博物館の終身会員でもある。スミスも「The History Channel」と「Fox's War Stories with Oliver North」に出演した。また一九九三年に回想録「Torpedoman」を出版した。テキサス州オースティンに住んでいる。

【訳者紹介】

井原裕司（いはら・ひろし）

1948年11月、大阪に生まれる
1972年3月、京都大学文学部卒業
戦記雑誌「丸」に執筆。
訳書「戦艦ウォースパイト」・「ガダルカナルの戦い」
・「THE BIG E 空母エンタープライズ上巻・下巻」・
「マルタ島大包囲戦」（元就出版社）

アメリカ潜水艦隊の戦い

2016年11月15日　第1刷発行

著　者　フリント・ホィット・ロック＆ロン・スミス
訳　者　井　原　裕　司
発行人　濵　　正　史
発行所　株式会社　元就（げんしゅう）出版社
〒171-0022 東京都豊島区南池袋4-20-9
サンロードビル2F-B
電話　03-3986-7736 FAX 03-3987-2580
振替　00120-3-31078
装　幀　純　谷　祥　一
印刷所　中央精版印刷株式会社
※乱丁本・落丁本はお取り替えいたします。

ISBN978-4-86106-249-0　C 0031